建筑施工企业管理人员岗位资格培训教材

土建施工员(工长)岗位实务知识

建筑施工企业管理人员岗位资格培训教材编委会　组织编写

李波　主编

中国建筑工业出版社

图书在版编目（CIP）数据

土建施工员（工长）岗位实务知识/建筑施工企业管
理人员岗位资格培训教材编委会组织编写. —北京：
中国建筑工业出版社，2006
建筑施工企业管理人员岗位资格培训教材
ISBN 978-7-112-08845-4

Ⅰ. 土…　Ⅱ. 建…　Ⅲ. 土木工程-工程施工-技术
培训-教材　Ⅳ. TU7

中国版本图书馆 CIP 数据核字（2006）第 130222 号

建筑施工企业管理人员岗位资格培训教材
土建施工员（工长）岗位实务知识
建筑施工企业管理人员岗位资格培训教材编委会　组织编写
李　波　主　编

*

中国建筑工业出版社出版、发行（北京西郊百万庄）
各地新华书店、建筑书店经销
北京密云红光制版公司制版
北京世知印务有限公司印刷

*

开本：787×1092 毫米　1/16　印张：21¾　字数：528 千字
2007 年 1 月第一版　　2012 年 3 月第十四次印刷
定价：36.00 元
ISBN 978-7-112-08845-4
（15509）

本社网址：http：// www. cabp. com. cn
网上书店：http：// www. china-building. com. cn

本书为建筑企业关键岗位管理人员岗位资格培训系列教材之一，它根据建设部人事教育司审定的建筑企业关键岗位管理人员培训大纲，结合当前建筑施工培训的实际需要进行编写，在编撰过程中，力求使培训教材重点体现科学性、针对性、实用性、前瞻性和注重岗位技能培训的原则。本书主要内容包括建筑施工技术、施工组织管理、安全管理、质量管理、技术管理和施工现场环境保护等内容。在编写各部分内容时，力求做到理论联系实际，既注重建筑施工工艺的阐述，也注重管理能力的培养，以便学员通过培训达到掌握岗位知识和能力的目的。

　　本书既可作为建筑施工企业对施工员进行短期培训的岗位培训教材，也可作为基层施工管理人员学习参考用书。

＊　　　＊　　　＊

责任编辑：刘　江　岳建光
责任设计：赵明霞
责任校对：张树梅　王金珠

《建筑施工企业管理人员岗位资格培训教材》

编 写 委 员 会

(以姓氏笔画排序)

艾伟杰　中国建筑一局（集团）有限公司
冯小川　北京城市建设学校
叶万和　北京市德恒律师事务所
李树栋　北京城建集团有限责任公司
宋林慧　北京城建集团有限责任公司
吴月华　中国建筑一局（集团）有限公司
张立新　北京住总集团有限责任公司
张囡囡　中国建筑一局（集团）有限公司
张俊生　中国建筑一局（集团）有限公司
张胜良　中国建筑一局（集团）有限公司
陈　光　中国建筑一局（集团）有限公司
陈　红　中国建筑一局（集团）有限公司
陈御平　北京建工集团有限责任公司
周　斌　北京住总集团有限责任公司
周显峰　北京市德恒律师事务所
孟昭荣　北京城建集团有限责任公司
贺小村　中国建筑一局（集团）有限公司

出 版 说 明

    建筑施工企业管理人员（各专业施工员、质量员、造价员，以及材料员、测量员、试验员、资料员、安全员）是施工企业项目一线的技术管理骨干。他们的基础知识水平和业务能力的大小，直接影响到工程项目的施工质量和企业的经济效益；他们的工作质量的好坏，直接影响到建设项目的成败。随着建筑业企业管理的规范化，管理人员持证上岗已成为必然，其岗位培训工作也成为各施工企业十分关心和重视的工作之一。但管理人员活跃在施工现场，工作任务重，学习时间少，难以占用大量时间进行集中培训；而另一方面，目前已有的一些培训教材，不仅内容因多年没有修订而较为陈旧，而且科目较多，不利于短期培训。有鉴于此，我们通过了解近年来施工企业岗位培训工作的实际情况，结合目前管理人员素质状况和实际工作需要，以少而精的原则，组织出版了这套"建筑施工企业管理人员岗位资格培训教材"，本套丛书共分15册，分别为：

    ◇《建筑施工企业管理人员相关法规知识》

    ◇《土建专业岗位人员基础知识》

    ◇《材料员岗位实务知识》

    ◇《测量员岗位实务知识》

    ◇《试验员岗位实务知识》

    ◇《资料员岗位实务知识》

    ◇《安全员岗位实务知识》

    ◇《土建质量员岗位实务知识》

    ◇《土建施工员（工长）岗位实务知识》

    ◇《土建造价员岗位实务知识》

    ◇《电气质量员岗位实务知识》

    ◇《电气施工员（工长）岗位实务知识》

    ◇《安装造价员岗位实务知识》

    ◇《暖通施工员（工长）岗位实务知识》

    ◇《暖通质量员岗位实务知识》

    其中，《建筑施工企业管理人员相关法规知识》为各岗位培训的综合科目，《土建专业岗位人员基础知识》为土建专业施工员、质量员、造价员培训的综合科目，其他13册则是根据13个岗位编写的。参加每个岗位的培训，只需使用2~3册教材即可（土建专业施工员、质量员、造价员岗位培训使用3册，其他岗位培训使用2册），各书均按照企业实际培训课时要求编写，极大地方便了培训教学与学习。

    本套丛书以现行国家规范、标准为依据，内容强调实用性、科学性和先进性，可作为施工企业管理人员的岗位资格培训教材，也可作为其平时的学习参考用书。希望本套丛书能够帮助广大施工企业管理人员顺利完成岗位资格培训，提高岗位业务能力，从容应对各自岗位的管理工作。也真诚地希望各位读者对书中不足之处提出批评指正，以便我们进一步完善和改进。

中国建筑工业出版社
2006 年 12 月

前　言

　　本书为建筑企业管理人员岗位资格培训系列教材之一，它根据建设部人事教育司审定的建筑企业关键岗位管理人员培训大纲，结合当前建筑施工培训的实际需要进行编写，在编撰过程中，力求使培训教材重点体现科学性、针对性、实用性、前瞻性和注重岗位技能培训的原则。本书主要内容包括建筑施工技术、施工组织管理、安全管理、质量管理、技术管理和施工现场环境保护等内容。在编写各部分内容时，力求做到理论联系实际，既注重建筑施工工艺的阐述，也注重管理能力的培养，以便学员通过培训达到掌握岗位知识和能力目的。

　　本教材由李波主编。教材编写时参阅了多种相关培训教材，在参考文献中一并列出，对这些教材的编者，在此一并表示感谢。

　　本书既可作为建筑施工企业对施工员进行短期培训的岗位培训教材，也可作为基层施工管理人员学习参考用书。

　　本书虽几经修改，但限于作者专业水平和实践经验，书中不当之处乃至错误之处在所难免，敬请各位读者批评指正。

目 录

第一章　建筑施工技术

第一节　土石方工程

土石方工程是地基与基础分部工程的一个重要分项工程，土石方工程施工前通常需完成一些必要的准备性工作：施工场地的清理与平整；地面水排除；临时道路修筑；材料的准备；供水与供电管线的敷设；临时设施的搭设等。在土方工程施工过程中，为保证整个基础工程施工期间的安全，尚需根据具体工程情况做好相应的辅助性工作：土方边坡与边坡支护；降低地下水位等。

土石方工程施工面广量大，施工工期长，施工条件复杂，劳动强度大。因此，施工前，应根据施工区域的地形、水文地质条件、气候条件及施工条件，工程性质，土石方工程的工期和质量要求等资料，拟订出技术可行、经济合理的施工方案和施工方法，计算土石方工程量、设计土壁边坡和支撑、确定施工排水或降水方案、选择施工机械和运输工具并计算其需要量等。

一、土的分类和工程性质

1. 土的分类

土石的种类和分类方法很多，如根据《建筑地基基础设计规范》将建筑地基的岩土分为岩石、碎石土、砂土、粉土、黏性土和人工填土六类。而从建筑施工的角度，根据土的坚硬程度和施工开挖难易程度不同，可将土分为八类（表 1-1），以便选择施工方法和确定劳动量，为计算劳动力、机具及工程费用提供依据。

土的工程分类与现场鉴别方法 表 1-1

土的分类	土的名称	可松性系数		现场鉴别方法
		K_s	K'_s	
一类土（松软土）	砂土；粉土；冲积砂土层；疏松的种植土；淤泥（泥炭）	1.08～1.07	1.01～1.03	用锹、锄头挖掘
二类土（普通土）	粉质黏土；潮湿的黄土；夹有碎石、卵石的砂；粉土混卵（碎）石；种植土；填土	1.14～1.28	1.02～1.05	用锹、锄头挖掘，少许用镐翻松
三类土（坚土）	软及中等密实黏土；重粉质黏土；砾石土；干黄土、含有碎（卵）石的黄土；粉质黏土，压实的填土	1.24～1.30	1.04～1.07	主要用镐，少许用锹、锄头挖掘，部分用撬棍
四类土（砂砾坚土）	坚硬密实的黏性土或黄土；含卵石、碎石的中等密实的黏性土或黄土；粗卵石；天然级配砂石；软泥灰岩	1.26～1.32	1.06～1.09	主要用镐、撬棍挖松，少许用锹、锄头挖掘，部分用楔子及大锤砸碎

土的分类	土的名称	可松性系数		现场鉴别方法
		K_s	K'_s	
五类土（软石）	硬质黏土；中密的页岩、泥灰岩、白垩土；胶结不紧的砾岩；软石灰及贝壳石灰石	1.30~1.45	1.10~1.20	用镐或撬棍、大锤挖掘，部分使用爆破方法
六类土（次坚石）	泥岩、砂岩、砾岩；坚实的页岩、泥灰岩、密实的石灰岩；风化花岗岩、片麻岩及正长岩	1.30~1.45	1.10~1.20	用爆破方法开挖，部分用风镐钻凿
七类土（坚石）	大理石；辉绿岩；玢岩；粗、中粒花岗岩，坚实的白云岩、砂岩、砾岩、片麻岩、石灰岩；微风化安山岩；玄武岩	1.30~1.45	1.10~1.20	用爆破方法开挖
八类土（特坚石）	安山岩；玄武岩；花岗片麻岩；坚实的细粒花岗岩、闪长岩、石英岩、辉长岩、辉绿岩、玢岩、角闪岩	1.45~1.50	1.20~1.30	用爆破方法开挖

2. 土的工程性质

土的性质是确定地基处理方案和制定施工方案的重要依据，对土方工程的稳定性、施工方法、工程量和工程造价都有影响。下面对与施工有关的土的工程性质加以说明。

（1）土的天然密度

土在天然状态下单位体积的质量，称为土的天然密度。用 ρ 表示，计算公式为：

$$\rho = \frac{m}{V} \tag{1-1}$$

式中　m——土的总质量（kg、g）；

　　　V——土的体积（m^3、cm^3）。

土的天然密度随着土的颗粒组成、孔隙的多少和水分含量而变化，不同的土，密度不同。密度越大，土越密实，强度越高，压缩变形越小，挖掘就越困难。

（2）土的天然含水量

土的干湿程度，用含水量 w 表示，即土中所含水的质量与土的固体颗粒质量之比，用百分数表示。

$$w = \frac{m_w}{m_s} \times 100\% \tag{1-2}$$

式中　m_w——土中水的质量（kg）；

　　　m_s——土中固体颗粒的质量（kg）。

土的含水量反映土的干湿程度。一般将含水量在 5% 以下称为干土；在 5%~30% 以内称为潮湿土；大于 30% 称为湿土。含水量越大，土越潮湿，对施工越不利。它对挖土的难易、土方边坡的稳定性、填土的压实等均有影响。所以在制定土方施工方案、选择土方机械和决定地基处理时，均应考虑土的含水量。在一定的压实能量下，使土最容易压实，并能达到最大密实度时的含水量，称为最优含水量，相应的干密度称为最大干密度。

（3）土的干密度

单位体积内土的固体颗粒质量与总体积的比值，称为土的干密度。用 ρ_d 表示，计算公式为：

$$\rho_d = \frac{m_s}{V} \tag{1-3}$$

式中　m_s——土的固体颗粒总质量（kg、g）；

　　　V——土的总体积（m^3、cm^3）。

土的干密度越大，表明土越密实，在土方填筑时，常以土的干密度控制土的夯实标准。若已知土的天然密度和含水量，可按下式求干密度

$$\rho_d = \frac{\rho}{1 + w} \tag{1-4}$$

干密度用于检查填土的夯实质量，在工程实践中常用环刀法和烘干法测定后计算土的天然密度、干密度和含水量。

（4）土的可松性

天然土经开挖后，其体积因松散而增加，虽经振动夯实，仍不能完全恢复到原来的体积，这种性质称为土的可松性。

因为土石方工程量是以天然状态下的体积计算的，所以在进行土方的平衡调配，计算填方所需挖方体积，确定基坑（槽）开挖时的留弃土量以及计算运土机具数量时，应考虑土的可松性。土的可松性程度用可松性系数表示，即土开挖后的体积增加用最初可松性系数 K_s 表示，松土经夯实后的体积增加用最后可松性系数 K'_s 表示。

$$K_s = \frac{V_2}{V_1} \tag{1-5}$$

$$K'_s = \frac{V_3}{V_1} \tag{1-6}$$

式中　V_1——土在天然状态下的体积；

　　　V_2——土被挖出后在松散状态下的体积；

　　　V_3——土经压（夯）实后的体积。

在土石方工程中，K_s 是计算挖方工程量、运输工具数量和挖土机械生产率的重要参数；K'_s 是计算填方所需挖方工程量的重要参数。土的可松性与土质有关，根据土的工程分类。各类土的可松性系数见表 1-2。

各类土的可松性系数参考表 表 1-2

序号	土 的 类 别		体积增加百分比（%）		可松性系数	
			最　初	最　后	最　初	最　后
1	一类土	种植土除外	8~17	1~2.5	1.08~1.17	1.01~1.03
		种植土、泥炭	20~30	3~4	1.20~1.30	1.03~1.04
2	二类土		14~28	1.5~5	1.14~1.28	1.02~1.05
3	三类土		24~30	4~7	1.24~1.30	1.04~1.07

序号	土的类别		体积增加百分比（%）		可松性系数	
			最初	最后	最初	最后
4	四类土	泥灰岩、蛋白石除外	26~33	6~9	1.26~1.32	1.06~1.09
		泥灰岩、蛋白石	33~37	11~15	1.33~1.37	1.11~1.15
5	五类土		30~45	10~20	1.30~1.45	1.10~1.20
6	六类土		30~45	10~20	1.30~1.45	1.10~1.20
7	七类土		30~45	10~20	1.30~1.45	1.10~1.20
8	八类土		45~50	20~30	1.45~1.50	1.20~1.30

注：1. 表中最初体积增加百分比 = $(V_2 - V_1)/V_1 \times 100\%$，

最后体积增加百分比 = $(V_3 - V_1)/V_1 \times 100\%$，

2. 一类土至八类土详见表1-1。

（5）土的密实度

土的密实度是指土被固体颗粒所充实的程度，反映了土的紧密程度。同类土在不同状态下，其紧密程度也不同，密实度越大，土的承载能力越高。填土压实后，必须要达到要求的密实度，现行的《建筑地基基础设计规范》规定以设计规定的土的压实系数 λ_c 作为控制标准。

$$\lambda_c = \frac{\rho_d}{\rho_{dmax}} \tag{1-7}$$

式中 λ_c ——土的压实系数；

ρ_d ——土的实际干密度；

ρ_{dmax} ——土的最大干密度。

土的最大干密度用击实试验测定。

（6）土的渗透性

土体孔隙中的自由水在重力作用下会发生运动，水在土中的运动称为渗透，土的渗透性即指土体被水所透过的性质，也称为土的透水性。地下水在土体内渗流的过程中受到土颗粒的阻力，阻力大小与土的渗透性及地下水渗流路程的长度有关。土的渗透性主要取决于土体的孔隙特征和水力坡度，不同的土其渗透性不同。水在土中渗流的速度与水力坡度成正比，根据达西定律，有：

$$v = K \cdot i \tag{1-8}$$

式中 v ——水在土中的渗流速度（m/d）；

i ——水力坡度。

K ——土的渗透系数（m/d）。

当 $i=1$ 时，$v=K$，即土的渗透系数。渗透系数 K 表示单位时间内水穿透土层的能力，单位是（米/秒）（m/s）、（米/小时）（m/h）、（米/天）（m/d）。一般用渗透系数 K 作为土的渗透性强弱的衡量指标，可以通过室内渗透试验或现场抽水试验测定。根据土的渗透系数不同，可将土分为透水性土（如砂土）和不透水性土（如黏土）。土的渗透系数影响施工降水和排水的速度，是计算渗透流量、分析堤坝和基坑开挖边坡出逸点的渗透稳定，以及降低地下水时的重要参数。

二、场地平整

场地平整是将需进行建筑施工范围内的自然地面改造成施工所要求的设计平面，通常是挖高填低。由于建筑施工的性质、规模、施工期限以及技术力量等条件的不同，并考虑到基坑（槽）开挖的要求，场地平整施工有以下三种方案：

先平整整个场地，后开挖建筑物基坑（槽）。可为大型土方机械提供较大的工作面，提高生产率，减少工作间的相互干扰，但工期较长。适用于场地的挖填土方量较大的工程。

先开挖建筑物基坑（槽），后平整场地。可加快施工速度，也能减少重复挖填土方的数量。适用于地形平坦的场地。

边场地平整，边开挖基坑（槽）。根据现场施工的具体条件，划分不同施工区，有的先平整场地，有的则先开挖基坑（槽）。

场地平整为施工中的一项重要内容，施工程序一般为：现场勘察→清理地面障碍物→标定整平范围→设置水准基点→设置方格网，测量标高→计算挖、填方工程量→平整土方→场地碾压→验收。

三、基坑（槽）施工

基坑（槽）的施工，首先应进行房屋定位和标高引测，做好建筑物的放线工作。

1. 定位与放线

（1）定位

所谓定位，就是根据建筑总平面图、房屋建筑平面图和基础平面图，以及设计给定的定位依据和定位条件，将拟建房屋的平面位置、高程用经纬仪和钢尺正确地标定在地面上。

建筑物的定位，可根据测量控制点、建筑基线（或建筑红线）、总平面图中的方格网轴线、原有房屋的相对位置等，用经纬仪和钢尺定出拟建房屋的位置。一般是先定建筑物外墙轴线交点处的角桩。其桩顶钉入小钉，对应的钉子之间用线绳连接，即为墙的轴线。因角桩在基坑（槽）挖土时无法保留，必须将轴线延长到槽外安全地点，并做好标志。其方法有设置龙门板和轴线控制桩（又称引桩、保险桩）两种形式。

基坑的定位放线一般用控制桩或控制点法；基槽的定位放线多采用龙门板法。龙门板的设置，一般是在建筑物各角点、分隔墙轴线两端，距基槽开挖边线外 1.5～2.5m 处（根据槽深和土质而定）钉设龙门桩，要钉得竖直、牢固，桩的外侧面应与基槽平行。然后根据现场内的水准点，用水准仪将室内地坪标高（±0.000）测设在每个龙门桩上，用红铅笔划出，根据此线把龙门板钉在龙门桩上，使龙门板顶面正好为±0.000。若地面高低变化较大，这样做有困难时，也可将龙门板顶面钉得比±0.000高或低一个整数的高程。龙门板钉好后，在角桩上架设经纬仪将建筑物的轴线引测到龙门板上，进行细部测设，并钉中心钉（轴线钉）标志，以作为各施工阶段中控制轴线位置的依据。

对于一些外形或构造简单的建筑物，目前多不钉设龙门板，而是在各轴线的延长线上钉轴线控制桩（又称引桩或保险桩）。其作用及设立方法与龙门板基本相同。

（2）放线

放线就是根据定位控制桩或控制点、基础平面图和剖面图、底层平面图以及坡度系数和工作面等在实地用白灰撒出基坑（槽）上口的开挖边线。

房屋定位和标高引测后，根据基础的底面尺寸、埋置深度、土壤类别、地下水位的高低及季节性变化等不同情况，考虑施工需要，确定是否需要留工作面、放坡、增加降排水设施和设置支撑。实际施工中，根据直立壁不加支撑、直立壁加支撑和留工作面以及放坡等各种情况确定出挖土线尺寸，用经纬仪配合钢尺划出基础边线，即可进行放线工作。

放灰线时，用平尺板紧靠于线旁，用装有石灰粉末的长柄勺，沿平尺板撒灰，即为基础开挖边线。

2. 基坑（槽）开挖

开挖基坑（槽）按规定的尺寸合理确定开挖顺序和分层开挖深度，连续地进行施工，尽快地完成。土方开挖施工要求标高、断面准确，土体应有足够的强度和稳定性，所以在开挖过程中应随时注意检查。为防止边坡发生塌方或滑坡，根据土质情况及坑（槽）深度，一般距基坑上部边缘 2m 以内不得堆放土方和建筑材料，或沿坑边移动运输工具和机械，在此距离外堆置高度不应超过 1.5m，否则，应验算边坡的稳定性。在坑边放置有动载的机械设备时，也应根据验算结果，离开坑边较远距离。挖出的土除预留一部分用作回填外，不得在场地内任意堆放，应把多余的土运到弃土地区，以免妨碍施工。

当开挖基坑（槽）的土体含水量大且不稳定，或边坡较陡、基坑较深、地质条件不好时，应采取加固措施。挖土应自上而下水平分段分层进行，每 3m 左右修整一次边坡，到达设计标高后，再统一进行一次修坡清底，检查底宽和标高，要求坑底凹凸不超过2.0cm。深基坑一般采用"分层开挖，先撑后挖"的开挖原则。

为了防止基底土（特别是软土）受到浸水或其他原因的扰动，基坑（槽）挖好后，应立即验槽做垫层，否则，应在基底标高以上预留 15～30cm 厚的土层，待下道工序开始时再行挖去。如采用机械挖土，为防止超挖，破坏地基土，应根据机械种类，在基底标高以上预留一层土进行人工清槽。使用铲运机、推土机时，预留土层厚度为 15～20cm，使用单斗挖土机时为 20～30cm。挖土不得挖至基坑（槽）的设计标高以下，如个别处超挖，应用挖出的土方填补，并夯实到要求的密实度。如用原土填补不能达到要求的密实度时，可用碎石类土填补，并仔细夯实。重要部位如被超挖时，可用低强度等级的混凝土填补。

基坑开挖时，应对平面控制桩、水准点、基坑平面位置、水平标高、边坡坡度等经常进行检查。

在软土地区开挖基坑（槽）时，还应符合下列规定：

（1）施工前必须做好地面排水和降低地下水位工作，地下水位应降低至基坑底以下0.5～1.0m 后，方可开挖。降水工作应持续到回填完毕；

（2）施工机械行驶道路应填筑适当厚度的碎石或砾石，必要时应铺设工具式路基箱（板）或梢排等；

（3）相邻基坑（槽）开挖时，应遵循先深后浅或同时进行的施工顺序，并应及时做好基础；

（4）在密集群桩上开挖基坑时，应在打桩完成后间隔一段时间，再对称挖土。在密集群桩附近开挖基坑（槽）时，应采取措施防止桩基位移；

（5）挖出的土不得堆放在坡顶上或建（构）筑物附近。

深基坑开挖过程中，随着土的挖除，下层土因逐渐卸载而有可能回弹，尤其在基坑挖至设计标高后，如搁置时间过久，回弹更为显著。如弹性隆起在基坑开挖和基础工程初期发展很快，它将加大建筑物的后期沉降。因此，对深基坑开挖后的土体回弹，应有适当的估计，如在勘察阶段，土样的压缩试验中应补充卸荷弹性试验等。还可以采取结构措施，在基底设置桩基等，或事先对结构下部土质进行深层地基加固。施工中减少基坑弹性隆起的一个有效方法是把土体中有效应力的改变降低到最少。具体方法有加速建造主体结构，或逐步利用基础的重量来代替被挖去土体的重量。

3. 基坑（槽）土方量计算

（1）基坑土方量计算

基坑土方量可按立体几何中有关柱体（由两个平行的平面做底的一种多面体）的体积公式计算。如图 1-1 所示，土方的体积（工程量）可按下式计算：

$$V = \frac{H}{6}(A_1 + 4A_0 + A_2) \tag{1-9}$$

式中　　H——基坑深度（m）；

A_1、A_2——基坑上、下的底面积（m²）；

A_0——基坑中截面面积（m²）。

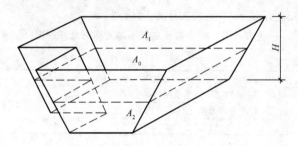

图 1-1　基坑土方量计算

（2）基槽土方量计算

基槽路堤管沟的土方工程量，可以沿长度方向分段后，再用同样方法计算如图 1-2 所示）。即：

$$V_i = \frac{L_i}{6}(A_1 + 4A_0 + A_2) \tag{1-10}$$

式中　　V_i——第 i 段的土方量（m³）；

L_i——第 i 段的长度（m）。

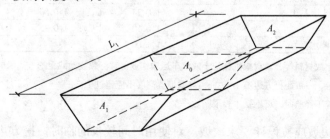

图 1-2　基槽土方量计算

7

将各段土方量相加，即得总土方量：

$$V = \Sigma V_i \qquad (1-11)$$

4. 土方边坡与土壁支撑

在建筑物基坑（槽）或管沟土方施工中，为了防止塌方，保证施工安全，当开挖深度超过一定限度时，则土壁应做成有斜度的边坡，或者加临时支撑以保持土壁的稳定。

（1）土方边坡

土方边坡用边坡坡度和坡度系数表示。

边坡坡度以挖土深度 h 与边坡底宽 b 之比表示；工程中常以 $1:m$ 表示放坡情况，m 称坡度系数。

$$边坡坡度 = \frac{h}{b} = \frac{1}{b/h} = 1:m \qquad (1-12)$$

式中，$m = b/h$ 称为坡度系数。

土方边坡的大小主要与土质、开挖深度、开挖方法、边坡留置时间的长短、坡顶荷载状况、降排水情况及气候条件等有关。根据各层土质及土体所受到的压力，边坡可做成直线形、折线形或阶梯形，以减少土方量。当土质均匀、湿度正常，地下水位低于基坑（槽）或管沟底面标高，且敞露时间不长时，挖方边坡可做成直立壁不加支撑，其挖方允许深度可以参考表 1-3。基坑长宽应稍大于基础长宽。

基坑（槽）和管沟直立壁不加支撑时允许深度   表 1-3

序　号	土 层 类 别	坡高允许值（m）
1	密实、中密的砂土和碎石类土（充填物为砂土）	1.00
2	硬塑、可塑的黏质粉土及粉质黏土	1.25
3	硬塑、可塑的黏土和碎石类土（充填物为黏性土）	1.50
4	坚硬的黏土	2.00

当土的湿度、土质及其他地质条件较好且地下水位低于基坑（槽）或管沟底面标高时，挖方深度在 5m 以内可放坡开挖不加支撑的，其边坡的最陡坡度经验值见表 1-4。

深度在 5m 内的基坑（槽）、管沟边坡的最陡坡度（不加支撑）   表 1-4

序号	土的类别	边坡坡度（高:宽）		
		坡顶无荷载	坡顶有静载	坡顶有动载
1	中密的砂土	1:1.00	1:1.25	1:1.50
2	中密的碎石类土（充填物为砂土）	1:0.75	1:1.00	1:1.25
3	硬塑的粉土	1:0.67	1:0.75	1:1.00
4	中密的碎石类土（充填物为黏性土）	1:0.50	1:0.67	1:0.75
5	硬塑的粉质黏土、黏土	1:0.33	1:0.50	1:0.67
6	老黄土	1:0.10	1:0.25	1:0.33
7	软土（经井点降水后）	1:1.00		

　　注：1. 静载指堆土或材料等，动载指机械挖土或汽车运输作业等，静载或动载距挖方边缘的距离应保证边坡和直立壁的稳定，一般距挖方边不小于 2m，静载堆置高度不应超过 1.5m；

　　　　2. 当有成熟施工经验时，可不受本表限制。

永久性挖方边坡应按设计要求放坡。对使用时间较长的临时性挖方边坡坡度，在山坡整体稳定情况下，如地质条件良好，土质较均匀，其边坡值应符合表 1-5 的规定。

临时性挖方边坡坡度值

表 1-5

土 的 类 别		边坡坡度（高:宽）
砂土（不包括细砂、粉砂）		1:1.25 ~ 1:1.50
一般黏性土	硬	1:0.75 ~ 1:1.00
	硬、塑	1:1.00 ~ 1:1.25
	软	1:1.50 或更缓
碎石类土	充填坚硬、硬塑黏性土	1:0.50 ~ 1:1.00
	充填砂土	1:1.00 ~ 1:1.50

注：1. 有成熟施工经验时，可不受本表限制。设计有要求时，应符合设计标准；

2. 如采用降水或其他加固措施，可不受本表限制，但应计算复核；

3. 开挖深度，对软土不应超过 4m，对硬土不超过 8m。

挖土时，土方边坡太陡会造成塌方，反之，则增加土方工程量，浪费机械动力和人力，并占用过多的施工场地。因此，在土方开挖时，应确定适当的土方边坡。

(2) 土壁支撑

开挖基坑（槽）或管沟时，如地质和周围场地条件允许，采用放坡开挖，相对是比较经济的。但在建筑物稠密的地段施工，有时受场地的限制不允许按要求放坡，或因土质、挖深的原因，放坡将会增加大量的挖填土方量，或有防止地下水渗入基坑要求时，采用设置土壁支撑的施工方法则比较经济合理，既能保证土方开挖施工的顺利进行和安全，又可减少对相邻已有建筑物的不利影响。

土壁支撑的方法，根据工程特点、土质条件、开挖深度、地下水位和施工方法等的不同，可以选择横撑、板桩、灌注桩、深层搅拌桩、地下连续墙等。

1) 横撑式支撑

开挖较窄的沟槽，多用横撑式土壁支撑。横撑式土壁支撑根据挡土板放置方式的不同，分为水平挡土板式和垂直挡土板式两类。前者由水平挡土板、竖楞木和横撑三部分组成，又分为断续式和连续式两种。湿度小的黏性土挖土深度小于 3m 时，可用断续式水平挡土板支撑（图 1-3a）；松散、湿度大的土可用连续式水平挡土板支撑，挖土深度可达

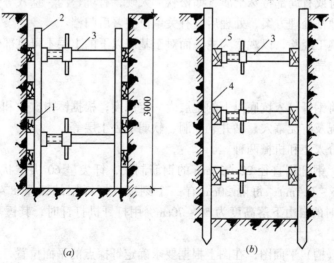

图 1-3 横撑式支撑

(a) 断续式水平挡土板支撑；(b) 垂直挡土板支撑
1—水平挡土板；2—竖楞木；3—工具式横撑；4—竖直挡土板；5—横楞木

5m。松散和湿度很高的土可用垂直挡土板支撑（图1-3b），挖土深度不限。

采用横撑式支撑时，应随挖随撑，支撑要牢固。施工中应经常检查，如有松动、变形等现象时，应及时加固或更换。支撑的拆除应按回填顺序依次进行，多层支撑应自下而上逐层拆除，随拆随填。拆除支撑时，应防止附近建筑物和构筑物等产生下沉和破坏，必要时应采取妥善的保护措施。

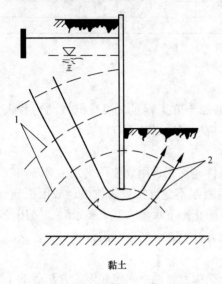

图1-4　用板桩防止流砂现象
1—等压流线；2—水流

2）板桩支撑

板桩为一种支护结构，既挡土又防水。当开挖的基坑较深，地下水较高且有出现流砂的危险时，如采用降低地下水位的方法，则可用板桩打入土中，使地下水在土中渗流的路线延长，降低水力坡度，阻止地下水渗入基坑内，从而防止流砂产生，如图1-4所示。在靠近原有建筑物开挖基坑时，为了防止原建筑物基础的下沉，通常也多采用打设板桩方法进行支护。

5. 基坑（槽）检验和处理

基坑（槽）挖至基底设计标高并经清理后，施工单位必须会同勘察、设计单位和业主共同进行验槽，合格后才能进行基础工程施工。

一般设计依据的地质勘察资料取自拟建建筑物地基的有限一些点，无法准确反映钻孔之间的土质变化情况，只有在土方开挖后才能确切地了解。为了使建（构）筑物有一个比较均匀的下沉，即不允许建（构）筑物各部分间产生较大的不均匀沉降，必须对地基进行严格的检验，核对地质资料，检查地基土与工程地质勘查报告、设计图纸要求是否相符，有无破坏原状土结构或发生较大的扰动现象。如果实际土质与设计地基土不符或有局部特殊土质（如松软、太硬，有坑、沟、墓穴等）情况，则应由结构设计人提出地基处理方案，处理后经有关单位签署后归档。

验槽主要凭施工经验，以观察为主，而对于基底以下的土层不可见部位，要先辅以钎探、夯实配合共同完成。

（1）钎探

钎探是用锤将钢钎打入坑底以下的土层内一定深度，根据锤击次数和入土难易程度来判断土的软硬情况及有无墓穴、枯井、土洞、软弱下卧土层等。

钢钎的打入分人工和机械两种。

人工打钎时，钢钎用直径22～25mm的钢筋制成，钎尖呈60°尖锥状，长2.5～3.0m（入土部分长1.5～2.1m），每隔30cm有一个刻度。打钎用的锤重8～10磅（1磅＝0.4536kg），锤击时的自由下落高度为50～70cm。用打钎机打钎时，其锤重约10kg，锤的落距为50cm。

先绘制基坑（槽）平面图，在图上根据要求确定钎探点的平面位置，并依次编号绘制成钎探点平面布置图。按钎探点平面布置图标定的钎探点顺序号进行钎探施工。

打钎时，同一工程应钎径一致、锤重一致、用力（落距）一致。每贯入30cm（通常称为一步），记录一次锤击数，每打完一个孔，填入钎探记录表内。钎探点的记录编号应与注有轴线号的钎探点平面布置图相符。最后整理成钎探记录。

钎孔的间距、布置方式和钎探深度，应根据基坑（槽）的大小、形状、土质的复杂程度等确定，一般可参考表 1-6。

钎 孔 布 置　　　　　　　　　　　　表 1-6

槽宽（cm）	排列方式	图　示	间距（m）	钎探深度（m）
< 80	中心一排			
80～200	两排错开			
> 200	梅花形			
柱基	梅花形			

打钎完成后，要从上而下逐"步"分析钎探记录情况，再横向分析各钎孔相互之间的锤击次数，将锤击次数过多或过少的钎孔，在钎探点平面布置图上加以圈注，以备到现场重点检查。钎探后的孔要用砂灌实。

（2）观察验槽

1）检查基坑（槽）的位置、尺寸、标高和边坡等是否符合设计要求。

2）根据槽壁土层分布情况及走向，可初步判断全部基底是否已挖至设计所要求的土层，特别要注意观察土质是否与地质资料相符。

3）检查槽底是否已挖至老土层（地基持力层）上，是否需继续下挖或进行处理。

4）对整个槽底土进行全面观察：土的颜色是否均匀一致；土的坚硬程度是否均匀一致，有无局部过软或过硬异常情况；土的含水量情况，有无过干过湿；在槽底行走或夯拍，有无振颤现象，有无空穴声等。

5）验槽的重点应选择在柱基、墙角、承重墙下或其他受力较大的部位。如有异常部位，要会同设计等有关单位进行处理。

（3）地基局部处理

验槽时发现的各种异常，在探明原因和范围后，由工程设计人作出处理方案，由施工单位进行处理。地基局部处理的原则是使所有地基土的硬度一致，压缩性一致，避免使建筑物产生不均匀沉降。常见的处理方法可概括为"挖、填、换"三个字。

四、土方机械化施工

土方的开挖、运输、填筑与压实等施工过程应尽可能采用机械化施工，以减轻繁重的体力劳动，加快施工进度。

土方工程施工机械的种类很多，在房屋建筑工程施工中，场地平整土方施工机械主要为推土机、铲运机，有时也使用挖掘机及装载机。本节仅对这几种类型机械的性能、适用范围及施工方法作简单介绍。

1. 常用土方施工机械

(1) 推土机施工

推土机是在拖拉机前端安装推土板等工作装置而成的具有多用途的自行式土方工程机械。例如，在道路建设施工中，推土机可完成路基基底的处理，路侧取土横向填筑高度不大于 1m 的路堤，沿道路中心线向铲挖移运土壤的路基挖填工程，傍山取土，修筑路基。此外，推土机还可用于平整场地，堆集松散材料，清除作业地段内的障碍物等。推土作业时，推土机向前开行，放下推土刀切削土壤，碎土堆积在刀前，待逐渐积满以后，略提起推土刀，使刀刃贴着地面推移碎土，推到指定地点以后，提刀卸土，然后调头或倒车返回铲掘地点。

推土机开挖的基本作业是铲土、运土和卸土三个工作行程和空载回驶行程。铲土时应根据土质情况，尽量采用最大切土深度在最短距离（6～10m）内完成，以便缩短低速运行时间，然后直接推运到预定地点。

推土机牵引力大，工作装置简单牢固，操纵灵活，运转方便，所需工作面较小，行驶速度快，易于转移，能爬 30° 左右的缓坡，因此应用范围较广。多用于场地清理和平整、开挖深度 1.5m 以内的基坑，填平沟坑，以及配合铲运机、挖土机工作等。此外，在推土机后面可安装松土装置，破、松硬土和冻土，也可拖挂羊足碾进行土方压实工作。推土机可以推挖一～三类土，四类土以上需经预松后才能作业，经济运距 100m 以内，效率最高为 60m。

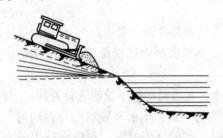

图 1-5 下坡推土法

1) 提高生产率的措施

推土机的生产率主要决定于推土刀推移土的体积及切土、推土、回程等工作的循环时间。为了提高推土机的生产率，缩短推土时间和减少土的失散，常用以下几种施工方法：

①下坡推土。在斜坡上，推土机顺下坡方向切土与堆运，借机械向下的重力作用切土，增大切土深度和运土数量，可提高生产率 30%～40%，但坡度不宜超过 15°，避免后退时爬坡困难，如图 1-5 所示。

②并列推土。平整场地的面积较大时，可用 2～3 台推土机并列作业，以减少土体漏失量。铲刀相距 15～30cm，一般采用两机并列推土可增大推土量 15%～30%，但平均运距不宜超过 50～70m，不宜小于 20m。适用于大面积场地平整和运送土用。如图 1-6 所示。

③槽形推土。推土机重复多次在一条作业线上切土和推土，使地面逐渐形成一条浅

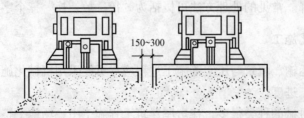

150～300

图 1-6 并列推土法

槽，以减少土从铲刀两侧流散，可以增加推土量 10% ~ 30%。槽深 1m 左右为宜，土梗宽约 50cm。当推出多条槽后，再从后面将土推入槽中运出。适合于运距较远，土层较厚时使用。如图 1-7 所示。

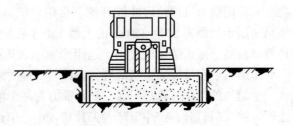

图 1-7　槽形推土法

④多铲集运。在硬质土中，切土深度不大，将土先积聚在一个或数个中间点。然后再整批推送到卸土区，使铲刀前保持满载。堆积距离不宜大于 30m，推土高度以 2m 内为宜。本法能提高生产效率 15% 左右。适于运送距离较远而土质又比较坚硬，或长距离分段送土时采用，如图 1-8 所示。

⑤铲刀附加侧板。对于运送疏松土壤，且运距较大时，可在铲刀两边加装侧板，增加铲刀前的土方体积和减少推土漏失量，如图 1-9 所示。

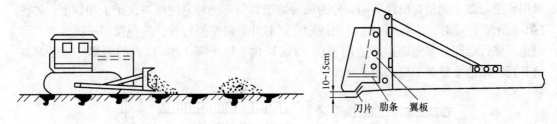

图 1-8　分堆集中，一次推送法　　　　图 1-9　铲刀附加侧板示意图

2）推土机生产率计算

①推土机小时生产率 P_h（m^3/h），按下式计算

$$P_h = \frac{3600q}{T_v K_s} \tag{1-13}$$

式中　T_v——从推土到将土送到填土地点的循环延续时间（s）；

q——推土机每次的推土量（m^3）；

K_s——土的可松性系数。

②推土机台班生产率 P_d（$m^3/台班$），按下式计算

$$P_d = 0.8 P_h K_B \tag{1-14}$$

式中　K_B——一般在 0.72 ~ 0.75 之间。

（2）铲运机施工

铲运机是利用装在前、后轮轴之间的铲运斗，在行驶中，顺序进行土壤铲削、装载、运输和铺卸土壤作业的铲土运输机械。它能独立地完成铲土、装土、运土、卸土各个工序，还兼有一定的压实和平整土地的功能。按照行走方式可分为自行式和拖式两种；按铲斗的操纵系统又可分为液压式和索式两种。

铲运机由于其斗容量大，作业范围广，主要用于大土方量的挖填和运输作业，广泛用于公路、铁路、工业建筑、港口建筑、水利、矿山等工程中，是应用最广的土方工程机械。最适宜于开挖含水量不超过 27% 的松土和普通土，坚土（三类土）和砂砾坚土（四

类土）需用松土机预松后才能开挖。常用的铲运机斗容量为 2.5 ~ 7m³ 等数种。自行式铲运机适用于运距为 800 ~ 3500m 的大型土方工程施工，以运距在 800 ~ 1500m 的范围内的生产效率最高。拖式铲运机适用于运距为 80 ~ 800m 的土方工程施工，而运距在 200 ~ 350m 时效率最高。在设计铲运机的开行路线时，应力求符合经济运距的要求。

铲运机的工作装置是铲斗，铲斗前方有一个能开启的斗门，铲斗前设有切土刀片。切土时，铲斗门打开，铲斗下降，刀片切入中。铲运机前进时，被切下的土挤入铲斗；铲斗装满土后，提起铲斗，放下斗门，将土运至卸土地点。在选定铲运机斗容量后，其生产率的高低主要取决于机械的开挖路线和施工方法。

1）铲运机的开行路线

铲运机运行路线应根据填方、挖方区的分布情况并结合当地具体条件进行合理选择。主要有以下两种形式：

①环形路线。

这是一种简单又常用的路线。当地形起伏不大，施工地段较短时，多采用环形路线。根据铲土与卸土的相对位置不同，分为两种情况，每一循环只完成一次铲土和卸土，如图 1-10 所示。作业时，应每隔一定时间按顺、逆时针方向交换行驶，避免仅向一侧转弯，可避免机械行走部分单侧磨损。适用于长 100m 以内、填土高 1.5m 以内的路堤、路堑及基坑开挖、场地平整等工程采用。

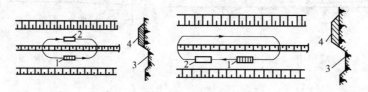

图 1-10　环形路线
1—铲土；2—卸土；3—取土坑；4—路堤

②大环形路线。

从挖方到填方都按封闭的环形路线回转。当挖填交替且挖填方之间的距离又较短，而

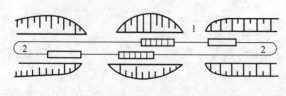

图 1-11　大环形路线图
1—铲土；2—卸土

刚好填土区在挖土区的两端时，则可采用大环形路线，如图 1-11 所示。其优点是一个循环能完成多次铲土和卸土，减少铲运机的转弯次数，提高工作效率。此法也应经常调换方向行驶，以免机械行走部分单侧磨损。适用于作业面很短（50 ~ 100m）和填方不高（0.1 ~ 1.5m）的路堤、路堑、基坑及场地平整等工程采用。

③"8"字形路线。

装土、运土和卸土，轮流在两个工作面上进行，每一循环完成两次铲土和两次卸土作业，如图 1-12 所示。这种运行路线，装土、卸土沿直线开行，转弯时刚好把土装完或卸完，但两条路线间的夹角应小于 60°，比环形路线运行时间短，减少了转弯次数和空驶距离。同时一次循环中两次转弯方向不同，可避免机械行驶时的单侧磨损。适用于挖管沟、沟边卸土或取土坑较长（300～500m）的侧向取土、填筑路基以及起伏较大的场地平整等工程。

④连续式运行路线。

铲运机在同一直线段连续地进行铲土和卸土作业，此法可消除跑空车现象，减少转弯次数，提高工效，同时还可使整个填方面积得到均匀压实。适用于大面积场地平整填方和挖方轮次交替出现的地段采用。

⑤锯齿形运行路线。

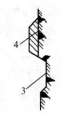

图1-12 "8"字形路线
1—铲土；2—卸土；3—取土坑；4—路堤

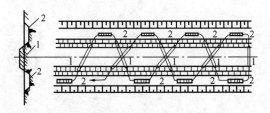

图1-13 锯齿形运行路线
1—铲土；2—卸土

铲运机从挖土地段到卸土地段以及从卸土地段到挖土地段都是顺转弯，铲土和卸土交替地进行，直至作业段的末端才转180°弯，然后再按相反方问作锯齿形运行。此法调头转弯次数减少，同时运行方向经常改变，使机械磨损减轻。适用于作业地段很长（500m以上）的路堤、堤坝等修筑时采用。如图1-13所示。

2）提高生产率的方法

生产效率主要决定于铲斗装土容量及铲土、运土、卸土和回程的工作循环时间。为了提高铲运机的生产率，还应根据施工条件采取不同施工方法，以缩短装土时间。

①下坡铲土法。铲运机顺地形进行下坡铲土，借助铲运机的重力，加深铲斗切土深度，缩短铲土时间，可提高生产率25%左右。一般地面坡度3°～9°为宜。平坦地形可将取土段的一端先铲低，然后保持一定坡度向后延伸，人为创造下坡铲土条件。适合于斜坡地形大面积场地平整或推土回填沟渠用。

②跨铲法。在较坚硬的土内挖土时，可采用间隔铲土，预留土埂的方法。这样，铲运机在间隔铲土时由于形成一个土槽，可减少向外撒土量；铲土埂时增加了两个自由面，阻力减小，达到"铲土快，铲土满"的效果。一般土埂高不大于300mm，宽度不大于拖拉机两履带间的净距。适合于较坚硬的土铲土回填或场地平整。

③助铲法。在坚硬的土层中铲土时，使用自行式铲运机，另配一台推土机在铲运机的后拖杆上进行顶推，以加大铲刀切土能力，缩短铲土时间，可提高生产率30%左右。推土机在助铲的空隙可兼作松土或平整工作，为铲运机创造作业条件。此法的关键是铲运机和推土机的配合，一般一台推土机可配合3～4台铲运机助铲。适合于地势平坦、土质坚硬、长度和宽度均较大的大型场地平整工程采用。

3）铲运机的生产率计算

①铲运机小时生产率 P_h（m^3/h），按下式计算

$$P_h = \frac{3600 \cdot q \cdot K_c}{T_c K_s}$$ (1-15)

式中　　q——铲斗容量（m^3）；

K_c——铲斗装土的充盈系数（一般砂土为 0.75；其他土为 0.85~1.3）；

K_s——土的可松性系数；

T_c——从挖土开始到卸土完毕再回到挖土地点，每一循环延续的时间（s）；可按下式计算：

$$T_c = t_1 + \frac{2l}{v_c} + t_2 + t_3 \tag{1-16}$$

式中　　t_1——装土时间，一般取 60~90s；

l——平均运距，由开行路线定（m）；

v_c——运土与回程的平均速度，一般取 1~2m/s；

t_2——卸土时间，一般取 15~30s；

t_3——换挡和调头时间，一般取 30s。

②铲运机台班生产率 P_d（m^3/台班），按下式计算

$$P_d = 8 \cdot P_h \cdot K_B \tag{1-17}$$

式中　　K_B——时间利用系数（一般为 0.7~0.9）。

（3）单斗挖土机施工

单斗挖土机种类很多，在土方工程中应用较广。按其行走方式的不同，分为履带式和轮胎式两类；按其操纵机构的不同，可分为机械式和液压式两类。也可以根据工作的需要，更换其工作装置。按其工作装置的不同，可分为正铲、反铲、拉铲和抓铲等。

1）正铲挖土机施工

正铲挖土机的挖土特点是：前进向上，强制切土。其挖掘能力大，生产效率高，适用于开挖停机面以上的一~四类土和经爆破的岩石、冻土。与运土汽车配合能完成整个挖运任务，可用于开挖大型干燥基坑以及土丘等。当地下水位较高时，应采取降低地下水位的措施，把基坑土疏干。其工作面高度不应小于 1.5m，否则，一次起挖不能装满铲斗，降低工作效率。

挖土机的生产效率主要决定于每斗的装土量和每斗作业的循环延续时间。为了提高挖土机生产效率，除了工作面高度必须满足装满土斗的要求之外，还要考虑开挖方式和与运土机械配合的问题，尽量减少回转角度，缩短每个循环的延续时间。

①开挖方式

根据挖土机的开挖路线与配套的运输工具相对位置不同，正铲挖土机的挖土和卸土方式有以下两种：

a.正向挖土、后方卸土。挖土机沿前进方向挖土，运输工具停在挖土机后方装土，俗称正向开挖法（图1-14a）。这种作业方式的工作面较大，但挖土机卸土时铲臂回转角度大，运

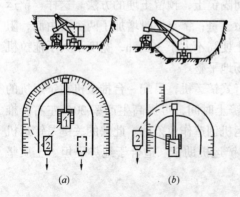

图 1-14　正铲挖土机开挖方式
（a）正向开挖、后方卸土；
（b）正向挖土、侧向卸土
1—正铲挖土机；2—自卸汽车

输车辆要倒车驶入，增加工作循环时间，生产效率降低（回转角度180°，效率降低约23%；回转角度130°，效率降低约13%）。一般只宜用于开挖工作面较狭窄且较深的基坑（槽）、沟渠和路堑等。

b.正向挖土、侧向卸土。挖土机沿前进方向挖土，运输工具在挖土机一侧开行和装土，俗称侧向开挖法（图1-14b）。采用这种作业方式，挖土机卸土时铲臂回转角度小，装车方便，循环时间短，生产率高而且运输车辆行驶方便，避免了倒车和小转弯，因此应用最广泛。用于开挖工作面较大，高差不大的边坡、基坑（槽）、沟渠和路堑等。

由于正铲挖土机作业于坑下，无论采用哪种卸土方式，都应先挖掘出口坡道，坡道的坡度为1:（7~10）。

②提高生产率的施工方法

a.分层开挖法。将开挖面按机械的合理高度分为多层开挖，当开挖面高度不能成为一次挖掘深度的整数倍时，则可在挖方的边缘或中部先开挖一条浅槽作为第一次挖土运输的路线，然后再逐次开挖直至基坑底部。用于开挖大型基坑或沟渠，工作面高度大于机械挖掘的合理高度时采用。

b.多层挖土法。将开挖面按机械的合理开挖高度，分为多层同时开挖，以加快开挖速度，土方可以分层运出，亦可分层递送至最上层（或下层）用汽车运出。但两台挖土机沿前进方向，上层应先开挖，与下层保持30~50m距离。适于开挖高边坡或大型基坑。

c.中心开挖法。正铲挖土机先在挖土区的中心开挖，当向前挖至回转角度超过90°时，则转向两侧开挖，运土汽车按八字形停放装土。本法开挖移位方便，回转角度小（<90°），挖土区宽度宜在40m以上，以便于汽车靠近正铲装车。适用于开挖较宽的山坡地段或基坑、沟渠等。

d.上下轮换开挖法。先将土层上部1m以下土挖深30~40cm，然后再挖土层上部1m厚的土，如此上下轮换开挖。本法挖土阻力小，易装满铲斗，卸土容易。适于土层较高，土质不太硬，铲斗挖掘距离很短时使用。

e.顺铲开挖法。正铲挖掘机铲斗从一侧向另一侧，一斗挨一斗地顺序进行开挖。每次挖土增加一个自由面，使阻力减小，易于挖掘。也可依据土质的坚硬程度使每次只挖2~3个斗牙位置的土。适于土质坚硬，挖土时不易装满铲斗，而且装土时间长时采用。

f.间隔开挖法。即在扇形工作面上第一铲与第二铲之间保留一定距离，使铲斗接触土体的摩擦面减少，两侧受力均匀，铲土速度加快，容易装满铲斗，生产效率高。适于开挖土质不太硬、较宽的边坡或基坑、沟渠等。

2）反铲挖土机施工

反铲挖土机的挖土特点是：后退向下，强制切土。其挖掘能力比正铲小，能开挖停机面以下的一~三类土，适用于开挖深度不大的基坑、基槽或管沟等及含水量大或地下水位较高的土方。反铲挖土机可以与自卸汽车配合，装土运走，也可弃土于坑槽附近。

液压反铲挖土机体积小、功率大，操作平稳，生产效率高，且规格齐全，已经逐渐代替了机械式反铲挖土机，是目前工程建设中使用最为广泛、拥有量最多的机型。

①开挖方式

根据挖土机的开挖路线与配套的运输工具相对位置不同，反铲挖土机的作业方式有以下两种：

a. 沟端开挖。挖土机停在基槽（坑）的一端，向后倒退着挖土，汽车停在两旁装车运土，也可直接将土甩在基槽（坑）的两边堆土（图1-15a）。此法的优点是挖掘宽度不受挖土机械最大挖掘半径的限制，铲臂回转半径小，开挖的深度可达到最大挖土深度。单面装土时，沟端开挖的工作面宽度为1.3R，双面装车时为1.7R。当基坑宽度超过1.7R时，可分次开挖或按"之"字形路线开挖。

b. 沟侧开挖。挖土机沿沟槽一侧直线移动，边走边挖，运输车辆停在机旁装土或直接将土卸在沟槽的一侧（图1-15b）。卸土时铲臂回转半径小，能将土弃于距沟边较远的地方，但挖土宽度（一般为0.8R）和深度较小，边坡不易控制。由于机身停在沟边工作，边坡稳定性差。因此只在无法采用沟端开挖方式或挖出的土不需运走时采用。

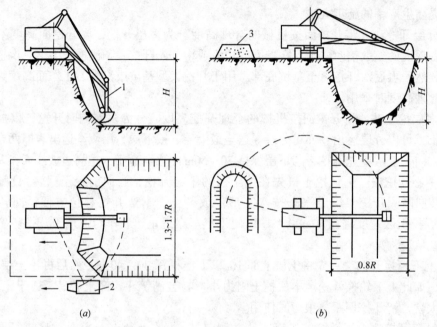

图 1-15　反铲挖土机开挖方式与工作面
（a）沟端开挖；（b）沟侧开挖
1—反铲挖土机；2—自卸汽车；3—弃土堆

②提高生产率的施工方法

a. 分条开挖。当基坑开挖宽度较大，挖土机不能一次覆盖时。可采用分条开挖法。分条宽度：当接近反铲挖土机实际最大挖土深度时，靠边坡的一侧为（0.8~1.0）R（R为反铲最大挖土半径），中间地带为（1~1.3）R。挖土机的施工顺序和开行路线既要考虑汽车的装卸位置及行驶路线，又要考虑收尾工作方便。

b. 分层开挖。当基坑开挖深度大于反铲最大挖土深度时，可采用分层开挖法。分层原则是：上层尽量要浅，层底不要在滞水、淤泥及其他弱土层上。分层挖土需要开运土坡道，宽度一般为3~5m，坡度根据分层深度及汽车性能，一般层深在2m以内时，坡道坡度为1:3~5；层深在5m以内时，坡度为1:6~7；层深超过5m时，坡度为1:10。坡道开挖方式通常有内坡道、外坡道和内外结合坡道等三种形式。

c. 沟角开挖。反铲挖土机位于沟前端的边角上，随着沟槽的掘进，机身沿着沟边往后作"之"字形移动。臂杆回转角度平均在45°左右，机身稳定性好，可挖较硬的土体，并能挖出一定的坡度。适于开挖土质较硬、坡度较小的沟槽（坑）。

d. 多层接力开挖。用两台或多台挖土机设在不同作业高度上同时挖土，边挖土，边将土传递到上层，由地表挖土机沿挖土带向运土汽车装土；上部可用大型反铲挖土机，中、下层用大型或小型反铲挖土机进行挖土和装土，均衡连续作业。一般两层挖土可挖深10m，三层可挖深15m左右。此法开挖较深基坑，可一次开挖到设计标高，一次完成土方开挖，可避免汽车在坑下作业，提高生产效率，且不必设专用坡道。适于开挖土质较好、深10m以上的大型基坑、沟槽和渠道。

3) 拉铲挖土机施工

拉铲挖土机的挖土特点是"后退向下，自重切土"。拉铲挖土机的土斗用钢丝绳悬挂在挖土机长臂上，挖土时土斗在自重作用下落到地面切入土中。此时，吊杆倾斜角度应在45°以上，先挖两侧然后中间，分层进行，保持边坡整齐。距边坡的安全距离应不小于2m。拉铲挖土机的挖土深度和挖土半径均较大，能开挖停机面以下的一～二类土，但不如反铲动作灵活准确，适用于开挖较深较大的基坑（槽）、沟渠，挖取水中泥土以及填筑路基、修筑堤坝等。拉铲挖土机大多将土直接卸在基坑（槽）附近堆放，或配备自卸汽车装土运走，但工效较低。

拉铲挖土机的作业方式可分为沟端开挖和沟侧开挖。

① 沟端开挖法。拉铲挖土机停在沟端，倒退着沿沟纵向开挖（图1-16a）。开挖宽度可以达到机械挖土半径的两倍，能两面出土，汽车停放在一侧或两侧，装车角度小，坡度较易控制，并能开挖较陡的坡。适于就地取土填筑路基及修筑堤坝等。

② 沟侧开挖法。拉铲挖土机停在沟侧，沿沟横向开挖，顺沟边与沟平行移动，如沟槽较宽，可在沟槽的两侧开挖（图1-16b）。这种方法开挖宽度和深度均较小，一次开挖宽度约等于挖土半径，且开挖边坡不易控制。适于开挖土方就地堆放的基坑、槽以及填筑路堤等工程。

这两种开挖方式都有边坡留土较多的缺点，需要大量的人工清理。如挖土宽度较小又要求沟壁整齐时，可采用三角形拉土法。拉铲按"之"字形移位，与开挖沟槽的边缘成45°角左右。此法拉铲的回转角度小，边坡开挖整齐，生产效率较高。

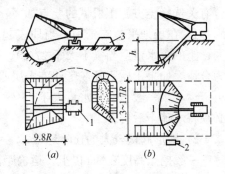

图 1-16 拉铲挖土机开挖方式
（a）沟侧开挖；（b）沟端开挖
1—拉铲挖土机；2—汽车；3—弃土堆

4) 抓铲挖土机施工

抓铲挖土机是在挖土机臂端用钢丝绳吊装一个抓斗挖土，特点是"直上直下，自重切土"。其挖掘能力较小，生产效率低，但挖土深度大，可挖出直立边坡，是任何土方机械不可比拟的。适用于开挖停机面以下一～二类土，如挖窄而深的基坑、疏通旧有渠道以及挖取水中淤泥等，或用于装卸碎石、矿渣等松散材料。在软土地基的地区，常用于开挖基坑、沉井等。

由于抓铲挖土机是靠铲斗自重，直上直下往复运动挖土，并且回转半径固定，所以其开挖方式有沟侧开挖和定位开挖两种。

a. 沟侧开挖。抓铲挖土机沿基坑边移动挖土。适用于边坡陡直或有支护结构的基坑开挖。

b. 定位开挖。抓铲挖土机停在固定位置上挖土。适用于竖井、沉井开挖。

抓铲挖土机能在回转半径范围内开挖基坑上任何位置的土方,并可在任何高度上卸土(装车或弃土)。对小型基坑,抓铲挖土机立于一侧抓土;对较宽的基坑,则在两侧或四周抓土。抓铲挖土机应离基坑边有一定的安全距离,土方可直接装入自卸汽车运走,或堆弃在基坑旁或用推土机推到远处堆放。挖淤泥时,抓斗易被淤泥吸住,应避免用力过猛,以防翻车。抓铲挖土机施工,一般均需加配重。

(4) 装载机

装载机按行走方式分履带式和轮胎式两种;按工作方式分单斗式装载机、链式和轮斗式装载机。土方工程主要使用单斗铰接式轮胎装载机。它具有操作灵活、轻便、运转方便、快速的特点。适用于装卸土方和散料,也可用于松软土的表层剥离、地面平整和场地清理等工作。

作业方法基本与推土机类似,在土方工程中,也有铲装、转运、卸料、返回等四个过程。

2. 土方挖运机械的选择及配套计算

(1) 土方机械的选择

土方机械的选择,通常先根据工程特点和技术条件提出几种可行方案,然后进行技术经济比较,优选效率高、费用低的机械进行施工,一般可选用土方单价最小的机械。现综合有关选择土方施工机械的要点如下:

1) 在场地平整施工中,当地表起伏不大,坡度在 20°以内,挖填平整土方的面积较大,土的含水量适当(不大于 27%),平均运距短(一般在 1km 以内)时,采用铲运机较为合适。如果土质坚硬或冬期冻土层厚度超过 100~150mm 时,必须由其他机械辅助翻松再铲运。当一般土的含水量大于 25%,或坚硬的黏土含水量超过 30% 时,铲运机会陷车,必须将水疏干后再施工。

2) 地形起伏较大的丘陵地带

一般挖土高度在 3m 以上,运输距离超过 1km,工程量较大且又集中时,可采用下述三种方式进行挖土和运土:

①正铲挖土机配合自卸汽车进行施工,并在弃土区配备推土机平整土堆。选择铲斗容量时,应考虑到土质情况、工程量和工作面高度。当开挖普通土,集中工程量在 1.5 万 m³ 以下时,可采用 0.5m³ 的铲斗;当开挖集中工程量为 1.5~5 万 m³ 时,以选用 1.0m³ 的铲斗为宜。此时,普通土和硬土都能开挖。

②用推土机将土推入漏斗,并用自卸汽车在漏斗下盛土并运走。这种方法适用于挖土层厚度在 5~6m 以上的地段。漏斗上口尺寸为 3m 左右,由宽 3.5m 的框架支撑。其位置应选择在挖土段的较低处,并预先挖平。漏斗左右及后侧土壁应予支撑。使用 73.5kW 的推土机两次可装满 8t 自卸汽车,效率较高。

③用推土机预先把土推成一堆,用装载机把土装到汽车上运走,效率也很高。

3) 开挖基坑时根据下述原则选择机械

①土的含水量较小，可结合运距长短、挖掘深浅，分别采用推土机、铲运机或正铲挖土机配合自卸汽车进行施工。当基坑深度在 1 ~ 2m，基坑不太长时可采用推土机；深度在 2m 以内长度较大的线状基坑，宜用铲运机开挖；当基坑较大，工程量集中时，可选用正铲挖土机挖土，自卸汽车配合运土。

②如地下水位较高，又不采用降水措施，或土质松软，可能造成正铲挖土机和铲运机陷车时，则采用反铲、拉铲或抓铲挖土机配合自卸汽车较为合适，挖掘深度见有关机械性能表。

4）移挖作填以及基坑和管沟的回填，运距在 60 ~ 100m 以内可用推土机。

上述各种机械的适用范围都是相对的，选用机械时应根据具体情况考虑。

(2) 挖土机与运土车辆的配套计算

在组织土方工程机械化综合施工时，应先确定主导施工机械，其他辅助机械按主导机械的性能进行配套选用。其数量的确定方法如下：

1）挖土机数量确定

挖土机数量 N（台），应根据所选机型的台班生产率、土方量大小、工期长短、经济效果按下式计算：

$$N = \frac{Q}{P} \cdot \frac{1}{T \cdot C \cdot K} \tag{1-18}$$

式中　Q——土方量（m^3）；

　　　P——挖土机生产率（m^3/台班）；

　　　T——工期（工作日）；

　　　C——每天工作班次；

　　　K——工作时间利用系数（0.8 ~ 0.9）。

挖土机生产率 P（m^3/台班），可查定额手册求得。也可按下式计算

$$P = \frac{8 \times 3600}{t} \cdot q \cdot \frac{K_c}{K_s} \cdot K_B \tag{1-19}$$

式中　t——挖土机每次循环作业延续时间（s），即每挖一斗的时间。对 W_1-100 正铲挖土机为 25 ~ 40s，对 W_1-100 拉铲挖土机为 45 ~ 60s；

　　　q——挖土机斗容量（m^3）；

　　　K_s——土的最初可松性系数；

　　　K_c——土斗的充盈系数，可取 0.8 ~ 1.1；

　　　K_B——工作时间利用系数，一般 0.6 ~ 0.8。

2）运输车辆计算

为了使挖土机充分发挥生产能力，运输车辆的大小和数量应根据挖土机数量配套选用。运输车辆的载重量应为挖土机铲斗土重的整数倍，一般为 3 ~ 5 倍。运输车辆过多，会使车辆窝工，道路堵塞；运输车辆过少，又会使挖土机等车停工。为了保证都能正常工作，运输车辆数量 n 按下式计算：

$$n = \frac{T'}{t'} \tag{1-20}$$

式中　T'——运输车辆每装卸一车土往返一次循环作业时间（s）；

t'——运输车辆装满一车土的时间（s）。

五、降水施工

当地下水位较高，在开挖的基坑或沟槽底面低于地下水位时，土壤的含水层常被切断，地下水的平衡会因遭到破坏而不断地渗入坑内。为了保证土方工程施工的质量和安全，防止边坡塌方、流砂及管涌现象的发生和地基承载能力的下降，在基坑开挖前或开挖过程中，必须采取措施降低地下水位。

降水方法一般可分为集水井降水法和井点降水法两类。集水井降水法一般适用于降水深度较小且地层为粗粒土层或黏性土时；井点降水法适用于降水深度较大，或土层为细砂和粉砂，或在软土地区时。当采用井点降水仍有局部地段降水深度不够时，可辅以集水井降水。但无论采用哪种方法，降水工作至少持续到基础施工完毕并回填土后才可停止。当地下工程不足以平衡水的浮力时，要待上部结构施工到有足够的重量时才可停止降水。

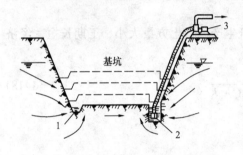

图 1-17　集水井降水
1—排水沟；2—集水坑；3—水泵

1. 集水井降水法

（1）集水井降水法原理

在基坑或沟槽开挖时，在坑底设置集水井，并沿坑底四周或中央开挖排水沟，使水经排水沟流入集水井内，然后用水泵抽出坑外，如图 1-17 所示。这种降水方法称为集水井降水法，也称明排水法。抽出的水应予引开，以防倒流。

排水沟及集水井应在挖至地下水位以前设置，设在基础边线 0.4m 以外，地下水的上游。

施工时，在开挖基坑的一侧、两侧或四周，有时在基坑中心设置排水沟。水沟截面要考虑基坑排水量及对附近建筑物的影响，排水沟边缘应离开坡脚不小于 0.3m。一般较小面积基坑的排水沟深 0.3～0.6m，底宽应不小于 0.3m，水沟的边坡为 1:1～1:0.5，沟底应具有不小于 2‰ 的最小纵向坡度，使水流不致阻滞而淤塞。较大面积基坑排水，常用排水沟的截面尺寸可参考表 1-7。为保证流水通畅，避免携砂带泥，排水沟的底部及侧壁可根据工程具体情况及土质条件采用素土、砖砌或混凝土等形式。

基坑（槽）排水沟常用截面表（m）　　　　表 1-7

图 示	基坑面积（m²）	截面符号	粉质黏土			黏 土		
			地下水位以下的深度（m）					
			4	4～8	8～12	4	4～8	8～12
	5000以下	a	0.5	0.7	0.9	0.4	0.5	0.6
		b	0.5	0.7	0.9	0.4	0.5	0.6
		c	0.3	0.3	0.3	0.2	0.3	0.3
	5000～10000	a	0.8	1.0	1.2	0.5	0.7	0.9
		b	0.8	1.0	1.2	0.5	0.7	0.9
		c	0.3	0.4	0.4	0.3	0.3	0.3
	10000以上	a	1.0	1.2	1.5	0.6	0.8	1.0
		b	1.0	1.2	1.5	0.6	0.8	1.0
		c	0.4	0.4	0.5	0.3	0.3	0.4

根据地下水量大小、基坑平面形状及水泵能力，在四角或每隔 20～40m 设一集水井。集水井的直径或宽度，一般为 0.6～0.8m。排水沟比挖土面低 0.3～0.4m，集水井比排水沟低 0.5m 以上，二者的深度随着挖土的加深而逐步加深，坑底、沟底和井底应始终保持这一高度差。井壁可用竹、木或砌砖等做临时简易加固。当基坑挖至设计标高后，井底应低于坑底 1～2m，并铺设 0.3m 碎石滤水层，以免在抽水时将泥砂抽出，并防止井底的土被搅动。

集水井降水法由于设备简单和排水方便，应用较广。但当开挖深度较大、地下水位较高而土为细砂或粉砂时，采用此法降水，有时地下水渗出时会产生流砂现象。因此，它适用于基坑开挖深度不大的粗粒土层及渗水量小的黏性土层的施工。

(2) 动水压力与流砂现象

流动中的地下水对土颗粒产生的压力成为动水压力。有关动水压力的性质，可通过水在土中流动的力学现象来说明。如图 1-18 所示，水由左端高水位（水头为 h_1），经过长度为 l、截面积为 F 的土体，流向右端低水位水头为 h_2。

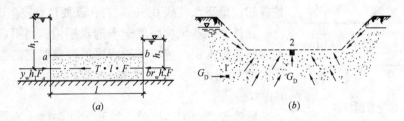

图 1-18　动水压力原理图

（a）水在土中渗流时的力学现象；（b）动水压力对地基土的影响

1、2——土粒

水在土中渗流时，作用在土体上的力有：

$\gamma_w \cdot h_1 \cdot F$——作用在土体左端 a-a 截面处的总水压力，其方向与水流方向一致；

$\gamma_w \cdot h_2 \cdot F$——作用在土体右端 b-b 截面处的总水压力，其方向与水流方向相反；

$T \cdot l \cdot F$——水渗流时受到土颗粒的总阻力（T 为单位土体阻力）。

由静力平衡条件（设向右的力为正）有：

$$\gamma_w \cdot h_1 \cdot F - \gamma_w \cdot h_2 \cdot F + T \cdot l \cdot F = 0$$

整理得

$$T = -\frac{h_1 - h_2}{l} \gamma_w \quad （-表示方向向左） \tag{1-21}$$

式中 $\frac{h_1 - h_2}{l}$ 为水头差与渗透路程长度之比，称为水力坡度，以 I 表示。即上式可写成：

$$T = -I \cdot \gamma_w \tag{1-22}$$

由于单位土体阻力与水在土中渗流时对单位土体的压力 G_D 大小相等，方向相反，所以：

$$G_D = -T = I \cdot \gamma_w \tag{1-23}$$

G_D 称为动水压力，其单位为牛／（厘米）³（N/cm³）或千牛／米³（kN/m³）。由上式可知，动水压力 G_D 的大小与水力坡度成正比，即水位差 $h_1 - h_2$ 越大，则 G_D 越大；而渗透路程越长，则 G_D 越小；动水压力的作用方向与水流方向相同。当水流在水位差的作用下土颗粒产生向上压力时，动水压力不但使土粒受到了水的浮力，而且还使土粒受到向上推动的压力。如果动水压力等于或大于土的浸水重度，即：

$$G_D \geqslant \gamma'_w \tag{1-24}$$

则土粒失去自重，处于悬浮状态，土的抗剪强度等于零，土粒能随着渗流的水一起流动，这种现象就叫"流砂现象"。

发生流砂时，土完全丧失承载能力，工人难以立足，施工条件恶化，土边挖边冒，难以达到设计深度。严重时会造成边坡塌方，并有引起附近建筑物地基被掏空而使建筑物下沉、倾斜，甚至倒塌的危险。总之，流砂现象对土方施工和附近建筑物都有很大的危害。

实践经验表明，具备下列性质的土，在一定动水压力的作用下，就有可能发生流砂现象：①土的颗粒组成中，黏粒含量小于 10%，粉粒（颗粒为 0.005 ~ 0.05mm）含量大于 75%；②颗粒级配中，土的不均匀系数小于 5；③土的天然孔隙比大于 0.75；④土的天然含水量大于 30%。因此，流砂现象经常发生在细砂、粉砂及粉土中。经验还表明：在可能发生流砂的土质处，基坑挖深超过地下水位线 0.5m 左右，就要注意发生流砂现象。

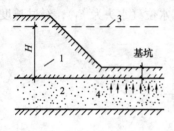

图 1-19 管涌冒砂
1—不透水层；2—透水层；
3—压力水位线；4—承压水的顶托力

此外，当基坑坑底位于不透水层内，而不透水层内下面为承压蓄水层，坑底不透水层的覆盖厚度的重量小于承压水的顶托力时，基坑底部便可能发生管涌现象。如图 1-19 所示。

颗粒细、均匀、松散、饱和的非黏性土容易发生流砂现象，但是否出现流砂现象的重要条件是动水压力的大小和方向。在一定的条件下土转化为流砂，而在另一些条件下，若改变动水压力的大小和方向，又可将流砂转变为稳定土。因此，防治流砂的原则是"治流砂必治水"。主要途径：一是消除、减少或平衡动水压力；二是设法使动水压力的方向向下，或截断地下水流。其具体措施有：

①争取在全年最低水位季节施工。因地下水位低，基坑内外水位差小，则动水压力小，不易发生流砂。

②抛大石块法。采用此法应组织人力分段抢挖，使挖土速度超过冒砂速度，挖到标高后立即铺设芦席并抛大石块以增加土的压重、平衡动水压力，将流砂压住。此法用以解决局部或轻微的流砂现象是有效的。

③打板桩法。将板桩打入坑底下面一定深度，增加地下水从坑外流入坑内的渗流路线，从而减少水力坡度，降低动水压力，防止流砂发生。

④水下挖土法。即采取不排水（或少抽水）施工，使坑内水压与坑外地下水压平衡（或缩小水头差），消除（或减小）动水压力，阻止流砂现象的发生。

⑤人工降低地下水位。采用轻型井点或管井井点等降水方法，使地下水的渗流向下，动水压力的方向也向下，水不致渗流入坑内，又增大了土粒间的压力，从而可有效地防止流砂现象。此法应用较广也较可靠。

⑥地下连续墙法。在基坑周围先浇筑一道混凝土或钢筋混凝土的连续墙，以支撑土壁、截水并防止流砂发生。

此外，在含有大量地下水土层或沼泽地区施工时，还可以采用土壤冻结法等。对位于易发生流砂的地区的基础工程，应尽可能用桩基或沉井施工，以节约防治流砂所增加的费用。

2. 井点降水法原理

（1）井点降水法

井点降水就是在基坑开挖前，预先在基坑四周埋设一定数量的滤水管（井），利用抽水设备，在基坑开挖前和开挖过程中不断地抽出地下水，使地下水位降低到坑底以下，直至基础工程施工完毕为止。这样，就从根本上解决了地下水涌入坑内的问题（图1-20a）；并防止边坡由于受地下水流的冲刷而引起塌方（图1-20b）；消除了因地下水位差引起的对坑底土层的压力，防止了坑底土的上冒（图1-20c）；由于没有了水压力，使板桩减少了横向荷载（图1-20d）；可使所挖的土始终保持干燥状态，改善了施工条件，同时还使动水压力方向向下，从而从根本上消除了流砂现象（图1-20e）；降低地下水位后，由于土体固结，土层增密，提高了地基土的承载能力；土方开挖时，边坡可适当改陡，减少了挖方量。

井点降水不仅是一种施工措施，也是一种加固地基的方法，但在降水过程中，应注意在降水影响范围内的已有建筑物和构筑物可能产生附加沉降、位移，以及在岩溶土洞发育地区可能引起的地面塌陷，必要时应事先采取有效的防护措施。

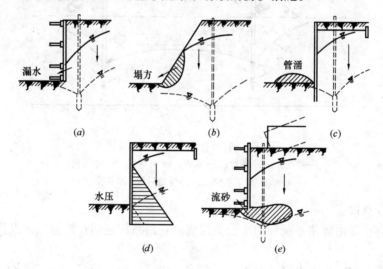

图 1-20　井点降水的作用

（a）防止涌水；（b）使边坡稳定；（c）防止土的上冒；
（d）减少横向荷载；（e）防止流砂

井点降水的方法有：轻型井点、喷射井点、电渗井点、管井井点及深井井点等。施工时可根据土的渗透系数、要求降低水位的深度、工程特点、设备条件及经济性等具体条件参考表1-8选用。其中轻型井点应用最广泛。

1）轻型井点降水

轻型井点降低地下水位，是沿基坑周围以一定间距埋入井点管（下端为滤管）至蓄水层内，井点管上端通过弯连管与地面上水平铺设的集水总管相连接，利用真空原理，通过抽水设备将地下水从井点管内不断抽出，使原有地下水位降至坑底以下（图1-21）。

井点类别	土层渗透系数（m/d）	降低水位深度（m）	适 用 土 质
单层轻型井点	0.1～50	2～6	黏质粉土、砂质粉土、粉砂、含薄层粉砂的粉质黏土
多层轻型井点	0.1～50	6～12	同上
喷射井点	0.1～2	8～20	同上
电渗井点	<0.1	据选用的井点确定	黏土、粉质黏土
管井井点	20～200	3～5	砂质粉土、粉砂、含薄层粉砂的黏质粉土，各类砂土、砾砂
深层井点	10～250	>15	同上

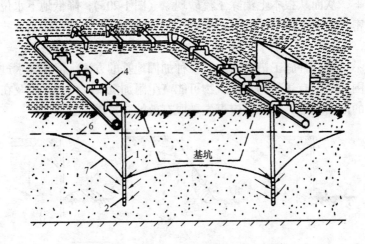

图 1-21 轻型井点降低地下水位图

1—井点管；2—滤管；3—总管；4—弯联管；5—水泵房；

6—原有地下水位线；7—降低后地下水位线

①轻型井点设备

轻型井点设备由管路系统和抽水设备组成。管路系统包括：滤管、井点管、弯联管和集水总管等。

滤管（图 1-22）为进水设备，通常采用长 1.0～1.2m，直径 38mm 或 51mm 的无缝钢管，管壁钻有直径为 12～19mm 的呈星状排列的滤孔，滤孔面积为滤管表面积的 20%～25%。骨架管外面包以两层孔径不同的铜丝布或塑料布滤网。为使流水畅通，在骨架管与滤网之间用塑料管或梯形金属丝隔开，塑料管沿骨架管绕成螺旋形。滤网外面再绕一层 8 号粗钢丝保护网，滤管下端为一锥形铸铁头。滤管上端用螺丝套头与井点管连接。

井点管为直径 38mm 或 51mm、长 5～7m 的钢管，可整根或分节组成。井点管的上端用弯联管与总管相连。

弯联管用胶皮管、塑料透明管或钢管弯头制成，直径为 38′～55mm。每个弯联管上均宜装设阀门，以便检修井点。为了能随时看到该井点是否正常工作，弯联管常采用塑料透明管。

集水总管一般用直径 100～127mm 的无缝钢管，每节长 4m，节间用橡皮套管连接，并用钢箍卡紧，以防漏水。其上装有与井点管连接的短接头，间距0.8m、1.2m或1.6m。

抽水设备是由真空泵、离心泵和水气分离器（又叫集水箱）等组成，其工作原理如图1-23所示。抽水时先开动真空泵19，将水气分离器10内部抽成一定程度的真空，使土中的水分和空气受真空吸力作用而吸出，经管路系统，再经过滤箱8（防止水流中的细砂进入离心泵引起磨损）进入水气分离器10。水气分离器内有一浮筒11，能沿中间导杆升降。当进入水气分离器内的水多起来时，浮筒即上升，此时即可开动离心水泵24，将水气分离器内的水和空气向两个方向排去，水经离心泵排出，空气集中在上部由真空泵排出。为防止水进入真空泵（因为真空泵为干式），水气分离器顶装有阀门12，并在真空泵与进气管之间装一副水气分离器16。为对真空泵进行冷却，特设一个冷却循环水泵23。

一套抽水设备的负荷能力，与其型号、性能和地质情况有关。采用W_5型真空泵时，不大于100m；采用W_6型真空泵时，不大于200m。

②轻型井点布置

井点系统的布置，应根据基坑或沟槽的平面形状和尺寸、深度、土质、地下水位高低与流向、降水深度要求等因素综合确定。

a. 平面布置。

当基坑或沟槽宽度小于6m，且降水深度不大于5m时，可用单排线状井点，布置在地下水流的上游一侧，两端延伸长一般以不小于坑（槽）宽度为宜（图1-24）。如宽度大于6m，或土质不良，渗透系数较大时，则宜采用双排线状井点（图1-25）。面积较大的基坑宜用环状井点（图1-26），有时也可布置为U形，以利挖土

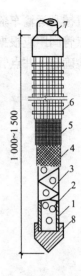

图1-22　滤管构造
1—钢管；2—管壁上的小孔；3—缠绕的塑料管；4—细滤网；5—粗滤网；6—粗钢丝保护网；7—井点管；8—铸铁头

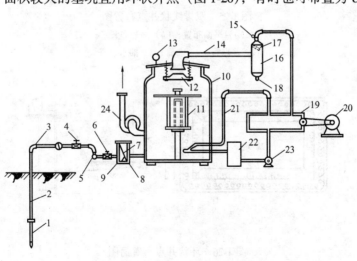

图1-23　轻型井点设备工作原理
1—滤管；2—井点管；3—弯管；4—闸门；5—集水总管；6—闸门；7—滤网；8—过滤箱；9—淘砂孔；10—水气分离器；11—浮筒；12—阀门；13—真空计；14—进水管；15—真空计；16—副水气分离器；17—挡水板；18—放水口；19—真空泵；20—电动机；21—冷却水管；22—冷却水箱；23—循环水泵；24—离心水泵

机械和运输车辆出入基坑。井点管距离基坑壁一般为 0.7～1.0m，以防局部发生漏气。井点管间距应根据土质、降水深度、工程性质等确定，一般采用 0.8～1.6m，或由计算和经验确定。井点管在总管四角部分应适当加密。

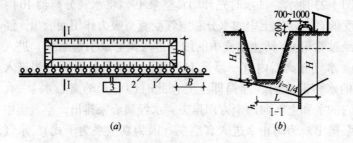

图 1-24　单排线状井点的布置
（a）平面布置；（b）高程布置
1—总管；2—井点管；3—抽水设备

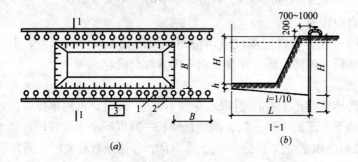

图 1-25　双排线状井点布置图
（a）平面布置；（b）高程布置
1—井点管；2—总管；3—抽水设备

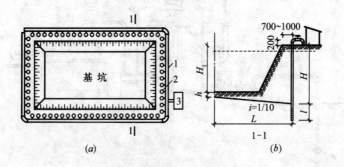

图 1-26　环状井点布置简图
（a）平面布置；（b）高程布置
1—总管；2—井点管；3—抽水设备

　　一套抽水设备能带动的总管长度，一般为 100～120m，采用多套抽水设备时，井点系统应分段，各段长度应大致相等。分段地点宜选择在基坑转弯处，以减少总管弯头数量，提高水泵抽吸能力。水泵宜设置在各段总管中部，使泵两边水流平衡。分段处应设阀门或将总管断开，以免管内水流紊乱，影响抽水效果。

b. 高程布置。

轻型井点的降水深度在考虑设备水头损失后，不超过6m。

井点管的埋设深度 H（不包括滤管长）按下式计算。

$$H \geqslant H_1 + h + IL \tag{1-25}$$

式中　H_1——井管埋设面至基坑底的距离（m）；

　　　h——基坑中心处基坑底面（单排井点时，为远离井点一侧坑底边缘）至降低后地下水位的距离，一般为0.5~1.0m；

　　　I——地下水降落坡度，环状井点1/10，单排线状井点为1/4；

　　　L——井点管至基坑中心的水平距离（m）（在单排井点中，为井点管至基坑另一侧的水平距离）。

如果计算出的 H 值大于井点管长度，则应降低井点管的埋置面（但以不低于地下水位为准）以适应降水深度的要求。各段总管与滤管最好分别设在同一水平面，不宜高低悬殊。

当一级井点系统达不到降水深度要求，可根据具体情况采用其他方法降水（如上层土的土质较好时，先用集水井排水法挖去一层土再布置井点系统）或采用二级井点（即先挖去第一级井点所疏干的土，然后再在其底部装设第二级井点），使降水深度增加。

此外，确定井点管埋深时，还要考虑到井点管一般要露出地面0.2m左右；在任何情况下，滤管必须埋在透水层内。

③轻型井点的计算

轻型井点的计算包括涌水量计算，井点管数量与井距确定，抽水设备的选用。

a. 井点系统涌水量计算。

井点系统涌水量是按水井理论进行计算的，水井根据井底是否达到不透水层，可分为完整井与不完整井；凡井底到达含水层下面的不透水层顶面的井称为完整井，否则，称为不完整井。根据地下水有无压力，又可分为无压井与承压井，如图1-27所示。各类井的涌水量计算方法都不同，其中以无压完整井的理论较为完善。

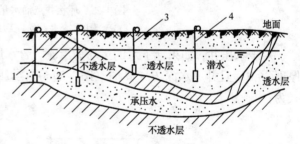

图1-27　水井的分类
1—承压完整井；2—承压非完整井；
3—无压完整井；4—无压非完整井

对于无压完整井的环状井点系统（图1-28a），涌水量计算公式为：

$$Q = 1.366K \frac{(2H - s)s}{\lg R - \lg x_0} \tag{1-26}$$

式中　Q——井点系统的涌水量（m³/d）；

　　　K——土的渗透系数（m/d），可以由实验室或现场抽水试验确定；

　　　H——含水层厚度（m）；

　　　s——水位降低值（m）；

　　　R——抽水影响半径（m），常用下式计算：

$$R = 1.95s \sqrt{HK} \tag{1-27}$$

x_0——环状井点系统的假想半径（m），对于矩形基坑，其长度与宽度之比不大于 5 时，可按下式计算：

$$x_0 = \sqrt{\frac{F}{\pi}} \tag{1-28}$$

式中 F——环状井点系统所包围的面积（m²）。

在实际工程中往往会遇到无压非完整井的井点系统（图 1-28b），这时地下潜水不仅从井的侧面流入，还从井点底部渗入，因此涌入量较完整井大。为了简化计算，仍可采用式（1-26）。但此时式中 H 应换成有效抽水影响深度 H_0，H_0 可按表 1-9 确定。当算得 H_0 大于实际含水量厚度 H 时，仍取 H 值。

有效抽水影响深度 H_0 表 1-9

$s'/(s'+l)$	0.2	0.3	0.5	0.8
H_0	1.3 $(s'+l)$	1.5 $(s'+l)$	1.7 $(s'+l)$	1.85 $(s'+l)$

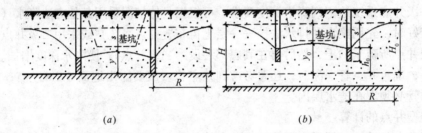

图 1-28 环状井点涌水量计算简图
（a）无压完整井；（b）无压非完整井

对于承压井，如果地下水的运动为层流，含水层上下两个不透水层是水平的，含水层厚度为 M，且井中水深 $H > M$ 时（图 1-29a），承压完整井环状井点系统的涌水量计算公式为：

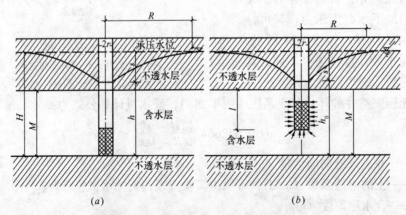

图 1-29 承压井环状井点涌水量计算简图
（a）承压完整井；（b）承压非完整井

$$Q = 2.73 \frac{KMs}{\lg R - \lg x_0} \tag{1-29}$$

对于承压非完整井环状井点系统（图1-29b）的涌水量计算公式则为：

$$Q = 2.73 \frac{Ms}{\lg R - \lg x_0} \times \sqrt{\frac{M}{l + 0.5r}} \times \sqrt{\frac{2M - l}{M}} \tag{1-30}$$

式中　　M——承压含水层厚度（m）；

　　　　r——井点管的半径（m）；

　　　　l——井点管进入含水层的深度（m）。

K、s、R、x_0——同上。

若用以上各式计算轻型井点系统涌水量时，要先确定井点系统布置方式和基坑计算图形面积。如矩形基坑的长宽比大于5或基坑宽度大于抽水影响半径的两倍时，需将基坑分块，使其符合上述各式的适用条件，然后分别计算各块的涌水量和总涌水量。

单根井点管的最大出水量 q，取决于滤管的构造、尺寸和土的渗透系数，按下式计算：

$$q = 65\pi dl K^{1/3} \tag{1-31}$$

式中　d——滤管内径（m）；

　　　l——滤管长度（m）；

　　　K——土的渗透系数（m/d）。

b. 井点管数量与井距的确定。

井点管的最少数量 n 由下式确定

$$n = 1.1 \frac{Q}{q} \tag{1-32}$$

式中　1.1——备用系数（考虑井点管堵塞等因素）。

井点管平均间距 D 为：

$$D = \frac{L}{n} \tag{1-33}$$

式中　L——总管长度（m）；

　　　n——井点管根数。

井点管间距经计算确定后，布置时还需注意：

井点管间距不能过小，否则彼此干扰大，出水量会显著减少，一般可取滤管周长的5～10倍；在基坑周围四角和靠近地下水流方向一边的井点管应适当加密；当采用多级井点排水时，下一级井点管间距应较上一级的小；实际采用的井距，还应与集水总管上端接头的间距相适应（可按0.8、1.2、1.6、2.0m四种间距选用）。

c. 抽水设备的选择。

定型的轻型井点抽水设备配有真空泵、水泵和动力机组。真空泵的规格主要根据所需要的总管长度、井点管数量及降水深度而定。当总管长度不大于100m时可选用 W_5 型，总管长度不大于200m时可选用 W_6 型。水泵的流量主要根据基坑井点系统涌水量大小而定。在满足真空高度的条件下，从所选水泵性能表上查得的流量应满足一套机组承担的涌水量要求。所需水泵功率可用下式计算：

$$N = \frac{kQH_s}{102\eta_1\eta_2} \tag{1-34}$$

式中 N——水泵所需功率（kW）；

k——安全系数，一般取 2.0；

Q——基坑的涌水量（L/s）；

H_s——包括扬水、吸水及由各种阻力所造成的水头损失在内的总高度（m）；

η_1——水泵效率，一般取 0.4～0.5；

η_2——动力机械效率，取 0.75～0.85。

要求水泵的抽水能力应大于井点系统的涌水量（约增大 10%～20%）。通常一套抽水设备配两台离心泵，即可轮换备用，又可在地下水量较大时同时使用。

【例 1-1】 某车间地下室平面尺寸如图 1-30 所示，坑底标高为 -4.5m，根据地质钻探资料，自然地面至 -2.5m 为亚黏土层，渗透系数 $K = 0.5$m/d；-2.5m 以下均为粉砂层，渗透系数 $K = 4$m/d，含水层深度不明，为了防止开挖基坑时发生流砂现象，故采用轻型井点降低地下水位的施工方案。为了使邻近建筑物不受影响，每边放坡宽度不应大于 2m，试根据施工方案，进行井点系统的平面及高程布置。

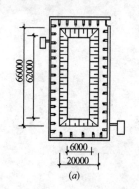 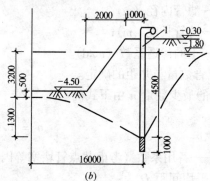

图 1-30 地下室开挖平面及井点管

（a）井点平面布置；（b）轻型井点竖向布置

【解】 （1）井点系统的平面布置（图 1-30a）

根据基坑平面尺寸，井点采用环形布置，井管距基坑边缘取 1m，总管长度：

$$L = \left[(66 + 2) + (20 + 2) \right] \times 2 = 180 \ (m)$$

（2）井点系统的高程布置（图 1-30b）

采用一级轻型井点管，其埋深（即滤管上口至总管埋设面的距离）h：

$$h \geqslant h_1 + \Delta h + IL = 4.2 + 0.5 + 0.1 \times 11 = 5.8 \ (m) \ （长度）$$

井点管布置时，通常露出总管埋设面 0.2m，所以，井点管长度：

$$L = 5.8 + 0.2 = 6(m)$$

滤管长度可选用 1m。

④轻型井点的安装使用

轻型井点的安装程序是按照设计的平面布置方案，先排放总管，再埋设井点管，用弯联管将井点管与总管接通，最后安装抽水设备。

为了充分利用抽吸能力，总管的布置标高宜接近地下水位线（可事先挖槽），与水泵轴心标高平行或略高。总管应具有 0.25% ~ 0.5% 的坡度（坡向泵房）。

井点管的埋设是一项关键工作。可直接将井点管用高压水冲沉，或用冲水管冲孔或钻孔后，再将井点管沉入孔中，也可用带套管的水冲法或振动水冲法沉管。一般多采用冲管冲孔法，分为冲孔和埋管两个过程（图 1-31）。冲孔时，先将高压水泵用高压胶管与冲管连接，用起重设备将冲管吊起并对准插在井点的位置上，然后开动高压水泵，高压水（6 ~ 8N/mm²）经冲管头部的三个喷水小孔，以急速的射流冲刷土壤。冲刷时，冲水孔应作左右转动，将土冲松，冲管则边冲边沉，逐渐形成孔洞。冲孔直径一般为 300mm，以保证井管四周有一定厚度的砂滤层；冲孔深度宜比滤管底标高深 0.5m 左右，以防冲管拔出时，部分土颗粒沉于底部而触及滤管底部。井孔冲成后，立即拔出冲管，插入井点管，并在井点管与孔壁之间迅速填灌砂滤层，以防孔壁塌土。砂滤层的填

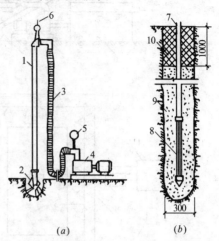

图 1-31 井点管的埋设
1—冲管；2—冲嘴；3—胶皮管；4—高压水泵；5—压力表；6—起重机吊钩；7—井点管；8—滤管；9—填砂；10—黏土封口

灌质量是保证轻型井点顺利抽水的关键。一般宜选用干净粗砂，填灌均匀，并填至距滤管顶 1 ~ 1.5m，以保证水流畅通。井点填砂后，在地面以下 0.5 ~ 1.0m 内须用黏土分层封口捣实与地面平，以防漏气。

轻型井点系统全部安装埋设完毕，应接通总管与抽水设备进行试抽水，检查有无漏水、漏气，出水是否正常，有无淤塞等现象，如有异常情况，应检修好后方可使用。

轻型井点使用时，一般应连续抽水（特别是开始阶段）。若时抽时停滤网容易堵塞，出水浑浊并引起附近建筑物由于土颗粒流失而沉降、开裂。若中途停抽，地下水将回升，可能引起边坡塌方、井点管漏气等事故。抽水过程中，应调节离心泵的出水阀以控制水量，使抽吸排水保持均匀，做到细水长流。正常的出水规律是"先大后小，先浊后清"。真空泵的真空度是判断井点系统工作情况是否良好的尺寸，必须经常观察。造成真空度不足的原因很多，但大多是井点系统连接不好，有漏气现象，应及时检查并采取措施。在抽水过程中，还应检查有无堵塞的"死井"（工作正常的井管，用手探摸时，应有冬暖夏凉的感觉），如死井太多，严重影响降水效果时，应逐个用高压水反冲洗或拔出重埋。为观察地下水位的变化，可在影响半径内设观察孔。井点降水工作结束后所留的井孔，必须用砂砾或粘土填实。

2）喷射井点

①喷射井点的主要设备及工作原理。

喷射井点根据其工作时使用的喷射介质的不同，分为喷水井点和喷气井点两种。其设备主要由喷射井管、高压水泵（或空气压缩机）和管路系统组成（图 1-32a）。喷射井管 1 由内管 8 和外管 9 组成，在内管下端有升水装置喷射扬水器与滤管 2 相连（图 1-32b）。在高压水泵 5 作用下，具有一定压力水头（0.7 ~ 0.8MPa）的高压水经进水总管 3 进入井管

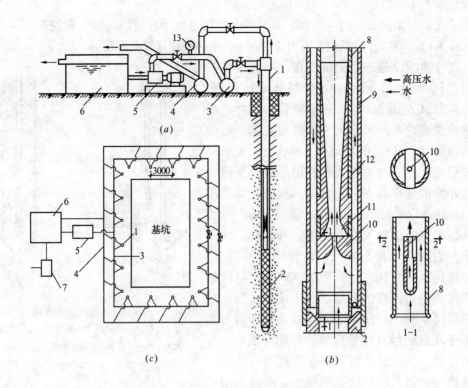

图 1-32　喷射井点设备及平面布置简图

（a）喷射井点设备简图；（b）喷射扬水器详图；（c）井点管布置图

1—喷射井点；2—滤管；3—进水总管；4—排水总管；5—高压水泵；6—集水池；

7—水泵；8—内管；9—外管；10—喷嘴；11—混合室；12—扩散管；13—压力表

的外管与内管之间的环形空间，并经扬水器的侧孔流向喷嘴 10。由于喷嘴截面的突然缩小，流速急剧增加，压力水由喷嘴以很高流速喷入混合室 11（该室与滤管相通），将喷嘴口周围空气吸入，被急速水流带走，因而该室压力下降而造成一定真空度。此时地下水被吸入喷嘴上面的混合室，与高压水汇合，流经扩散管 12 时，由于截面扩大，流速减低而转化为低压，沿内管上升经排水总管排于集水池 6 内，此池内的水，一部分用水泵 7 排走，另一部分供高压水泵压入井管用。如此循环不已，将地下水逐步降低，深度可达 8～20m。高压水泵宜采用流量为 50～80m³/h 的多级高压水泵，每套设备能带动 20～30 根井管。

②喷射井点的平面布置。

当基坑宽度小于 10m 时，井点可作单排布置；当大于 10m 时，可作双排布置；当基坑面积较大时，宜采用环形布置，井点间距一般采用 2～3m。

③喷射井点施工的安装及使用。

喷射井点施工顺序是：安装水泵设备及泵的进出水管路；敷设进水总管和回水总管；沉设井点管（包括灌填砂滤料），接通进水总管后及时进行单根试抽、检验；全部井点管沉设完毕后，接通回水总管，全面试抽，检查整个降水系统的运转状况及降水效果。

进水、回水总管同每根井点管的连接管均需安装阀门，以便调节使用和防止不抽水发生回水倒灌。井点管路接头应安装严密。

喷射井点一般是将内外管和滤管组装在一起后沉设到井孔内的。井点管组装时，必须保证喷嘴与混合室中心线一致；组装后，每根井点管应在地面作泵水试验和真空度测定。地面测定真空度不宜小于93.3Pa。

沉设井点管前，应先挖井点坑和排泥沟，井点坑直径应大于冲孔直径，以便于冲孔时孔内的土块从孔口随泥浆排出。冲孔直径为400～600mm，冲孔深度应比滤管底深1m以上。冲孔完毕后，应立即沉设井点管、灌填砂滤料，最后再用黏土封口，深度为1～1.5m。

喷射井点抽水时，如发现井点管周围有翻砂冒水现象时，应立即关闭此井点，及时检查处理。工作水应保持清洁，井点全面试抽两天后，应更换清水，以后视水质浑浊程度定期更换清水。工作水压力要调节适当，能满足降水要求即可，以减轻喷嘴磨耗程度。

常用喷射井点管的规格直径为：38、50、63、100、150mm。

3）深井井点降低地下水位

深井井点降水是在深基坑的周围埋置深于基底的井管，通过设置在井管内的潜水电泵将地下水抽出，使地下水位低于坑底。适用于抽水量大、较深的砂类土层，降水深可达50m以内。

①深井井点系统的组成及设备。

深井井点系统主要由深井井管和潜水泵组成，如图1-33所示。

井管由滤水管（图1-34）、吸水管和沉砂管三部分组成，可用钢管、塑料管或混凝土管制成，管径一般为300～357mm，管内径一般应大于水泵外径50mm。滤水管的长度取决于含水层的厚度，一般为3～9m，其构造如图1-34所示。通常在钢管上分三段抽条（或开孔），在抽条（或开孔）后的管壁上点焊固定φ6mm的垫筋，在垫筋外螺旋形缠绕12号钢丝，间距1mm，与垫筋用锡焊焊牢，或外面包裹10孔/cm²和41孔/cm²镀锌钢丝网各两层或尼龙网，上下管之间用对焊连接。吸水管起挡土、贮水作用，采用与滤水管同直径的钢管制成。沉砂管起极少量通过砂粒的沉淀作用，一般采用与滤水管同直径的钢管，下端用钢板封底。

水泵可采用QY-25型或QJ50-52型油浸式潜水泵或深井泵。

②深井布置。

深井井点系统总涌水量可按无压完整井环形井点系统公式计算。一般沿基坑四周每隔10～15m设一个深井井点。

③深井井点的埋设。

深井成孔方法可根据土质条件和孔深要求采用冲击钻孔、回转钻孔、潜水钻钻孔或水冲法成孔，用泥浆或自造泥浆护壁，孔口设置护筒，一侧设排泥沟、泥浆坑。孔径应较井

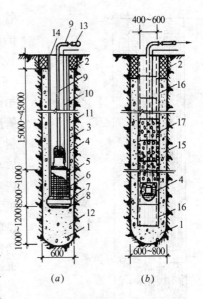

图1-33 深井井点构造
（a）钢管深井井点；（b）无砂混凝土管深井井点
1—井孔；2—井口（黏土封口）；3—井管；4—潜水电泵；5—过滤段（内填碎石）；6—滤网；7—导向段；8—开孔底版（下铺滤网）；9—出水管；10—电缆；11—小砾石或中粗砂；12—中粗砂；13—出水总管；14—20mm厚钢板井盖；15—小砾石；16—沉砂管（混凝土管）；17—无砂混凝土过滤管

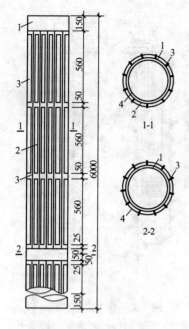

图 1-34 深井滤水管构造

1—钢管；2—抽条或开孔；

3—φ6mm 垫筋；4—缠

绕 12 号钢丝与垫筋锡焊焊牢

管直径大 300mm 以上，钻孔深度根据抽水期内可能沉积的高度适当加深。一般沿工程基坑周围离边坡上缘 0.5～1.5m 呈环形布置，每隔 15～30m 设一个深井井点。

深井井管沉放前应清孔，一般用压缩空气洗孔或用吊筒反复上下取出洗孔。井管安放力求垂直。井管滤水管应设置在含水层适当范围内。井管与土壁间填充砂滤料，粒径应大于滤网的孔径，井口周围填砂滤料后，安放水泵前，应按规定清洗滤井，冲除沉渣后即可。深井内安设潜水泵，潜水泵可用绳吊入过滤层部位，潜水电机、电缆及接头应有可靠绝缘，并配置保护开关控制。设置深井泵时，电动机的机座应安放平稳牢固，转向严禁逆转（应有阻逆装置），防止转动轴解体。安设完毕应进行试抽，满足要求方可转入正常工作。

深井井点施工程序为：井位放样→做井口→安护筒→钻机就位→钻孔→回填井底砂垫层→吊放井管→回填管壁与孔壁间的过滤层→安装抽水控制电路→试抽→降水井正常工作。

4）降水对周围建筑的影响及防治措施

在弱透水层和压缩性大的黏土层中降水时，由于地下水流失造成地下水位下降、地基自重应力增加和土层压缩等原因，会产生较大的地面沉降；又由于土层的不均匀性和降水后地下水位呈漏斗曲线，四周土层的自重应力变化不一而导致不均匀沉降，使周围建筑物基础下沉或房屋开裂。因此，在建筑物附近进行井点降水时，为防止降水影响或损害区域内的建筑物，就必须阻止建筑物下的地下水流失。为达到此目的，除可在降水区域和原有建筑物之间的土层中设置一道固体抗渗屏幕外，还可用回灌井点补充地下水的办法来保持地下水位。使降水井点和原有建筑物下的地下水位保持不变或降低较少，从而阻止建筑物下地下水的流失。这样，也就不会因降水而使地面沉降，或减少沉降值。

回灌井点是防止井点降水损害周围建筑物的一种经济、简便、有效的办法，它能将井点降水对周围建筑物的影响减少到最小程度。为确保基坑施工的安全和回灌的效果，回灌井点与降水井点之间应保持一定的距离，一般不宜小于 6m。

为了观测降水及回灌后四周建筑物、管线的沉降情况及地下水位的变化情况，必须设置沉降观测点及水位观测井，并定时测量记录，以便及时调节灌、抽量，使灌、抽基本达到平衡，确保周围建筑物或管线等的安全。

（2）管涌现象

当基坑底部位于不透水层内，而不透水土层下面为承压水层，坑底不透水层的覆盖厚度的重量小

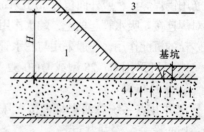

图 1-35 管涌现象

1—不透水层；2—透水层；3—压力

水位线；4—承压水的顶托力

于承压水的顶托力时，基坑底部即可能发生冒水冒砂现象。如图1-35所示，即：

$$H \cdot \gamma_{\mathrm{w}} > h \cdot \gamma \tag{1-35}$$

式中　H——压力水高度；

　　　h——坑底不透水层厚度；

　　　γ_{w}——水的重度；

　　　γ——土的重度。

此时，将会发生管涌冒砂现象。

第二节　地基与基础工程

建筑物的全部重量和荷载是通过基础传递给地基的，任何建筑物都必须有可靠的地基和基础。地基是指在建筑物荷载作用下，基底下方产生的变形不可忽略的那部分地层。而基础则是指将建筑物荷载传递给地基的建筑物的下部结构。作为支承建筑物荷载的地基，必须有足够的承载力和稳定性，同时，必须控制基础的沉降不超过地基的变形允许值。

一、地基处理

结构物的地基失效可概括为以下几类：强度及稳定性不足问题；胀缩、塌陷及不均匀沉降问题；地下水流失及潜蚀和管涌问题；动力荷载作用下的液化、失稳和震陷问题。当结构物的天然地基可能发生上述情况之一或其中几个时，即须采用适当的地基处理方法，以保证结构的安全与正常使用。

地基处理就是按照上部结构对地基的要求，对地基进行必要的加固或改良，提高地基土的承载力，保证地基稳定、减少房屋的沉降或不均匀沉降、消除湿陷性黄土的湿陷性，提高抗液化能力等。常用的地基处理方法有换土垫层法、重锤表层夯实、强夯、振冲、砂桩挤密、深层搅拌、堆载预压、化学加固等方法。

1. 换土垫层法

当建筑物基础下的持力层比较软弱，不能满足上部荷载对地基的要求时，常采用换土垫层法来处理软弱地基。换土垫层法是先将基础底面以下一定范围内的软弱土层挖去，然后回填强度较高、压缩性较低、并且没有侵蚀性的材料，如中粗砂、碎石或卵石、灰土、素土、石屑、矿渣等，再分层夯实后作为地基的持力层。其作用在于能提高地基的承载力，并通过垫层的应力扩散作用，减少垫层下天然土层所承受的附加压力，从而减少基础的沉降量。实践证明，换土垫层法对于解决荷载较大的中小型建筑物的地基问题是比较有效的。这种方法能就地取材，不需要特殊的机械设备，施工简便，既能缩短工期，又能降低造价，因此得到普遍的应用。换土垫层按其回填的材料可分为灰土垫层、砂垫层、碎（砂）石垫层等。

（1）灰土垫层

灰土垫层是将基础底面下一定范围内的软弱土层挖去，用按一定体积比配合的石灰和黏性土拌合均匀后在最优含水量情况下分层回填夯实或压实而成。适合于地下水位较低，基槽经常处于较干燥状态下的一般黏性土地基的加固。该垫层具有一定的强度、水稳定性和抗渗性，施工工艺简单，取材容易，费用较低。适用于处理1~4m厚的软弱土层、湿陷性黄土、杂填土等，还可用作结构的辅助防渗层。

1）构造要求

灰土垫层的设计，主要是决定灰土垫层的厚度和宽度。灰土垫层的厚度应根据垫层底部软弱土层的承载力来确定，即当上部荷载通过灰土垫层按一定的扩散角传至下卧土层时，下卧土层顶面所受的总压力不应超过其容许承载力。

灰土垫层可分为局部垫层和整片垫层。局部垫层一般设置在矩形（方形）基础或条形基础底面下，每边超出基础底边的宽度应根据侧面土的承载力设计值确定，一般不应小于其厚度的 40%，并不得小于 0.3m。整片垫层一般设置在整个建筑物（跨度大的工业厂房除外）的平面范围内，每边超出建筑物外墙基础边缘的宽度不应小于垫层的厚度，并不得小于 2m。厚度确定原则同砂垫层。垫层宽度一般为灰土顶面基础砌体宽度加 2.5 倍灰土厚度之和。

2）材料要求

灰土中的土料可采用基坑中挖出的原土，或用有机质含量不大的黏性土，表面耕植土不宜采用。使用前土粒应先过筛，粒径不宜大于 15mm。

灰土中的生石灰必须在使用前 1～2d 用清水充分熟化并过筛，其粒径不得大于 5mm，不得夹有未熟化的生石灰，也不得含有过多水分。

灰土的配合比一般为 2:8 或 3:7（石灰:土）。

3）施工要点

①施工前应验槽，将积水、淤泥清净，夯实两遍，待其干燥后，方可铺灰土。

②灰土施工时，多用人工翻拌不少于 3 遍，应拌合均匀，颜色一致，并应适当控制其含水量。现场以用手紧握土料成团，两指轻捏能碎为宜。如土料水分过多或不足时可以晾干或洒水润湿。灰土拌好后及时铺好夯实，要求随拌随用。

③铺土应分层进行，每层铺土厚度可参照表 1-10 确定。厚度由槽（坑）壁上预设标志控制。每层灰土的夯打遍数，应根据设计要求的干密度在现场试验确定。一般夯打（或碾压）不少于四遍。

灰土最大虚铺厚度　　　　　　　　　　表 1-10

夯实机具种类	重量（t）	虚铺厚度（mm）	备　　注
石夯、木夯	0.04～0.08	200～250	人力送夯、落距 400～500mm、一夯压半夯，夯实后约 80～100mm 厚
轻型夯实机具	0.12～0.4	200～250	蛙式打夯机、柴油打夯机、夯实后约 100～150mm 厚
压路机	6～10	200～250	双轮

④灰土分段施工时，不得在墙角、柱墩及承重窗间墙下接缝，上下相邻两层灰土的接缝间距不得小于 0.5m，接缝处的灰土应充分夯实。当灰土垫层地基高度不同时，应做成阶梯形，每阶宽度不少于 0.5m。

⑤在地下水位以下的基槽、坑内施工时，应采取排水措施，使在无水状态下施工。入槽的灰土，不得隔日夯打。夯实后的灰土三天内不得受水浸泡。

⑥灰土打完后，应及时进行基础施工和回填土，否则要做临时遮盖，防止日晒雨淋。

刚打完毕或尚未夯实的灰土，如遭受雨淋浸泡，则应将积水及松软灰土除去并补填夯实。稍受浸湿的灰土，应在晾干后再夯实。

⑦冬期施工，必须在基层不冻的状态下进行，不得采用冻土或夹有冻土的土料，并应采取有效的防冻措施。

4) 质量检查

①施工前应检查原材料，如灰土的土料、石灰以及配合比、灰土拌匀程度。

②施工过程中应检查分层铺设厚度，分段施工时上下两层的搭接长度，夯实时加水量，夯压遍数等。

③每层施工结束后检查灰土地基的压实系数 λ_c。一般为 0.93~0.95。

灰土应逐层用贯入仪检验，以达到控制（设计要求）压实系数所对应的贯入度为合格；或用环刀取样测定灰土的干密度，除以试验所得的最大干密度即得压实系数。

④灰土地基质量验收标准详见《建筑地基基础工程施工质量验收规范》（GB 50202—2002）。

(2) 砂垫层和砂石垫层

砂垫层和砂石垫层是将基础下面一定厚度软弱土层挖除，然后用强度较大的砂或碎石等回填，并经分层夯实至密实，作为地基的持力层，以起到提高地基承载力，减少沉降，加速软弱土层排水固结、防止冻胀和消除膨胀土的胀缩等作用。该垫层具有施工工艺简单、工期短、造价低等优点。适用于处理透水性强的软弱黏性土地基，但不宜用于湿陷性黄土地基和不透水的黏性土地基的加固，以免引起地基大量下沉，降低其承载力。

1) 构造要求

砂垫层和砂石垫层的厚度一般根据垫层底面处土的自重应力与附加应力之和不大于同一标高处软弱土层的容许承载力确定。垫层厚度一般为 0.5~2.5m，不宜大于 3.0m，否则，施工比较困难，也不经济，小于 0.5m 则作用不明显。垫层宽度除应满足应力扩散的要求外，还要根据垫层侧面土的容许承载力来确定，以防止垫层向两侧挤出。关于宽度的计算，可按下式计算或根据当地某些经验数据确定。

$$b' \geq b + 2z\tan\theta \tag{1-36}$$

式中　b'——垫层底面宽度（m）；

　　　b——基础底面宽度（m）；

　　　z——基础底面下垫层的厚度（m）；

　　　θ——垫层的压力扩散角，可从《建筑施工手册》查到。

一般情况下，垫层的宽度应沿基础两边各放出不少于 300mm，或从垫层底面两侧向上按当地经验要求放坡。如果侧面地基土的土质较差时，还要适当增加。整片垫层的宽度可根据施工要求适当加宽。

垫层的承载力宜通过现场实验确定，当无试验资料时，可按表 1-11 选用，并验算下卧层的承载力。

2) 材料要求

砂、砂石垫层宜用颗粒级配良好、质地坚硬的中砂、粗砂、砾砂、卵石和碎石，也可以采用细砂、粉砂，但应掺入一定数量（通常 25%~30%，不宜超过 50%）的卵石或碎石。所用垫层材料，不得含有植物残体、垃圾等有机杂物，含泥量不应超过 5%，兼起排水固结作用的，含泥量不宜超过 3%。碎石或卵石最大粒径不宜大于 50mm，且应分布均匀。

各种垫层的承载力 表 1-11

施工方法	换 填 材 料	压实系数 λ_c	承载力 f_k (kPa)
碾压或振密	碎石、卵石	0.94 ~ 0.97	200 ~ 300
	砂夹石（其中碎石、卵石占全重的 30% ~ 50%）		200 ~ 250
	土夹石（其中碎石、卵石占全重的 30% ~ 50%）		150 ~ 200
	中砂、粗砂、砾砂		150 ~ 200
	黏性土和粉土（$8 < I_p < 14$）		130 ~ 180
	灰土	0.93 ~ 0.95	200 ~ 250
重锤夯实	土或灰土	0.93 ~ 0.95	150 ~ 200

注：1. 压实系数小的垫层，承载力取低值，反之取高值；
　　2. 重锤夯实土的承载力取低值，灰土取高值。

3）施工要点

①施工前应验槽，先将基底浮土、淤泥、杂物清除干净，基槽（坑）的边坡必须稳定，防止塌方。槽底和两侧如有孔洞、沟、井和墓穴等，应在未做垫层前加以处理。

②人工级配的砂、石材料，应按级配拌合均匀，再行铺填夯（压）实。

③砂垫层和砂石垫层的底面宜铺设在同一标高上，如深度不同时，施工应按先深后浅的程序进行。土面应挖成台阶或斜坡搭接，搭接处应夯压密实。分层分段铺设时，接头应做成斜坡或阶梯形搭接，每层错开 0.5 ~ 1.0m，并注意充分捣实。

④采用砂石垫层时，为防止基坑底面的表层软土发生局部破坏，应在基坑底部及四侧先铺一层砂，然后再铺一层碎石垫层。

⑤垫层应分层铺设，分层夯（压）实。分层铺设厚度可用基坑内预先安设的 5m × 5m 网格标桩控制。垫层的每层的铺设厚度、捣实方法可视具体施工条件参照有关施工手册选用。捣实砂垫层应注意不要扰动基坑底部和四侧的土，以免影响和降低地基强度。每铺好一层垫层，经密实度检验合格后方可进行上一层施工。

⑥在地下水位高于基坑（槽）底面施工时，应采取排水或降低地下水位的措施，使基坑（槽）保持无积水状态。

⑦冬期施工时，不得采用夹有冰块的砂石做垫层，并应采取措施防止砂石内水分冻结。

4）质量检查

①砂、石等原材料质量、配合比应符合设计要求，砂、石应搅拌均匀。

②施工过程中必须检查分层厚度、分段施工时搭接部分的压实情况、加水量、压实遍数、压实系数 λ_c。

③施工结束后，应检验砂石地基的承载力。

④砂和砂石地基的质量验收标准详见《建筑地基基础工程施工质量验收规范》（GB 50202—2002）。

2. 夯实地基法

（1）重锤夯实法

重锤夯实是用起重机械将夯锤提升到一定高度后，利用自由下落时的冲击能重复夯打击实基土表面，使其形成一层比较密实的硬壳层，从而使地基得到加固。该法施工简便，费用较低；但布点较密，夯击遍数多，施工期相对较长，同时夯击能量小，孔隙水难以消散，加固深度有限。当黏性土的含水量较高时，易夯成橡皮土，处理较困难。该法适用于处理高于地下水位0.8m以上稍湿的黏性土、砂土、湿陷性黄土、杂填土和分层填土地基的加固。但当夯击振动对邻近的建筑物、设备以及施工中的砌筑工程或浇筑混凝土等产生有害影响时，或地下水位高于有效夯实深度以及在夯实影响范围内存在软黏土层时，不宜采用。

1）施工要点

重锤夯实的效果与锤重、锤底直径、落距、夯击遍数和土的含水量有关。施工前应在现场进行试夯，选定夯锤重量、底面直径和落距，以便确定最后下沉量及相应的夯击遍数和总下沉量。最后下沉量系指最后二击平均每击土面的夯沉量，对黏性土和湿陷性黄土取10～20mm，对砂土取5～10mm。通过试夯可确定夯实遍数，一般试夯约6～10遍，施工时可适当增加1～2遍。落距一般为4.0～6.0m。

试夯及夯实时地基土的含水量应控制在最优含水量范围以内，才能获得最好的夯实效果。如土的表层含水量过大，可采用铺撒吸水材料（如干土、碎砖、生石灰等）或换土等措施；如土含水量过低，应适当洒水，加水后待全部渗入土中一昼夜后，方可夯打。

采用重锤夯实分层填土地基时，每层的虚铺厚度以相当于锤底直径为宜，夯击遍数由试夯确定，夯实层数不宜少于两层。

基坑（槽）底面的标高不同时，应按先深后浅的顺序逐层夯实。夯实前坑（槽）底面应高出设计标高，预留土层的厚度可为试夯时的总下沉量再加50～100mm。基坑（槽）的夯实范围应大于基础底面，每边应比设计宽度加宽0.3m以上，以便于底面边角夯打密实。基坑（槽）边坡应适当放缓。

在大面积基坑或条形基槽内夯打时，应一夯挨一夯顺序进行。在一次循环中同一夯位应连夯两击，下一循环的夯位，应与前一循环错开1/2锤底直径，落锤应平稳，夯位应准确。在独立柱基基坑内夯击时，可采用先周边后中间或先外后里的跳夯法进行。

夯实后，应将基坑（槽）表面修整至设计标高。冬期施工时，必须保证地基在不冻的状态下进行夯击。否则，应将冻土层挖去或将土层融化。若基坑挖好后不能立即夯实，应采取防冻措施。

2）质量检查

重锤夯实地基的质量控制可参考强夯法。

（2）强夯法

强夯是法国人L.梅纳（Menard）于1969年首创的一种地基加固的方法，即用起重机械将重锤（一般8～30t）吊起从高处（一般6～30m）自由落下，对地基反复进行强力夯实的地基处理方法。

强夯法适用于处理碎石土、砂土、低饱和度的黏性土、粉土、湿陷性黄土及填土地基等的深层加固。具有效果好、速度快、节省材料、施工简便，但施工时噪声和振动大等特点。地基经强夯加固后，承载能力提高2～5倍，压缩性可降低200%～1000%，其影响深度在 10m 以上。这种施工方法具有施工简单、速度快、节省材料、效果好等特点，是我国目前最为常用和最经济的深层地基处理方法之一。但强夯所产生的振动和噪声很大，对周围建筑物和其他设施有影响，在城市中心不宜采用，必要时应采取挖防震沟（沟深要超过建筑物基础深）等防震、隔振措施。

1）施工要点

强夯施工前，应查明场地范围内的地下构筑物和各种地下管线的位置及标高，并采取必要的防护措施，以免因强夯施工而造成损坏。做好地质勘察，掌握土质情况，并应试夯，做好强夯前后试验结果对比分析，确定正式施工的各项参数。

强夯应分段从边缘夯向中央。夯完一遍后，用推土机整平场地，再夯下一遍。按先深后浅的原则进行地基加固施工。

强夯施工，必须按设计或试验确定的技术参数进行，以各个夯击点的夯击数为施工控制数值，也可以采用试夯后确定的沉降量来控制。夯击时，重锤应保持平稳，夯位应准确。如错位或坑底倾斜过大，宜用砂土将坑底整平，才能进行下一次夯击。每夯击一遍完成后，应测量场地平均下沉量，然后用土将夯坑填平，再进行下一遍夯击。最后一遍的场地平均下沉量，必须符合要求。强夯后，基坑应及时修整，浇筑混凝土垫层。

雨天施工，夯击坑内或夯击过的场地有积水时，必须及时排除；冬期施工，首先应将冻土击碎，然后再按各点规定的夯击数施工。

强夯施工应做好记录。

2）质量检查

①施工前应检查夯锤重量、尺寸、落锤控制手段、排水设施及被夯地基的土质。

②施工中应检查落距、夯击遍数、夯点位置、夯击范围。

③施工结束后，检查被夯地基的强度或进行荷载试验。检查点数，每一独立基础至少有一点，基槽每 20 延米有 1 点，整片地基 50～100m 取 1 点。强夯后的土体强度随间歇时间的增加而增加，检验强夯效果的测试工作，宜在强夯之后 1～4 周进行，而不宜在强夯结束后立即进行测试工作，否则测得的强度偏低。

④强夯地基质量检验标准详见《建筑地基基础工程施工质量验收规范》（GB 50202—2002）。

3. 挤密桩施工法

（1）灰土挤密桩

灰土挤密桩是利用锤击将钢管打入土中，侧向挤密土壤形成桩孔，将管拔出后，在桩孔中分层回填 2:8 或 3:7 灰土并夯实而成，与桩间土共同组成复合地基以承受上部荷载。适用于处理地下水位以上、天然含水量 12%～25%、厚度 5～15m 的素填土、杂填土、湿陷性黄土以及含水率较大的软弱地基等，将土挤密或消除湿陷性，其效果是显著的，处理后地基承载力可以提高一倍以上，同时具有节省大量土方，降低造价 70%～80%，施工简便等优点。

1）材料及构造要求

桩身直径一般为 300～600mm，深度为 5～15m，平面布置多呈等边三角形排列，但有时为了适应基础尺寸，合理减少桩孔排数和孔数时，也可采用正方形或梅花形等排列方法。其间距和排距由设计确定，通常按有效挤密范围，桩距（S）一般约为 2.5～3.0 倍桩直径，排距约为 0.866D。挤密桩处理地基的宽度应大于基础的宽度，由设计确定。局部处理时，对非自重湿陷性黄土、素填土、杂填土等地基，每边超出基础的宽度不应小于 0.25 倍基础短边宽度，并不应小于 0.5m；对自重湿陷性黄土地基，每边超出基础的宽度不应小于 0.75 倍基础短边宽度，并不应小于 1.0m。整片处理时，每边超出建筑物外墙基础边缘的宽度不应小于处理土层厚度的 1/2，并不应小于 2.0m。如图 1-36 所示。

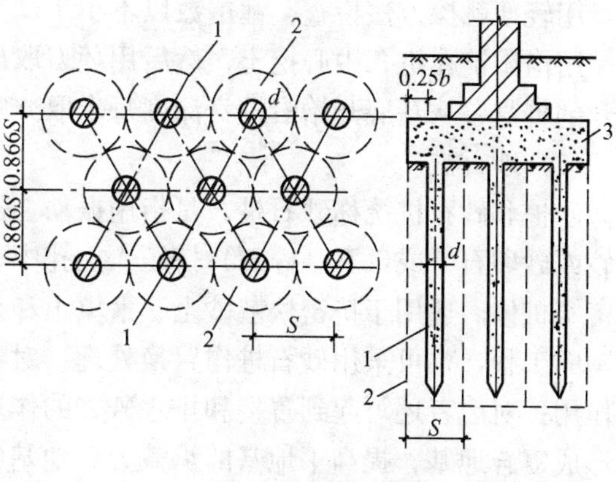

石灰应充分熟化并过筛，土应采用洁净黏性土，并粉碎过筛，拌合时比例要控制准确，湿度适宜，拌合均匀。

图 1-36　灰土桩及灰土垫层布置
1—灰土挤密桩；2—桩的有效挤密范围；3—灰土垫层
d—桩径；S—桩距（2.5～3.0d）；b—基础宽度

2）施工要点

施工前应在现场进行成孔、夯填工艺和挤密效果试验，以确定分层填料厚度、夯击次数和夯实后干密度等要求。

灰土的土料和石灰质量要求及配制工艺要求同灰土垫层。填料的含水量超过最佳值 ±3% 时，应进行晾干或洒水润湿等处理。

桩施工一般采取先将基坑挖好，预留 20～30cm 土层，然后在坑内施工灰土桩，基础施工前再将已搅动的土层挖去。桩的成孔方法可根据现有机具条件选用沉管（振动或锤击）法、爆扩法、冲击法或洛阳铲成孔法等。

桩的施工顺序应先外排后里排，同排内应间隔一两个孔进行，以免因振动挤压造成相邻孔产生缩孔或塌孔。成孔达到要求深度后，应立即夯填灰土，填孔前应先清底夯实、夯平。夯击次数不少于 8 次。

桩孔内灰土应分层回填夯实，每层回填厚度为 250～400mm，夯实可用人工或简易机械进行。一般落锤高度不小于 2m，每层夯实不少于 10 锤。施打时，逐层下料，逐层夯实。桩顶施工标高应高出设计标高约 150mm，挖土时将高出部分铲除。

如孔底出现饱和软弱土层时，可采取加大成孔间距，以防由于振动而造成已打好的桩孔内挤塞；当孔底有地下水流入时，可采用井点降水后再回填灰土或向桩孔内填入一定数量的干砖渣和石灰，经夯实后再分层填入灰土。

3）质量检查

①施工前应对土及灰土的质量、桩孔位置作检查。

②施工中应对桩孔直径、桩孔深度、夯击次数、填料的含水量等作检查。

③施工结束后应对成桩的质量作检查。

④灰土挤密桩地基质量检验标准详见《建筑地基基础工程施工质量验收规范》（GB 50202—2002）

灰土挤密桩夯填的质量采用随机抽样检查。抽样检查的数量，应不少于桩孔数的 2%，同时每台班至少应抽查 1 根。抽查可用下列两种方法：

用轻便触探方法检查，锤击数以不小于试夯时达到的数值为合格。

用洛阳铲在桩孔中心挖土，然后用环刀取出夯击土样，测定其干密度；必要时，可通过开剖桩身，从基底开始沿桩身深度每米取夯实土样，测定干密度。

（2）砂石桩

砂桩和砂石桩统称砂石桩，是指用振动、冲击或水冲等方式在软弱地基中成孔后，再将砂或砂卵石（或砾石、碎石）挤压入土孔中，形成大直径的由砂或砂卵（碎）石所构成的密实桩体。适用于挤密松散砂土、素填土和杂填土等地基。对饱和软土地基上不以变形控制的工程，也可采用砂石桩作置换处理。对前者能起到挤密周围土层、增加地基承载力的作用；对后者还可起到置换和排水砂井的作用，加速土的排水固结，砂石桩与桩间黏性土形成复合地基，提高了地基的承载力和地基的整体稳定性。

1）材料和构造要求

桩填料可用天然级配的中砂、粗砂、砂砾、圆砾、角砾、卵石或碎石等，粒径不宜大于50mm，含泥量不大于5%。

构造上要求砂石桩直径一般为30cm，最大可达50~80cm，桩距应通过现场试验确定，不宜大于砂石桩直径的4倍，一般为1.8~4.0倍桩径，桩深度应达到压缩层下限处。如在压缩层范围内有密实的下层，则只加固软土层部分。砂石桩平面布置宜采用正三角形或正方形。砂石桩挤密地基的平面尺寸应超出基础的平面尺寸，对一般地基，每边放宽不应少于1~3排；防止砂层液化作用的，每边放宽不应少于处理深度的1/2，并不应小于5m；可液化层上有超过3m厚非液化层的，每边放宽不应少于液化层厚度的1/2，并不应小于3m。

砂石桩顶面一般设一层30~50cm厚的砂或砂砾石（碎石）垫层，布满整个基底并压实，以起扩散应力和排水的作用。

2）施工要点

打砂石桩时地基表面会产生松动或隆起，在基底标高以上宜预留1.0~2.0m的土层，待砂石桩施工完后再将预留土层挖至设计标高，以消除表面松土。如坑底仍不够密实，可再辅以人工夯实或机械压实。

砂石桩的施工顺序，应从外围或两侧向中间进行。如砂石桩间距较大，亦可逐排进行。以挤密作用为主的砂石桩同一排应间隔跳打。

砂石桩的施工可采用振动成桩法或锤击成桩法两种施工方法，其具体施工工艺参见"桩基础工程"相应部分。施工前，应进行成桩挤密试验，桩数宜为7~9根。如发现质量不能满足设计要求，应调整桩间距、填砂量等有关参数，重新试验或设计。

灌砂石时含水量应加以控制，对饱和土层，砂石可采用饱和状态，对非饱和土、杂填土或能形成直立的桩孔孔壁的土层，含水量可采用7%~9%。

砂石桩应控制填砂石量。砂桩的灌砂量应按桩孔的体积和砂在中密状态时的干土密度计算（一般取2倍桩管入土体积）。砂石桩实际灌砂石量（不包括水重），不得少于计算的95%。如发现砂石量不够或砂石桩中断等情况，可在原位进行复打灌砂石。

3）质量检查

①施工前应检查砂、砂石料的含泥量及有机质含量、样桩的位置等。

②施工中检查每根砂石桩、砂桩的桩位、灌砂石量、标高、垂直度等。

③施工结束后，检查被加固地基的挤密效果和荷载试验。桩身及桩与桩之间土的挤密质量，可采用标准贯入、静力触探或动力触探等方法检测，以不小于设计要求的数值为合格。桩间土质量的检测位置应在等边三角形或正方形的中心。

④砂石桩、砂桩地基的质量检验标准详见《建筑地基基础工程施工质量验收规范》（GB 50202—2002）。

（3）水泥粉煤灰碎石桩

水泥粉煤灰碎石桩（Cement Fly-ash Graval Pile）简称 CFG 桩，是近年发展起来的处理软弱地基的一种新方法。它是在碎石桩的基础上掺入适量石屑、粉煤灰和少量水泥，加水拌合后制成的具有一定强度的桩体。其骨料仍为碎石，用掺入石屑来改善颗粒级配；掺入粉煤灰来改善混合料的和易性，并利用其活性减少水泥用量，掺入少量水泥使其具有一定的粘结强度。它是一种低强度混凝土桩，可充分利用桩间土的承载力，共同作用，并可传递荷载到深层地基中去，具有较好的技术性能和经济效果。

CFG 桩的特点是：改变桩长、桩径、桩距等设计参数，可使承载力在较大范围内调整；有较高的承载力，承载力提高幅度在 250%～300%，对软土地基承载力提高更大；沉降量小，变形稳定快；工艺性好，灌注方便，易于控制施工质量；可节约大量水泥、钢材，利用工业废料，消耗大量粉煤灰，降低工程造价，与预制钢筋混凝土桩加固相比，可节省投资 30%～40%。适用于多层和高层建筑如砂土、粉土，松散填土、粉质黏土、黏土、淤泥质土等软弱地基的处理。

1）构造要求

桩径根据振动沉桩机的管径大小而定，一般为 350～400mm。桩距根据土质、布桩形式、场地情况，可按表 1-12 选用。桩长根据需挤密加固深度而定，一般为 6～12m。

2）机具设备

CFG 桩成孔、灌注一般采用振动式沉管打桩机架，配 DZJ90 型变矩式振动锤，主要技术参数为：电动机功率 90kW，激振力 0～747kN，质量 6700kg。亦可采用履带式起重机、走管式或轨道式打桩机，配有挺杆、桩管。桩管外径分 ϕ325 和 ϕ377 两种。此外配备混凝土搅拌机及电动气焊设备及手推车、吊斗等机具。

3）材料要求及配合比

桩距选用表　　　　　　　　　　　　　　　表 1-12

桩距　　　土质　　布桩形式	挤密性好的土，如砂土、粉土、松散填土等	可挤密性土，如粉质黏土、非饱和黏土等	不可挤密性土，如饱和黏土、淤泥质土等
单、双排布桩的条基	(3～5) d	(3.5～5) d	(4～5) d
含 9 根以下的独立基础	(3～6) d	(3.5～6) d	(4～6) d
满堂布桩	(4～6) d	(4～6) d	(4.5～7) d

注：d——桩径，以成桩后桩的实际桩径为准。

碎石粒径 20～50mm，松散密度 1.39t/m³，杂质含量小于 5%；石屑粒径 2.5～10mm，松散密度 1.47t/m³，杂质含量小于 5%；粉煤灰用Ⅲ级粉煤灰；水泥用强度等级 32.5 级普通硅酸盐水泥，新鲜无结块；混合料配合比根据拟加固场地的土质情况及加固后要求达到的承载力而定。水泥、粉煤灰、碎石混合料的配合比相当于抗压强度为 C1.2～C7 的低强度等级混凝土，密度大于 $2.0t/m^3$。掺加最佳石屑率（石屑量与碎石和石屑总重量之比）约为 25% 左右情况下，当 W/C 为 1.01～1.47，F/C（粉煤灰与水泥重量之比）为 1.02～1.65，混凝土抗压强度约为 8.8～14.2MPa。

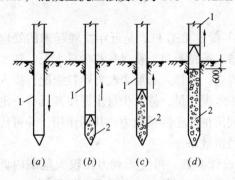

图 1-37　水泥粉煤灰碎石桩工艺流程
（a）打入桩管；（b）、（c）灌水泥粉煤
灰碎石振动拔管；（d）成桩
1—桩管；2—水泥粉煤灰碎石桩

4）施工要点

CFG 桩施工工艺如图 1-37 所示。施工程序为：桩机就位→沉管至设计深度→停振下料→振动捣实后拔管→留振 10s→振动拔管、复打。打桩顺序宜采用隔排隔桩跳打，间隔时间不应少于 7d。

桩机就位须平整、稳固，沉管与地面保持垂直，垂直偏差不大于 1%；如带预制混凝土桩靴，须埋入地面以下 300mm。

在沉管过程中用料斗在空中向桩管内投料，待沉管至设计标高后须尽快投料，直至与钢管上部投料口平齐。混合料应按设计配合比配制，投入搅拌机加水拌合，搅拌时间不少于 2min，加水量根据混合料坍落度控制，一般坍落度为 30～50mm，成桩后桩顶浮浆厚度一般不超过 200mm。

当混合料加至与钢管投料口平齐后，沉管在原地留振 10s 左右，即可边振动边拔管，拔管速度控制在 1.2～1.5m/min 左右，每提升 1.5～2.0m，留振 20s。桩管拔出地面并确认成桩符合设计要求后，用粒状材料或黏土封顶。

桩体经 7d 达到一定强度后，方可进行基槽开挖。如桩顶离地面在 1.5m 以内，宜用人工开挖，如大于 1.5m，上部土方采用机械开挖时，下部 700mm 也宜用人工开挖，以避免损坏桩头部分。为使桩与桩间土更好地共同工作，在基础下宜铺一层 150～300mm 厚的碎石或灰土垫层。

5）质量控制

①施工前应对水泥、粉煤灰、砂及碎石等原材料进行检验。

②施工中应检查桩身混合料的配合比、坍落度、提拔杆速度（或提套管速度）、成孔深度、混合料灌入量等。

③施工结束后应对桩顶标高、桩位、桩体强度及完整性、复合地基承载力以及褥垫层的质量作检查。

④水泥粉煤灰碎石桩复合地基的质量检验标准详见《建筑地基基础工程施工质量验收规范》（GB 50202—2002）。

（4）深层密实法

1）振冲法

振冲法，又称振动水冲法，是以起重机吊起振冲器，启动潜水电机带动偏心块，使振冲器产生高频振动，同时开动水泵，通过喷嘴喷射高压水流在土中形成振冲孔，并在振动冲水过程中分批填以砂石骨料，借振冲器的水平及垂直振动，振密填料，形成的砂石桩体与原地基构成复合地基，以提高地基的承载力和改善土体的排水降压通道，并对可能发生液化的砂土产生预振效应，防止液化，减少地基的沉降和沉降差。

振冲桩加固地基可节省钢材、水泥和木材，且施工简单，加固期短，可因地制宜，就地取材，用碎石、卵石和砂、矿渣等填料，费用低廉，是一种快速、经济、有效的加固地基的方法。

振冲桩适用于加固松散的砂土地基；对黏性土和人工填土地基，经试验证明加固有效时，方可使用；对于粗砂土地基，可利用振冲器的振动和水冲过程使砂土结构重新排列挤密。而不必另加砂石填料（亦称振冲挤密法）。

①机具设备

机具设备主要有振冲器、起重机械、水泵及供水管道、加料设备和控制设备等。

振冲器宜采用带潜水电机的振冲器，其功率、振动力、振动频率等参数，可按加固的孔径大小、达到的土体密实度选用。

起重设备的起重能力和提升高度均应符合施工和安全要求，起重能力一般为 80～150kN，可采用履带式起重机、轮胎式起重机、汽车吊或轨道式自行塔架等。水泵要求流量 20～30m³/h，供水压力为 0.4～0.6MPa，每台振冲器备用一台水泵。加料设备常用翻斗车或起重机吊斗。控制设备包括控制电流操作台、150A 电流表、500V 电压表等。

②材料要求

填料可采用坚硬不受侵蚀影响的碎石、卵石、角砾、圆砾、矿渣以及砂砾、粗砂、中砂等；粗骨料粒径为 20～50mm，最大粒径不宜大于 80mm，含泥量不宜大于 5%，不得含有杂质、土块和已风化的石子。

③施工要点

施工前，应先进行振冲试验，以确定其成孔施工合适的水压、水量、成孔速度及填料方法，达到土体密实度时的密实电流值、填料量和留振时间等参数。

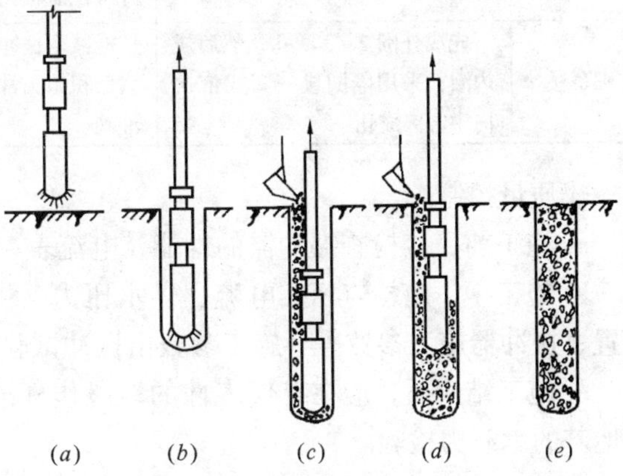

图 1-38　振冲碎石桩施工工艺
（a）定位；（b）振冲下沉；（c）振冲至设计标高并下料；
（d）边振边下料、边上提；（e）成桩

振冲挤密或振冲置换桩的施工过程包括：定位、成孔、清孔和填料振密等（图 1-38）。

a. 定位：振冲前，应按设计图定出冲孔中心位置并编号。

b. 成孔：振冲器用履带式起重机或卷扬机悬吊，对准桩位，打开下喷水口，启动水泵和振冲器。水压可用 0.4～0.6MPa，水量可用 200～400L/min。此时，振冲器以其自身重力和在振动喷水作用下，以 1～2m/min 的速度徐徐沉入土中，每沉入 0.5m，宜留振 5～10s 进行扩孔。待孔内泥浆溢出时再继续沉入。

c. 清孔：当下沉达到设计深度时，振冲器应在孔底适当留振并关闭下喷水口，打开上喷水口减小射水压力（一般保持 0.1MPa），以便排除泥浆进行清孔。

d. 填料振密：振冲器提出孔口，向孔内加入填料约 1m 高，将振冲器下降至填料中进行振密，待密实电流达到规定的数值后将振冲器提升 0.5m，再从孔口往下填料，每次加料的高度为 0.5～0.8m。如此自下而上反复进行直至孔口，成桩操作即告完成。在砂性土中制桩时，亦可采用边振边加料的方法

振冲成孔方法可按表 1-13 选用。

在振密过程中宜小水量喷水补给，以降低孔内泥浆密度，有利于填料下沉，便于振捣密实。

振冲桩施工时桩顶部约 1m 范围内的桩体因土覆压力下密实度难以保证，一般应予挖除，另做垫层或用振动碾压使之压实。

冬期施工应将表层冻土破碎后成孔，每班施工完毕后应将供水管和振冲器水管内积水排净，以免冻结影响施工。

振冲成孔方法的选择 表 1-13

成孔方法	步　骤	优　缺　点
排孔法	由一端开始，依次逐步成孔到另一端结束	易于施工，且不易漏掉孔位。但当孔位较密时，后打的桩易发生倾斜和位移
跳打法	同一排孔采取隔一孔成一孔	先后成孔影响小，易保证桩的垂直度，但应注意防止漏掉孔位，并应注意桩位准确
围幕法	先成外围 2～3 圈孔，然后成内圈，采用隔圈成一圈或依次向中心区成孔	能减少振冲能量的扩散，振密效果好，可节约桩数 10%～15%，大面积施工常用此法，但施工时应注意防止漏掉孔位和保证其位置准确

④质量控制

a. 施工前，应检查振冲器的性能，电流表、电压表的准确度，填料的性能。

b. 施工中，应检查密实电流、供水压力、供水量、填料量、孔底留振时间、振冲点位置、振冲器施工参数等（施工参数由振冲试验或设计确定）。

c. 施工结束后，应在有代表性的地段作标准贯入、静力触探、单桩静载荷试验或复合地基的承载力检验。

d. 振冲施工结束后，除砂土地基外，应间隔一定时间方可进行质量检验。对黏性土地基，间隔时间为 3～4 周；对粉土地基为 2～3 周。

e. 振冲地基质量标准详见《建筑地基基础工程施工质量验收规范》（GB 50202—2002）。

2）深层搅拌法

深层搅拌法是利用水泥浆做固化剂，采用深层搅拌机在地基深部就地将软土和固化剂充分拌合，利用固化剂和软土发生一系列物理、化学反应，使之凝结成具有整体性、水稳性好和较高强度的水泥加固体，与天然地基形成复合地基。

深层搅拌法加固工艺合理，技术可靠，施工中无振动、无噪声，对环境无污染，对土壤无侧向挤压，对邻近建筑影响很小，同时施工期较短，造价较低，效益显著。

深层搅拌法适于加固较深、较厚的淤泥、淤泥质土、粉土和承载力不大于 0.12MPa 的饱和黏土和软黏土、沼泽地带的泥炭土等地基。土类加固后多用于墙下条形基础、大面积堆料厂房下的地基；在深基开挖时用于防止坑壁及边坡塌滑、坑底隆起等，以及做地下防

渗墙等工程。

①机具及材料要求

机具设备包括深层搅拌机、水泥制配系统、起重机、导向设备及提升速度控制设备等。深层搅拌法加固软土的水泥用量一般为加固土重的 7%～15%，每加固 $1m^3$ 土体掺入水泥约 110～160kg；如用水泥砂浆做固化剂，其配合比为 1：(1～2)(水泥:砂)。为增加流动性，可掺入水泥质量 0.2%～0.5% 的木质素磺酸钙，另加 1% 的硫酸钠和 2% 的石膏促进速凝、早强，水灰比为 0.43～0.50。

②平面布置

深层搅拌法平面可根据上部结构对变形的要求，采用柱状、壁状、格栅状和块状等加固形式。可只在基础范围内布桩。柱状处理可采用正方形或等边三角形布桩形式。

③施工要点

深层搅拌法的施工工艺流程如图 1-39 所示。施工程序为：深层搅拌机定位→预搅下沉→制配水泥浆→喷浆搅拌提升→重复上、下搅拌→关机清洗→移至下一根桩位，重复以上工序。

施工场地宜先整平，清除地上、地下一切障碍物。标定搅拌机械灰浆泵送量等工艺参数，通过试验确定配合比。

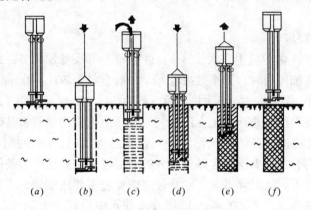

图 1-39　深层搅拌法施工工艺流程
(a) 定位；(b) 预搅下沉；(c) 喷浆搅拌机上提；
(d) 重复搅拌下沉；(e) 重复搅拌上升；(f) 施工完毕

施工时，先将深层搅拌机用钢丝绳吊挂在起重机上，用输浆胶管将贮料罐、砂浆泵同深层搅拌机接通，开动电机，搅拌机叶片相向而转，借设备自重，以 0.38～0.75m/min 的速度沉至要求加固深度；再以 0.3～0.5m/min 的均匀速度提升搅拌机，与此同时开动砂浆泵，将砂浆从搅拌机中心管不断压入土中，由搅拌机叶片将水泥浆与深层处的软土搅拌，边搅拌边喷浆，直至提至地面，即完成一次搅拌过程。用同法再一次重复搅拌下沉和重复搅拌喷浆上升，即完成一根柱状加固体，外形呈"8"字形，一根接一根搭接，即成壁状加固体。几个壁状加固体连成一片即成块体。

施工中要控制搅拌机提升速度，使之连续匀速，以控制注浆量，保证搅拌均匀。

每天加固完毕，应用水清洗贮料罐、砂浆泵、深层搅拌机及相应管道，以备再用。

④质量控制

a. 施工前，应检查水泥及外掺剂的质量，桩位、搅拌机工作性能、各种计量设备完好程度（主要是水泥流量计及其他计量装置）。

b. 施工中，应检查机头提升速度、水泥浆或水泥注入量，搅拌桩的长度及标高。

c. 施工结束后，应检查桩体强度、桩体直径及地基承载力。

d. 进行强度检验时，对承重水泥土搅拌桩应取 90d 后的试件；对支护水泥土搅拌桩应取 28d 后的试件。试件可钻孔取芯，或其他规定方法取样。

e. 深层搅拌桩地基质量检验标准详见《建筑地基基础工程施工质量验收规范》（GB 50202—2002）。

f. 对不合格的桩应根据其位置和数量等具体情况，分别采取补桩或加强邻桩等措施。

（5）预压法——砂井堆载预压法

砂井堆载预压是在含饱和水的软土或杂填土地基中用钢管打孔，灌砂设置一群排水砂桩（井）作为竖向排水通道，并在桩顶铺设砂垫层作为水平排水通道，先在砂垫层上分期加荷预压，使土中孔隙水不断通过砂井上升至砂垫层，排出地表，从而在建筑物施工之前，地基土大部分先期排水固结，减少了建筑物沉降，提高了地基的稳定性。这种方法具有固结速度快，施工工艺简单，效果好等特点。适用于处理深厚软土和冲填土地基，多用于处理机场跑道、水工结构、道路、路堤、码头、岸坡等工程地基，对于泥炭等有机质沉积地基则不适用。

1）材料和构造要求

砂宜用中、粗砂，含泥量不宜大于 3%；砂垫层上部反滤层用 5～20mm 粒径的卵石。砂井的直径和间距取细而密时，固结效果较好，一般直径为 300～400mm，间距为 6～9 倍砂井直径，一般不小于 1.5m；袋装砂井直径一般为 70～120mm，间距 1.2～1.5m；砂井在整个建筑场地上常按等边三角形或正方形均匀布置，范围宜比建筑物基础轮廓线向外增大约 2～4m。砂井深度视土层具体情况而定，当软土层较浅时，则砂井贯穿整个软土层较好；当压缩层范围内有粉砂夹层或含砂量较大的土层时，在满足变形条件的情况下，砂井深度取到该类夹层等等。从沉降考虑，砂井长度应穿过主要压缩层，一般为 10～20m。袋装砂井长度应比砂井孔长度长 500mm，以便放入井孔中后能露出地面，埋入排水砂垫层中。砂垫层的平面范围与砂井范围相同。为了使砂垫层在沉降后不致被切断，砂垫层的厚度应比预计基础沉降量大 0.3～0.5m，一般为 0.4～0.6m。砂垫层宜做成反向过滤式，周围设排水管井，以便排水。

2）施工要点

砂井施工机具、方法与打砂桩相同。打砂井的顺序应从外围或两侧向中间进行，若井距较大可逐排进行。砂井施工完毕后，基坑表层会产生松动隆起，应进行压实。

当使用普通砂井成形困难，软土层上难以使用大型机械施工，勿需大截面砂井时可采用袋装砂井，砂袋应选用透水性好、韧性强的玻璃丝纤维布、聚丙烯编织布、再生布等制作。当桩管沉到预定深度后插入袋，把袋子的上口固定到装砂用的漏斗上，通过振动将砂子填入袋中并密实；待砂装满后，卸下砂袋扎紧袋口，拧紧套管上盖，提出套管，此时袋口应高出孔口 500mm。如果砂袋没有露出这么长，说明袋中还没有装满砂子，则要拨出重新施工。反之，如果砂袋露出过多，说明砂袋已被套管带起来，也应重新施工。

砂井预压加载物一般采用土、砂、石或水。加荷方式有两种：一是在建筑物正式施工前，在建筑物范围内堆载，待沉降基本完成后把堆载卸走，再进行上部结构施工；二是利用建筑物自身的重量，更加直接、简便、经济，不用卸载，每平方米所加荷量宜接近设计荷载。亦可用设计标准荷载的 120% 为预压荷载，以加速排水固结。

地基预压前，应设置垂直沉降观测点、水平位移观测桩、测斜仪及孔隙水压计。

预压加载应分期、分级进行。加荷时应严格控制加荷速度。控制方法是每天测定边桩的水平位移与垂直升降和孔隙水压力等。地面沉降速率不宜超过 10mm/d。边桩水平位移宜控制在 3～5mm/d，边桩垂直上升不宜超过 2mm/d。若超过上述规定数值，应停止加荷或减荷，待稳定后再加荷。

加荷预压时间由设计规定，一般为 6 个月，但不宜少于 3 个月。同时，待地基平均沉降速率减小到不大于 2mm/d，方可开始分期、分级卸荷，但应继续观测地基沉降和回弹情况。

3）质量检查

a. 施工前，应检查施工检测措施，沉降、空隙水压力等原始数据，排水设施、砂井（包括袋装砂井）等位置。

b. 堆载施工应检查堆载高度、沉降速率。

c. 施工结束后，应检查地基土的十字板剪切强度，标准贯入或静压力触探值及要求达到的其他物理力学性能、重要建筑物地基应作承载力检验。

d. 砂井堆载预压地基质量检验标准详见《建筑地基基础工程施工质量验收规范》（GB 50202—2002）。

二、浅埋式钢筋混凝土基础施工

地基有天然地基和人工地基之分。在满足强度、变形和稳定性的前提下，尽量采用相对埋深（埋深对基础宽度之比）不大，只须普通的施工程序便能直接建造的基础类型，即称天然地基上的浅基础。地基不能满足上述要求时，则应预先对地基进行加固处理，在处理后的地基上建造的基础，称人工地基上的浅基础。若仍不能满足要求时，则应考虑借助特殊的施工机具和相应的施工方法修建的、相对埋深较大的基础形式，用天然地基上的深基础（常用桩基）和人工地基等，以求把荷载更多地传到深部的坚实土层中去。

一般工业与民用建筑在基础设计中多采用天然地基上的浅基础，它造价低、施工简便。常用的浅埋式钢筋混凝土基础类型有独立基础、条形基础、筏式基础和箱形基础等。

1. 独立基础

独立基础是柱下基础的基本形式。钢筋混凝土独立基础（图 1-40）按其构造形式，可分为现浇柱锥形基础、阶梯形基础和预制柱杯形基础，如图 1-41 所示。杯形基础又可分为单肢柱和双肢柱杯形基础，低杯口和高杯口基础。

（1）构造要求

1）现浇柱锥形基础

锥形基础下面常设有低强度等级素混凝土垫层，厚度不宜小于 70mm，一般为 100mm，混凝土强度等级为 C10，基础边缘高度 h 不宜小于 200mm。基础混凝土强度等级不应低于 C20。底板受力钢筋的最小直径不宜小于 10mm，间距不宜大于 200mm，也不宜小于 100mm。当有垫层时，钢筋保护层的厚度不小于 40mm，无垫层时不小于 70mm。

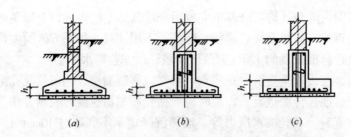

图 1-40　柱下钢筋混凝土独立基础

(a)、(b) 阶梯形；(c) 锥形

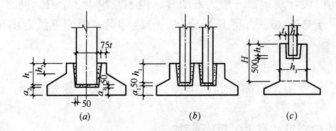

图 1-41　杯形基础形式、构造示意

(a) 一般杯形基础；(b) 双杯口基础；(c) 高杯口基础

　　锥形基础插筋的数目、直径以及钢筋种类应与柱内纵向受力钢筋相同。插筋的锚固长度及与柱的纵向受力钢筋的连接方法，按国家现行《混凝土结构设计规范》的规定执行。插筋应伸至基础底部的钢筋网，并在端部做成直弯钩。当柱为轴心受压或小偏心受压，基础高度大于等于1200mm 或柱为大偏心受压，基础高度大于等于 1400mm 时，可仅将位于柱子四角的插筋伸至基础底部，其余的插筋只须伸入基础达到锚固长度即可。插筋长度范围内均应设置箍筋。基础顶面每边从柱子边缘放出不小于 50mm，以便柱子支模。

　　2）现浇柱阶梯形基础

　　阶梯形基础的每阶高度 h 宜为 300～500mm。基础高度 $h \leqslant 350$mm 时，一般用一阶；当 350mm $< h \leqslant 900$mm 时，用二阶；当 $h > 900$mm 时，用三阶。阶梯尺寸宜用整数，一般在水平及垂直方向均用 50mm 的倍数。其他构造要求与锥形基础相同。

　　3）预制柱杯形基础

　　预制钢筋混凝土柱与杯形基础的连接，应符合下列要求：

　　①柱的插入深度 h_1 按现行规范选用，并应满足锚固长度的要求（一般为 20 倍纵向受力钢筋直径）和吊装时柱的稳定性（不小于吊装时柱长的 0.05 倍）的要求。

　　②基础的杯底厚度和杯壁厚度按现行规范采用。

　　③当柱为轴心或小偏心受压，且 $t/h_2 \geqslant 0.65$ 时，或大偏心受压且 $t/h_2 \geqslant 0.75$ 时，杯壁可不配筋；当柱为轴心或小偏心受压且 $0.5 \leqslant t/h_2 \leqslant 0.65$ 时，杯壁按构造配筋；其他情况下，应按计算配筋，其配筋焊成网片或现场绑扎。

　　预制钢筋混凝土柱（包括双肢柱）和高杯口基础的连接，其插入深度符合前述规定。杯壁厚度、杯壁和短柱配筋应符合《建筑地基基础设计规范》（GB 50007—2002）第 8.2.6 条的规定。

　　（2）施工要点

52

1) 现浇柱基础施工

①在混凝土浇筑前，基坑（槽）应进行验槽，轴线、基坑（槽）尺寸和土质应符合设计规定。基坑（槽）内浮土、积水、淤泥、垃圾、杂物应清除干净。局部软弱土层应挖去，用灰土或砂砾分层回填夯实至与基底相平。

②验槽后应立即浇筑垫层混凝土，以免地基土被扰动。混凝土宜用表面振动器进行振捣，要求表面平整。当垫层达到一定强度后，在其上弹线、支模、铺放钢筋网片，注意钢筋保护层厚度，保证位置正确。

③在浇筑基础混凝土前，应清除干净模板和钢筋上的垃圾、泥土和油污等杂物，并浇水湿润模板，对模板和钢筋按规范规定进行检查验收。

④基础混凝土宜分层连续浇筑完成。阶梯形基础的每一台阶高度内应整段分层浇捣，每浇完一台阶应稍停 0.5~1.0h，待其获得初步沉实后，再浇筑上层，以防止下台阶混凝土溢出，在上台阶根部出现烂脖子，台阶表面应基本抹平。

⑤锥形基础应注意锥体斜面坡度的正确，斜面部分的模板应随混凝土浇捣分段支设并顶压紧，以防模板上浮变形，边角处的混凝土必须注意捣实。严禁斜面部分不支模，用铁锹拍实。

⑥基础上有插筋时，要加以固定，保证插筋位置的正确，防止浇捣混凝土时发生移位。⑦混凝土浇筑完毕，外露表面应覆盖浇水养护。

2) 预制柱杯形基础施工

预制柱杯形基础的施工，除参照上述施工要求外，还应注意以下几点：

①混凝土应按台阶分层浇筑，对高杯口基础的高台阶部分按整段分层浇筑。

②杯口模板可采用木模板或钢定型模板，可做成整体的，也可做成两半式的，中间各加一块楔形板。拆模时，先取出楔形板，然后分别将两半杯口模板取出。为便于周转宜做成工具式的，支模时杯口模板要固定牢固并压紧。

③浇筑杯口混凝土时，应注意四周要对称均匀进行，避免将杯口模板挤向一侧。

④施工时，应先浇筑杯底混凝土并振实，注意在杯底一般有 50mm 厚的细石混凝土找平层，应仔细留出。待杯底混凝土沉实后，再浇筑杯口四周混凝土。基础浇捣完毕，在混凝土初凝后终凝前将杯口模板取出，并将杯口内侧表面混凝土凿毛。

⑤施工高杯口基础时，可采用后安装杯口模板的方法施工，即当混凝土浇捣接近杯口底时，再安装固定杯口模板，继续浇筑杯口四周混凝土。

2. 条形基础

条形基础有墙下条形基础和柱下条形基础之分。

(1) 构造要求

1) 墙下条形基础

墙下钢筋混凝土条形基础（图 1-42）同钢筋混凝土独立基础一样，抗弯和抗剪性能良好，可在竖向荷载较大、地基承载力不高以及承受水平力和力矩荷载等情况下使用。因高度不受台阶宽高比的限制，故适宜于需要"宽基浅埋"的情况下采用。

墙下钢筋混凝土条形基础和钢筋混凝土独立基础都是扩展基础，构造要求基本相同。基础底板受力钢筋按计算确定，并顺宽度方向布置，间距应不大于 200mm，但不宜小于 100mm。条形基础一般不配弯筋。纵向分布钢筋直径不小于 8mm，间距不大于 300mm，置

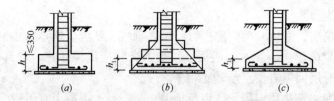

图 1-42 墙下钢筋混凝土条形基础

（a）板式；（b）、（c）梁、板结合式

于受力钢筋上面。每延米分布钢筋的面积不小于受力钢筋的 1/10。为增加基础抵抗不均匀沉降的能力，沿纵向可加设肋梁，并按构造配筋。

2）柱下条形基础

柱下条形基础截面一般为倒 T 形，底板伸出部分称为翼板，中间部分称为肋梁。其构造除满足扩展基础一般要求外，还应符合下列规定。

翼板厚度不应小于 200mm，当不大于 250mm 时，翼板可做成等厚；当厚度大于 250mm 时，可做成坡度小于或等于 1:3 的变厚度板。肋梁高度按计算确定，一般可取柱距的 1/8 ~ 1/4。翼板的宽度按地基承载力计算确定，肋梁宽度应比该方向柱截面大至少 50mm。为调整底面形心位置减少端部基底压力，条形基础的端部宜向外伸出，其长度宜为第一跨距的 0.25 倍。

基础梁的纵向受力钢筋按内力计算确定，一般上下双层配置，直径不小于 10mm，配筋率不宜小于 0.15%。顶部钢筋按计算配筋全部贯通，底部纵向受拉钢筋通常配置 2 ~ 4 根，通长钢筋不应小于底部受力钢筋的 1/3，弯起筋及箍筋按剪力及弯矩图配置。箍筋直径一般为 $\phi 6 ~ \phi 8mm$，在距支座轴线 0.25 ~ 0.3 倍柱距范围内箍筋应加密布置。

（2）施工要点

1）在混凝土浇筑前，基坑（槽）应进行验槽，局部软弱土层应挖去，用灰土或砂砾分层回填夯实至与基底相平。基坑（槽）内浮土、积水、淤泥、垃圾、杂物应清除干净。

2）验槽后应立即浇筑垫层混凝土，以保护地基。当垫层素混凝土达到一定强度后，在其上弹线、支模、铺放钢筋。

3）在浇筑混凝土前，应清除模板内和钢筋上的垃圾、泥土、油污等杂物，模板应浇水加以湿润。

4）混凝土自高处倾落时，其自由倾落高度不宜超过 2m。如超过应设料斗、漏斗、溜槽、串筒，以防止混凝土产生分层离析。

5）混凝土宜分段分层浇筑。各段各层间应互相衔接，使逐段逐层呈阶梯形推进，并注意先使混凝土充满模板边角，然后浇筑中间部分。

6）混凝土应连续浇筑，以保证结构良好的整体性。

7）混凝土浇筑完毕，外露表面应覆盖浇水养护。

3. 筏式基础

筏式基础由钢筋混凝土底板、梁等组成，适用于地基承载力较低而上部结构荷载较大的情况。其外形和构造上象倒置的钢筋混凝土楼盖，一般可分为梁板式和平板式两类（图 1-43）。前者用于荷载较大的情况，后者一般用于荷载不大，但柱网较均匀且间距较小的情况。筏式基础不仅能减少地基土的单位面积压力，提高地基承载力，而且还能增强基础的整体刚度，有效将各柱子的沉降调整得较为均匀，在多层和高层建筑中被广泛采用。

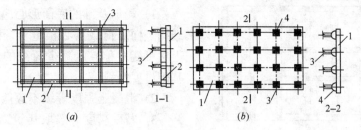

图 1-43　筏式基础
（a）梁板式；（b）平板式
1—底板；2—梁；3—柱；4—支墩

（1）构造要求

1）混凝土强度等级不应低于 C30，当有防水要求时，防水混凝土的抗渗等级不应小于 0.6MPa。必要时宜设架空排水层。钢筋无特殊要求，钢筋保护层厚度不小于 40mm。

2）基础平面布置应尽量对称，以减小基础荷载的偏心距。底板厚度不宜小于 200mm，梁截面和板厚按计算确定，梁顶高出底板顶面不小于 300mm，梁宽不小于 250mm。

3）底板下一般宜设厚度为 100mm 的 C10 混凝土垫层，每边伸出基础底板不小于 100mm。

4）筏式基础配筋应由计算确定，按双向配筋。

（2）施工要点

1）施工前，如地下水位较高，可采用人工降低地下水位法使地下水位降至基坑底不少于 500mm，以保证在无水情况下进行基坑开挖和基础施工。

2）筏式基础浇筑前，应清扫基坑、支设模板、铺设钢筋。

3）混凝土浇筑方向应顺次梁，对于平板式筏式基础则应平行于基础短边方向。

4）施工时，可采用先在垫层上绑扎底板、梁的钢筋和柱子锚固插筋，浇筑底板混凝土，待达到 25% 设计强度后，再在底板上支梁模板，继续浇筑完梁部分混凝土；也可采用底板和梁模板一次同时支好，混凝土一次连续浇筑完成，梁侧模板采用支架支承并固定牢固。

5）混凝土浇筑应一次浇筑完成，一般不留施工缝，必须留设时，应按施工缝留设要求进行留置和处理，并应设置止水带。

6）基础浇筑完毕，表面应覆盖和洒水养护不少于 7d，并防止地基被水浸泡。

7）当混凝土强度达到设计强度的 30% 时，应进行基坑回填。

4．箱形基础

箱形基础是由钢筋混凝土底板、顶板、外墙以及一定数量的内隔墙构成的封闭箱体（图 1-44）。基础中部可在内隔墙开门洞作地下室。该基础具有整体性好，刚度大，调整不均匀沉降能力及抗震能力强，可消除因地基变形使建筑物开裂的可能性，减少基底处原有地基自重应力，降低总沉降量等特点。适用作软弱地基上的面积较小、平面形状简单、上部结构荷载大且分布不均匀的高层建筑物的基础和对沉降有严格要求的设备基础或特种构筑物基础。

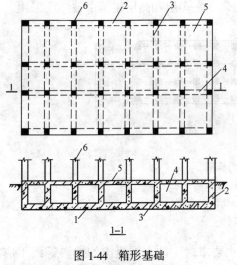

图 1-44 箱形基础
1—底板；2—外墙；3—内墙隔墙；
4—内纵隔墙；5—顶板；6—柱

（1）构造要求

1）箱形基础的底面形心应尽可能与上部结构竖向静荷载重心相重合，即在平面布置上尽可能对称，以减少荷载的偏心距，防止基础过度倾斜。

2）混凝土强度等级不应低于C30。

3）基础高度一般取建筑物高度的1/8～1/12，不宜小于箱形基础长度的1/8，且不小于3m。

4）箱形基础的外墙沿建筑物四周布置，内墙一般沿上部结构柱网和剪力墙纵横均匀布置。墙体厚度应根据实际受力情况确定，内墙厚度不宜小于200mm，一般为200～300mm；外墙厚度不应小于250mm，一般为250～400mm。

5）箱形基础底板、顶板的厚度应满足柱或墙冲切验算要求，并根据实际受力情况通过计算确定。底板厚度一般取隔墙间距的1/8～1/10，约为300～1000mm；顶板厚度约为200～400mm。

6）为保证箱形基础的整体刚度，平均每平方米基础面积上墙体长度应不小于400mm，或墙体水平截面积不得小于基础面积的1/10，其中纵墙配置量不得小于墙体总配置量的3/5。

7）底板、顶板及内、外墙的钢筋按计算确定。

（2）施工要点

1）基坑开挖，如地下水位较高，应采取措施降低地下水位至基坑底以下至少500mm，并尽量减少对基坑底土的扰动。当采用机械开挖基坑时，在基坑底面以上200～400mm厚的土层，应用人工挖除并清理。基坑不得长期暴露，更不得积水。基坑验槽后，应立即进行基础施工。

2）施工时，基础底板、内外墙和顶板的支模、钢筋绑扎和混凝土浇筑，可采取内外墙和顶板分次支模浇筑方法施工，其施工缝的留设位置和处理应符合钢筋混凝土工程施工及验收规范有关要求，外墙接缝应设止水带。

3）基础的底板、内外墙和顶板宜连续浇筑完毕。为防止出现温度收缩裂缝，一般应设置贯通后浇带，带宽不宜小于800mm，在后浇带处钢筋应贯通。顶板浇筑后，相隔2～4周，使用比设计强度提高一级的细石混凝土将后浇带填灌密实，并注意加强养护。

4）箱形基础底板厚度一般都超过1.0m，其混凝土浇筑属于大体积混凝土浇筑。应根据实际情况选择浇筑方案，注意养护，防止产生温度裂缝。

5）基础施工完毕，应立即进行回填土。停止降水时，应验算基础的抗浮稳定性，抗浮稳定系数不宜小于1.2，如不能满足时，应采取有效措施，譬如继续抽水直至上部结构荷载加上后能满足抗浮稳定系数要求为止，或在基础内采取灌水或加重物等，防止基础上浮或倾斜。

6）高层建筑进行沉降观测，水准点及观测点应根据设计要求及时埋设，并注意保护。

三、桩基础工程

一般建筑物都应该充分利用地基土层的承载能力，尽量采用浅基础。但若浅层土质不良，无法满足建筑物对地基变形和强度方面的要求时，可以考虑利用下部坚实土层或岩层作为持力层，即可采取有效的施工方法建造深基础。深基础主要有桩基础、墩基础、沉井和地下连续墙等几种类型，其中以桩基最为常用。

1．桩基的作用和分类

（1）作用

桩基一般由设置于土中的桩和承接上部结构的承台（或承台梁）组成（图1-45）。桩的作用在于将上部建筑物的荷载传递到地基深处承载力较大的土层上，或将软弱土层挤密，以提高土壤的承载力和密实度，从而保证建筑物的稳定性和减少地基沉降。桩基础具有承载力高，沉降速度缓慢、沉降量小而均匀，并能承受水平力、上拔力、振动力，抗震性能较好等特点，因此在建筑工程中得到广泛应用。

根据承台与地面的相对位置不同，一般有低承台与高承台桩基之分。采用高承台主要是为了减少水下施工作业和节省基础材料，常用于桥梁和港口工程中。而低承台桩基承受荷载的条件比高承台好，特别在水平荷载作用下，承台周围的土体可以发挥一定的作用。在一般房屋和构筑物中，大多都使用低承台桩基。

（2）分类

按桩的承载性质不同可分为：摩擦型桩和端承型桩。

摩擦型桩又可分为摩擦桩和端承摩擦桩。摩擦桩是指在极限承载力状态下，桩顶荷载由桩侧阻力承受的桩；端承摩擦桩是指在极限承载力状态下，桩顶荷载主要由桩侧阻力承受的桩。

端承型桩又可分为端承桩和摩擦端承桩。端承桩是指在极限承载力状态下，桩顶荷载由桩端阻力承受的桩；摩擦端承桩是指在极限承载力状态下，桩顶荷载主要由桩端阻力承受的桩。

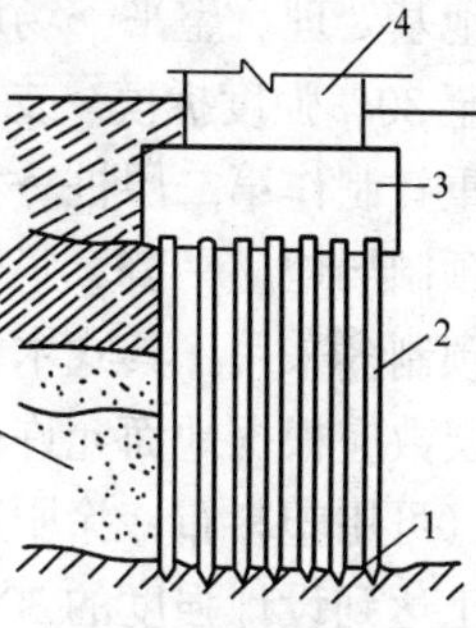

图1-45 桩基础示意图
1—持力层；2—桩；3—桩基承台；
4—上部建筑物；5—软土层

按桩的使用功能可分为：竖向抗压桩、竖向抗拔桩、水平受荷载桩、复合受荷载桩。

按桩身的材料不同分为：木桩、混凝土桩、钢桩、组合材料桩。

按成桩方法不同分为：非挤土桩（如干作业法桩、泥浆护壁法桩、套筒护壁法桩）、部分挤土桩（如组合桩、预钻孔打入式预制桩等）、挤土桩（如挤土灌注桩、挤土预制桩等）

按桩制作工艺分为：预制桩和灌注桩。预制桩是在工厂或施工现场制成的各种形式和材料的桩，而后用沉桩设备将桩打入、压入、旋入、冲入、振入土中。灌注桩是在施工现场的桩位上用人工或机械成孔，然后在孔内灌注混凝土、钢筋混凝土、石灰、砂等建筑材料而成。根据成孔方法不同，灌注桩又可分为钻孔灌注桩、挖孔灌注桩、冲孔灌注桩、沉管灌注桩和爆扩桩。

桩的种类繁多，应根据建筑结构类型、荷载性质、桩的使用功能、穿越土层、桩端持力层土类、地下水位、施工设备、施工环境、施工经验、制桩材料供应条件等因素，选择经济合理、安全适用的桩型和成桩工艺。

2. 钢筋混凝土预制桩施工

钢筋混凝土桩是目前工程上应用最广的一种桩。钢筋混凝土预制桩有实心桩和管桩两种。为便于制作，实心桩截面大多为成方形，断面尺寸一般为 200mm×200mm～500mm×500mm。单根桩的最大长度或多节桩的单节长度，应根据桩架高度、制作场地、道路运输和装卸能力而定，一般桩长不得大于桩断面的边长或外直径的 50 倍，通常在 27m 以内。如需打设 30m 以上的桩，则将桩分段预制，在打桩过程中逐段接长。混凝土管桩为空心桩，一般在预制厂用离心法生产。桩径有 $\phi300$、$\phi400$、$\phi550mm$ 等，每节长度 2m～12m 不等。管桩的混凝土强度较高，可达 C30～C40 级，管壁内设 $\phi16$～$\phi22mm$ 的主筋 10 根～20 根，外面绕以 $\phi6mm$ 螺旋箍筋。混凝土管桩各节段之间的连接可以用角钢焊接或法兰螺栓连接。由于用离心法成型，混凝土中多余的水分由于离心力而甩出，故混凝土致密，强度高，抵抗地下水和其他类腐蚀的性能好。

钢筋混凝土预制桩施工包括：制作、起吊、运输、堆放、打桩、接桩、截桩等过程。

(1) 钢筋混凝土预制桩的制作、起吊、运输和堆放

预制桩可在工厂或施工现场预制。一般较短的桩多在预制厂生产，而较长的桩则在现场附近或打桩现场就地预制。现场制作预制桩可采用重叠法，其制作程序为：现场布置→场地地基处理、整平→场地地坪浇筑混凝土→支模→绑扎钢筋、安设吊环→浇筑混凝土→养护至 30%强度拆模→支间隔端头模板、刷隔离剂、绑钢筋→浇筑间隔桩混凝土→同法间隔重叠制作第二层桩→养护至 70%强度起吊→达 100%强度后运输、打桩。

预制场地应平整、坚实，做好排水设施，防止雨后场地浸水沉陷，以确保桩身平直。现场预制多采用工具式木模板或钢模板，模板应平整、尺寸准确。可用重叠法间隔制作，重叠层数应根据地面允许荷载和施工条件确定，但一般不宜超过四层。桩与桩间应做好隔离层（可用塑料布，涂刷废机油、滑石粉等）。上层桩或邻桩的浇筑，应在下层桩或邻桩混凝土达到设计强度的 30%以后方可进行。

桩的钢筋骨架，可采用点焊或绑扎。骨架主筋则宜用对焊或搭接焊，主筋的接头位置应相互错开。桩尖一般用粗钢筋或钢板制作，在绑扎钢筋骨架时将其焊好。桩身混凝土强度等级不应低于 C30，宜用机械搅拌，机械振捣，浇筑时应由桩顶向桩尖连续浇筑捣实，一次完成，严禁中断，以提高桩的抗冲击能力。浇筑完毕应覆盖洒水养护不少于 7d，如用蒸汽养护，在蒸养后，还应适当自然养护，达到桩的设计强度方可使用。混凝土的粗骨料应用碎石或开口卵石，粒径宜为 5～40mm。预制桩的制作质量应符合规范规定。

桩制作的质量还应符合下列要求：

桩的表面应平整、密实，掉角的深度不应超过 10mm，且局部蜂窝和掉角的缺损总面积不得超过该桩表面全部面积的 0.5%，并不得过分集中。

混凝土收缩产生的裂缝深度不得大于 20mm，宽度不得大于 0.25mm；横向裂缝长度不得超过边长的一半（圆桩或多角形桩不得超过直径或对角线的 1/2）。

桩顶和桩尖处不得有蜂窝、麻面、裂缝和掉角。

混凝土预制桩达到设计强度标准值的 70%后方可起吊，达到设计强度标准值的 100%

后方可进行运输（混凝土管桩应达到设计强度 100% 后方可运到现场打桩）。如提前吊运，必须验算合格。桩在起吊和搬运时，吊点应符合设计规定，如无吊环，设计又未作规定时，应符合起吊点弯矩最小的原则，可按图 1-46 所示位置设置吊点起吊。吊索与桩之间应加衬垫，以免损坏棱角。起吊时应平稳提升，吊点同时离地，并采取措施保护桩身质量，防止撞击和受振动。如要长距离运输，可采用平板拖车或轻轨平板车。长桩搬运时，桩下要设置活动支座，运输时要做到平稳并不得损坏。经过搬运的桩，应进行质量复查。

预制桩堆放场地应平整、坚实，不得产生不均匀沉陷。垫木与吊点的位置应相同，并保持在同一平面上，各层垫木应上下对齐，最下层垫木应适当加宽，以减少堆桩场地的地基应力，堆放层数不宜超过 4 层。底层管桩边缘应用楔形木块塞紧，以防滚动，堆放层数不超过三层。不同规格的桩，应分别堆放。

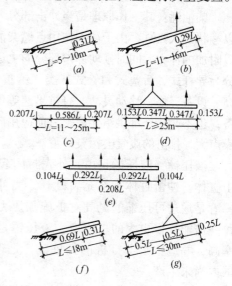

图 1-46 预制桩吊点位置
（a）、（b）一点吊法；（c）二点吊法；（d）三点吊法；（e）四点吊法；（f）预应力管桩一点吊法；（g）预应力管桩两点吊法

（2）钢筋混凝土预制桩的沉桩

钢筋混凝土预制桩的沉桩方法有锤击沉桩法、静力压桩法、振动沉桩法和水冲沉桩法等。

1）锤击沉桩法

锤击沉桩法也称打入桩，是利用桩锤下落产生的冲击能克服土对桩的阻力，使桩沉到预定深度或达到持力层。锤击沉桩是预制桩最常用的沉桩方法。该法施工速度快，机械化程度高，适用范围广，但施工时有振动、挤土和噪声污染现象，不宜在市区和夜间施工。

①打桩设备及选用

打桩所用的机具设备，主要包括桩锤、桩架及动力装置三部分。

桩锤——是对桩施加冲击力，将桩打入土中的主要机具。

桩架——是支持桩身和桩锤，将桩吊到打桩位置，并在打桩过程中引导桩的方向，保证桩沿着所要求方向冲击的打桩设备。

动力装置——包括吊装机就位和起动桩锤用的动力设施，如卷扬机、锅炉、空气压缩机等，取决于所选的桩锤。

a.桩锤的选择。桩锤有落锤、蒸汽锤、柴油锤和液压锤等。

落锤：是由一般生铁铸成。利用卷扬机提升，以脱钩装置或松开卷扬机刹车使其坠落到桩头上，逐渐将桩打入土中。落锤重量为 0.5~1t，构造简单，使用方便，能随意调整其落锤高度，故障少。适用于普通黏性土和含砾石较多的土层中打桩。但锤击速度慢（每分钟约 6~12 次），贯入能力低，效率不高。提高落锤的落距，可以增加冲击能，但落距太高对桩的损伤较大，故落距一般以 1~2m 为宜。只在使用其他类型的桩锤不经济或在小型工程中才被使用。

蒸汽锤：按其工作原理可分单动汽锤和双动汽锤两种，这两种汽锤都须配一套锅炉设备。单动汽锤利用蒸汽（或压缩空气）的压力作用于活塞的上部，将桩锤（汽缸）提升到一定高度后，通过排汽阀释放蒸汽，则汽缸（桩锤）靠自重下落打桩。单动汽锤落距小，冲击力较大，打桩速度较落锤快，型号不同，每分钟锤击不等，最高可达90次，锤重1.5~15t，适用于各种桩在各类土层中施工。双动汽锤的锤体上升原理与单动汽锤相同，但与此同时，又在活塞上面的汽缸中通入高压蒸汽，因此锤芯在自重和蒸汽压力下向下击桩，所以双动汽锤相对落锤法施工的冲击力更大，频率更快（每分钟达105~135次）。锤重为0.6~6t，适用于一般的打桩工程，并能用于打钢饭桩、水下桩、斜桩和拔桩。

柴油锤：其工作原理是当冲击部分（汽缸或活塞）落下时，压缩汽缸里的空气，柴油以雾状射入汽缸，由于冲击作用点燃柴油，引起爆炸，给在锤击作用下已向下移动的桩施以附加的冲力，同时推动冲击部分向上运动。如此反复循环运动，把桩打入土中。柴油锤分为导杆式、活塞式和管式三类。锤重0.6~6.0t，每分钟锤击45~70次。它具有工效高、设备轻便、移动灵活、打桩迅速等优点。柴油锤本身附有机架，不需附属其他动力设备，也不必从外部供给能源，目前应用广泛，可用于打大型混凝土桩和钢管桩等。但施工噪声大，排出的废气会污染环境。

液压锤：液压锤是由一外壳封闭起来的冲击体组成，利用液压油来提升和降落冲击缸体。冲击缸体下部充满氮气，当冲击缸体下落时，首先是冲击头对桩施加压力，接着是通过可压缩的氮气对桩施加压力，使冲击缸体对桩施加压力的过程延长，因此每一击能获得更大的贯入度。液压锤是一种新型的低噪声、无油烟、能耗省、冲击频率高，并适合水下打桩的打桩锤，是理想的冲击式打桩设备，但构造复杂，造价高，国内尚未生产。

总之，桩锤的类型应根据施工现场情况、机具设备条件及工作方式和工作效率等条件来选择。桩锤类型选定之后，还要确定桩锤的重量，宜选择重锤低击。桩锤过重，所需动力设备也大，不经济；桩锤过轻，必将加大落距，锤击动能很大部分被桩身吸收，桩不易打入，且桩头容易被打坏，保护层可能振掉。轻锤高击所产生的应力，还会促使距桩顶1/3桩长范围内的薄弱处产生水平裂缝，甚至使桩身断裂。因此，选择稍重的锤，用重锤低击和重锤快击的方法效果较好。一般可根据地质条件、桩型、桩的密集程度、单桩竖向承载力及现有施工条件等决定。桩锤与桩重的比例关系，一般是根据土质的沉桩难易程度来确定，可参照表1-14选用。

桩锤与桩重比值表（桩锤/桩重）　　　　　　　　　表1-14

锤类别 ＼ 桩类别	木　桩	钢筋混凝土	钢板桩
单动气锤	2.0~3.0	0.45~1.4	0.7~2.0
双动气锤	1.5~2.5	0.6~1.8	1.5~2.5
落锤	2.0~4.0	0.35~1.5	1.0~2.0
柴油锤	2.5~3.5	1.0~1.5	2.0~2.5

注：1. 锤重系指锤体总重，桩重包括桩帽重量；
　　2. 桩的长度一般不超过20m；
　　3. 土质较松软时可采用下限值，较坚硬时采用上限值。

b. 桩架的选择。选择桩架时，应考虑桩锤的类型、桩的长度和施工条件等因素。桩架的高度由桩的长度、桩锤高度、桩帽厚度及所用滑轮组的高度来决定。此外，还应留 1～2m 的高度作为桩锤的伸缩余地。即桩架高度 = 桩长 + 桩锤高度 + 桩帽高度 + 滑轮组高度 + 1～2m 的起锤移位高度。

常用的桩架形式有下列几种：

滚动式桩架：行走靠两根钢滚筒在垫木上滚动，优点是结构比较简单，制作容易，成本低，但在平面转弯、调头方面不够灵活，操作人员较多。适用于预制桩和灌注桩施工。

多功能桩架：多功能桩架由导架、斜撑、回转工作台、底盘及传动机构组成。其机动性和适应性很大，在水平方向可作 360°旋转，导架可以伸缩和前后倾斜，底座下装有铁轮，底盘可在轨道上行走。这种桩架可适用于各种预制桩和灌注桩施工。缺点是机构较庞大，现场组装和拆迁比较麻烦。

履带式桩架：以履带起重机为底盘，增加导杆和斜撑组成，用以打桩。移动方便，比多功能桩架更灵活，可适用于各种预制桩和灌注桩施工，目前应用最多。

②打桩前的准备工作

打桩前应做好下列工作：清除障碍物、平整施工场地、进行打桩试验、抄平放线、定桩位、确定打桩顺序等。

打桩施工前应认真清除现场妨碍施工的高空、地上和地下的障碍物。在建筑物基线以外 4～6m 范围内的整个区域，或桩机进出场地及移动路线上，应作适当平整压实（地面坡度不大于 10%），并保证场地排水良好。施工前应作数量不少于 2 根桩的打桩工艺试验，用以了解桩的沉入时间、最终沉入度、持力层的强度、桩的承载力、以及施工过程中可能出现的各种问题和反常情况等，以便检验所选的打桩设备和施工工艺，确定是否符合设计要求。在打桩现场或附近区域不受打桩影响的地点，应设置数量不少于 2 个的水准点，以作抄平场地标高和检查桩的入土深度之用。根据建筑物的轴线控制桩，按设计图纸要求定出桩基础轴线和每个桩位。

定桩位的方法是在地面上用小木桩或撒白灰点标出桩位，或用设置龙门板拉线法定出桩位。其中龙门板拉线法可避免因沉桩挤动土层而使小木桩移动，故能保证定位准确。同时也可作为在正式打桩前，对桩的轴线和桩位复核之用。

打桩顺序是否合理，直接影响打桩工程的速度和桩基质量。当桩的中心距小于 4 倍桩径时，打桩顺序尤为重要。由于打桩对土体的挤密作用，使先打的桩因受水平推挤而造成偏移和变位，或被垂直挤拔造成浮桩，而后打入的桩因土体挤密，难以达到设计标高或入土深度，造成土体隆起和挤压，截桩过大。所以，群桩施打时，为了保证打桩工程质量，防止周围建筑物受土体挤压的影响，打桩前应根据桩的密集程度、桩的规格、长短和桩架移动方便来正确选择打桩顺序，如图 1-47 所示。

当桩较密集时（桩中心距小于或等于四倍桩边长或桩径），应由中间向两侧对称施打或由中间向四周施打。这样，打桩时土体由中间向两侧或向四周均匀挤压，易于保证施工质量。当桩数较多时，也可采用分区段施打。

当桩较稀疏时（桩中心距大于四倍桩边长或桩径），可采用上述两种打桩顺序，也可采用由一侧向单一方向施打的方式（即逐排打设）或由两侧同时向中间施打。逐排打设，桩架单方向移动，打桩效率高。但打桩前进方向一侧不宜有防侧移、防振动的建筑物、构筑物、地下管线等，以防被土体挤压破坏。

施打时还应根据基础的设计标高和桩的规格、埋深、长度不同，宜采取先深后浅，先大后小，先长后短的施工顺序。当一侧毗邻建筑物时，由毗邻建筑物处向另一方向施打。当桩头高出地面时，桩机宜采用往后退打，否则，可采用往前顶打。

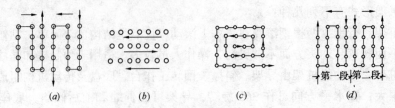

图 1-47　打桩顺序
（a）从两侧向中间打设；（b）逐排打设；（c）自中央向四周打设；
（d）自中央向两侧打设

③打桩方法

按既定的打桩顺序，先将桩架移动至桩位处并用缆风绳拉牢，然后将桩运至桩架下，利用桩架上的滑轮组，由卷扬机提升桩。当桩提升至直立状态后，即可将桩送入桩架的龙门导杆内，对准桩位中心，缓缓放下插入土中。桩插入时垂直度偏差不得超过 0.5%。并与桩架导杆相连接，以保证打桩过程中不发生倾斜或移动。桩就位后，在桩顶放上弹性垫层如草袋、废麻袋等，放下桩帽套入桩顶，桩帽上再放上垫木，降下桩锤轻轻压住桩帽。桩锤底面、桩帽上下面和桩顶都应保持水平，桩锤、桩帽和桩身中心线应在同一垂直线上，尽量避免偏心。在锤的重力作用下，桩向土中沉入一定深度而达到稳定。这时再校正一次桩的垂直度，即可进行打桩。

打桩时宜用"重锤低击"，"低提重打"，可取得良好效果。开始打桩时，地层软、沉降量较大，锤的落距宜较低，一般为 0.6～0.8m，使桩能正常沉入土中。待桩入土一定深度（约 1～2m），桩尖不易产生偏移时，可适当增大落距，逐渐提高到规定的数值，并控制锤击应力连续锤击。

桩的入土深度的控制，对于承受轴向荷载的摩擦桩，以标高为主，贯入度作为参考；端承桩则以贯入度为主，以标高作为参考。

施工时，贯入度的记录，对于落锤、单动汽锤和柴油锤取最后 10 击的入土深度；对于双动汽锤，则取最后一分钟内桩的入土深度。

打桩最后阶段，沉降太小时，要避免硬打，如难沉下，要检查桩垫、桩帽是否适宜，需要时可更换或补充软垫。

④测量和记录

为了确保工程质量，分析和处理打桩过程中出现的质量事故和为工程质量验收提供重要依据，必须在打桩过程中，对每根桩的施打进行下列测量并做好详细记录。

如用落锤、单动汽锤或柴油锤打桩，在开始打桩时，即需记录桩身每沉落 1m 所需的锤击数和桩锤落距的平均高度。当桩下沉接近设计标高时，则应在规定落距下，测量其每一阵（10击）后的贯入度，当其数值达到或小于设计承载力所要求的最后贯入度，打桩即告停止。如用双动汽锤，从开始就应记录桩身每下沉 1m 所需要的工作时间（每分钟锤击次数记入备注栏内），以观察其沉入速度。当桩下沉接近设计标高时，则应测量桩每分钟的下沉值，以保证桩的设计承载力。

打桩时，要注意测量桩顶水平标高。特别对承受轴向荷载的摩擦桩，可用水准仪测量控制。在桩架导杆的底部上每1~2cm画好准线，注明数字。桩捶上则画一白线，打桩时，根据桩顶水平标高，定出桩锤应停止锤击的水平面数字，当锤上白线达到此数字位置时即应停止锤击。这样就能使桩顶水平标高符合设计规定。

⑤打桩注意事项

打桩时除应测量必要的数据并记录外，还应注意：打桩入土的速度应均匀，锤击间歇的时间不要过长。在打桩过程中应经常检查打桩架的垂直度，如偏差超过1%，则需及时纠正，以免打斜。打桩时应观察桩锤回弹情况，如经常回弹较大，则说明锤太轻，不能使桩下沉，应及时更换。随时注意贯入度变化情况，当贯入度骤减，桩锤有较大回弹时，表示桩尖遇到障碍，此时应减小桩锤落距，加快锤击。如上述情况仍存在，则应停止锤击，查明原因进行处理。在打桩过程中，如突然出现桩锤回弹、贯入度突增、锤击时桩弯曲、倾斜、颤动、桩顶破坏加剧等情况，则表明桩身可能已经破坏。

⑥质量控制

打桩的质量标准包括：打入的位置偏差是否在允许范围之内，最后贯入度与沉桩标高是否满足设计要求，桩顶、桩身是否打坏以及对周围环境有无造成严重危害。

为保证打桩质量，应遵循如下停打原则：桩端（指桩的全断面）位于一般土层时，以控制桩端设计标高为主，最后贯入度可作参考；桩端达到坚硬、硬塑的黏土、中密以上的粉土、碎石类土、砂土、风化岩时，以最后贯入度控制为主，桩端标高可作参考；最后贯入度已达到而桩端标高未达到时，应继续锤击3阵，按每阵10击的平均贯入度不大于设计规定的数值加以确认；桩尖位于其他软土层时，以桩尖设计标高控制为主，最后贯入度可作参考；打桩时，如控制指标已符合要求，而其他指标与要求相差很远时，应会同有关单位研究处理。最后贯入度应通过试桩确定，或做打桩试验与有关单位商确定。

2）静力压桩法

静力压桩法是在软土地基上，利用静力压桩机或液压压桩机用无振动、无噪声的静压力（自重和配重）将预制桩压入土中的一种沉桩工艺。在我国沿海软土地基上已较为广泛地采用。与锤击沉桩相比，它具有施工无噪声、无振动、节约材料、降低成本、提高施工质量、沉桩速度快等特点。特别适宜于扩建工程和城市内桩基工程施工。其工作原理是通过安置在压桩机上的卷扬机的牵引，由钢丝绳、滑轮及压梁，将整个桩机的自重力800~1500kN，反压在桩顶上，以克服桩身下沉时与土的摩擦力，迫使预制桩下沉。

①压桩机械设备

压桩机有两种类型，一种是机械静力压桩机。它由压桩架（桩架与底盘）、传动设备（卷扬机、滑轮组、钢丝绳）、平衡设备（铁块）、量测装置（测力计、油压表）及辅助设备（起重设备、送桩）等组成。施加静压力约为600~1200kN，设备高大笨重，行走移动不便，压桩速度较慢，但装配费用较低。另一种是液压静力压桩机。它由液压吊装机构、液压夹持、压桩机构（千斤顶）、行走及回转机构、液压及配电系统、配重铁等部分组成。采用液压操作，自动化程度高，结构紧凑，行走方便快速，施压部分不在桩顶面，而在桩身侧面，是当前国内采用较广泛的一种新压桩机械。

②压桩工艺方法

静力压桩的施工，一般都采取分段压入、逐段接长的方法。施工程序为：测量定位→压桩机就位→吊桩插桩→桩身对中调直→静压沉桩→接桩→再静压沉桩→终止压桩→切割桩头。静力压桩施工前的准备工作，桩的制作、起吊、运输、堆放、施工流水、测量放线、定位等均同锤击沉桩法。

压桩时，用起重机将预制桩吊运或用汽车运至桩机附近，再利用桩机自身设置的起重机将其吊入夹持器中，夹持油缸将桩从侧面夹紧，即可开动压桩油缸，先将桩压入土中1m左右后停止，矫正桩在互相垂直的两个方向的垂直度后，压桩油缸继续伸程动作，把桩压入土层中。伸长完后，夹持油缸回程松夹，压桩油缸回程，重复上述动作，可实现连续压桩操作，直至把桩压入预定深度土层中。

③压桩施工注意事项

压同一根（节）桩时应连续进行，应缩短停歇时间和接桩时间，以防桩周与土固结，压桩力骤增，造成压桩困难或桩机被抬起。

在压桩过程中要认真记录桩入土深度和压力表读数的关系，以判断桩的质量及承载力。当压力表读数突然上升或下降时，要停机对照地质资料进行分析，判断是否遇到障碍物或产生断桩现象等。

当压力表数值达到预先规定值，便可停止压桩。压桩的终止条件控制很重要。一般对纯摩擦桩，终压时按设计桩长进行控制。对端承摩擦桩或摩擦端承桩，按终压力值进行控制。长度大于21m的端承摩擦型静压桩，终压力值一般取桩的设计承载力；对长14~21m的静压桩，终压力按设计承载力的1.1~1.4倍取值；对长度小于14m的桩，终压力按设计承载力的1.4~1.6倍取值。

静力压桩单桩竖向承载力，可通过桩的终止压力值大致判断。如判断的终止压力值不能满足设计要求，应立即采取送桩加深处理或补桩，以保证桩基的施工质量。

3）振动沉桩法

振动沉桩与锤击沉桩的施工方法基本相同，其不同之处是用振动桩机代替锤打桩机施工。其施工原理是借助固定于桩头上的振动沉桩机所产生的振动力，以减小桩与土壤颗粒之间的摩擦力，使桩在自重与机械力的作用下沉入土中。

振动沉桩机主要由桩架、振动桩锤、卷扬机和加压装置等组成。振动桩锤是一个箱体，内有左右对称两块偏心振动块，其旋转速度相等，方向相反。工作时，两块偏心块旋转的离心力的水平分力相互抵消，垂直分力则相叠加，形成垂直方向（向上或向下）的振动力。由于桩与振动机是刚性连接在一起，故桩也随着振动力沿垂直方向上下振动而下沉。

振动沉桩法主要适用于砂石、黄土、软土和粉质黏土，在含水砂层中的效果更为显著，该法不但能将桩沉入土中，还能利用振动将桩拔出，经验证明，此法对H型钢桩和钢板桩拔出效果良好。在砂土中沉桩效率较高，对黏土地区效率较差，需用功率大的振动器。

4）水冲沉桩

水冲沉桩法是在待沉桩身两对称旁侧，插入两根用卡具与桩身连接的平行射水管，管下端设喷嘴。沉桩时利用高压水，通过射水管喷嘴射水，冲刷桩尖下的土壤，使土松散，减少桩身下沉的阻力。同时射入的水流大部分又沿桩身涌出地面，因而减少了土壤与桩身间的摩擦力，使桩在自重或加重的作用下沉入土中。射水停止后，冲松的土壤沉落，又可将桩身压紧。

此法适用于砂土、砾石或其他较坚硬土层，特别对于打设较重的混凝土桩更为有效。施工时应使射水管的末端经常处于桩尖以下 0.3～0.4m 处。一般水冲沉桩与锤击沉桩或振动沉桩结合使用效果更为显著。其施工方法是：当桩尖水冲沉落至距设计标高 1～2m 时，停止冲水，改用锤击或振动将桩沉到设计标高。以免冲松桩尖的土壤，影响桩的承载力。

但水冲沉桩法施工时，对周围原有建筑物的基础和地下设施等易产生沉陷，故不适于在密集的城市建筑物区域内施工。

(3) 钢筋混凝土预制桩的接桩

预制桩施工中，由于受到场地、运输及桩机设备等的限制，一般先将长桩分节预制后，再在沉桩过程中接长。目前预制桩的接桩工艺主要有硫磺胶泥浆锚法接桩、焊接法接桩和法兰螺栓接桩法等三种。前一种适用于软弱土层，后两种适用于各类土层。

1) 焊接法接桩

焊接法接桩的节点构造如图 1-48 所示。在每节桩的端部预埋角钢或钢板，接桩时上下节桩身必须对准相接触，并调整垂直无误后，用点焊（即将角钢固定住即可，称定位焊）将拼接角钢连接固定，再次检查位置正确后，即可进行正式焊接，使其连成整体。施焊时，应由两人同时对角对称地进行焊接，以防止节点电焊后收缩变形不均匀而引起桩身歪斜，焊缝要连续饱满。

2) 浆锚法接桩

浆锚法接桩的节点构造如图 1-49 所示。接桩时，首先将上节桩对准下节桩，使四根锚筋插入锚筋孔（孔径为锚筋直径的 2.5 倍），下落上节桩身，使其结合紧密。然后将桩上提约 200mm（以四根锚筋不脱离锚筋孔为度），此时，安设好施工夹箍（由四块木板，内侧用人造革包裹 40mm 厚的树脂海绵块而成），将熔化的硫磺胶泥注满锚筋孔和接头平面上，然后将上节桩下落压上（不加压力），当硫磺胶泥冷却，停息一定时间并拆除施工夹箍后，即可继续加压施工。

硫磺胶泥是一种热塑冷硬性胶结材料，加温至 90℃以上开始熔化，低于此温度即凝结，胶泥浇筑时温度约为 145～155℃。它是由胶结料、细骨料、填充料和增韧剂熔融搅拌混合而成。其质量配合比（%）为：

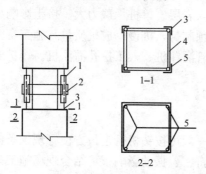

图 1-48 焊接法接桩节点构造示例
1—连接角钢；2—拼接板；3—与主筋焊接
的角钢；4—钢筋与角钢 3 焊牢；5—主筋

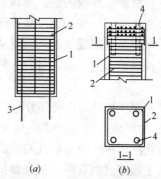

图 1-49 浆锚法接桩节点构造
（a）上节桩；（b）下节桩
1—主筋；2—钢箍；3—锚筋；
4—锚筋孔

硫磺:水泥:粉砂:聚硫 780 胶 = 44:11:44:1 或硫磺:石英砂:石墨粉:聚硫甲胶胶 = 60:34.3:5:0.7

其中聚硫 780 胶及聚硫甲胶为增韧剂，可以改善胶泥的韧性，并可显著提高其强度。硫磺胶泥的抗压强度可达 40MPa；抗拉强度为 4MPa；抗折强度为 10MPa；与螺纹钢筋黏结强度为 11MPa。力学性能较好，是较理想的接桩材料。

采用硫磺胶泥浆锚法接桩，为保证接桩质量，应注意：①锚筋应事先清刷干净并调直；②应预先检查锚筋长度和孔深是否相配，锚筋位置是否正确；③锚筋孔内应有完好螺纹，无积水、杂物和油污；④接桩时节点的平面和锚筋孔内均应灌满胶泥；⑤灌注时间不得超过 2min；⑥灌注后需停歇的时间应符合表 1-15 的规定；⑦硫磺胶泥试块每班不得少于 1 组。

硫磺胶泥灌注后需停歇的时间　　　　　　　　　　表 1-15

桩截面	不同气温下的停歇时间（min）									
	0 ~ 10℃		11 ~ 20℃		21 ~ 30℃		31 ~ 40℃		41 ~ 50℃	
	打桩	压桩	打桩	压桩	打桩	压桩	打桩	压桩	打桩	压桩
400 × 400	6	4	8	5	10	7	13	9	17	12
450 × 450	10	6	12	7	14	9	17	11	21	14
500 × 500	13	—	15	—	18	—	21	—	24	—

浆锚法接桩，可节约钢材，操作简便，接桩时间比焊接法要大为缩短，并有利于保证施工的顺利进行。因为接桩工作应尽快完成，如间隔时间过长，会造成土壤固结、使沉桩困难。

3）法兰法接桩

法兰法接桩的节点构造如图 1-50 所示。它是用法兰盘和螺栓连接。其接桩速度快，但耗钢量大，多用于混凝土管桩。

3. 混凝土灌注桩施工

混凝土灌注桩是一种直接在现场桩位上就地成孔，然后在孔内浇筑混凝土或安放钢筋笼再浇筑混凝土而成的桩。与预制桩相比，具有施工低噪声、低振动、桩长和直径可按设计要求变化自如、桩端能可靠地进入持力层或嵌入岩层、单桩承载力大、挤土影响小、含钢量低等特点。但成桩工艺较复杂，成桩速度比预制打入桩慢，成桩质量与施工有密切关系。按其成孔方法不同，可分为钻孔灌注桩、沉管灌注桩、人工挖孔灌注桩、爆扩灌注桩等。

（1）灌注桩施工准备工作

1）确定成孔施工顺序

钻孔灌注桩和机械扩孔对土没有挤密作用，一般可按钻机行走最方便等现场条件确定成孔施工顺序。沉管灌注桩和爆扩灌注桩对土有挤密、振动影响，可结合现场施工条件确定施工顺序：间隔一个或两个桩位成孔；在邻桩混凝土初凝前或终凝后成孔；五根以上单桩组成的群桩基础，中间的桩先成孔，外围的桩后成孔；同一个桩基础的爆扩灌注桩，可采用单爆或联爆法成孔。

2）成孔深度的控制

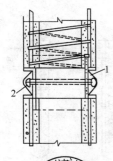

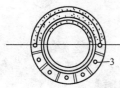

图 1-50　管桩
螺栓接头
1—法兰盘；2—螺栓；
3—螺栓孔

摩擦型桩：摩擦桩以设计桩长控制成孔深度；端承摩擦桩必须保证设计桩长及桩端进入持力层深度；当采用锤击沉管法成孔时，桩管入土深度以标高控制为主，以贯入度控制为辅。

端承型桩：当采用锤击法成孔时，沉管深度控制以贯入度为主，设计持力层标高控制为辅。

3）钢筋笼的制作

制作钢筋笼时，要求主筋环向均匀布置，箍筋的直径及间距、主筋的保护层、加劲箍的间距等均应符合设计规定。箍筋和主筋之间一般采用点焊。分段制作的钢筋笼，其接头宜采用焊接并应遵守《混凝土结构工程施工质量验收规范》规定。

钢筋笼吊放入孔时，不得碰撞孔壁。灌注混凝土时应采取措施固定钢筋笼的位置，避免钢筋笼受混凝土上浮力的影响而上浮。也可待浇筑完混凝土后，将钢筋笼用带帽的平板振动器振入混凝土灌注桩内。

4）混凝土的配制

配制混凝土所用的材料与性能要进行选用。灌注桩混凝土所用粗骨料可选用卵石或碎石，其最大粒径不得大于钢筋净距的 1/3，对于沉管灌注桩且不宜大于 50mm；对于素混凝土桩，不得大于桩径的 1/4，一般不宜大于 70mm。坍落度随成孔工艺不同而有各自的规定。混凝土强度等级不应低于 C15，水下浇筑混凝土不应低于 C20。水下浇筑混凝土具有无振动、无排污的优点，又能在流砂、卵石、地下水、易塌孔等复杂地质条件下顺利成桩，而且由于其扩散渗透的水泥浆而大大提高了桩体质量，其承载力为一般灌注桩的1.5～2倍。

（2）钻孔灌注桩

钻孔灌注桩是指利用钻孔机械钻出桩孔，并在孔中浇筑混凝土（或先在孔中吊放钢筋笼）而成的桩。根据钻孔机械的钻头是否在土壤的含水层中施工，又分为泥浆护壁成孔和干作业成孔两种施工方法。

1）泥浆护壁成孔灌注桩

泥浆护壁成孔灌注桩适用于地下水位较高的地质条件。先由钻孔设备进行钻孔，待孔深达到设计要求后清孔，方入钢筋笼，然后进行水下浇筑混凝土而成桩。为防止在钻孔过程中塌孔，在孔中注入相对密度有一定要求的泥浆进行护壁。按设备又分冲抓、冲击、回转钻及潜水钻成孔法。前两种适用于碎石土、砂土、黏性土及风化岩地基，后一种则适用于黏性土、淤泥、淤泥质土及砂土。

①施工设备

泥浆护壁成孔灌注桩所用的成孔机械主要有冲击钻机、回转钻机、潜水钻机等。

②施工方法

泥浆护壁成孔灌注桩的施工工艺流程如图 1-51 所示。

a. 测定桩位。

根据建筑的轴线控制桩定出桩基础的每个桩位，可用小木桩标记。桩位放线允许偏差 20mm。灌注混凝土之前，应对桩基轴线和桩位复查一次，以免木桩标记变动而影响施工。

b. 埋设护筒。

护筒一般由 4~8mm 厚钢板制成的圆筒，其内径应大于钻头直径，当用回转钻时，宜大于 100mm；用冲击钻时，宜大于 200mm，以方便钻头提升等操作。其上部宜开设 1~2 个溢浆孔，便于溢出泥浆并流回泥浆池进行回收。埋设护筒时先挖去桩孔处表土，将护筒埋入土中。护筒的作用有：成孔时引导钻头方向；提高孔内泥浆水头，防止塌孔；固定桩孔位置、保护孔口。因此，护筒位置应埋设准确并保持稳定。护筒中心与桩位的中心线偏差不得大于 50mm。护筒与坑壁之间用黏土分层填实，以防

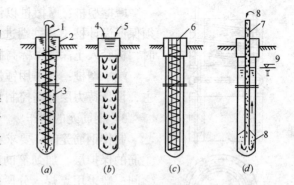

图 1-51　泥浆护壁成孔灌注桩工艺流程圈
(a) 钻孔；(b) 清孔；(c) 放入钢筋笼；
(d) 水下浇筑混凝土
1—钻机；2—护筒；3—泥浆护壁；4—压缩空气；5—清水；
6—钢筋笼；7—导管；8—混凝土；9—地下水位

漏水。护筒的埋深在黏土中不小于 1.0m；在砂土中不宜小于 1.5m。护筒顶面应高于地面 0.4~0.6m，并应保持孔内泥浆面高出地下水位 1m 以上。

c. 制备泥浆。

制备泥浆的方法应根据土质条件确定：在黏性土中成孔时可在孔中注入清水，钻机旋转时，切削土屑与水拌合，用原土造浆护壁、排渣，泥浆相对密度应控制在 1.1~1.2；在其他土中成孔时，泥浆制备应选用高塑性黏或膨润土。泥浆的作用是将钻孔内不同土层中的空隙渗填密实，使孔内渗漏水达到最低限度，并保持孔内维持着一定的水压以稳定孔壁。因此，在成孔过程中严格控制泥浆的相对密度很重要。在砂土和较厚的夹砂层中成孔时，泥浆相对密度应控制在 1.1~1.3；在穿过砂夹卵石层或容易塌孔的土层中成孔时，泥浆相对密度应控制在 1.3~1.5。施工中应经常测定泥浆相对密度，并定期测定黏度、含砂率和胶体率等指标，及时调整。废弃的泥浆、泥渣应妥善处理。

d. 成孔。

桩架就位后，钻机进行钻孔。钻孔时应在孔中注入泥浆，并始终保持泥浆液面高于地下水位 1.0m 以上，以起护壁、携渣、润滑钻头、降低钻头发热、减少钻进阻力等作用。

钻孔进尺速度应根据土层类别、孔径大小、钻孔深度和供水量确定。对于淤泥和淤泥质土不宜大于 1m/min，其他土层以钻机不超负荷为准，风化岩或其他硬土层以钻机不产生跳动为准。

e. 清孔。

钻孔深度达到设计要求后，必须进行清孔。对于孔壁土质较好不易塌孔的桩孔，可用空气吸泥机清孔，气压为 0.5MPa，被搅动的泥渣随着管内形成的强大高压气流向上涌，从喷口排出，直至孔口喷出清水为止；对于稳定性差的孔壁应用泥浆（正、反）循环法或掏渣筒清孔、排渣。用原土造浆的钻孔，可使钻机空转不进尺，同时注入清水，等孔底残余的泥块已磨浆，排出泥浆比重降至 1.1 左右（以手触泥浆无颗粒感觉），即可认为清孔已合格。对注入制备泥浆的钻孔，可采用换浆法清孔，至换出泥浆比重小于 1.15~1.25

为合格。清孔过程中，必须及时补给足够的泥浆，以保持浆面稳定。孔底沉渣厚度对于端承桩不大于50mm，对于摩擦桩不大于300mm。清孔满足要求后，应立即吊放钢筋笼并灌注混凝土。

f. 下钢筋笼，浇混凝土。

清孔完毕后，应立即吊放钢筋笼，及时进行水下浇筑混凝土。钢筋笼埋设前应在其上设置定位钢筋环，混凝土垫块或于孔中对称设置 3 ~ 4 根导向钢筋，以确保保护层厚度。水下浇筑混凝土通常采用导管法施工。导管法水下浇筑混凝土方法见第四章。

2）干作业成孔灌注桩

干作业成孔灌注桩施工工艺如图 1-52 所示。与泥浆护壁成孔灌注桩类似而简单，适用于地下水位较低、在成孔深度内无地下水的干土层中桩基的成孔施工。

①施工设备

主要有螺旋钻机、钻孔扩机、机动或人工洛阳铲等。目前常用螺旋钻机成孔。

螺旋钻机利用动力带动螺旋钻杆旋转，使钻头上的叶片旋转向下切削土层，削下的土屑靠与土壁的摩擦力沿叶片上升排出孔外。适用于地下水位以上的一般黏性土、砂土或人工填土地基的成孔。

在软塑土层含水量大时，可用疏纹叶片钻杆，以便较快地钻进。在可塑或硬塑黏土中，或含水量较小的砂土中应用密纹叶片钻杆，以便缓慢、均匀、平稳地钻进。

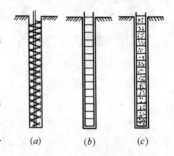

图 1-52 干作业成孔灌注桩施工工艺过程
（a）钻孔；（b）放钢筋笼；（c）浇筑混凝土

②施工方法

钻机按桩位就位时，钻杆要垂直对准桩位中心，放下钻机使钻头触及土面。钻孔时，开动转轴旋动钻杆钻进，先慢后快，避免钻杆摇晃，并随时检查钻孔偏移。一节钻杆钻入后，应停机接上第二节，继续钻到要求深度。施工中应注意钻头在穿过软硬土层交界处时，应保持钻杆垂直，缓慢进尺。在含砖头、瓦块的杂填土或含水量较大的软塑黏性土层中钻进时，应尽量减小钻杆晃动，以免扩大孔径及增加孔底虚土。钻进速度应根据电流变化及时调整。钻进过程中应随时清理孔口积土。如出现钻杆跳动、机架摇晃、钻不进或钻头发出响声等异常现象时，应立即停钻检查、处理。遇到地下水、缩孔、塌孔等异常现象，应会同有关单位研究处理。

钻孔至要求深度后，可用钻机在原处空转清土，然后停转，提升钻杆卸土。如孔底虚土超过容许厚度，可用辅助掏土工具或二次投钻清底。清孔完毕后应用盖板盖好孔口。清孔后应及时下放钢筋笼，浇筑混凝土。浇混凝土前，必须复查孔深、孔径、孔壁垂直度、孔底虚土厚度，不合格时应及时处理。从成孔至混凝土浇筑的时间间隔，不得超过24h。灌注桩的混凝土强度等级不得低于 C15，坍落度一般采用 80 ~ 100mm，混凝土应分层浇筑，振捣密实，连续进行，随浇随振，每层的高度不得大于1.50m。当混凝土浇筑到桩顶时，应适当超过桩顶标高，以保证在凿除浮浆层后，使桩顶标高和质量能符合设计要求。

（3）沉管灌注桩

沉管灌注桩是指利用锤击打桩法或振动打桩法，将带有活瓣式桩尖或预制钢筋混凝土桩靴的钢套管沉入土中，然后边浇筑混凝土（或先在管内放入钢筋笼）边锤击或振动边拔管而成的桩。前者称为锤击沉管灌注桩，后者称为振动沉管灌注桩。它和打入桩一样，对周围有噪声、振动、挤土等影响。图1-53为沉管灌注桩施工过程示意图。

1）锤击沉管灌注桩

锤击沉管灌注桩是采用落锤、蒸汽锤或柴油锤将钢套管沉入土中成孔，然后灌注混凝土或钢筋混凝土，抽出钢管而成。锤击沉管灌注桩宜用于一般黏性土、淤泥质土、砂土和人工填土地基。

①施工设备

锤击沉管机械设备如图1-54所示。

②施工方法

施工时，先将桩机就位，吊起钢套管，对准预先设在桩位处的预制钢筋混凝土桩靴。

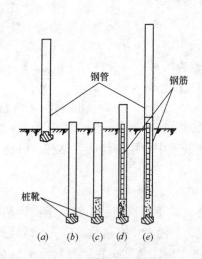

图 1-53　沉管灌注桩施工过程
(a) 就位；(b) 沉钢管；(c) 开始灌注混凝土；
(d) 下钢筋笼继续浇筑混凝土；(e) 拔管成型

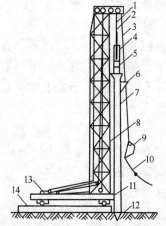

图 1-54　锤击沉管灌注桩机械设备
1—钢丝绳；2—滑轮组；3—吊斗钢丝绳；4—桩锤；
5—桩帽；6—混凝土漏斗；7—套管；8—桩架；9—
混凝土吊斗；10—回绳；11—钢管；12—桩尖；13—
卷扬机；14—枕木

桩管与桩靴接触处应垫以稻草绳或麻绳垫圈，以防止地下水渗入管内。然后缓缓放下套管，套入桩靴压进土中。套管上端扣上桩帽，当检查桩管与桩锤、桩架等在同一垂直线上（偏差≤0.5%）时，即可起锤沉管。先用低锤轻击，观察无偏移后方可进入正常施打，直至符合设计要求的贯入度或沉入标高。停止锤击后，检查管内有无泥浆或水进入，即可放钢筋笼、浇筑混凝土。桩管内混凝土应尽量灌满，然后开始拔管。拔管要均匀，第一次拔管高度控制在能容纳第二次所需灌入的混凝土量为限，不宜拔管过高，应保证管内保持不少于2m高度的混凝土。拔管时应保持连续密锤低击不停，并控制拔管速度，对一般土层，以不大于1m/min为宜；在软弱土层及软硬土层交界处，应控制在0.8m/min以内。桩锤冲击频率视锤的类型而定：单动汽锤采用倒打拔管，频率不低于70次/min；自由落锤轻击不得少于50次/min。在管底未拔到桩顶设计标高之前，倒打或轻击不得中断。拔管时还要经常探测混凝土落下的扩散情况，注意使管内的混凝土量保持略高于地面，直到桩

70

管全部拔出地面为止。混凝土的落下情况可用吊铊探测。桩的中心距在5倍桩管径以内或小于2m时，均应跳打，中间空出的桩须待邻桩混凝土达到设计强度的50%以后，方可施工。

以上施工工艺称为单打法，适用于含水量较小的土层。为了提高桩的质量和承载能力，常采用复打扩大灌注桩。其施工方法是在第一次单打法施工完毕并拔出桩管后，清除管外壁上的污泥和桩孔周围地面的浮土，立即在原桩位上再埋预制桩靴或合好活瓣桩尖，作第二次沉管，使未凝固的混凝土向四周挤压扩大桩径，然后再第二次灌注混凝土。拔管方法与初打时相同。复打施工时要注意：前后两次沉管的轴线应重合；复打施工必须在第一次灌注的混凝土初凝之前进行。

锤击沉管灌注桩宜用于一般黏性土、淤泥土、砂土和人工填土地基。

2）振动沉管灌注桩

振动沉管灌注桩是采用激振器或振动冲击锤将钢套管沉入土中成孔而成的灌注桩，其沉管原理与振动沉桩完全相同。

①施工设备

振动沉管机械设备如图1-55所示。

②施工方法

施工时，先安装好桩机，将桩管下端活瓣合起来，或用桩靴对准桩位，徐徐放下桩管，压入土中，勿使偏斜，即可开动激振器沉管。当桩管下沉到设计要求的深度，且最后30s的电流值、电压值符合设计要求后，便停止振动，立即用吊斗将混凝土灌入桩管内，并再次开动激振器，进行边振动边拔管，从而使桩的混凝土得到振实。同时在拔管过程中继续向管内浇筑混凝土。如此反复进行，直至桩管全部拔出地面后即形成混凝土桩身。

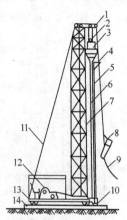

图1-55　振动沉管
灌注桩机械设备

1—导向滑轮；2—滑轮组；3—激振器；4—混凝土漏斗；5—桩管；6—加压钢丝绳；7—桩架；8—混凝土吊斗；9—回绳；10—桩尖；11—缆风绳；12—卷扬机；13—钢管；14—枕木

振动灌注桩可采用单振法、反插法或复振法施工。

单振法施工时，在沉入土中的桩管内灌满混凝土，开动激振器，振动5~10s，开始拔管，边振边拔。每拔0.5~1.0m，停拔振动5~10s，如此反复，直到桩管全部拔出。在一般土层内拔管速度宜为1.2~1.5m/min，在较软弱土层中，不得大于0.8~1.0m/min。单振法施工速度快，混凝土用量少，但桩的承载力低，适用于含水量较少的土层。

反插法施工时，在桩管内灌满混凝土后，先振动再开始拔管。每次拔管高度0.5~1.0m，向下反插深度0.3~0.5m。如此反复进行并始终保持振动，直至桩管全部拔出地面。反插法能扩大桩的截面，从而提高了桩的承载力，但混凝土耗用量较大，一般适用于饱和软土层。

复振法施工方法及要求与锤击沉管灌注桩的复打法相同。

（4）人工挖孔灌注桩

人工挖孔灌注桩是指桩孔采用人工挖掘方法进行成孔，然后安放钢筋笼，浇筑混凝土而成的桩。其施工特点是设备简单，无噪声、无振动、不污染环境，对施工现场周围原有建筑物的影响小；施工现场较干净；施工速度快，可按施工进度要求决定同时开挖桩孔的数量，必要时，各桩孔可同时施工；土层情况明确，可直接观察到地质变化情况，桩底沉渣能清除干净，施工质量可靠；桩径不受限制，承载力大。尤其当高层建筑选用大直径的灌注桩，而其施工现场又在狭窄的市区时，采用人工挖孔比机械挖孔具有更大的适应性，因此，近年来随着我国高层建筑的发展，人工挖孔桩得到较广泛的运用。但人工挖孔桩施工，工人在井下作业，开挖效率低，劳动条件差，施工中应特别重视流砂、流泥、有害气体等影响，要严格按操作规程施工，制定可靠的安全措施。

人工挖孔桩的直径除了能满足设计承载力的要求外，还应考虑施工操作的要求，故桩径不宜小于800mm，桩底一般都扩大，扩底变径尺寸按 $(D_1 - D)/2 : h = 1 : 4$，$h_1 \geqslant (D_1 - D)/4$ 进行控制。当采用现浇混凝土护壁时，人工挖孔桩构造如图1-56所示。护壁厚度一般不小于 $D/10 + 5$（cm）（其中 D 为桩径），每步高1m，并有100mm放坡。

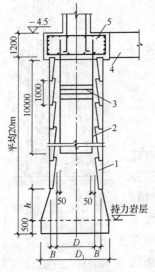

图1-56 人工挖孔
灌注桩构造图
1—护壁；2—主筋；3—箍筋；
4—地梁；5—桩帽

1）施工设备

人工挖孔桩施工机具比较简单，一般可根据孔径、孔深和现场具体情况加以选用，主要有：

垂直运输工具，如电动葫芦和提土桶。用于施工人员、材料和弃土等垂直运输。

排水工具，如潜水泵。用于抽出桩孔中的积水。

通风设备，如鼓风机、输风管。用于向桩孔中强制送入新鲜空气。

挖掘工具，如镐、锹、土筐等。若遇到坚硬的土层或岩石，还需准备风镐和爆破设备。

此外，尚有照明灯、对讲机、电铃等。

2）施工工艺

为了确保人工挖孔桩施工过程中的安全，施工时必须考虑预防孔壁坍塌和流砂现象发生的措施。因此，施工前应根据水文地质资料，制定合理的桩孔护壁措施和降排水方案，护壁方法很多，可以采用现浇混凝土护壁、喷射混凝土护壁、砖砌体护壁、沉井护壁、钢套管护壁、型钢或木板桩工具式护壁等多种。下面以应用较广的现浇混凝土分段护壁为例说明人工挖孔桩的施工工艺流程。

①按设计图纸放线、定桩位。

②开挖桩孔土方。采取分段开挖，每段高度取决于土壁保持直立状态而不塌方的能力，一般取 0.5～1.0m 为一施工段。开挖范围为设计桩径加护壁的厚度。

③支设护壁模板。模板高度取决于开挖土方施工段的高度，一般为1m，由4块至8块活动钢模板组合而成，支成有锥度的内模。

④在模板顶放置操作平台。内模支设后，吊放由角钢和钢板制成的两个半圆形合成的操作平台入桩孔内，置于内模顶部，用以临时放置料具和浇筑混凝土操作之用。

⑤浇筑护壁混凝土。护壁混凝土起着防止土壁塌陷与防水的双重作用，因此浇筑时要注意捣实。护壁内配8根 $\phi6 \sim \phi8$mm，长1m左右的直钢筋，插入下节护壁内，上下节护壁要错位搭接 50～75mm（咬口连接）。

⑥拆除模板继续下段施工。当护壁混凝土达到 1.2MPa（常温下约为 24h）后，方可拆除模板，开挖下段的土方，再支模浇筑护壁混凝土，如此循环，直至挖到设计要求的深度。

⑦排出孔底积水，浇筑桩身混凝土。当桩孔挖到设计标高，并检查孔底土质已达到设计要求后，再在孔底进行扩大头施工。待桩孔全部成型后，用潜水泵抽出孔底的积水并立即进行清孔，验槽和混凝土的封底工作。当混凝土浇筑至钢筋笼的底面设计标高时，再吊入钢筋笼就位，并继续浇筑桩身混凝土而形成桩基。

3）质量要求

①必须保证桩孔的挖掘质量。桩孔挖成后应有专人下孔检验，检查土质是否符合勘察报告，扩孔几何尺寸与设计是否相符，孔底虚土残渣情况要作好施工记录归档。

②按规范规定桩孔中心线的平面位置偏差不大于 50mm，桩的垂直度偏差不大于 0.5%桩长，桩径不得小于设计直径。

③钢筋骨架要保证不变形，箍筋与主筋要点焊，钢筋笼吊入孔内后，要保证其与孔壁间有足够的保护层。

④混凝土坍落度宜为 40～80mm，用串筒或溜管下料，连续分层浇筑，每层厚不超过 1m，必须振捣密实。

4）安全措施

人工挖孔桩的施工安全应予以特别重视。工人在桩孔内作业，应严格按安全操作规程施工，并有切实可靠的安全措施。如施工人员进入孔内必须戴安全帽；孔下有人时孔口必须有人监督防护；护壁要高出地面 150～200mm，挖出的土方不得堆在孔四周 2m 范围内，以防滚入孔内；孔内设安全绳及安全软梯，孔外周围设安全防护栏杆；孔下照明采用安全电压；潜水泵必须设有防漏电装置；应设鼓风机向井下输送洁净空气等。

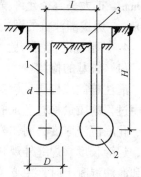

图 1-57 爆扩桩示意图
1—桩身；2—扩大头；3—桩台

（5）爆扩灌注桩

爆扩灌注桩是用钻孔或爆扩法成孔，孔底放入炸药，再灌入适量的混凝土，然后引爆，使孔底形成扩大头，此时，孔内混凝土落入孔底空腔内，再放置钢筋骨架，浇筑桩身混凝土而制成的灌注桩（图 1-57）。

爆扩灌注桩在黏性土层中使用效果较好，但在软土及砂土中不易成形，桩长（H）一般为 3～6m，最大不超过 10m，扩大头直径 D 为 2.5～3.5d。这种桩具有成孔简单、节省劳力和成本低等优点，但质量不便检查，施工要求较严格。

1）施工方法

爆扩桩的施工一般可采取桩孔和扩大头分两次爆扩形成，其施工过程如图 1-58 所示。

①成孔

爆扩灌注桩成孔的方法可根据土质情况确定，一般有人工成孔（洛阳铲或手摇钻）、机钻成孔、套管成孔和爆扩成孔等多种。其中爆扩成孔的方法是先用洛阳铲或钢钎打出一个直孔，孔的直径一般为 40～70mm，当土质差且地下水又较高时孔的直径约为 100mm，然后在直孔内吊入玻璃管装的炸药条，管内放置 2 个串联的雷管，经引爆并清除积土后即

73

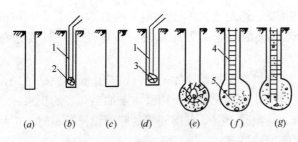

图 1-58 爆扩灌注桩施工工艺图

(a) 钻导孔；(b) 放炸药条；(c) 爆扩桩孔；(d) 放炸药包；
(e) 爆扩大头；(f) 放钢筋笼；(g) 浇混凝土

1—导线；2—炸药条；3—炸药包；4—钢筋笼；5—混凝土

形成桩孔。

②爆扩大头

扩大头的爆扩，宜采用硝铵炸药和电雷管进行，且同一工程中宜采用同一种类的炸药和雷管。炸药用量应根据设计所要求的扩大头直径，由现场试验确定。药包必须用塑料薄膜等防水材料紧密包扎，并用防水材料封闭以防浸受潮。药包宜包扎成扁圆球形使炸出的扩大头面积较大。药包中心最好并联放置两个雷管，以保证顺利引爆。药包用绳吊下安放于孔底正中，如孔中有水，可加压重物以免浮起，药包放正后上面填盖 150~200mm 厚的砂子，保证药包不受混凝土冲破。随着从桩孔中灌入一定量的混凝土后，即进行扩大头的引爆。

2）质量要求

①桩孔平面位移允许偏差：人工、钻机成孔，不大于 50mm；爆扩成孔时，不大于 100mm。

②桩孔垂直度允许倾斜：长度 3m 以内的桩为 2%；长度 3m 以上的桩为 1%。

③桩身直径允许偏差 ±20mm。桩孔底标高（即扩大头标高）允许低于设计标高 150mm，扩大头直径允许偏差 ±50mm，钢筋骨架的主筋数量宜为 4~6 根，箍筋间距宜为 200mm，爆扩灌注桩的混凝土强度等级不宜低于 C15。

4．桩基础的检测与验收

（1）桩基的检测

灌注桩的成桩质量检查包括成孔及清孔、钢筋笼制作及安放、混凝土搅拌及灌注三个工序过程的质量检查。成孔及清孔时，主要检查已成孔的中心位置、孔深、孔径、垂直度、孔底沉渣厚度；制作安放钢筋笼时，主要检查钢筋规格、焊条规格与品种、焊口规格、焊缝长度、焊缝外观和质量、主筋和箍筋的制作偏差及钢筋笼安放的实际位置等；搅拌和灌注混凝土时，主要检查原材料质量与计量、混凝土配合比、坍落度、混凝土强度等。对于沉管灌注桩还要检查打入深度、停锤标准、桩位及垂直度等。

预制桩成桩质量检查主要包括：制桩、打入（静压）深度、停锤标准、桩位及垂直度检查。制桩应按选定的标准图或设计图制作，其偏差应符合有关规范要求；沉桩过程中的检查项目应包括每米进尺锤击数、最后一米锤击数、最后三阵贯入度及桩尖标高、桩身（架）垂直度等。

桩的承载力是通过桩与土的相互作用产生的。它由桩侧摩擦阻力与桩端阻力组成。设计桩基础时必须同时满足两个条件：即桩身强度与单桩承载力，两者也是施工过程中桩的质量检测的重点。预制桩桩体在地面上施工，桩体质量按一般结构检测即可满足要求，其承载力也可通过打桩过程测定，质量事故较少。灌注桩桩体在钻孔内完成，质量检测必须在施工中进行才可保证桩身质量。由于施工中缺乏严格管理，质量事故较多，所以桩的检测重点在灌注桩。

对于重要的建筑物桩基和地质条件复杂或成桩质量可靠性较低的桩基工程，应采用静载试验法（或称破损试验）或动测法（或称无破损试验）检查成桩质量和单桩承载力，对于大直径桩还可采取钻孔取芯、预埋管超声检测法、振动探头测定仪检查。具体检测方法和检测桩数由设计确定。

静载试验是根据模拟实际荷载情况，通过静载加压，得出一系列关系曲线，综合评定确定其容许承载力的一种试验方法。它能较好地反映单桩的实际承载力。荷载试验有多种，通常采用的是单桩竖向抗压静载试验、单桩竖向抗拔静载试验和单桩水平静载试验。

静载试验的目的，是采用接近于桩的实际工作条件的试验方法，通过静载加压，确定单桩的极限承载力，作为设计依据，或对工程桩的承载力进行抽样检验和评价。当埋设有桩底反力和桩身应力、应变测量元件时，还可直接测定桩周围各土层的极限侧阻力和极限端阻力。除对于以桩身承载力控制极限承载力的工程桩试验加载至承载力设计值的 1.5～2 倍外，其余试桩均应加载至破坏。

从成桩到开始试验的间隔时间要求：预制桩在桩身强度达到设计要求的前提下，对于砂类土，不应少于 10d；对于粉土和黏性土，不应少于 15d；对于淤泥或淤泥质土，不应少于 25d。待桩身与土体的结合基本趋于稳定，才能进行试验。灌注桩和爆扩桩应在桩身混凝土强度达到设计强度等级的前提下，对砂类土不少于 10d；对一般黏性土不少于 20d；对淤泥或淤泥质土不少于 30d，才能进行试验。在同一条件下的试桩数量不宜小于总桩数的 1%，且不应小于 3 根，工程总桩数在 50 根以内时不应少于 2 根。

单桩承载力检测最常用的方法是单桩竖向静载试验，这是国际上公认的并在规范中明确规定的桩的检测方法。在我国规范中规定地基基础设计列入甲级的桩基都应在正式施工前提供静载试验报告。

（2）桩基验收

当桩顶设计标高与施工场地标高相近时，桩基工程的验收应待成桩完毕后验收；当桩顶设计标高低于施工场地标高时，应待开挖到设计标高后进行验收。

桩基验收应包括下列资料：

1）工程地质勘察报告、桩基施工图、图纸会审纪要、设计变更及材料代用通知单等。

2）经审定的施工组织设计、施工方案及执行中的变更情况。

3）桩位测量放线图，包括工程桩位复核签证单。

4）制作桩的材料试验记录，成桩质量检查报告。

5）单桩承载力检测报告。

6）基坑挖至设计标高的基桩竣工平面图及桩顶标高图。

第三节 砌 体 工 程

用砖、石块、砌块及土坯等各种块体，以灰浆（砂浆、黏土浆等）砌筑而成的一种组合体称之为砌体，由砌体所构成的各种结构称为砌体结构，或称砖石结构。砖石结构具有就地取材、造价低、耐火性、耐久性好以及施工简便、易于普及等优点，但具有砌体强度较低，特别是抗拉、抗剪强度很低，抗震能力较差，砌筑劳动强度较大，不利于工业化施工等缺点，此外，黏土砖还存在与农业争地等问题。因此，从节能节地考虑，应限制黏土砖的使用。

一、砖砌体施工

1. 施工准备工作

(1) 施工需用材料及施工工具，如淋石灰膏、淋黏土膏、筛砂、木砖或锚固件（包括防腐措施），支过梁模板、油毛毡、钢筋砖过梁及直槎所需的拉结钢筋等材料；运砖车、运灰车、大小灰槽、水桶、靠尺、线坠、小白线、水平尺、百格网等工具应在砌筑前准备好。

(2) 砖要按规定及时进场，按砖的强度等级、外观、几何尺寸进行验收，并应检查出厂合格证。在常温情况下，黏土砖应在砌筑前一两天浇水湿润，以免在砌筑时由于砖吸收砂浆中的大量水分，使砂浆流动性降低，砌筑困难，影响砂浆的黏结强度。但也要注意不能将砖浇得过湿，以水浸入砖内深度1~1.5cm为宜。过湿过干都会影响施工速度和施工质量。如因天气酷热，砖面水分蒸发过快，操作时揉压困难，也可在脚手架上进行二次浇水。

(3) 砌筑房屋墙体时，应事先准备好皮数杆。皮数杆上应划出主要部位的标高，如：防潮层、窗台、门口过梁、挑檐、凹凸线脚、梁垫、楼板位置和预埋件以及砖的行数。砖的行数应按砖的实际厚度和水平灰缝的允许厚度来确定。水平灰缝和立缝一般为10mm，不应小于8mm，也不应大于12mm。

(4) 墙体砌筑前将基础顶面的灰砂、泥土、杂物等清扫干净后，在皮数杆上拉线检查基础顶面标高。如基础顶面高低不平，高低差大于5cm时，应用强度等级在C10以上的细石混凝土找平；高低差小于5cm时应打片砖铺M10水泥砂浆找平。然后按龙门板上给定的轴线及图纸上标注的墙体尺寸，在基础顶面上用墨线弹出墙的轴线和墙的宽度线。

(5) 砌筑前，必须按施工组织设计所确定的垂直和水平运输方案，组织机械进场和做好机械的架设工作。与此同时，还要准备好脚手工具，搭设好搅拌棚，安设好搅拌机等。

2. 砖砌体的组砌形式

砖砌体的组砌要求：上下错缝，内外搭接，以保证砌体的整体性；同时组砌要有规律，少砍砖，以提高砌筑效率，节约材料。

(1) 砖墙的组砌形式

1) 满顺满丁

满顺满丁砌法，是一皮中全部顺砖与一皮中全部丁砖相互间隔砌成，上下皮间竖缝都相互错开1/4砖长，如图1-59（a）所示。这种砌法效率较高，但当砖的规格不一致时，竖缝就难以整齐。

2) 三顺一丁

三顺一丁砌法是三皮中全部顺砖与一皮中全部丁砖间隔砌成。上下皮顺砖间竖缝错开1/2砖长，上下皮顺砖与丁砖间竖缝错开1/4砖长，如图1-59（b）所示。这种砌筑方法由于顺砖较多，砌筑效率较高，便于高级工带低级工和充分将好砖用于外皮，该组砌法适用于砌一砖和一砖以上的墙体。

3) 顺砌法

各皮砖全部用顺砖砌筑，上下两皮间竖缝搭接为 1/2 砖长。此种方法仅用于半砖隔断墙。

4）丁砌法

各皮砖全部用丁砖砌筑，上下两皮间竖缝搭接为 1/4 砖长。这种砌法一般多用于砌筑原形水塔、圆仓、烟囱等。

5）梅花丁（一顺一丁）

梅花丁又称砂包式、十字式。梅花丁砌法是每皮中丁砖与顺砖相隔，上皮丁砖坐中于下皮顺砖，上下皮间竖缝相互错开 1/4 砖长，如图 1-59（c）所示。这种砌法内外竖缝每皮都能错开，故整体性较好，灰缝整齐，比较美观，但砌筑效率较低，宜用于砌筑清水墙，或当砖规格不一致时，采用这种砌法较好。

为了使砖墙的转角处各皮间竖缝相互错开，必须在外角处砌七分头砖（即 3/4 砖长）。当采用满顺满丁组砌时，七分头的顺面方向依次砌顺砖，丁面方向依次砌丁砖。如图 1-60（a）所示。

砖墙的丁字接头处，应分皮相互砌通，内角相交处竖缝应错开 1/4 砖长，并在横墙端头处加砌七分头砖，如图 1-60（b）所示。

砖墙的十字接头处，应分皮相互砌通，交角处的竖缝相互错开 1/4 砖长。如图 1-60（c）所示。

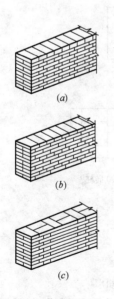

图 1-59 砖墙组砌形式
（a）满顺满丁；（b）三
顺一丁；（c）梅
花丁（一顺一丁）

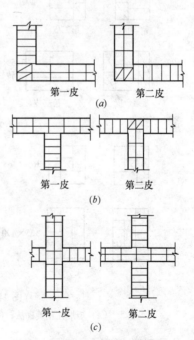

第一皮　　　第二皮
（a）

第一皮　　　第二皮
（b）

第一皮　　　第二皮
（c）

图 1-60 砖墙交接处组砌（满顺满丁）
（a）一砖墙转角；（b）一砖墙丁字交
接处；（c）一砖墙十字交接处

（2）砖基础组砌

砖基础有条形基础和独立基础，基础下部扩大部分称为大放脚。大放脚有等高式和不等高式两种，如图 1-61 所示。等高式大放脚是两皮一收，两边各收进 1/4 砖长；不等高

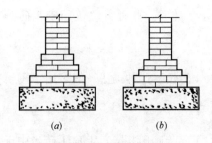

图 1-61 基础大放脚形式

（a）等高式；（b）不等高式

式大放脚是两皮一收与一皮一收相间隔，两边各收进 1/4 砖长。大放脚的底宽应根据计算而定，各层大放脚的宽度应为半砖宽的整数倍。大放脚一般采用满顺满丁砌法。竖缝要错开，要注意十字及丁字接头处砖块的搭接，在这些交接处，纵横墙要隔皮砌通。大放脚的最下一皮及每层的最上面一皮应以丁砌为主。

（3）砖柱组砌

砖柱组砌，应使柱面上下皮的竖缝相互错开 1/2 砖长或 1/4 砖长，在柱心无通天缝，少砍砖，并尽量利用二分头砖（即 1/4 砖）。柱子每天砌筑高度不能超过 2.4m，太高了会由于砂浆受压缩后产生变形，可能使柱发生偏斜。严禁用包心组砌法，即不能先砌柱子四周后填心，如图 1-62 所示。

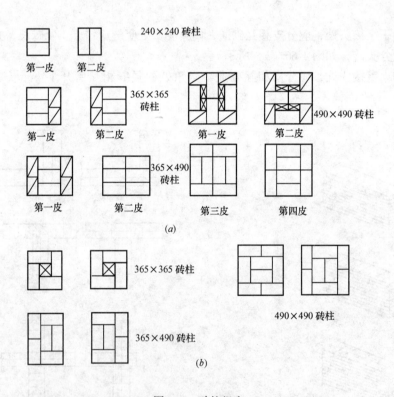

图 1-62 砖柱组砌

（a）矩形柱正确砌法；（b）矩形柱的错误砌法（包心组砌）

（4）空心砖墙组砌

规格为 190mm×190mm×90mm 的承重空心砖（即烧结多孔砖）一般是整砖顺砌，其砖孔平行于墙面，上下皮竖缝相互错开 1/2 砖长（100mm）。如有半砖规格的，也可采用每皮中整砖与半砖相隔的梅花丁砌筑形式，如图 1-63 所示。

规格为 240mm×115mm×90mm 的承重空心砖一般采用一顺一丁或梅花丁砌筑形式。

非承重空心砖一般是侧砌的，上下皮竖缝相互错开 1/2 砖长。

空心砖墙的转角及丁字交接处，应加砌半砖，使灰缝错开。转角处半砖砌在外角上，丁字交接处半砖砌在横墙端头，如图1-64所示。

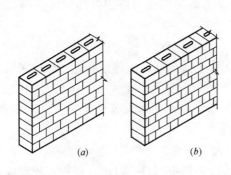

图1-63　190mm×190mm×90mm
空心砖砌筑形式
（a）整砖顺砌；（b）梅花丁砌筑

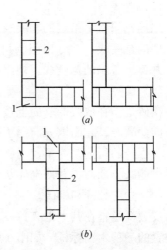

图1-64　空心砖墙转角及丁字交接
（a）转角；（b）丁字接
1—半砖；2—整砖

（5）砖平拱过梁组砌

砖平拱过梁用普通砖侧砌，其高度有240、300、370mm，厚度等于墙厚。砌筑时，在拱脚两边的墙端应砌成斜面，斜面的斜度为1/6～1/4。侧砌砖的块数要求为单数。灰缝为楔形缝，过梁底的灰缝宽度不应小于5mm，过梁顶面的灰缝宽度不应大于15mm，拱脚下面应伸入墙内20～30mm，如图1-65所示。

3. 砖砌体的砌筑方法

砖砌体的砌筑方法有"三一"砌砖法、挤浆法、刮浆法和满口灰法四种，其中，"三一"砌砖法和挤浆法最常用。

"三一"砌砖法：即是一块砖、一铲灰、一揉压并随手将挤出的砂浆刮去的砌筑方法。这种砌砖方法的优点是：随砌随铺，随即挤揉，灰缝容易饱满，粘结力好，同时在挤砌时随手刮去挤出墙面的砂浆，使墙面保持整洁。所以，砌筑实心砖砌体宜采用"三一"砌砖法。

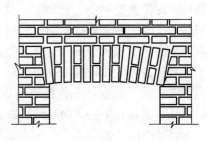

图1-65　平拱式过梁

挤浆法：用灰勺、大铲或铺灰器在墙顶上铺一段砂浆，然后双手拿砖或单手拿砖，用砖挤入砂浆中一定厚度之后把砖放平，达到下齐边、上齐线、横平竖直的要求。这种砌砖方法的优点是：可以连续挤砌几块砖，减少繁琐的动作；平推平挤可使灰缝饱满；效率高；保证砌筑质量。

4. 砖砌体的施工工艺

砖砌体的施工过程有：抄平、放线、摆砖、立皮数杆和砌砖、清理等工序。

（1）抄平

砌墙前，应在基础防潮层或楼面上定出各层标高，并用水泥砂浆或细石混凝土找平，使各段砖墙底部标高符合设计要求。找平时，需使上下两层外墙之间不致出现明显的接缝。

(2) 放线

根据龙门板上给定的轴线及图纸上标注的墙体尺寸，在基础顶面上用墨线弹出墙的轴线和墙的宽度线，并分出门洞口位置线。二楼以上墙的轴线可以用经纬仪或垂球轴线引上，并弹出各墙的宽度线，划出门洞口位置线。

(3) 摆砖

摆砖是指在放线的基面上按选定的组砌方式用干砖试摆，又称摆底。一般在房屋外纵墙方向摆顺砖，在山墙方向摆丁砖，摆砖由一个大角摆到另一个大角，砖与砖间留 10mm 缝隙。摆砖的目的是为了校对所放出的墨线在门窗洞口、附墙垛等处是否符合砖的模数，以尽可能减少砍砖，并使砌体灰缝均匀，组砌得当。

(4) 立皮数杆和砌砖

皮数杆是指在其上划有每皮砖和砖缝厚度，以及门窗洞口、过梁、楼板、预埋件等标高位置的一种木制标杆，如图1-66所示。它是砌筑时控制砌体竖向尺寸的标志，同时还可以保证砌体的垂直度。

皮数杆一般立于房屋的四大角、内外墙交接处、楼梯间以及洞口多的地方，每隔10～15m立一根。皮数杆的设立，应由两个方向斜撑或铆钉加以固定，以保证其牢固和垂直。一般每次开始砌砖前应检查一遍皮数杆的垂直度和牢固程度。

砌砖的操作方法很多，各地的习惯、使用工具也不尽相同，一般宜用"三一"砌砖法。砌砖时，先拴线，按所排的干砖位置把第一皮砖砌好，然后盘角。每次盘角不得超过六皮砖，在盘角过程中应随时用托线板检查墙角是否垂直平整，砖层灰缝是否符合皮数杆标志。然后在墙角安装皮数杆，以后即可挂线砌第二皮以上的砖。砌筑过程中应三皮一吊，五皮一靠，把砌筑误差消灭在操作过程中，以保证墙面垂直平整。砌一砖厚以上的砖墙必须双面挂线。

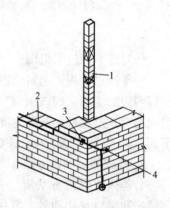

图1-66　皮数杆示意图
1—皮数杆；2—准线；
3—竹片；4—圆铁钉

(5) 清理

当该层砖砌体砌筑完毕后，应进行墙面、柱面和落地灰的清理。

5. 砌砖的技术要求

(1) 砖基础

砖基础砌筑前，应先检查垫层施工是否符合质量要求，然后清扫垫层表面，将浮土及垃圾清除干净。砌基础时可依皮数杆先砌几皮转角及交接处部分的砖，然后在其间拉准线砌中间部分。若砖基础不在同一深度，则应先由底往上砌筑。在砖基础高低台阶接头处，下台面台阶要砌一定长度（一般不小于500mm）实砌体，砌到上面后和上面的砖一起退台。如图1-67所示。基础墙的防潮层，如设计无具体要求，宜用1:2.5的水泥砂浆加适量的防水剂铺设，其厚度一般为20mm。抗震设防地区的建筑物，不用油毡做基础墙的水平防潮层。

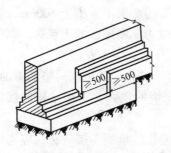

图 1-67　砖基础高低
接头处砌法

（2）砖墙

1）全墙砌砖应平行砌起，砖层必须水平，砖层正确位置除用皮数杆控制外，每楼层砌完后必须校对一次水平、轴线和标高，在允许偏差范围内，其偏差值应在基础或楼板顶面调整。

2）砖墙的水平灰缝厚度和竖缝宽度一般为 10mm，但不小于 8mm，也不大于 12mm。水平灰缝的砂浆饱满度不低于 80%，砂浆饱满度用百格网检查。竖向灰缝宜用挤浆或加浆方法，使其砂浆饱满，严禁用水冲浆灌缝。

3）砖墙的转角处和交接处应同时砌筑。不能同时砌筑处，应砌成斜槎，斜槎长度不应小于高度的 2/3，如图 1-68 所示。

非抗震设防及抗震设防烈度为 6 度、7 度地区，如临时间断处留斜槎确有困难，除转角处外，也可以留直槎，但必须做成阳槎，并加设拉结筋。拉结筋的数量为每 120mm 墙厚设置 1φ6 的钢筋（120mm 厚墙放置 2φ6 拉结钢筋）；间距沿墙高不得超过 500mm；埋入长度从墙的留槎处算起，每边均不应小于 500mm，对抗震设防烈度为 6 度、7 度的地区，不应小于 1000mm；末端应有 90°弯钩，如图 1-69 所示。抗震设防地区建筑物的临时间断处不得留直槎。

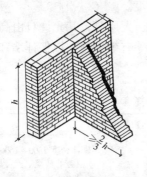

图 1-68　斜槎图

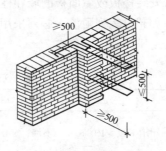

图 1-69　直槎

隔墙与墙或柱如不同时砌筑而又不留成斜槎时，可于墙或柱中引出阳槎，并于墙或柱的灰缝中预埋拉结筋（其构造与上述相同，但每道不得少于 2 根）。抗震设防地区建筑物的隔墙，除应留阳槎外，沿墙高每 500mm 配置 2φ6 钢筋与承重墙或柱拉结，伸入每边墙内的长度不应小于 500mm。

砖砌体接槎时，必须将接槎处的表面清理干净，浇水湿润，并应填实砂浆，保持灰缝平直。

4）宽度小于 1m 的窗间墙，应选用整砖砌筑，半砖和破损的砖，应分散使用于墙心或受力较小部位。

5）不得在下列墙体或部位中留设脚手眼：①空斗墙、半砖墙和砖柱；②砖过梁上与过梁成 60°角的三角形范围及过梁净跨度 1/2 的高度范围内；③宽度小于 1m 的窗间墙；④梁或梁垫下及其左右各 500mm 的范围内；⑤砖砌体的门窗洞口两侧 200mm（石砌体为 300mm）和转角处 450mm（石砌体为 600mm）的范围内。

6）施工时需在砖墙中留置的临时洞口，其侧边离交接处的墙面不应小于 500mm，洞口净宽度不应超过 1m；洞口顶部宜设置过梁。抗震设防烈度为 9 度地区的建筑物，临时洞口的留置应会同设计单位研究决定。临时施工洞口应做好补砌。

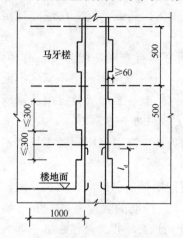

图 1-70　构造柱拉结钢筋布置
及马牙槎示意图

7）每层承重墙的最上一皮砖，在梁或梁垫的下面，应用丁砖砌筑；隔墙与填充墙的顶面与上层结构的接触处，宜用侧砖或立砖斜砌挤紧。

8）设有钢筋混凝土构造柱的抗震多层砖房，应先绑扎钢筋，而后砌砖墙，最后浇筑混凝土。墙与柱应沿高度方向每 500mm 设 2φ6 钢筋（一砖墙），每边伸入墙内不应少于 1m；构造柱应与圈梁连接；砖墙应砌成马牙槎，每一马牙槎沿高度方向的尺寸不超过 300mm，马牙槎从每层柱脚开始，应先退后进，如图 1-70 所示。该层构造柱混凝土浇完之后，才能进行上一层的施工。

9）砖墙每天砌筑高度以不超过 1.8m 为宜，雨天施工时，每天砌筑高度不宜超过 1.2m。

10）砖砌体相邻工作段的高度差，不得超过楼层的高度，也不宜大于 4m。工作段的分段位置宜设在伸缩缝、沉降缝、防震缝或门窗洞口处。砌体临时间断处的高度差不得超过一步脚手架的高度。

11）尚未安装楼板或屋面板的墙和柱，当可能遇大风时，其允许自由高度不得超过表 1-16 的规定。如超过表列限值，必须采用临时支撑等有效措施，以保证墙和柱在施工中的稳定性。

墙、柱的允许自由高度　　　　　　　　　　　　表 1-16

墙（柱）厚（mm）	墙、柱的允许自由高度（m）					
	砌体密度＞1600kg/m³（石墙、实心砖墙）			砌体密度 1300～1600kg/m³（空心砖墙、空斗墙）		
	风载（kN/m²）			风载（kN/m²）		
	0.3（大致相当于 7 级风）	0.4（大致相当于 8 级风）	0.5（大致相当于 9 级风）	0.3（大致相当于 7 级风）	0.4（大致相当于 8 级风）	0.5（大致相当于 9 级风）
190	—	—	—	1.4	1.1	0.7
240	2.8	2.1	1.4	2.2	1.7	1.1
370	5.2	3.9	2.6	4.2	3.2	2.1
490	8.6	6.5	4.3	7.0	5.2	3.5
620	14.0	10.5	7.0	11.4	8.6	5.7

注：1. 该表适用于施工处标高（H）在 10m 范围内的情况。如 10m＜H≤15m、15m＜H≤20m 时，表内的允许自由高度值应分别乘以系数 0.9、0.8；如 H＞20m 时，应通过抗倾覆验算确定其允许自由高度；
　　2. 当所砌筑的墙有横墙或其他结构与其连接，且间距小于表列限值的 2 倍时，砌筑高度可不受该表规定的限制。

（3）空心砖墙

空心砖墙砌筑前应试摆，在不够整砖处，如无半砖规格，可用普通黏土砖补砌。承重空心砖的孔洞应呈垂直方向砌筑，且长圆孔应顺墙方向。非承重空心砖的孔洞应呈水平方向砌筑。非承重空心砖墙，其底部应至少砌三皮实心砖，在门口两侧一砖长范围内，也应用实心砖砌筑。半砖厚的空心砖隔墙，如墙较高，应在墙的水平灰缝中加设$2\phi 8$钢筋或每隔一定高度砌几皮实心砖带。

（4）砖过梁

砖平拱过梁应用 MU7.5 以上的砖，不低于 M5.0 砂浆砌筑。砌筑时，在过梁底部支设模板，模板中部应有 1%的起拱，过梁底部的模板在灰缝砂浆强度达到设计强度标准值的 50%以上时，方可拆除。砌筑时，应从两边往中间砌筑。

钢筋砖过梁其底部配置 $3\phi 6 \sim \phi 8$ 钢筋，两端伸入墙内不应少于 240mm，并有 90°弯钩埋入墙的竖缝内。在过梁的作用范围内（不

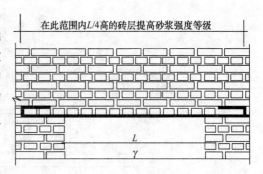

图 1-71　钢筋砖过梁

少于六皮砖高度或过梁跨度的 1/4 高度范围内），应用 M5.0 砂浆砌筑。砌筑前，先在模板上铺设 30mm 厚 1:3 水泥砂浆层，将钢筋置于砂浆层中，均匀摆开，接着逐层平砌砖层，最下一皮应丁砌，如图 1-71 所示。

二、砌块砌体施工

砌块房屋的施工，是采用各种吊装机械及夹具将砌块安装在设计位置。一般要按建筑物的平面尺寸及预先设计的砌块排列图逐块地按顺序吊运、就位。

1．砌块安装前准备工作

（1）编制砌块排列图

砌块在吊装前应先绘制砌块排列图，以指导吊装施工和砌块准备。砌块排列图如图 1-72 所示。其绘制方法是：在立面图上用 1:50 或 1:30 的比例绘制出纵横墙，然后将过梁、平板、大梁、楼梯、混凝土垫块等在图上标出，再将预留孔洞标出，在纵墙和横墙上画出水平灰缝线，然后按砌块错缝搭接的构造要求和竖缝的大小进行排列。以主砌块为主，其他各种型号砌块为辅，以减少吊次，提高台班产量。需要镶砖时，应整砖镶砌，而且尽量对称分散布置。砖的强度等级应不小于砌块的强度等级。镶砖应平砌，不宜侧砌或竖砌，墙体的转角处和纵横墙交接处，不得镶砖；门窗洞口不宜镶砖。砌块的排列应遵守下列技术要求：上下皮砌块错缝搭接长度一般为砌块长度的 1/2（较短的砌块必须满足这个要求），或不得小于砌块皮高的 1/3，以保证砌块牢固搭接，外墙转角及纵横墙交接处应用砌块相互搭接，如图 1-73 所示。

如纵横墙不能互相搭接，则每二皮应设置一道钢筋网片，如图 1-74 所示。砌块中水平灰缝厚度应为 10 ~ 20mm；当水平灰缝有配筋或柔性拉结条时，其灰缝厚度应为 20 ~ 25mm。竖缝的宽度为 15 ~ 20mm；当竖缝宽度大于 30mm 时，应用强度等级不低于 C20 的细石混凝土填实，图 1-75 所示；当竖缝宽度大于或等于 150mm，或楼层不是砌块加灰缝的整数倍时，都要用黏土砖镶砌，如图 1-75 所示。

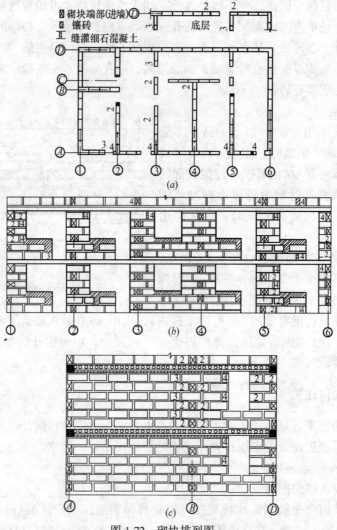

图 1-72 砌块排列图

(a) 二层（底层）第一皮砌块排列平面图；(b) 外墙 A 轴砌块排列立面图；

(c) 外墙①轴砌块排列立面图

注：空号砌块 880mm×380mm×240mm；2 号砌块 580mm×380mm×240mm；

3 号砌块 430mm×380mm×240mm；4 号砌块 280mm×380mm×240mm。

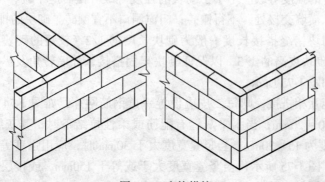

图 1-73 砌块搭接

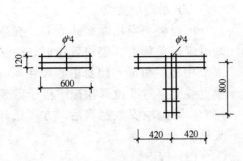

图 1-74　钢筋网片

图 1-75　砌块排列

（2）选择砌块安装方案

中小型砌块安装用的机械有台灵架、附设有起重拔杆的井架、轻型塔式起重机等。

1）用台灵架安装砌块，用附设起重拔杆的井架进行砌块、楼板的垂直运输。

根据台灵架安装砌块时的吊装路线分，有后退法、合拢法及循环法。

后退法：吊装从工程的一端开始退至另一端，井架设在建筑物两端。台灵架回转半径为 9.5m，房屋宽度小于 9m，如图 1-76（a）所示。

合拢法：工程情况同前，井架设在工程的中间，吊装线路先从工程的一端开始吊装到井架处，再将台灵架移到工程的另一端进行吊装，最后退到井架处收拢，如图 1-76（b）所示。

循环法：当房屋宽度大于 9m 时，井架设在房屋一侧中间，吊装从房屋一端转角开始，依次循环至另一端转角处，最后吊装至井架处，如图 1-76（c）所示。

2）用台灵架安装砌块，用塔式起重机进行砌块和预制构件的水平和垂直运输及楼板安装。此时台灵架安装砌块的吊装线路与上述相同。

（3）机具准备

除应准备好砌块垂直、水平运输和吊装的机械外，还要准备安装砌块的专用夹具和其他有关工具。

（4）砌块的运输及堆放

砌块的装卸可用汽车式起重机、履带式起重机和塔式起重机等。砌块堆放应使场内运输路线最短。堆置场地应平整夯实，有一定泄水坡度，必要时开挖排水沟。砌块不宜直接堆放在地面上，应堆在草袋、煤渣垫层或其他垫层上，以免砌块底面弄脏。砌块的规格、数量必须配套，不同类型分别堆放。

砌块的水平运输可用专用砌块小车、普通平板车等。

2. 砌块施工工艺

砌块施工的主要工序是：铺灰、吊砌块就位、校正、灌缝和镶砖等。

（1）铺灰

砌块墙体所采用的砂浆，应具有较好的和易性，砂浆稠度采用 50～80mm，铺灰应均

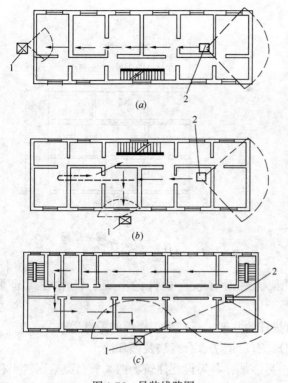

图 1-76 吊装线路图
(a) 后退法线路图；(b) 合拢法线路图；(c) 循环法线路图
1—井架；2—台灵架

匀平整，长度一般以不超过 5m 为宜，炎热的夏季或寒冷季节应按设计要求适当缩短，灰缝的厚度按设计规定。

（2）吊砌块就位

吊砌块一般用摩擦式夹具，夹砌块时应避免偏心。砌块就位时，应使夹具中心尽可能与墙身中心线在同一垂直线上，对准位置徐徐下落于砂浆层上，待砌块安放稳当后，方可松开夹具。

（3）校正

用垂球或托线板检查垂直度，用拉准线的方法检查水平度。校正时可用人力轻微推动砌块或用撬杠轻轻撬动砌块，自重在 150kg 以下的砌块可用木锤敲击偏高处。

（4）灌缝

竖缝可用夹板在墙体内外夹住，然后灌砂浆，用竹片或铁棒插捣，使其密实。当砂浆吸水后用刮缝板把竖缝和水平缝刮齐。此后，砌块一般不准撬动，以防止破坏砂浆的黏结力。

（5）镶砖

镶砖工作要在砌块校正后进行，不要在安装好一层墙身后才砌镶砖。如在一层楼安装完毕尚需镶砖时，镶砖的最后一皮砖和安装楼板梁、檩条等构件下的砖层都必须用丁砖来镶砌。

三、砌体结构构造要求

（1）墙、柱的允许高厚比

砖石砌体墙、柱的强度，可通过承载力计算得以基本保证。但砌体结构的受力是复杂的，理想化的简化计算有时并不能完全确保结构使用安全，墙、柱在施工、使用及偶然事故作用下还可能失稳。砌体结构高厚比限值的规定，就是基于稳定性考虑的构造措施。

墙、柱高厚比 β，又称长细比，即构件计算高度 H_0 与截面厚度 h 之比，根据《砌体结构设计规范》（GB 50003—2001），它必须满足下式规定：

$$\beta = H_0/h \leqslant \mu_1 \mu_2 [\beta] \tag{1-37}$$

其中 $[\beta]$ 为墙、柱的允许高厚比，按表 1-17 采用，系半理论半经验的控制指标；$[\beta]$ 主要取决于砌体的变形性能，而砌体变形性能又主要依赖于砂浆强度等级。H_0 为墙、柱计算高度，应根据房屋类别及构件支承条件按表 1-18 采用。

墙、柱的允许高厚比 [β] 值　　　　　　　　　　表 1-17

砂浆强度等级	墙	柱
M2.5	22	15
M5.0	24	16
≥M7.5	26	17

注：1. 毛石墙、柱允许高厚比应按表中数值降低 20%；
　　2. 组合砖砌体构件的允许高厚比，可按表中数字提高 20%，但不得大于 28；
　　3. 验收施工阶段砂浆尚未硬化的新砌砌体高厚比时，允许高厚比对墙取 14，对柱取 11。

受压构件的计算高度 H_0　　　　　　　　　　表 1-18

房 屋 类 别			柱		带壁柱墙或周边拉结的墙		
			排架方向	垂直排架方向	$s > 2H$	$2H \geqslant s > H$	$s \leqslant H$
有吊车的单层房屋	变截面柱上段	弹性方案	$2.5H_u$	$1.25H_u$	$2.5H_u$		
		刚性、刚弹性方案	$2.0H_u$	$1.25H_u$	$2.0H_u$		
	变截面柱下段		$1.0H_L$	$0.8H_L$	$1.0H_L$		
无吊车的单层和多层房屋	单跨	弹性方案	$1.5H$	$1.0H$	$1.5H$		
		刚弹性方案	$1.2H$	$1.0H$	$1.2H$		
	两跨或多跨	弹性方案	$1.25H$	$1.0H$	$1.25H$		
		刚弹性方案	$1.10H$	$1.0H$	$1.1H$		
	刚性方案		$1.0H$	$1.0H$	$1.0H$	$0.4s + 0.2H$	$0.6s$

注：1. 表中 H_u 为变截面柱的上段高度；H_L 为变截面柱的下段高度；
　　2. 对于上端为自由端的构件，$H_0 = 2H$，H 为柱的全高；
　　3. 独立砖柱，当无柱间支撑时，柱在垂直排架方向的 H_0 应按表中数值乘以 1.25 后采用；
　　4. s—房屋横墙间距；
　　5. 房屋构造方案见相应设计规范。

对于仅承受自重的非承重墙，高厚比限值 [β] 可适当放宽，可乘以提高系数 $\mu_1 = 1.2 \sim 1.5$。相反，对于开有门窗洞口的墙体，[β] 值应乘以降低系数 $\mu_2 = 1 - 0.4b_s/s$，b_s 为在宽度 s 范围内的门窗洞口总宽度，s 为相邻窗间墙或壁柱之间的距离。

对于带壁柱的墙，应按 T 形截面取折算厚度 $h_T = 3.5\sqrt{I/A}$ 计算 β，I、A 分别为 T 形截面惯性矩及面积。

（2）一般构造要求

1）材料最低强度等级

从长期耐久性考虑，五层及五层以上房屋的墙，以及受振动或层高大于 6m 的墙、柱，所用材料的最低强度等级，应符合表 1-19 要求。

材料最低强度等级　　　　　　　　　　表 1-19

材料种类	砖	砌块	石材	砂浆
强度等级	MU10	MU7.5	MU30	M5

为防止水分对墙体的侵蚀，在室内地面以下，室外散水坡顶面以上的砌体内，应铺设防潮层。防潮层材料一般采用防水水泥砂浆或混凝土圈梁。勒脚部位应采用水泥砂浆粉刷。

地面以下或防潮层以下的砌体，会受到土壤中水分的侵蚀，一般应采用吸水性较小、耐久性较好的材料，此种砌体所用材料的最低强度等级，应符合表 1-20 要求。

地面以下或防潮层以下的砌体所用材料的最低强度等级 表 1-20

基土的潮湿程度	黏 土 砖		混凝土砌块	石 材	水泥砂浆
	严寒地区	一般地区			
稍潮湿的	MU10	MU10	MU7.5	MU30	M5
很潮湿的	MU15	MU10	MU7.5	MU30	M7.5
含水饱和的	MU20	MU15	MU10	MU40	M10

注：1. 在冻胀地区，地面以下或防潮层以下的砌体，不宜采用多孔砖，如采用时，其孔洞应采用水泥砂浆灌实。当采用混凝土砌块砌体时，其孔洞应采用强度等级不低于 Cb20 的混凝土灌实；

2. 对安全等级为一级或设计使用年限大于 50 年的房屋，表中材料强度等级应至少提高一级。

2）墙、柱最小截面尺寸

构件截面过小，意外损伤对截面承载力降低率较大。对于承重的独立砖柱，截面尺寸不应小于 240mm × 370mm；对于毛石墙厚度，不宜小于 350mm，毛料石柱截面的较小边长，不宜小于 400mm。当有振动荷载时，墙、柱不宜采用毛石砌体。

3）墙、柱的拉结

墙、柱与楼板、梁、屋架以及钢筋混凝土骨架柱等，必须有可靠的拉结，以承受各种荷载和可能有的振动。支承在墙、柱上的大梁（$L \geqslant 7.2 \sim 9\text{m}$）、吊车梁及屋架，其端部应采用锚固件与设置在墙、柱上的垫板锚固。墙与钢筋混凝土骨架柱的拉结，一般是在柱中预埋拉结筋，砌砖时将拉结筋嵌砌入砌体水平缝内。

山墙壁柱宜与山墙等高。风压较大的地区，檩条应与山墙锚固，屋盖不宜挑出山墙。

（3）防止砌体结构开裂的主要措施

砌体结构比较容易开裂。按其性质分，主要有三种：受力裂缝、不均匀沉降裂缝及温度收缩裂缝。砌体结构因受力过大，超过了砌体抗裂强度所产生的裂缝，称为受力裂缝。如大梁支承处的局压裂缝，砖拱过梁支座处的水平剪切裂缝等。如前所述，砌体主要用来承担压力，设计时只要经过正确的承载力计算，单纯的受压裂缝尚不多见；但是，砌体抗拉强度很低，且不可靠，抗剪强度也不高，因此，凡是出现拉力的部位，均应配置相应的钢筋承担。

不均匀沉降裂缝是砌体结构比较常见的裂缝。结构不均匀沉降分三种情况：一是地基土质不均匀，如坑、塘、沟、渠；二是上部荷载不均匀，如房屋层数相差过大；三是高压缩性土，如软土、湿陷性黄土等。避免砌体结构不均匀沉降裂缝的主要措施是：减小结构和地基各部位的变形差或应力差，增大结构的整体刚度，如设置地梁、圈梁等，或是在结构或地基变形突变的部位设置沉降缝，使各部位结构能自由的变形。

温度收缩缝是砌体结构最常见的裂缝，主要有顶层墙体八字缝、门窗洞口斜向缝及纵墙中部竖向缝等形式。温度收缩缝主要是外界温度变化、湿度变化、砌体收缩（包括干缩）等，引起砌体内部、墙体与墙体之间、墙体与其他结构之间、墙体与基础之间的变形不协调所致。由于钢筋混凝土的线膨胀系数比砖砌体大一倍左右，钢筋混凝土屋盖与邻接的墙体存在较大的温度变形差，而这种变形差的分布是中部小两端大，因此，房屋顶层端部纵横墙体容易出现八字形斜向裂缝及屋盖与墙体交接部位的水平裂缝。这种裂缝一般以现浇屋盖刚性防水无保温隔热情况最为普遍和严重，尤其是硅酸盐砖和砌块房屋；对于设阁楼层的有檩体系瓦屋面房屋，很少发现此种裂缝。故此，对于房屋顶层端部墙体八字缝及水平缝的预防措施是：屋盖上设置保温层或隔热层；尽可能采用装配式有檩体系钢筋混凝土屋盖和瓦屋盖；对于非烧结硅酸盐砖和砌块房屋，应严格控制块体出厂到砌筑的时间，并应避免现场堆放时块体遭受雨淋；在钢筋混凝土屋面板与墙体结合面间设置滑动层。

温度收缩的影响，屋面和墙在温度变化时会有温度变形面，地基基础对上部墙体具有约束作用。当砌体剩余温度收缩应力超过砌体抗拉强度时，则可能在纵墙中部沿墙高度方向产生上下贯通的竖向裂缝。为防止这种裂缝，应在墙体相应部位设置伸缩缝。伸缩缝应设在因温度和收缩变形引起应力集中和墙体裂缝可能性最大的部位（一般在房屋长度方向纵墙的中部），可通过分析确定。其最大间距不得超过表 1-21 规定。

（4）楼、屋盖

楼盖、屋盖是墙、柱的水平支承，起协调各墙受力和有效地传递水平地震作用。现浇楼盖，宜连续配筋整体浇筑。预制楼板，应由板端伸出钢筋，在接头处相互搭接，所有接缝作成现浇接头，并与圈梁结为一体。楼板与墙、柱应相互拉结。

砌体房屋温度伸缩缝的最大间距（m） 表 1-21

砌体类别	屋盖或楼盖类别		间　距
各种砌体	整体式或装配整体式钢筋混凝土结构	有保温层或隔热层的屋盖、楼盖	50
		无保温层或隔热层的屋盖	40
	装配式无檩体系钢筋混凝土结构	有保温层或隔热层的屋盖、楼盖	60
		无保温层或隔热层的屋盖	50
	装配式有檩体系钢筋混凝土结构	有保温层或隔热层的屋盖	75
		无保温层或隔热层的屋盖	60
黏土砖、空心砖砌体	黏土瓦或石棉水泥瓦屋盖		100
石砌体	木屋盖或楼盖		80
硅酸盐块体和混凝土砌块砌体	砖石屋盖或楼盖		75

（5）砌块房屋

砌块房屋构造柱、圈梁及其他构造措施的设置与砖房相似，但比砖房更为严格。空心砌块构造柱是设在砌块孔洞中，即在孔洞中配置竖向插筋，再用 C15 以上的混凝土灌实，故称芯柱。芯柱与墙连接，采用 $\phi6$ 点焊钢筋网片砌于水平灰缝。网片间距，中型砌块隔皮设置，8 度时每皮设置，小型砌块间距 600mm。

四、砌体结构抗震措施

砖石砌体本身呈现脆性，抗拉、抗剪强度较低，且变异性大，在地震力反复作用下强度损失严重；砌体结构自重大，因而危害结构的地震破坏力也大；砌体结构刚度大，导致在短周期地震波作用下有较大的反应。所以砖石砌体结构的抗震能力较差，在历次大地震中的破坏都很严重。因此，为增强砖石砌体结构的抗震能力，应从以下诸方面采取综合措施。

1. 结构布置

调查和分析表明，砖石结构建筑的平、立面宜规则对称，建筑物的质量分布和刚度变化宜均匀，平面不宜过大的凹进突出，上层部分不宜有过大的缩进。多层房屋的总高和层数、房屋总高度和总宽度之比都要符合规范规定。

震害表明，横墙承重房屋破坏率最低，破坏程度也轻，纵横墙承重情况居中，纵墙承重方案最重。因此，砌体结构设计时，应优先采用横墙承重或纵横墙共同承重的结构体系。

当房屋高度相差较大（＞6m），或房屋有错层，且楼板高差较大，或各部分结构刚度、质量截然不同时，为避免或减少地震作用下房屋相邻各部分因振动不协调而引起破坏，对于8度和9度区的砖石房屋，在分界处应设置50~100mm宽的防震缝。

2. 构造要求

砖石砌体房屋，除满足抗震计算要求外，还必须针对砌体结构的弱点，从提高结构的整体稳定性、延性和砌体的抗拉、抗剪强度，采取如下的抗震增强措施。

（1）构造柱

试验证明，砖石结构设构造柱，能大幅度提高结构极限变形能力，使原比较脆性的墙体，具有相当大的延性，从而可提高结构抵抗水平地震作用的能力。此外，构造柱与各层水平钢筋混凝土圈梁相交连接起来，形成对砖墙的约束边框，可阻止地震下裂缝开展，限制开裂后块体的错位，使墙体竖向承载力不致大幅度下降，从而防止墙体坍塌或失稳倒塌。

构造柱一般设置在内外墙交接处和门厅、楼梯间墙的端部，其数量与房屋层数和地震烈度有关，详见表1-22。砖墙构造柱最小截面为240mm×180mm，纵向钢筋为4φ12~4φ14，箍筋间距为200~250mm。构造柱必须与砖墙有良好的连接，应先砌墙后浇柱，结合面应砌成大马牙槎，沿墙高每500mm设2φ6拉结筋，拉结筋每边伸入墙内不小于1m。构造柱混凝土强度等级不宜低于C15。

砖房构造柱设置要求 表 1-22

房 屋 层 数				各种层数和烈度均设置的部位	随层数或烈度变化而增设的部位
6度	7度	8度	9度		
四、五	三、四	二、三		外墙四角，错层部位横墙与外纵墙交接处，较大洞口两侧，大房间内外墙交接处	7~9度时，楼、电梯间的横墙与外墙交接处
六~八	五、六	四	二		隔开间横墙（轴线）与外墙交接处，山墙与内纵墙交接处，7~9度时，楼、电梯间横墙与外墙交接处
	七	五、六	三、四		内墙（轴线）与外墙交接处，内墙局部较小墙垛处，7~9度时，楼、电梯间横墙与外墙交接处，9度时内纵墙和横墙交接处

(2) 圈梁

圈梁的作用主要在于提高结构的整体性。由于圈梁的约束，预制板散开以及砖墙出平面倒塌的危险性大大减小了，使纵横墙能够保持一个整体的箱形结构，增强了房屋的整体性，充分发挥各片墙的平面内抗剪抗震能力。圈梁作为楼盖的边缘构件，提高了楼盖的水平刚度，使局部地震作用能够传给较多的墙体共同分担，从而减轻了大房间纵横墙平面外破坏的危险性；圈梁限制墙体斜裂缝的开展和延伸，使裂缝仅在两道圈梁之间的墙体内发生，减轻了墙体坍塌的可能性；圈梁减轻地震时地基不均匀沉陷对房屋的不利影响；圈梁防止或减轻地震时地表开裂将房屋撕裂；圈梁的设置要求应视楼盖、屋盖种类及结构布置方案而定。装配式钢筋混凝土楼、屋盖或木楼、屋盖的砖房，横墙承重时应按表1-23的要求设置圈梁，纵墙承重时应每层设置圈梁。现浇或装配整体式钢筋混凝土楼、屋盖可不另设圈梁。

砖房构造柱设置要求 表 1-23

房 屋 层 数				各种层数和烈度 均设置的部位	随层数或烈度变化而增设的部位
6度	7度	8度	9度		
四、五	三、四	二、三		外墙四角，错层部位横墙与 外纵墙交接处，较大洞口两侧， 大房间内外墙交接处	7~9度时，楼、电梯间的横墙 与外墙交接处

第四节 脚手架工程

脚手架是建筑工程施工中堆放材料和工人进行操作的重要临时设施，是为保证高处作业安全、顺利进行施工而搭设的工作平台或作业通道。在结构施工、装修施工和设备管道的安装施工中，都需要按照操作要求搭设脚手架。

一、脚手架种类

随着我国建设规模的日益扩大和建筑施工技术的不断进步，脚手架的种类也愈来愈多。从脚手架杆件材质上说，不仅有传统的竹杆、木杆脚手架，而且还有金属角钢和钢管脚手架。金属钢管脚手架中又分扣件式、碗扣式、门式等。从搭设的用途来说，又可分为主体工程和装修用脚手架。从搭设的立杆排数来说，又可分单排架、双排架和满堂架。但是，不论从搭设材料分，按其用途分，还是按立杆排数分，一般来说，脚手架分为下列三大类。

(1) 外脚手架

1) 单排脚手架。它由落地的许多单排立杆与大、小横杆绑扎或扣接而成，并搭设在建筑物或构筑物的外围。主要杆件有立杆、大横杆、小横杆、斜撑、剪刀撑或抛撑等，并按规定与墙体拉结。

2) 双排脚手架。它由落地的许多里、外两排立杆与大、小横杆绑扎或扣接而成，并搭设在建筑物或构筑物的外围。主要杆件有立杆、大横杆、小横杆、剪刀撑、斜撑、抛撑、底座等组成。若用扣件连接，扣件有回转式、十字式和一字式三种，都应按规定与墙体拉结。

(2) 里脚手架

1) 马凳式里脚手架。它用若干个马凳沿墙的内侧均摆，在其顶面铺设脚手板，凳与凳之间间隔适当的距离加设斜撑或剪刀撑而成。马凳本身可用木、竹、钢筋或型钢制成。

2) 支柱式里脚手架。它用钢支柱配合横杆组成台架，上铺脚手板，按适当的距离加设一定的斜撑或剪刀撑而成，并搭设于外墙的内面。

(3) 工具式脚手架

1) 桥式升降脚手架。它以金属构架立柱为基础，在两立柱间加设不大于 12m 长、0.8m 宽的钢桁架桥组成。桁架桥靠立柱支撑上下滑动，构成较长的操作平台，它具有构造简单，操作方便的特点。

2) 挂脚手架。它将挂架挂在墙上或柱上事先预埋的挂钩上，在挂架上铺以脚手板而成，并随工程进展而逐步向上或向下移挂。

3) 悬挑脚手架。它是采用悬挑形式搭设，基本形式有两种：一种是支撑杆式挑脚手架，直接用金属脚手杆搭设，高度一般不超过 6 步架，倒换向上使用；另一种是挑梁式挑脚手架，一般为双排脚手架，支座固定在建筑结构的悬挑梁上，搭设高度系根据施工要求和塔吊提升能力确定，但最高下超过 20 步架（总高 20～30m）。此类脚手架已成为高层建筑施工中常用的形式之一。

4) 吊篮脚手架。它的基本构件是 $\phi 50 \times 3.5$ 钢管焊成矩形框架，按 1～3m 间距排列，并以 3～4 榀框架为一组，然后用扣件连以钢管大横杆和小横杆，铺设脚手板，装置栏杆，安全网和护墙轮，在屋面上设置吊点，用钢丝绳吊挂框架，它主要适用于外装修工程。

二、脚手架搭设基本要求

脚手架的主要作用是供人在架子上进行砌筑施工操作，堆放材料和进行短距离运送材料。脚手架的搭设应满足以下基本要求：

(1) 有足够的面积，能满足工人操作、材料堆置和运输的需要。脚手架的宽度一般为 1.5～2m。

(2) 脚手架应保证有足够的强度、刚度和稳定性，能保证施工期间在各种荷载和气候条件下不变形、不倾斜、不摇晃。

(3) 搭拆简单，搬移方便，能多次周转使用。

(4) 因地制宜，就地取材，尽量节约用料。

三、外脚手架

外脚手架是在建筑物外侧（即沿建筑周边）搭设的一种脚手架，既可用于外墙砌筑，又可用于外装修施工。其主要形式为多立杆式、桥式及框式脚手架等。

1. 多立杆式脚手架

多立杆式脚手架是由钢管、角钢、木、竹等材料搭设而成，其中钢管扣件式外脚手架安装，由于其拆卸方便，周转次数多，目前应用广泛。

钢管扣件式脚手架由钢管、扣件、脚手板和底座等组成，如图 1-77 所示。钢管一般用外径为 $\phi 48mm$、壁厚为 3.5mm 的钢管。用于立杆、纵向水平杆和支撑杆（包括剪刀撑、横向斜撑、水平斜撑等）的钢管长度宜用 4～6.5m；用于横向水平杆的钢管长度以 2.2m

为宜。扣件用于钢管之间的连接，其基本形式有三种，如图 1-78 所示：①直角扣件用于两根垂直交叉钢管的连接；②旋转扣件用于两根任意交叉钢管的连接；③对接扣件用于两根钢管的对接连接。立杆底端立于底座上，以传递荷载到地面上。脚手板可采用钢、木、冲压钢、竹等材料制作，考虑到施工安全，脚手板的质量每块不宜大于 30kg。

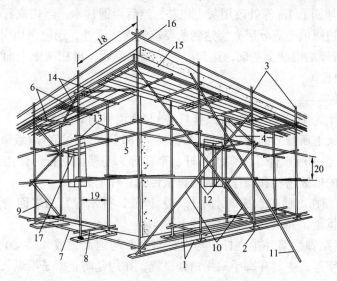

图 1-77　钢管扣件式脚手架构造

1—垫板；2—底座；3—外立柱；4—内立柱；5—纵向水平杆；6—横向水平杆；7—纵向扫地杆；8—横向扫地杆；9—横向斜撑；10—剪刀撑；11—扫地撑；12—旋转扣件；13—直角扣件；14—水平斜撑；15—挡脚板；16—防护栏杆；17—连墙固定件；18—柱距；19—排距；20—步距

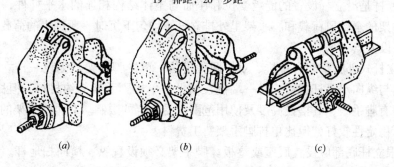

图 1-78　扣件形式图

（a）直角扣件；（b）旋转扣件；（c）对接扣件

（1）基础构造

竹、木脚手架一般将立杆直接埋于地基土中，钢管脚手架则不将立杆直接埋于土中，而是将地表面整平夯实，垫以厚度不小于 50mm 的垫木或垫板，然后于垫木（或垫板）上加设钢管底座再立立杆。但不论直接埋入土中，还是加垫木，都应根据地基土的容许承载能力而对脚手架基础进行具体设计。

钢管脚手架基础，根据搭设高度的不同，其具体作法也有所不同：

1）一般作法：高度在 30m 以下的脚手架，垫木宜采用长 2.0～2.5m，宽大于 200mm，厚 50~60mm 的木板，并垂直于墙面放置。若用 4.0m 左右长的垫板，则可平行墙面放置。

2）特殊作法：高度超过 30m 时，若脚手架地基为回填土，除分层夯实达到所要求的密实度外，应采用枕木支垫，或在地基上加铺 200mm 厚的道渣，再在其上面铺设混凝土预制板，然后沿纵向仰铺 12~16 号槽钢，再将脚手架立杆座放于槽钢上。脚手架高度大于 50m 时，应在地面下 1m 深处改用灰土地基，然后再铺枕木，当内立杆处在墙基回填土之上时，除墙基边回填土应分层夯实达到所要求的密实度外，还应在地面上沿垂直于墙面的方向浇筑 0.5m 厚的混凝土基础，达到所规定的强度后，再在灰土上面与混凝土上面铺设枕木，架设立杆。

（2）主要杆件

1）立杆（也称立柱、站杆、冲天杆、竖杆等）与地面垂直，是脚手架主要受力杆件。它的作用是将脚手架上所堆放的物料和操作人员的全部重量，通过底座（或垫块）传到地基上。

2）大横杆（也称顺水杆、纵向水平杆、牵杆等）与墙面平行，作用是与立杆连成整体，将脚手板上的堆放物料和操作人员的重量传到立杆上。

3）小横杆（横楞、横拍、横向水平杆、六尺杠、排木等）与墙面垂直，作用是直接承受脚手板上的重量，并将其传到大横杆上。

4）斜撑是紧贴脚手架外排立杆，与立杆斜交并与地面约成 45°~60° 角，上下连续设置，形成"之"字形，主要在脚手架拐角处设置，作用是防止架子沿纵长方向下倾斜。

5）剪刀撑（十字撑、十字盖）是在脚手架外侧交叉成十字形的双支斜杆，双杆互相交叉，并都与地面成 45°~60° 角。作用是把脚手架连成整体，增加脚手架的整体稳定。

6）抛撑（支撑、压栏子）是设置在脚手架周围的支撑架子的斜杆。一般与地面成 60° 夹角，作用是增加脚手架横向稳定，防止脚手架向外倾斜或倾倒。

7）连墙杆是沿立杆设置的能承受拉和压而与主体结构相连的水平杆件，其作用主要是承受脚手架的全部风荷载和脚手架里外排立杆不均匀下沉时，所产生的荷载。

（3）搭设要点

1）多立杆式外脚手架有单排、双排两种搭法。单排脚手架外侧设一排立杆，其横向水平杆一端与纵向水平杆连接，另一端搁在墙上。单排脚手架节约材料，但稳定性较差，且外墙上留有脚手眼，其搭设高度及使用范围也受一定的限制。双排脚手架的里外两侧均设有立杆，稳定性较好，但比单排脚手架费工费料。

2）每根立杆底部应设置底座或垫板。脚手架必须设置纵、横向扫地杆。纵向扫地杆应采用直角扣件固定在距底座上皮不大于 200mm 处的立杆上。横向扫地杆亦应采用直角扣件固定在紧靠纵向扫地杆下方的立杆上。当立杆基础不在同一高度上时，必须将高处的纵向扫地杆向低处延长两跨与立杆固定，高低差不应大于 1m。靠边坡上方的立杆轴线到边坡的距离不应小于 500mm（图 1-79）。

3）立杆的纵向间距（柱距）不得大于 2m。横向间距：单排离墙 1.2~1.4m；双排为 1.5m，其里排立杆离墙为 0.4~0.5m。立杆顶端宜高出女儿墙上皮 1m，高出檐口上皮 1.5m。

4）纵向水平杆宜设置在立杆内侧，其长度不宜小于 3 跨，纵向水平杆接长宜采用对接扣件连接也可采用搭接。对接搭接应符合下列规定：纵向水平杆的对接扣件应交错布置，两根相邻纵向水平杆的接头不宜设置在同步或同跨内，不同步或不同跨两个相邻接头在水平方向错开的距离不应小于 500mm，各接头中心至最近主节点的距离不宜大于纵距的

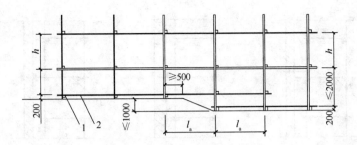

图 1-79　纵、横向扫地杆构造
1—横向扫地杆；2—纵向扫地杆

1/3；搭接长度不应小于 1m，应等间距设置 3 个旋转扣件固定，端部扣件盖板边缘至搭接纵向水平杆杆端的距离不应小于 100mm；当使用冲压钢脚手板、木脚手板、竹串片脚手板时，纵向水平杆应作为横向水平杆的支座，用直角扣件固定在立杆上，当使用竹笆脚手板时，纵向水平杆应采用直角扣件固定在横向水平杆上，并应等间距设置，间距不应大于 400mm。

5）主节点处必须设置一根横向水平杆，用直角扣件扣接且严禁拆除。主节点处两个直角扣件的中心距不应大于 150mm。作业层上非主节点处的横向水平杆，宜根据支承脚手板的需要等间距设置，最大间距不应大于纵距的 1/2。当使用冲压钢脚手板、木脚手板、竹串片脚手板时，双排脚手架的横向水平杆两端均应采用直角扣件固定在纵向水平杆上，单排脚手架的横向水平杆的一端应用直角扣件固定在纵向水平杆上，另一端应插入墙内，插入长度不应小于 180mm。使用竹笆脚手板时，双排脚手架的横向水平杆两端应用直角扣件固定在立杆上，单排脚手架的横向水平杆的一端应用直角扣件固定在立杆上，另一端应插入墙内，插入长度亦不应小于 180mm。

6）作业层脚手板应铺满、铺稳，离开墙面 120～150mm。冲压钢脚手板、木脚手板、竹串片脚手板等应设置在三根横向水平杆上。当脚手板长度小于 2m 时，可采用两根横向水平杆支承但应将脚手板两端与其可靠固定，严防倾翻。此三种脚手板的铺设可采用对接平铺，亦可采用搭接铺设。脚手板对接平铺时，接头处必须设两根横向水平杆，脚手板外伸长取 130～150mm，两块脚手板外伸长度的和不应大于 300mm。脚手板搭接铺设时，接头必须支在横向水平杆上搭接长度应大于 200mm，其伸出横向水平杆的长度不应小于 100mm。作业层端部脚手板探头长度应取 150mm，其板长两端均应与支承杆可靠地固定。

7）为了防止脚手架因风荷载或其他水平荷载引起的向外或向内倾覆，必须设置能够承受压力和拉力的连墙件。连墙件之间的垂直距离不大于 4m、水平距离不大于 6m，连墙件的做法如图 1-80 所示。高度超过 20m 的脚手架不得使用柔性材料进行拉结。

8）为保证脚手架的整体稳定，必须设置支撑体系。双排脚手架应设剪刀撑与横向斜撑，单排脚手架应设剪刀撑。每道剪刀撑跨越立杆的根数，当剪刀撑斜杆与地面的倾角为 45°时不应超过 7 根；当剪刀撑斜杆与地面的倾角为 50°时，不应超过 6 根；当剪刀撑斜杆与地面的倾角为 60°时，不应超过 5 根。每道剪刀撑宽度不应小于 4 跨，且不应小于 6m，斜杆与地面的倾角宜在 45°～60°之间；高度在 24m 以下的单、双排脚手架，均必须在外侧立面的两端各设置一道剪刀撑，并应由底至顶连续设置；中间各道剪刀撑之间的净距不应

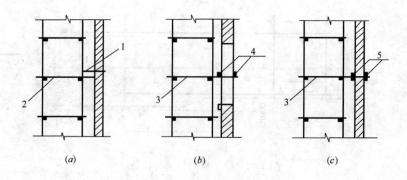

图 1-80　固定件的做法

(a) 柔性固定件；(b)、(c) 刚性固定件

1—钢丝或 $\phi6$ 钢筋；2—横向水平顶撑；3—连墙杆；4—两根短管；5—扣件

大于 15m；高度在 24m 以上的双排脚手架应在外侧立面整个长度和高度上连续设置剪刀撑。

9）横向斜撑应在同一节间，由底至顶层呈之字形连续布置，斜撑的固定应符合有关规定；一字形、开口形双排脚手架的两端均必须设置横向斜撑，中间宜每隔 6 跨设置一道。高度在 24m 以下的封闭型双排脚手架可不设横向斜撑，高度在 24m 以上的封闭型脚手架，除拐角应设置横向斜撑外，中间应每隔 6 跨设置一道。

10）多立杆式脚手架旁一般要搭斜道，供工人上下行走。高度不大于 6m 的脚手架，宜采用一字型斜道；高度大于 6m 的脚手架，宜采用之字型斜道。运料斜道坡度宜采用 1∶6，宽度不宜小于 1.5m；人行斜道斜度不得大于 1∶3，宽度不得小于 lm；拐弯处应设置平台，其宽度不应小于斜道宽度。斜道两侧及平台外围均应设置栏杆及挡脚板，栏杆高度为 1.2m，挡脚板高度不应小于 180mm。

(4) 钢管扣件式脚手架搭设范围的地基应验收合格，表面平整，排水畅通，垫板、底座均应准确地放在定位线上。脚手架的拆除按由上而下、逐层向下的顺序进行。

2. 碗扣式脚手架

(1) 碗扣式钢管脚手架是我国参考国外经验自行研制的一种多功能脚手架，其杆件节点处采用碗扣连接，由于碗扣是固定在钢管上的，构件全部轴向连接，力学性能好，其连接可靠，组成的脚手架整体性好，不存在扣件丢失问题。

(2) 碗扣式钢管脚手架由钢管立杆、横杆、碗扣接头等组成。其基本构造和搭设要求与扣件式钢管脚手架类似，不同之处主要在于碗扣接头。

(3) 碗扣接头是由上碗扣、下碗扣、横杆接头和上碗扣的限位销等组成。在立杆上焊接下碗扣和上碗扣的限位销，将上碗扣套入立杆内。在横杆和斜杆上焊接插头。组装时，将横杆和斜杆插入下碗扣内，压紧和旋转上碗扣，利用限位销固定上碗扣。

(4) 碗扣式钢管脚手架立柱横距为 1.2m，纵距根据脚手架荷载可为 1.2、1.5、1.8、2.4m，步距为 1.8、2.4m。搭设时立杆的接长缝应错开，第一层立杆应用长 1.8m 和 3.0m 的立杆错开布置，往上均用 3.0m 长杆，至顶层再用 1.8m 和 3.0m 两种长度找平。高 30m 以下脚手架垂直度偏差应控制在 1/200 以内；高 30m 以上脚手架应控制在 1/600～1/400，总高垂直度偏差应不大于 100mm。

四、里脚手架

里脚手架搭设于建筑物内部，每砌完一层墙后，即将其转移到上一层楼面，进行新的一层墙体砌筑。里脚手架也用于室内装饰施工。里脚手架装拆较频繁，要求轻便灵活，装拆方便。通常将其做成工具式的，结构形式有折叠式、支柱式和门架式。

（1）角钢（钢管、钢筋）折叠式里脚手架

如图1-81（a）所示，其搭设间距：砌墙时宜为1~2m；粉刷时宜为2.2~2.5m。

（2）支柱式里脚手架

如图1-81（b）所示，由若干支柱和横杆组成，上铺脚手板的搭设间距：砌墙时宜为2m；粉刷时不超过2.5m。

（3）竹、木、钢制马凳式里脚手架

如图1-81（c）所示，马凳间距不大于1.5m，上铺脚手板。

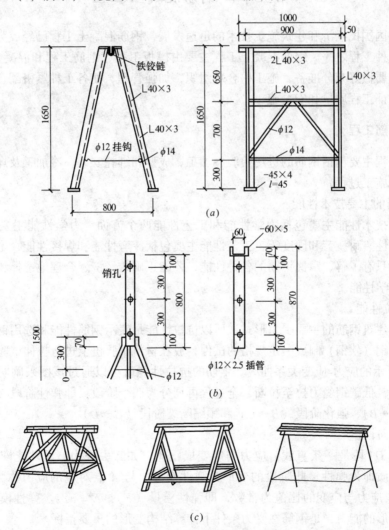

图 1-81　里脚手架

(a) 角钢折叠式；(b) 支柱式；(c) 马凳式

五、安全网

当外墙高度超过 4m 或立体交叉作业时，必须设置安全网，以防材料下落伤人和高空操作人员坠落。安全网一般用直径 9mm 的麻绳、棕绳或尼龙绳编制而成。霉烂、腐朽、老化或有漏孔的网不能使用。网宽约 3m，长约 6m，网眼 50mm 左右。架设安全网时，其伸出墙面宽度应不小于 2m，外口要高于里口 500mm。两网搭接处应绑扎牢固，每块支好的安全网应能承受 1.6kN 的冲击荷载。安全网要随楼层施工进度逐层上升，多层、高层建筑除一道逐层上升的安全网外，尚应在第二层和每隔三四层加设固定安全网。高层建筑在搭外脚手架时，也可在脚手架外表面挂竖向安全网，在作业层的脚手板下应平挂安全网。

第五节　钢筋混凝土工程

随着我国国民经济和建筑施工技术的迅速发展，钢筋混凝土工程已经成为建筑工程施工中主要工种工程之一。钢筋混凝土工程主要由模板工程、钢筋工程和混凝土工程组成。因此施工前要做好充分准备，施工中合理组织，加强管理，使各工种紧密配合，以加快施工进度，保证工程质量和安全施工。

一、钢筋工程

钢筋工程主要包括钢筋的进场检验、加工、成型和绑扎安装，冷加工及焊接，以及配料、代换等施工过程。

1. 钢筋的主要技术性能

钢筋的技术性能主要包括力学性能和工艺性能两个方面。力学性能主要包括抗拉性能、冲击韧性、耐疲劳和硬度等，工艺性能主要包括冷弯性能和焊接性能，是检验钢筋的重要依据。只有了解、掌握钢筋的各种性能，才能正确、经济、合理地选择和使用钢筋。

（1）力学性能

1）抗拉性能

拉伸是建筑钢筋的主要受力形式，所以抗拉性能是表示钢筋性能和选用钢筋的重要指标。将低碳钢（软钢）制成一定规格的试件，放在材料试验机上进行拉伸试验，可以绘出如图 1-82 所示的应力-应变关系曲线。钢筋的抗拉性能就可以通过该图来阐明。从图 1-82 中可以看出，低碳钢受力拉至拉断，全过程可划分为四个阶段：即弹性阶段（$O \rightarrow A$）、屈服阶段（$A \rightarrow B$）、强化阶段（$B \rightarrow C$）和颈缩断裂阶段（$C \rightarrow D$）。

①弹性阶段。

曲线中 OA 段是一条直线，应力与应变成正比。如卸去外力，试件能恢复原来的形状，这种性质即为弹性。此阶段的变形为弹性变形。与 A 点对应的应力称为弹性极限，以 σ_p 表示。应力与应变的比值为常数，即弹性模量（E），$E = \sigma / \varepsilon$。弹性模量反映钢筋抵抗弹性变形的能力，是钢筋在受力条件下计算结构变形的重要指标。

②屈服阶段。

应力超过 A 点后，应力、应变不再成正比关系，开始出现塑性变形。应力的增长滞后于应变的增长，当应力达 $B_上$ 点后（上屈服点），瞬时下降至 $B_下$ 点（下屈服点），变形迅速增加，而此时外力则大致在恒定的位置上波动，直到 B 点，这就是所谓的"屈服现象"，似乎钢材不能承受外力而屈服，所以 AB 段称为屈服阶段。与 $B_下$ 点（此点较稳定，易测定）对应的应力称为屈服点（或屈服强度），用 σ_s 表示。

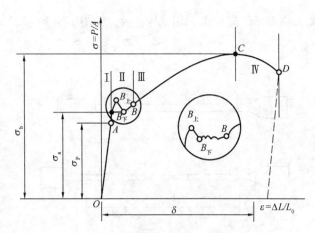

图 1-82　低碳钢受拉的应力-应变图

钢筋受力大于屈服点后，会出现较大的塑性变形，已不能满足使用要求，因此屈服强度是设计上钢筋强度取值的依据，是工程结构计算中非常重要的一个参数。

③强化阶段。

当应力超过屈服强度后，由于钢筋内部组织中的晶格发生了畸变，阻止了晶格进一步滑移，钢筋得到强化，所以钢筋抵抗塑性变形的能力又重新提高，$B \rightarrow C$ 呈上升曲线，称为强化阶段。对应于最高点 C 的应力值（σ_b）称为极限抗拉强度，简称抗拉强度。

显然，σ_b 是钢材受拉时所能承受的最大应力值。屈服强度和抗拉强度之比（即屈强比 $= \sigma_s / \sigma_b$）能反映钢材的利用率和结构安全可靠程度。计算中屈强比取值越小，其结构的安全可靠程度越高，但屈强比过小，又说明钢材强度的利用率偏低，造成钢材浪费。建筑结构钢合理的屈强比一般为 0.60~0.75。

④颈缩阶段。

试件受力达到最高点 C 点后，其抵抗变形的能力明显降低，变形迅速发展，应力逐渐下降，试件被拉长，在有杂质或缺陷处，断面急剧缩小，直到断裂。故 CD 段称为颈缩阶段。将拉断后的试件拼合起来。测定出标距范围内的长度 L_1（mm），L_1 与试件原标距 L_0（mm）之差为塑性变形值，它与 L_0 之比称为伸长率，如图 1-83 所示。伸长率的计算式如下：

$$\delta = \frac{L_1 - L_0}{L_0} \times 100\% \tag{1-38}$$

伸长率 δ 是衡量钢筋塑性的一个重要指标，δ 越大说明钢筋的塑性越好，而强度较低。具有一定的塑性变形能力，可保证应力重新分布，避免应力集中，从而使钢筋用于结构的安全性大。

塑性变形在试件标距内的分布是不均匀的，颈缩处的变形最大，离颈缩部位越远其变形越小。所以，原标距与直径之比越小，则颈缩处伸长值在整个伸长值中的比重越大，计算出来的 δ 值就大。通常以 δ_5 和 δ_{10}（分别表示 $L_0 = 5d_0$ 和 $L_0 = 10d_0$ 时的伸长率）为基准。对于同一种钢筋，其 δ_5 大于 δ_{10}。

中碳钢与高碳钢（硬钢）的拉伸曲线与低碳钢不同，屈服现象不明显，难以测定屈服点，则规定产生残余变形为原标距长度的 0.2% 时所对应的应力值，作为硬钢的屈服强度，称为条件屈服点，用 $\sigma_{0.2}$ 表示。如图 1-84 所示。

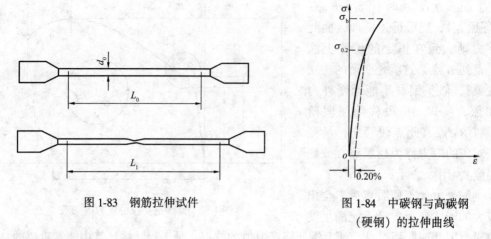

图 1-83　钢筋拉伸试件

图 1-84　中碳钢与高碳钢
（硬钢）的拉伸曲线

2）冲击韧性

韧性是指钢筋抵抗冲击荷载而不被破坏的能力。它是以试件冲断时缺口处单位面积上所消耗的功（J/mm^2）来表示，其符号为 a_k。试验时将试件放置在固定支座上，然后以摆锤冲击试件刻槽的背面，使试件承受冲击弯曲而断裂，如图 1-85 所示。显然，a_k 值越大，钢材的冲击韧性越好。

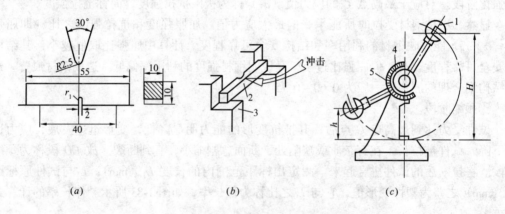

图 1-85　冲击韧性试验图

（a）试件尺寸（mm）；（b）试验装置；（c）试验机

1—摆锤；2—试件；3—试验台；4—指针；5—刻度盘；

H—摆锤扬起高度；h—摆锤向后摆动高度

影响钢材冲击韧性的因素很多，当钢材内硫、磷的含量高，存在化学偏析，含有非金属夹杂物及焊接形成的微裂纹时，都会使冲击韧性显著降低。同时，环境温度对钢材的冲击性能影响也很大。试验表明：冲击韧性随温度的降低而下降，开始时下降缓和，当达到一定温度范围时，突然下降很多而呈脆性，这种性质称为钢材的冷脆性。这时的温度称为脆性临界温度，如图 1-86 所示。它的数值越低，钢材的低温冲击性能越好。所以，在负温下使用的结构，应当选用脆性临界温度较使用温度低的钢筋。由于脆性临界温度的测定较复杂，故规范中通常是根据气温条件规定 – 20℃或 – 40℃的负温冲击值指标。

钢筋随时间的延长而表现出强度提高，塑性和冲击韧性下降的现象。这种现象称为时效。因时效作用，冲击韧性还将随时间的延长而下降。通常，完成时效的过程可达数十年，但钢筋如经冷加工或使用中经受振动和反复荷载的影响，时效可迅速发展。因时效导致钢筋性能改变的程度称时效敏感性。时效敏感性越大的钢筋，经过时效后冲

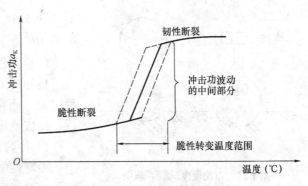

图 1-86　钢的脆性转变温度

击韧性的降低就越显著。为了保证安全，对于承受动荷载的重要结构，应当选用时效敏感性小的钢材。

总之，对于直接承受动荷载而且可能在负温下工作的重要结构，必须按照有关规范要求进行钢材的冲击韧性检验。

3）疲劳强度

钢筋在交变荷载反复多次作用下，可在最大应力远低于抗拉强度的情况下突然破坏，这种破坏称为疲劳破坏。钢筋的疲劳破坏指标用疲劳强度（或称疲劳极限）来表示，它是指试件在交变应力的作用下，不发生疲劳破坏的最大应力值。在设计承受反复荷载且须进行疲劳验算的结构时，应当了解所用钢筋的疲劳强度。

测定疲劳强度时，应根据结构使用条件确定采用的应力循环类型（如拉—拉型、拉—压型等）、应力比值（最小与最大应力之比，又称应力特征值 ρ）和周期基数。例如，测定钢筋的疲劳极限时，通常采用的是承受大小改变的拉应力循环；应力比值通常非预应力筋为 0.1 ~ 0.8，预应力筋为 0.7 ~ 0.85；周期基数为 200 万次或 400 万次以上。

研究证明，钢筋的疲劳破坏是拉应力引起的，首先在局部开始形成微细裂纹，其后由于裂纹尖端处产生应力集中而使裂纹迅速扩展直至钢材断裂。因此，钢材的内部成分的偏析、夹杂物的多少，以及最大应力处的表面光洁程度、加工损伤等，都是影响钢材疲劳强度的因素。疲劳破坏经常是突然发生的，因而具有很大的危险性，往往造成严重事故。

4）硬度

硬度是指金属材料抵抗硬物压入表面局部体积的能力。亦即材料表面抵抗塑性变形的能力。

测定钢材硬度采用压入法。即以一定的静荷载（压力），通过压头压在金属表面，然后测定压痕的面积或深度来确定硬度（图 1-87）。按压头或压力不同，有布氏法、洛氏法等，相应的硬度试验指标叫布氏硬度（HB）和洛氏硬度（HR）。较常用的方法是布氏法，其硬度指标是布氏硬度值。

布氏法的测定原理是：用直径为 D（mm）的淬火钢球以 P（N）的荷载将其压入试件表面，经规定的持续时间后卸荷，即得直径为 d（mm）的压痕，以压痕表面积 F（mm）除荷载 P，所得的应力值即为试件的布氏硬度值 HB，以数字表示，不带单位。

各类钢材的 HB 值与抗拉强度之间有较好的相关关系。材料的强度越高，塑性变形抵抗力越强，硬度值也就越大。对于碳素钢，当 $HB < 175$ 时，$\sigma_B \simeq 3.6HB$；$HB > 175$ 时，

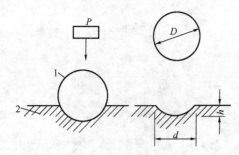

图 1-87 布氏硬度试验原理图
1—钢球；2—试件；P—钢球上荷载；
D—钢球直径；d—压痕直径；h—压痕深度

$\sigma_B \cong 3.5HB$。根据这一关系，在钢结构上测出钢筋的 HB 值，就能估算该钢筋的 σ_B。

（2）工艺性能

良好的工艺性能，可以保证钢筋顺利通过各种加工，而使钢筋的质量不受影响。冷弯、冷拉、冷拔及焊接性能均是钢筋的重要工艺性能。

1）冷弯性能

冷弯性能是指钢筋在常温下承受弯曲变形的能力。其指标是以试件弯曲的角度（α）和弯心直径对试件厚度（或直径）的比值（d/a）来表示。如图 1-88 和图 1-89 所示。试验时采用的弯曲角度愈大，弯心直径对试件厚度（或直径）的比值愈小，表示对冷弯性能的要求愈高。冷弯检验是：按规定的弯曲角和弯心直径进行试验，试件的弯曲处不发生裂缝、裂断或起层，即认为冷弯性能合格。

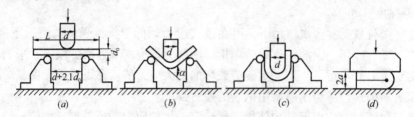

图 1-88 钢筋冷弯
（a）试件安装；（b）弯曲 90°；（c）弯曲 180°；（d）弯曲至两面重合

通过冷弯试验，钢筋局部发生非均匀变形，更有助于暴露钢筋的某些内在缺陷。相对于伸长率而言，冷弯是对钢筋塑性更严格的检验，它能揭示钢筋内部是否存在组织不均匀、内应力和夹杂物等缺陷。冷弯试验对焊接质量也是一种严格的检验，能揭示焊件在受弯表面存在未熔合、微裂纹及夹杂物等缺陷。

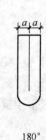

180°
$d=3a$

180°
$d=2a$

180°
$d=a$

180°
$d=0$

图 1-89 钢筋冷弯规定弯心

2）焊接性能

焊接是各种型钢、钢板、钢筋的重要连接方式。建筑工程的钢结构有 90% 以上是焊接结构。焊接的质量取决于焊接工艺、焊接材料及钢的焊接性能。

钢材的可焊性，是指钢材是否适应用通常的方法与工艺进行焊接的性能。可焊性好的钢材，指易于用一般焊接方法和工艺施焊，焊口处不易形成裂纹、气孔、夹渣等缺陷；焊接后钢材的力学性能，特别是强度不低于原有钢材，硬脆倾向小。

钢材可焊性能的好坏，主要取决于钢的化学成分。钢的含碳量高将增加焊接接头的硬脆性，含碳量小于 0.25% 的碳素钢具有良好的可焊性。加入合金元素(如硅、锰、钒、钛等)，也将增大焊接处的硬脆性，降低可焊性，特别是硫能使焊接产生热裂纹及硬脆性。

选择焊接结构用钢，应注意选含碳量较低的氧气转炉或平炉镇静钢。对于高碳钢及合金钢，为了改善可焊性，焊接时一般需要采用焊前预热及焊后热处理等措施。

焊接过程的特点是：在很短的时间内达到很高的温度，金属熔化的体积很小，由于金属传热快，故冷却的速度很快。因此，在焊件中常产生复杂的、不均匀的反应和变化，存在剧烈的膨胀和收缩。所以易产生变形、内应力，甚至导致裂缝。

钢筋焊接应注意的问题是：冷拉钢筋的焊接应在冷拉之前进行；钢筋焊接之前，焊接部位应清除铁锈、熔渣、油污等；应尽量避免不同国家的进口钢筋之间或进口钢筋与国产钢筋之间的焊接。

2. 钢筋的化学成分及其对钢筋性能的影响

钢筋的主要化学成分是铁，但铁的强度低，需要加入其他化学成分来改善其性能。加入的主要化学成分有少量的碳（C）、硅（Si）、锰（Mn）、磷（P）、硫（S）、氧（O）、氮（N）、钛（Ti）等元素，这些元素含量很少，但对钢筋性能影响很大。

（1）碳（C）

碳是决定钢筋性能的最重要元素，它对钢材力学性能的影响很大（图1-90）。在铁中加入适量的碳可以提高强度。依含碳量的大小，可分为低碳钢（含碳量≤0.25%）、中碳钢（含碳量为0.26%～0.60%）和高碳钢（含碳量>0.6%）。在一定范围内提高含碳量，虽能提高钢筋强度，但同时却使塑性降低，可焊性变差。试验表明：当钢中含碳量在0.3%以下时，随含碳量增加，钢的强度和硬度提高，塑性和韧性下降；对于含碳量大于0.3%的钢，其焊接性能会显著下降。在建筑工程中主要使用低碳钢和中碳钢。

（2）硅（Si）

硅在钢中是有益元素，炼钢时起脱氧作用。硅是我国钢筋钢的主加合金元素，它的作用主要是提高钢的机械强度。通常碳素钢中硅含量小于0.3%，低合金钢硅含量小于1.8%。

（3）锰（Mn）

在钢中加入少量的锰元素可提高钢的强度，并能保持一定的塑性。锰在钢中也是有益元素，炼钢时可起到脱氧去硫作用，可消减硫所引起的热脆性，改善钢材的热加工性能，同时能提高钢材的强度和硬度。当含锰小于1.0%时，对钢的塑性和韧性影响不大。锰是我国低

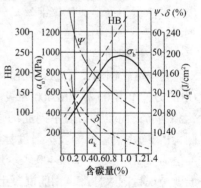

图1-90　含炭量对热轧
碳素钢性能的影响

合金结构钢的主加合金元素，其含量一般在1%～2%范围内，它的作用主要是改善钢内部结构，提高强度。当含锰量达11%～14%时，称为高锰钢，具有较高的耐磨性。

（4）磷（P）

磷是钢中很有害的元素之一。磷含量增加，钢材的塑性和韧性显著下降。特别是低温下冲击韧性下降更为明显。常把这种现象称为冷脆性。磷也使钢的冷弯性能和可焊性显著降低。但磷可提高钢的强度、硬度、耐磨性和耐蚀性，故在低合金钢中可配合其他元素如铜（Cu）作合金元素使用。建筑用钢一般要求含磷量小于0.045%。

（5）硫（S）

硫也是很有害的元素，能够降低钢材的各种机械性能。硫在钢的热加工时易引起钢的脆裂，常称为热脆性。硫的存在还使钢的可焊性、冲击韧性、疲劳强度和耐腐蚀性等均降低，即使微量的硫元素存在也对钢有害，因此硫的含量要严格控制。建筑钢材要求硫含量应小于 0.045%。

（6）氧（O）、氮（N）

氧、氮也是钢中有害元素，它们显著降低钢的塑性和韧性，以及冷弯性能和可焊性能。

（7）铝（Al）、钛（Ti）、钒（V）

均是强脱氧剂，也是合金钢常用的合金元素。适量加入钢内，可改善钢的组织，细化晶粒，能显著提高强度和改善韧性，但稍降低塑性。

钢筋出现下列情况之一时，必须作化学成分检验：

（1）无出厂证明书或钢种钢号不明确时；

（2）有焊接要求的进口钢筋；

（3）在加工过程中，发生脆断、焊接性能不良和机械性能显著不正常的。

3. 钢筋的分类

建筑用钢筋，要求具有较高的强度，良好的塑性，并便于加工和焊接。钢筋混凝土结构所用的钢筋种类很多，通常有以下几种分类方法：

（1）按其生产工艺分类

建筑工程所用钢筋种类，按其加工工艺分为：热轧钢筋、冷拉钢筋、热处理钢筋、冷轧带肋钢筋、冷轧扭钢筋、钢丝及钢绞线等。常用的钢丝有碳素钢丝、刻痕钢丝、冷拔低碳钢丝三类，而冷拔低碳钢丝又分为甲级和乙级，一般皆卷成圆盘。钢绞线一般由 7 根圆钢丝捻成，钢丝为高强钢丝。

（2）按钢筋强度分类

对于热轧钢筋，《混凝土结构设计规范》（GB 50010—2002）按其强度分为 HPB235、HRB335、HRB400 和 RRB400 四级。其中数字前面的英文字母分别表示生产工艺、表面形状和钢筋；而数字则表示钢筋的强度标准值。例如 HPB235，H 表示热轧钢筋，P 表示光圆，B 表示钢筋，235 表示强度标准值为 235N/mm^2。HRB335 表示热轧带肋钢筋，强度标准值为 335N/mm^2。HRB400 表示热轧带肋钢筋，强度标准值为 400N/mm^2，HRB400 级钢筋就是现行国家标准《钢筋混凝土用带肋钢筋》（GB1499）中的 HRB400 钢筋。RRB400 表示余热处理带肋钢筋，强度标准值为 400N/mm^2，RRB400 级钢筋就是现行国家标准《钢筋混凝土用余热处理钢筋》（GB13014）中的 KL400 钢筋。热轧带肋钢筋强度高，广泛应用于大、中型钢筋混凝土结构的受力钢筋。

（3）按钢筋在构件中的作用分类（图 1-91a、b）

1）受力钢筋

是指在外部荷载作用下，通过计算得出的构件所需配置的钢筋，包括受拉钢筋、受压钢筋、弯起钢筋等。

2）构造钢筋

因构件的构造要求和施工安装需要配置的钢筋，如架立筋、分布筋、箍筋等都属于构造钢筋。

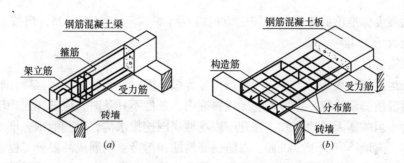

图 1-91 钢筋在构件中的作用分类

(a) 钢筋混凝土梁；(b) 钢筋混凝土板

4. 钢筋的验收与存放

（1）钢筋的验收

1）钢筋混凝土结构中所用的钢筋，都应有出厂质量证明书或试验报告单，每捆（盘）钢筋均应有标牌。进场时应按批号及直径分批验收。验收的内容包括查对标牌、外观检查，并按现行国家标准的规定抽取试样作力学性能试验，合格后方可使用。

2）热轧钢筋的外观检查，要求钢筋表面不得有裂缝、结疤和折叠，钢筋表面允许有凸块，但不得超过横肋的最大高度。钢筋的外形尺寸应符合规定。

3）热轧钢筋的力学性能检验以同规格、同炉罐（批）号的不超过 60t 钢筋为一批，每批钢筋中任选两根，每根取两个试样分别进行拉力试验（测定屈服、抗拉强度和伸长率三项指标）和冷弯试验（以规定弯心直径和弯曲角度检查冷弯性能）。如有一项试验结果不符合规定，则从同批中另取双倍数量的试样重做各项试验。如仍有一个试样不合格，则该批钢筋为不合格品，应降级使用。

4）在使用过程中，对热轧钢筋的质量有疑问或类别不明时，使用前应作拉力和冷弯试验。根据试验结果确定钢筋的类别后，才允许使用。抽样数量应根据实际情况确定。这种钢筋不宜用于主要承重结构的重要部位。热轧钢筋在加工过程中发现脆断、焊接性能不良或力学性能显著不正常等现象时，应进行化学成分分析或其他专项检验。

5）冷拉钢筋以不超过 20t 的同级别、同直径的冷拉钢筋为一批，从每批中抽取两根钢筋，每根截取两个试样分别进行拉力试验和冷弯试验。冷拉钢筋的外观不得有裂纹和局部缩颈。

6）冷拔低碳钢丝分甲级和乙级两种。甲级钢丝逐盘检验，从每盘钢丝上任一端截去不少于 500mm 后再取两个试样，分别做拉力和冷弯试验。乙级钢丝可分批抽样检验，以同一直径的钢丝 5t 为一批，从中任取三盘，每盘各截取两个试样，分别做拉力和冷弯试验。钢丝外观不得有裂纹和机械损伤。

7）冷轧带肋钢筋以不大于 50t 的同级别、同一钢号、同一规格为一批。每批抽取 5%（但不少于 5 盘）进行外形尺寸、表面质量和重量偏差的检查，如其中有一盘不合格，则应对该批钢筋逐盘检查。力学性能应逐盘检验，从每盘任一端截去 500mm 后取两个试样分别作拉力试验和冷弯试验，如有一项指标不合格，则该盘钢筋判为不合格。

8）对有抗震要求的框架结构纵向受力钢筋进行检验，所得的实测值应符合下列要求：①钢筋的抗拉强度实测值与屈服强度实测值的比值不应小于 1.25；②钢筋的屈服强度实测值与钢筋强度标准值的比值，当按一级抗震设计时，不应大于1.25，当按二级抗震设计时，不应大于1.4。

（2）钢筋的存放

当钢筋运进施工现场后，必须严格按批分等级、牌号、直径、长度挂牌存放，并注明数量，不得混淆。钢筋应尽量堆入仓库或料棚内。条件不具备时，应选择地势较高，土质坚实，较为平坦的露天场地存放。在仓库或场地周围挖排水沟，以利泄水。堆放时钢筋下面要加垫木，离地不宜少于200mm，以防钢筋锈蚀和污染。钢筋成品要分工程名称和构件名称，按号码顺序存放。同一项工程与同一构件的钢筋要存放在一起，按号挂牌排列，牌上注明构件名称、部位、钢筋类型、尺寸、钢号、直径、根数，不能将几项工程的钢筋混放在一起。同时不要和产生有害气体的车间靠近，以免污染和腐蚀钢筋。

5. 钢筋的加工

钢筋一般在钢筋车间加工，然后运至现场绑扎或安装。其加工过程一般有冷拉、冷拔、调直、切断、除锈、弯曲成型、绑扎、焊接等。钢筋加工过程如图1-92所示。

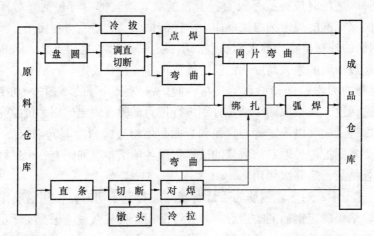

图 1-92　钢筋加工过程

（1）钢筋冷加工

将钢筋在常温下进行冷加工，如冷拉、冷拔或冷轧，使之产生塑性变形，从而提高屈服强度，这个过程称为冷加工强化处理。经强化处理后钢筋的塑性和韧性降低。由于塑性变形中产生内应力，故钢筋的弹性模量降低。

建筑工地或预制构件厂常利用该原理对钢筋或低碳盘条按一定制度进行冷拉或冷拔加工，以提高屈服强度，节约钢材。

1）钢筋冷拉

钢筋冷拉是在常温下，以超过钢筋屈服强度的拉应力拉伸钢筋，使钢筋产生塑性变形，以提高强度，节约钢材。冷拉时，钢筋被拉直，表面锈渣自动剥落，因此冷拉不但可以提高强度，而且还可以同时完成调直、除锈工作。冷拉 HPB235 级钢筋适用于钢筋混凝土结构的受拉钢筋，冷拉 HRB335、HRB400、RRB400 级钢筋可用作预应力混凝土结构的预应力钢筋。

①冷拉原理。

钢筋冷拉原理如 1-93 所示，图中 *abcd* 为钢筋的拉伸特性曲线。冷拉时，拉应力超过屈服点 *b* 达到 *c* 点，然后卸荷。由于钢筋已产生塑性变形，卸荷过程中应力应变沿 co_1 降至 o_1 点。如再立即重新拉伸，应力应变图将沿 o_1cde 变化，并在高于 *c* 点附近出现新的屈服点，这种现象称"变形硬化"。其原因是冷拉过程中，钢筋内部结晶面滑移，晶格变化，内部组织发生变化，因而屈服强度提高，塑性降低，弹性模量也降低。

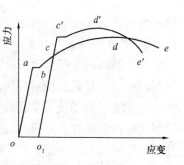

图 1-93　钢筋拉伸曲线

钢筋冷拉后有内应力存在，内应力会促进钢筋内的晶体组织调整，经过调整，屈服点又进一步提高。该晶体组织调整过程称为"时效"。钢筋经冷拉和时效后的拉伸特性曲线即为 $o_1c'd'e'$。该晶体组织调整过程在常温下需 15～20d（称自然时效），但在 100℃ 温度下只需 2h 即完成，因而为了加快时效可利用蒸气、电热等手段进行人工时效。

②冷拉控制方法。

钢筋冷拉控制可用控制应力或控制冷拉率的方法。

控制应力时，控制应力值见表 1-24。冷拉后检查钢筋冷拉率，如果超过表 1-24 规定的数值时，则应进行力学性能试验。冷拉钢筋做预应力筋时，宜采用控制应力的方法。

钢筋冷拉控制应力及最大冷拉率　　　　　　　　　　　表 1-24

项　　次	钢筋级别	冷拉控制应力（N/mm²）	最大冷拉率（%）
1	HPB235 级	280	10
2	HRB335 级	450	5.5
3	HRB400 和 RRB400 级	500	5
4	HRB500 级	700	4

控制冷拉率时，冷拉率控制值必须由试验确定。对同炉批钢筋测定的试件不宜少于 4 个，每个试件都按表 1-24 规定的冷拉应力值在万能试验机上测定相应的冷拉率，取其平均值作为该炉批钢筋的实际冷拉率。如钢筋强度偏高，平均冷拉率低于 1% 时，仍按 1% 进行冷拉。考虑到按平均冷拉率冷拉后的抗拉强度标准偏差，应按控制应力增加 30N/mm²。测定冷拉率时钢筋的冷拉应力应符合表 1-25 的规定。

测定冷拉率时钢筋的冷拉应力　　　　　　　　　　　表 1-25

项　　次	钢筋级别	冷拉应力（N/mm²）
1	HRB235	320
2	HRB335	480
3	HRB400 和 RRB400	530
4	HRB500	730

注：HRB335 级钢筋直径大于 25mm 时，冷拉应力降为 460（N/mm²）。

不同炉批的钢筋，不宜用控制冷拉率的方法进行冷拉。多根连接的钢筋，用控制应力的方法进行冷拉时，其控制应力和每根的冷拉率均应符合表 1-24 中的规定；当用控制冷拉率方法进行冷拉时，实际冷拉率按总长计，但多根钢筋中每根钢筋冷拉率不得超过表1-24 的规定。

③钢筋冷拉注意事项：

a. 钢筋冷拉前，应对测力器和各项冷拉数据进行检验和复核，以确保冷拉钢筋质量；

b. 钢筋冷拉速度不宜过快（一般细钢筋为 6~8m/min，粗钢筋为 0.7~1.5m/min），待拉到规定控制应力或冷拉率后，须静停 2~3min，然后再行放松，以免造成钢筋回缩值过大；

c. 钢筋应先拉直（约为冷拉应力的 10%），然后量其长度，再行冷拉；

d. 预应力钢筋应先对焊后冷拉，以免因焊接而降低冷拉后的强度。如焊接接头被拉断，可重新焊接后再冷拉，但一般不超过两次；

e. 钢筋在负温下进行冷拉时，其环境温度不得低于 – 20℃。当采用冷拉率控制法进行钢筋冷拉时，冷拉率的确定与常温条件相同，当采用应力控制法进行钢筋冷拉时，冷拉应力应较常温提高 $30N/mm^2$；

f. 冷拉线两端必须装置防护设施。冷拉时严禁在冷拉线两端站人，或跨越、触动正在冷拉的钢筋；

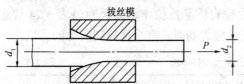

图 1-94　在拔丝模中冷拔的钢筋

g. 钢筋冷拉后，宜放置一段时间（7~15d）后使用。

2）钢筋冷拔

钢筋冷拔是将直径 6~10mm 的 HPB235 级光圆钢筋在常温下通过特制的钨合金拔丝模进行强力冷拔，多次拉拔成比原钢筋直径小的钢丝，使钢筋产生塑性变形。

冷拉是纯拉伸的线应力，而冷拔是拉伸和压缩兼有的立体应力。钢筋通过拔丝模（图1-94)时，受到拉伸与压缩兼有的作用，使钢筋内部晶格变形而产生塑性变形，因而抗拉强度提高（可提高 50%~70%），塑性降低，呈硬钢性质。光圆钢筋经冷拔后称"冷拔低碳钢丝"。冷拔低碳钢丝分为甲、乙级，甲级钢丝主要用作预应力混凝土构件的预应力筋，乙级钢丝用于焊接网片和焊接骨架、架立筋、箍筋和构造钢筋。

钢筋冷拔的工艺过程是：轧头→剥壳→通过润滑剂进入拔丝模。如钢筋需连接，则应冷拔前用对焊连接。钢筋冷拔时，对钢号不明或无出厂证明书的钢筋应先取样试验。

钢筋表面常有一硬渣层，易损坏拔丝模，并使钢筋表面产生沟纹，因而冷拔前要进行剥除渣壳，方法是使钢筋通过 3~6个上下排列的辊子以剥除渣壳。润滑剂常用石灰、动植物油、肥皂、白蜡和水按一定配比制成。

冷拔用的拔丝机有立式（图1-95）和

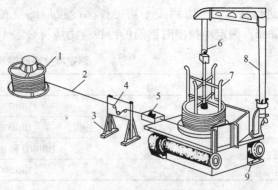

图 1-95　立式单鼓筒冷拔机

1—盘圆架；2—钢筋；3—剥壳装置；4—槽轮；5—拔丝模；6—滑轮；7—绕丝筒；8—支架；9—电动机

卧式两种。其鼓筒直径一般为500mm。冷拔速度为0.2～0.3m/s，速度过大易断丝。

影响冷拔低碳钢丝质量的主要因素，是原材料的质量和冷拔总压缩率。

为保证冷拔低碳钢丝的质量，要求原材料按钢厂、钢号、直径分别堆放和使用，其质量均应符合国家相应标准的规定。对主要用做预应力筋的甲级冷拔低碳钢丝，必须采用符合HPB235级钢筋标准的Q235钢圆盘条进行拔制。

冷拔总压缩率可按下式计算：

$$\beta = \frac{d_0^2 - d^2}{d_0^2} \times 100\% \tag{1-39}$$

式中 d_0——原材料钢筋直径（mm）；

d——成品钢丝直径（mm）。

总压缩率越大，则抗拉强度提高越多，而塑性降低越多。总压缩率不宜过大，直径5mm的冷拔低碳钢丝宜用8mm的盘条拔制；直径4mm和4mm以下者，宜用5mm的圆盘条拔制。

冷拔低碳钢丝有时是经多次冷拔而成，不一定是一次冷拔就达到总压缩率。每次冷拔的压缩率不宜太大，否则拔丝机的功率要大，拔丝模易损耗，且易断丝。一般前道钢丝和后道钢丝的直径之比以1:1.152为宜。如由$\phi 8$拔成$\phi 5$，冷拔过程为：$\phi 8 \rightarrow \phi 7 \rightarrow \phi 6.3 \rightarrow \phi 5.7 \rightarrow \phi 5$。冷拔次数亦不应过多，否则，易使钢丝变脆。

（2）钢筋加工方法

除冷加工外，钢筋加工还包括调直、除锈、切断、弯曲成型等。

1）钢筋调直方法

弯曲不直的钢筋在混凝土中不能与混凝土共同工作而导致混凝土出现裂缝，以至于产生不应有的破坏。如果用未经调直的钢筋断料，断料钢筋的长度不可能准确，从而会影响到钢筋成型、绑扎安装等一系列工序的准确性。因此钢筋调直是钢筋加工和不可缺少的工序。

钢筋调直有手工调直和机械调直。细钢筋可采用调直机调直，粗钢筋可以采用锤直或扳直的方法。钢筋的调直还可采用冷拉方法，其冷拉率HPB235级钢筋不大于4%，HRB335级、HRB400级和RRB400级钢筋的冷拉率不宜大于1%；一般拉至钢筋表面氧化皮开始脱落为止。

2）钢筋除锈的作用和方法

①钢筋除锈的作用。

在自然环境中，钢筋表面接触到水和空气，就会在表面结成一层氧化铁，这就是铁锈。生锈的钢筋不能与混凝土很好粘结，从而影响钢筋与混凝土共同受力工作。若锈皮不清除干净，还会继续发展，致使混凝土受到破坏而造成钢筋混凝土结构构件承载力降低，最终混凝土结构耐久性能下降结构构件完全破坏，钢筋的防锈和除锈是钢筋工非常重要的一项工作。

在预应力混凝土构件中，对预应力钢筋的防锈和除锈要求更为严格。因为在预应力构件中，受力作用主要依靠预应力钢筋与混凝土之间的粘结能力，因此要求构件的预应力钢筋或钢丝表面的油污、锈迹全部清除干净，凡带有氧化锈皮或蜂窝状锈迹的钢丝一律不得使用。

因此，在使用前钢筋的表面应洁净。油渍、漆污和用锤敲击时能剥落的浮皮、铁锈等应清除干净。在焊接前，焊点处的水锈应清除干净。《混凝土结构工程施工质量验收规范》（GB 50204—2002）中第5.2.4条规定："钢筋应平直、无损伤，表面不得有裂纹、油污、颗粒状或片状老锈。"

②钢筋除锈的方法。

除锈工作应在调直后、弯曲前进行，并应尽量利用冷拉和调直工序进行除锈。钢筋除锈的方法有多种，常用的有人工除锈、钢筋除锈机除锈和酸洗除锈。如钢筋经过冷拉或经调直，则在冷拉或调直过程中完成除锈工作；如未经冷拉的钢筋或冷拉、调直后保管不善而锈蚀的钢筋，可采用电动除锈机除锈，还可采用喷砂除锈、酸洗除锈或手工除锈（用钢丝刷、砂盘）。

3）钢筋的切断方法

钢筋经调直、除锈完成后，即可按下料长度进行切断。钢筋应按下料长度下料，力求准确，允许偏差应符合有关规定。钢筋下料切断可用钢筋切断机（直径40mm以下的钢筋）及手动液压切断器（直径16mm以下的钢筋）。钢筋切断前，应有计划，根据工地的材料情况确定下料方案，确保钢筋的品种、规格、尺寸、外形符合设计要求。切断时，将同规格钢筋根据不同长度长短搭配、统筹排料；一般应先断长料，后断短料，减少短头，长料长用，短料短用，使下脚料的长度最短。切剩的短料可作为电焊接头的帮条或其他辅助短钢筋使用，力求减少钢筋的损耗。

钢筋切断注意事项：

①检查。

使用前应检查刀片安装是否牢固，润滑油是否充足，并应在开机空转正常以后再进行操作。

②切断。

钢筋应调直以后再切断，钢筋与刀口应垂直。

③安全。

断料时应握紧钢筋，待活动刀片后退时及时将钢筋送进刀口，不要在活动刀片已开始向前推进时，向刀口送料，以免断料不准，甚至发生机械及人身事故；长度在30cm以内的短料，不能直接用手送料切断；禁止切断超过切断机技术性能规定的钢材以及超过刀片硬度或烧红的钢筋；切断钢筋后，刀口处的屑渣不能直接用于清除或用嘴吹，而应用毛刷刷干净。

4）钢筋弯曲成型方法

弯曲成型是将已切断、配好的钢筋按照施工图纸的要求加工成规定的形状尺寸。

弯曲分为人工弯曲和机械弯曲两种。钢筋弯曲成型一般采用钢筋弯曲机、四头弯曲机（主要用于弯制钢箍）及钢筋弯箍机。在缺乏机具设备的条件下，也可采用手摇扳手弯制钢筋，用卡盘与扳手弯制粗钢筋。钢筋弯曲前应先划线，形状复杂的钢筋应根据钢筋外包尺寸，扣除弯曲调整值（从相邻两段长度中各扣一半），以保证弯曲成型后外包尺寸准确。

钢筋弯曲成型后允许偏差应符合《混凝土结构工程施工质量验收规范》（GB50204－2002）的规定。

钢筋弯曲成型管理要点：

①弯曲成型好了的钢筋必须轻抬轻放，避免产生变形；经过验收检查合格后，成品应按编号拴上料牌，并应特别注意缩尺钢筋的料牌勿使遗漏；

②清点某一编号钢筋成品无误后，在指定的堆放地点，要按编号分隔整齐堆入，并标识所属工程名称；

③钢筋成品应堆放在库房里，库房应防雨防水，地面保持干燥，并做好支垫；

④与安装班组联系好，按工程名称、部位及钢筋编号、需用顺序堆放，防止先用的被压在下面，使用时因翻垛而造成钢筋变形。

6. 钢筋的连接

(1) 钢筋焊接

采用焊接代替绑扎，可节约钢材，改善结构受力性能，提高工效，降低成本。钢筋常用焊接方法有：对焊、电弧焊、电渣压力焊和电阻点焊。此外，还有预埋件钢筋和钢板的埋弧压力焊及钢筋气压焊。

钢筋的焊接效果与钢材的可焊性有关。在相同的焊接工艺条件下，能获得良好焊接质量的钢材，称之为在这种工艺条件下的可焊性好，相反则称在这种工艺条件下可焊性差。钢筋的可焊性与其含碳量及合金元素的含量有关，含碳量增加，则可焊性降低。含锰量增加也影响焊接效果。含适量的钛，可改善焊接性能。

钢筋的焊接效果，还与焊接工艺有关。即使较难焊的钢材，若能掌握适宜的焊接工艺，也可获得良好的焊接质量。因此改善焊接工艺是提高焊接质量的有效措施。

(2) 粗直径钢筋机械加工连接

钢筋机械连接是指通过连接件的机械咬合作用或钢筋端面的承压作用，将一根钢筋中的力传递至另一根钢筋的连接方法。这类方法是我国近年来发展起来的，它具有接头质量稳定可靠，不受钢筋化学成分的影响，人为因素的影响小；操作简便，施工速度快，且不受气候条件影响；无污染、无火灾隐患，施工安全等优点。在粗直径钢筋连接中，钢筋机械连接方法具有广阔的发展前景。

粗直径钢筋机械加工连接是建设部1998年颁布的"建筑业10项新技术"之一，粗直径钢筋直螺纹机械连接技术被列为2005年"建筑业10项新技术"进一步加强推广应用。目前正在推广应用的有套筒挤压连接法、锥螺纹连接法和直螺纹连接法等。

1) 套筒挤压连接法

套筒挤压连接法是将两根待接钢筋插入钢套筒，用挤压连接设备沿径向挤压钢套筒，使之产生塑性变形，依靠变形后的钢套筒与被连接钢筋纵、横肋产生的机械咬合成为整体的钢筋连接方法（图1-96）。

套筒挤压连接的优点是接头强度高，质量稳定可靠；安全，无明火，不受气候影响；适应性强，可用于垂直、水平、倾斜、高空、水下等各方位的钢筋连接。还特别适用于不可焊接钢筋、进口钢筋的连接。近年来推广应用迅速。挤压连接法的主要缺点是设备移动不便，连接速度较慢。

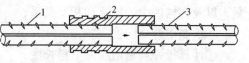

图1-96　钢筋套筒挤压连接
1—已挤压的钢筋；2—钢套筒；3—未挤压的钢筋

2) 锥螺纹连接法

钢筋锥螺纹套筒连接是将两根待接钢筋端头用套丝机做出锥形外丝，然后用带锥形内丝的套筒将钢筋两端拧紧的钢筋连接方法（图1-97）。

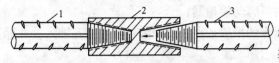

图1-97　钢筋锥螺纹连接
1—已连接的钢筋；2—锥螺纹套筒；3—待连接的钢筋

锥螺纹连接法所用的设备主要是套丝机，通常安装在现场对钢筋端头进行套丝。套完锥形丝扣的钢筋用塑料帽保护，防止搬运及堆放过程中受损。套筒一般在工厂内加工。连接钢筋时利用测力扳手拧紧套筒至规定力矩值，即完成钢筋的对接。锥螺纹连接现场操作工序简单，速度快，应用范围广，不受气候影响，很受施工单位欢迎。但锥螺纹接头破坏都发生在接头处，现场加工的锥螺纹质量，漏扭或扭紧力矩不准，丝扣松动等对接头强度和变形有很大影响。因此，必须重视锥螺纹接头的现场检查，严格执行行业标准，必须从工程结构中随机抽样检验。

3）直螺纹连接法

粗直径钢筋直螺纹机械连接技术是最近几年才开发的一种新的螺纹连接方式。它先将钢筋端头墩粗，再切削成直螺纹，然后用带直螺纹的套筒将钢筋两端拧紧的钢筋连接方法（图1-98）。由于墩粗段钢筋切削后的净截面仍大于钢筋原截面，即螺纹不削弱钢筋截面，从而确保接头强度大于母材强度。直螺纹不存在扭紧力矩对接头性能的影响，从而提高了连接的可靠性，也加快了施工速度。直螺纹接头比套筒挤压接头节省钢材70%，比锥螺纹接头节省钢材35%，发展前景良好。

7．钢筋配料

（1）钢筋配料单

1）钢筋配料单的概念

钢筋配料是根据构件配筋图中钢筋的品种、规格及外形尺寸、数量计算构件各钢筋的直线下料长度、总根数及钢筋总质量，然后编制钢筋配料单。

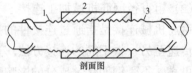

剖面图

图1-98　钢筋直螺纹连接
1—已连接的钢筋；2—直螺纹套筒；
3—正在拧入的钢筋

2）钢筋配料单的作用

钢筋配料单的作用有以下几个方面：

①是钢筋加工依据；

②是提出材料计划，签发任务单和限额领料单的依据；

③是钢筋施工的重要工序。合理的配料单，能节约材料，简化施工操作。

3）钢筋配料单编制步骤

①熟悉图纸，识读构件配筋图，弄清每一钢筋编号的直径、规格、种类、形状和数量，以及在构件中的位置和相互关系；

②绘制钢筋简图；

③计算每种规格钢筋的下料长度；

④填写钢筋配料单；

⑤填写钢筋料牌。

（2）钢筋下料

为使钢筋满足设计要求的形状和尺寸，需要对钢筋进行弯折，而弯折后钢筋各段的长度总和并不等于其在直线状态下的长度，所以就需要对钢筋的剪切下料长度加以计算。各种钢筋的下料长度可按下式进行计算：

钢筋下料长度 L = 外包尺寸 + 钢筋末端弯钩或弯折增长值 − 钢筋中间部位弯折的量度差值

1）钢筋下料长度 L

钢筋在直线状态下剪切下料，剪切前量得的直线状态下长度，称之为下料长度 L。

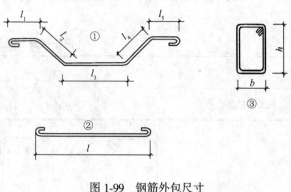

2）外包尺寸

外包尺寸是指钢筋外缘之间的长度，结构施工图中所指钢筋长度和施工中量度钢筋所得的长度均视为钢筋的外包尺寸。如图 1-99 所示，对应的外包尺寸分别为：① $L_1 = l_1 + l_2 + l_3 + l_4 + l_5$，② $L_2 = l$，③ $L_3 = 2(b + h)$。

图 1-99　钢筋外包尺寸

3）弯钩增长值

光圆钢筋为了增加其与混凝土锚固的能力，一般将其两端做成 180°弯钩。因其韧性较好，圆弧弯曲直径（D）应大于或等于钢筋直径（d）的 2.5 倍，平直段部分长度不小于钢筋直径的 3 倍；用于轻骨料混凝土结构时，其弯曲直径（D）不应小于钢筋直径的 3.5 倍。带肋钢筋一般不做弯钩，只是为了满足锚固长度的要求，末端常做 90°或 135°弯折，弯钩增长值的计算简图如图 1-100 所示，其计算值为：180°弯钩为 $6.25d$，90°弯折为 $3.5d$，135°弯折为 $4.9d$。

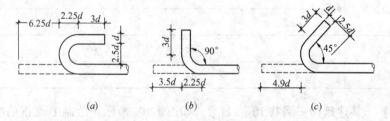

图 1-100　钢筋弯钩计算简图

（a）180°弯钩；（b）钢筋末端 90°弯折；（c）钢筋末端 135°弯折

值得注意的是：以上各弯钩（弯折）增长值的计算规定中，均已包含弯钩本身的量度差值，按上述规则计算钢筋下料长度时，末端弯钩不必再考虑弯折量度差值。

4）钢筋中间部位弯折处的量度差值

钢筋弯折后，外边缘伸长，内边缘缩短，而中心线既不伸长也不缩短。但钢筋长度的度量方法是指外包尺寸，因此钢筋弯曲后，存在一个量度差值，计算下料长度时必须加以扣除。否则，势必形成下料太长，或浪费甚至返工。

钢筋弯曲量度差值列于表 1-26 中。

5）箍筋弯钩增长值

箍筋的末端应做弯钩，弯钩形式应符合设计要求。当设计无具体要求时，用 HPB235 级钢筋或冷拔低碳钢丝制作的箍筋，其弯钩的弯曲直径应大于受力钢筋直径，且不小于箍筋直径的 2.5 倍；弯钩平直部分的长度，对一般结构，不宜小于箍筋直径的 5 倍，对有抗震要求的结构，不应小于箍筋直径的 10 倍。箍筋弯钩形式，如设计无要求时，可按图 1-101（a）、（b）加工；对于重要结构、有抗震要求和弯扭的结构，应按图 1-101（c）加工。

钢筋弯曲量度差值　　　　　　　　　　　　　　　　　　　　　　表 1-26

钢筋弯曲角度	30°	45°	60°	90°	135°
钢筋弯曲量度差值	0.35d	0.5d	0.85d	2d	2.5d

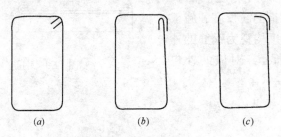

图 1-101　箍筋示意图
（a）135°/135°；（b）90°/180°；（c）90°/90°

箍筋调整值见表 1-27。

箍 筋 调 整 值　　　　　　　　　　　　　　　　　　　　　　表 1-27

箍筋量度方法	箍 筋 直 径（mm）			
	4～5	6	8	10～12
量外包尺寸	40	50	60	70
量内皮尺寸	80	100	120	150～170

【例 1-2】　某建筑物一层共 10 根 L_1 梁，如图 1-102 所示。绘制 L_1 梁钢筋配料单。

【解】

1）①号钢筋（混凝土保护层厚取 25mm）

钢筋外包尺寸：6240 − 2 × 10 = 6220mm（钢筋端部混凝土保护层取 10mm）

下料长度 L = 6220 + 2 × 6.25d_0 = 6220 + 2 × 6.25 × 20 = 6470mm

2）②号钢筋

外包尺寸同①号钢筋 6220mm。下料长度 L = 6220 + 2 × 6.25 × 10 = 6345mm

3）③号钢筋

外包尺寸分段计算：

端部平直段长：240 + 50 + 500 − 10 = 780mm

斜段长：（500 − 2 × 25）× 1.414 = 636mm

中间直段长：6220 − 2 ×（780 + 450）= 3760mm

③号钢筋下料长度 L = 外包尺寸 + 两端弯钩增长值一中部弯折量度值

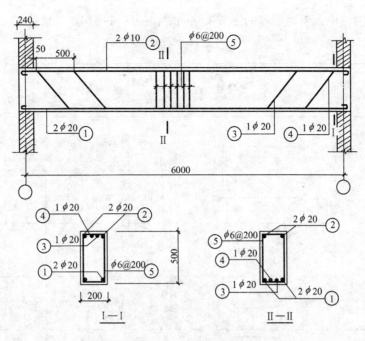

图 1-102　L_1梁配筋图

$$= 2 \times (780 + 636) + 3760 + 2 \times 6.25 d_0 - 4 \times 0.5 d_0$$

$$= 6592 + 2 \times 6.25 \times 20 - 4 \times 0.5 \times 20$$

$$= 6592 + 250 - 40 = 6802 \text{mm}$$

4）④号钢筋

外包尺寸分段计算：

端部平直段长度：$240 + 50 - 10 = 280 \text{mm}$

斜段长度同③号钢筋 636mm

中间直段长：$6220 - 2 \times (280 + 450) = 4760 \text{mm}$

④号钢筋下料长度 $L = 2 \times (280 + 636) + 4760 + 2 \times 6.25 \times 20 - 4 \times 0.5 \times 20$

$= 6592 + 250 - 40 = 6802 \text{mm}$。

5）⑤号箍筋

外包尺寸：

宽度：$200 - 2 \times 25 + 2 \times 6 = 162 \text{mm}$；

高度：$500 - 2 \times 25 + 2 \times 6 = 462 \text{mm}$；

弯钩增长值：50mm。

⑤号钢筋两个弯钩的增长值为 $2 \times 50 = 100 \text{mm}$。

⑤号箍筋下料长度 $L = 2 \times (162 + 462) + 100 - 36 = 1310 \text{mm}$。

⑤号箍筋根数　$n = \dfrac{构件长度 - 两端保护层厚}{箍筋间距} + 1$

$$= \dfrac{6240 - 2 \times 10}{200} + 1 = 32.1 \quad 取 \ n = 32 \ 根$$

6）钢筋配料单如表 1-28 所示。

7）钢筋配料注意事项

①在设计图纸中，钢筋配置的细节未注明时，一般可按构造要求处理。

项次	构件名称	钢筋编号	钢 筋 简 图	直径 (mm)	钢 号	下料长度 (mm)	单位根数	合计根数	质量 (kg)
1	L₁梁共10根	①	6200	20	HPB235	6470	2	20	319.62
2		②	6200	10	HPB235	6345	2	20	78.30
3		③	780 636 4760	20	HPB235	6802	1	10	168.01
4		④	280 636 3760	20	HPB235	6802	1	10	168.01
5		⑤	462 162	6	HPB235	1310	32	320	92.92

合计：φ6：92kg；φ10：77.93kg；φ20：750.62kg

②钢筋配料计算，除钢筋的形状和尺寸满足图纸要求外，还应考虑有利于钢筋的加工运输和安装。

③在满足要求前提下，尽可能利用库存规格材料、短料等，以节约钢材。在使用搭接焊和绑扎接头时，下料长度计算应考虑搭接长度。

④配料时，除图纸注明钢筋类型外，还要考虑施工需要的附加钢筋，如基础底板的双层钢筋网中，为保证上层钢筋网位置用的钢筋撑脚，墙板双层钢筋网中固定钢筋间距用的撑铁，梁中双排纵向受力钢筋为保持其间距用的垫铁等。

8．钢筋代换

（1）钢筋代换原则

在施工中如遇到钢筋品种或规格与设计要求不符时，征得设计单位同意后，可按下列原则代换。

1）等强度代换

构件配筋受强度控制时，按代换前后强度相等的原则进行代换，称"等强度代换"。代换时应满足下式要求：

$$A_{s2} \cdot f_{y2} \geq A_{s1} \cdot f_{y1} \tag{1-40}$$

即

$$n_2 \cdot \frac{\pi d_1^2}{4} \cdot f_{y2} \geq n_1 \cdot \frac{\pi d_1^2}{4} \cdot f_{y1}$$

$$n_2 \geq \frac{n_1 d_1^2 \cdot f_{y1}}{d_2^2 \cdot f_{y2}} \tag{1-41}$$

式中　n_2——代换钢筋根数；

n_1——原设计钢筋根数；

d_2——代换钢筋直径；

d_1——原设计钢筋直径；

f_{y2}——代换后钢筋设计强度值；

f_{y1}——原设计钢筋设计强度值；

A_{s2}——代换后钢筋总截面积；

A_{s1}——原设计钢筋总截面积。

2）等面积代换

构件按最小配筋率配筋时，或同钢号钢筋之间的代换，按代换前后面积相等的原则进行代换，称"等面积代换"。代换时应满足下式要求：

$$A_{s2} \geqslant A_{s1} \tag{1-42}$$

即

$$n_2 \geqslant n_1 \cdot \frac{d_1^2}{d_2^2} \tag{1-43}$$

式中符号意义同上。

钢筋代换后，有时由于受力钢筋直径加大或根数增多而需要增加排数，则构件截面的有效高度 h_0 减少，截面强度降低。所以常需对截面强度进行复核。

(2) 钢筋代换注意事项

钢筋代换时，必须充分了解设计意图和代换材料的性能，并严格遵守《混凝土结构设计规范》（GB 50010—2002）的各项规定，应征得设计单位的同意，并应符合下列规定：

1）不同种类钢筋代换，应按钢筋受拉承载力设计值相等的原则进行；

2）当构件受抗裂、裂缝宽度或挠度控制时，钢筋代换后应进行抗裂、裂缝宽度或挠度验算；

3）钢筋代换后，应满足混凝土结构设计中所规定的钢筋间距、锚固长度、最小钢筋直径、根数等要求；

4）对重要受力构件，不宜用 HPB235 级代换 HRB335 级钢筋；

5）梁的纵向受力钢筋与弯起钢筋应分别进行代换；

6）偏心受压构件或偏心受拉构件作钢筋代换时，不取整个截面配筋量计算，应按受力面（受压或受拉）分别代换；

7）对有抗震要求的框架，不宜以强度等级高的钢筋代替设计中的钢筋。当必须代换时，其代换的钢筋检验所得的实际强度，尚应符合下列要求：①钢筋的抗拉强度实测值与屈服强度实测值的比值不应小于 1.25。②钢筋的屈服强度实测值与钢筋强度标准值的比值，当按一、二级抗震要求设计时，不应大于 1.3；

8）预制构件的吊环，必须采用未经冷拉的 HPB235 级热轧钢筋制作，严禁以其他钢筋代换；

9）在负温条件下直接承受中、重级工作制的吊车梁的受拉钢筋，宜采用细直径的 HRB500 级钢筋。

9. 钢筋的绑扎与安装

（1）钢筋绑扎用的钢丝，可采用 20～22 号钢丝（火烧丝）或镀锌钢丝（钢丝），其中 22 号钢丝只用于绑扎直径 12mm 以下的钢筋。一般每吨钢筋绑扎约需 22 号钢丝用量为：直径 6～12mm 钢筋为 6～7kg；16～25mm 钢筋为 5～7kg。

（2）钢筋绑扎和安装之前，先熟悉图纸，核对成品钢筋的钢号、直径、形状、尺寸和数量等是否与配料单、料牌相符，研究钢筋安装和有关工种的配合顺序，准备绑扎用的钢丝、绑扎工具、绑扎架等。

（3）为缩短钢筋安装的工期，减少钢筋施工中的高空作业，在运输、起重等条件的允许下，钢筋网和钢筋骨架的安装应尽量采用先绑扎成型、后安装的方法。

（4）钢筋的绑扎应符合下列要求：

1）钢筋的交叉点应采用钢丝扎牢；

2）板和墙的钢筋网，除靠近外围两行钢筋的相交点全部扎牢外，中间部分交叉点可间隔交错扎牢，以免网片歪斜变形；双向受力的钢筋，必须全部扎牢。配有双排钢筋的构件，两排钢筋之间应垫以大于 ϕ25mm 的钢筋头或绑扎 ϕ6～ϕ8mm 钢筋制成的撑钩，以保持双排钢筋间距正确，支架间距 0.8～1.5m；

3）梁和柱的箍筋，除设计有特殊要求外，应与受力钢筋垂直设置。箍筋弯钩叠合处应沿受力钢筋方向错开设置；

4）在柱中竖向钢筋搭接时，角部钢筋的弯钩平面与模板面的夹角，对矩形柱应为 45°角，对多边形柱应为模板内角的平分角；对圆形柱钢筋的弯钩平面应与模板的切平面垂直；中间钢筋的弯钩平面应与模板面垂直；当采用插入式振捣器浇筑小型截面柱时，弯钩平面与模板面的夹角不得小于 15°；

5）板、次梁与主梁交叉处，板的钢筋在上，次梁的钢筋居中，主梁的钢筋在下，当有圈梁或垫梁时，主梁的钢筋应放在圈梁上。主筋两端的搁置长度应符合设计规定。

绑扎网和绑扎骨架外形尺寸的允许偏差，应符合《混凝土结构工程施工质量验收规范》（GB 50204—2002）的有关规定。

（5）钢筋的绑扎接头应符合下列规定：

1）搭接长度的末端距钢筋弯折处，不得小于钢筋直径的 10 倍，接头不宜位于构件最大弯矩处；

2）受拉区域内，HPB235 级钢筋绑扎接头的末端应做弯钩，HRB335、HRB400 和 RRB400 级钢筋可不做弯钩。直径不大于 12mm 的受压 HPB235 级钢筋的末端，以及轴心受压构件中任意直径的受力钢筋的末端，可不做弯钩，但搭接长度不应小于钢筋直径的 35 倍；

3）钢筋搭接处，应在中心和两端用铁丝扎牢；受拉钢筋绑扎接头的搭接长度，应符合表 1-29 的规定。

当纵向受拉钢筋搭接接头面积百分率大于 25%，并不大于 50% 时，其最小搭接长度应按表 1-29 中的数值乘以 1.2 取用，但接头面积百分率大于 50% 时，应按表中数值乘以系数 1.35 取用。

纵向受压钢筋搭接时，其最小搭接长度应根据上述规定确定相应的数值后，乘以系数 0.7 取用。在任何情况下，受压钢筋的搭接长度不应小于 200mm。

4）各受力钢筋之间的绑扎接头位置应相互错开。

受拉钢筋绑扎接头的搭接长度

表 1-29

钢 筋 类 型		混凝土强度等级			
		C15	C20 ~ C25	C30 ~ C35	≥ C40
光圆钢筋	HPB235 级	45d	35d	30d	25d
带肋钢筋	HRB335 级	55d	45d	35d	30d
	HRB400 级 RRB400 级	—	55d	40d	35d

注：1. 两根直径不同的钢筋的搭接长度，以较细钢筋的直径计算；

2. 当带肋钢筋直径大于 25mm 时，其最小搭接长度应按相应数值乘以系数 1.1 取用；

3. 对环氧树脂涂层的带肋钢筋，其最小搭接长度应按相应数值乘以系数 1.25；

4. 当在混凝土凝固过程中受力钢筋易受扰动时，其最小搭接长度应按相应数值乘以系数 1.1 取用；

5. 末端带有弯钩的带肋钢筋，其最小搭接长度应按相应数值乘以系数 0.7 取用；

6. 当带肋钢筋的混凝土保护层厚度大于搭接钢筋直径的 3 倍时，其最小搭接长度应按相应数值乘以系数 0.8 取用；

7. 对有抗震要求的受力钢筋的最小搭接长度，对一二级抗震等级应按相应数值乘以系数 1.15 取用；对三级抗震等级应按相应数值乘以系数 1.05 取用；

8. 在任何情况下，受拉钢筋的搭接长度不应小于 300mm。

直径大于 22mm 的钢筋宜采用焊接接头。当受力钢筋采用焊接接头时，设置在同一构件内的焊接接头应相互错开。

5）受力钢筋的混凝土保护层厚度，应符合设计要求；当设计无具体要求时，不应小于受力钢筋直径，并应符合表 1-30 的规定。控制混凝土的保护层可用水泥砂浆垫块，水泥砂浆垫块尺寸通常为 50mm × 50mm，厚度即为保护层厚，安装时将预埋钢丝与钢筋绑牢，安装间距为 1m 左右。

纵向受力钢筋的混凝土保护层最小厚度（单位：mm）

表 1-30

环境类别		板、墙、壳			梁			柱		
		≤ C20	C25 ~ C45	≥ C50	≤ C20	C25 ~ C45	≥ C50	≤ C20	C25 ~ C45	≥ C50
一		20	15	15	30	25	25	30	30	30
二	a	—	20	20	—	30	30	—	30	30
	b	—	25	20	—	35	30	—	35	30
三		—	30	25	—	40	35	—	40	35

注：1. 基础中纵向受力钢筋的混凝土保护层厚度不应小于 40mm；当无垫层时不应小于 70mm；

2. 轻骨料混凝土的钢筋保护层厚度应符合国家现行标准《轻骨料混凝土结构设计规范规程》规定；

3. 钢筋混凝土受弯构件，钢筋端头的保护层厚度一般为 10mm；预制的肋形板，其主肋的保护层厚度可按梁考虑；

4. 板、墙、壳中分布钢筋的保护层厚度不应小于 10mm，梁柱中箍筋和构造钢筋的保护层厚度不应小于 15mm。

安装钢筋时，配置的钢筋级别、直径、根数和间距均应符合设计要求。绑扎或焊接钢筋骨架，不得有变形、松脱和开焊。

（6）钢筋安装完毕后应进行检查验收，检查的内容为：

1）钢筋的钢号、直径、根数、间距及位置是否与设计图纸相符；

2）钢筋接头位置及搭接长度是否符合规定；

3）混凝土保护层是否符合要求；

4）钢筋表面是否清洁（无油污、铁锈、污物）。

检查完毕，在浇筑混凝土之前应进行验收，并做好隐蔽工程记录。

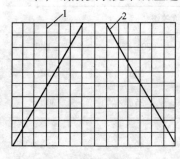

图 1-103　绑扎钢筋网的临时加固
1—钢筋网；2—加固筋

10. 钢筋网与钢筋骨架安装

（1）绑扎钢筋网与钢筋骨架安装

1）钢筋网与钢筋骨架的分段（块），应根据结构配筋特点及起重运输能力而定。一般钢筋网的分块面积以 6~20m² 为宜，钢筋骨架的分段长度宜为 6~12m。

2）钢筋网与钢筋骨架，为防止在运输和安装过程中发生歪斜变形，应采取临时加固措施，图 1-103 是绑扎钢筋网的临时加固情况。

3）钢筋网与钢筋骨架的吊点，应根据其尺寸、重量及刚度而定。宽度大于 1m 的水平钢筋网宜采用四点起吊；跨度小于 6m 的钢筋骨架宜采用二点起吊 [图 1-104a]，跨度大、刚度差的钢筋骨架宜采用横吊梁（铁扁担）四点起吊图 [1-104b]。为了防止吊点处钢筋受力变形，可采取兜底吊或加短钢筋。

4）绑扎钢筋网与钢筋骨架的交接处做法，与钢筋的现场绑扎同。

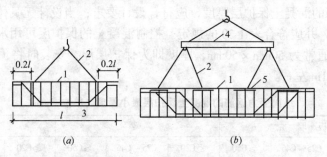

(a)　(b)

图 1-104　钢筋骨架的绑扎起吊
（a）二点绑扎；（b）采用横吊梁四点绑扎
1—钢筋骨架；2—吊索；3—兜底索；4—横吊梁；5—短钢筋

（2）钢筋焊接网安装

1）钢筋焊接网运输时应捆扎整齐、牢固，每捆重量不应超过 2t，必要时应加刚性支撑或支架。

2）进场的钢筋焊接网宜按施工要求堆放，并应有明显的标志。

3）对两端须插入梁内锚固的焊接网，当网片纵向钢筋较细时，可利用网片的弯曲变形性能，先将焊接网中部向上弯曲，使两端能先后插入梁内，然后铺平网片；当钢筋较粗，焊接网不能弯曲时，可将焊接网的一端少焊 1~2 根横向钢筋，先插入该端，然后退插另一端，必要时可采用绑扎方法补回所减少的横向钢筋。

4）钢筋焊接网的搭接构造，应符合有关规定。两张网片搭接时，在搭接区中心及两端应采用钢丝绑扎牢固。在附加钢筋与焊接网连接的每个节点处均应采用钢丝绑扎。

5）钢筋焊接网安装时，下部网片应设置与保护层厚度相当的水泥砂浆垫块或塑料卡；板的上部网片应在短向钢筋两端，沿长向钢筋方向每隔 600～900mm 设一钢筋支墩，如图 1-105 所示。

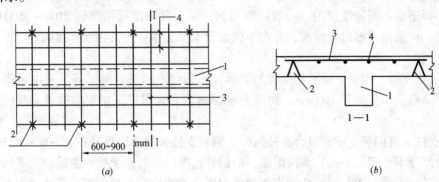

图 1-105　上部钢筋焊接网的支墩
1—梁；2—支墩；3—短向钢筋；4—长向钢筋

二、模板工程

模板工程是混凝土工程的重要组成部分，它对混凝土结构施工的质量、安全有十分重要的影响，它在混凝土结构施工中劳动量大、占施工工期也较长，决定施工方法和施工方案的选择，对工程造价也有很显著的影响。因此，在混凝土结构施工中应根据结构状况与施工条件，选用合理的模板形式、模板结构及施工方法，以达到保证混凝土工程施工质量与安全、加快进度和降低成本的目的。

模板工程由模板系统及其支架系统组成。模板系统是一个临时架设的结构体系，模板是使混凝土结构或构件成型的模具，它与混凝土直接接触，使混凝土构件具有所要求的形状；支架系统是指支撑模板，承受模板、构件及施工中各种荷载的作用，并使模板保持所要求的空间位置的临时结构。

1．模板工程对材料质量要求

（1）模板系统的质量要求

1）模板材料宜选用钢材、胶合板、塑料等，模板支架宜选用钢材，其材料的材质应符合国家现行技术标准的规定。

2）模板及其支架结构必须满足工程结构安全性和稳定性的要求，模板和支架应符合下列规定：

①保证工程结构和构件各部位形状、几何尺寸和相互位置的准确性；

②具有足够的承载能力、刚度和稳定性，能可靠地承受新浇筑混凝土的重量、侧压力及施工荷载；

③构造简单，拆装方便，并便于钢筋的绑扎、安装和混凝土浇筑、养护；

④模板的接缝应严密、不漏浆。

3）对跨度不小于 4m 的现浇钢筋混凝土梁、板，其模板应按设计要求起拱；当设计无具体要求时，起拱高度宜为跨度的 1/1000~3/1000。

（2）支架系统的质量要求

模板支架具有桁架、三角架、托具、钢管支柱和模板成型卡具等组成，它们应符合以下规定：

1）桁架。用于支承梁、板类结构的模板，通常采用角钢、扁钢和圆钢筋制成，可调节长度，以适应不同跨度使用。一般以两榀为一组，其跨度可调整到 2100~3500mm，荷载较大时，可采用多榀组成排放，并在下弦加设水平支撑，使其相互连接固定，增加侧向刚度。

2）三角支架。用于悬挑结构模板的支承，如阳台、雨篷、挑檐等。采用角钢铆接连接而成，悬臂长不应大于 1200mm，跨度为 600mm 左右，每根三角架的控制荷载应不大于 4.5kN。

3）支柱。有钢管支柱和组合支柱两种。钢管支柱采用两根直径各为 60mm 及 50mm 钢管（管壁厚度不小于 3.5mm）承插组成，沿钢管孔眼以一对销子插入固定。上下两钢管的承插搭接长度不小于 300mm，柱帽为角钢或钢板，下部焊有底板。组合支柱用钢筋或小规格角钢、钢板焊成，支柱高度可在 2.6~3.8m 范围内调节，支柱之间设水平拉杆，每根支柱的受压控制荷载为 20kN。

4）托具。用来靠墙支承楞木、斜撑、桁架等，用钢筋焊接而成，上面焊一块钢托板，托具两齿间距为三皮砖厚。在砌体强度达到支模强度时将托具垂直打入灰缝内。在梁端荷载集中部位安设托具数量不少于 3 个，承受均布荷载部位，间距不大于 1m，且沿全长不得少于三个。每个托具控制使用荷载不得大于 4kN。

5）模板成型卡具。用于支承梁、柱、墙等结构构件的模板，常用的有钢管卡具和柱箍。钢管卡具适用于矩形梁、圈梁等的模板，以固定侧模于底板上，也可以用作侧模上口的卡固定位。如用角钢代替钢管，则成为角钢卡具。柱箍由角钢、压型角钢（L）或扁钢做成的夹板、插销和限位器组成，间距为 400~800mm，适用于柱宽小于 700mm 的柱子。

（3）刷隔离剂的质量要求

涂刷隔离剂（脱模剂）是为了保证模板与混凝土的脱膜质量以及混凝土构件表面的平整度和光滑度，减少模板的损耗，提高生产率，隔离剂应满足下列要求：

1）取材容易，配制简单，价格便宜。

2）有一定的稳定性，不变质，不易产生沉淀。

3）隔离效果好，不易脱落，不沾污钢筋、构件，不影响构件与抹灰的粘结，不与模板、钢筋、混凝土发生化学反应。

4）有较宽的温度适应范围，易干燥，不易被水冲洗掉。

5）便于涂刷或喷洒，无异味，不刺激皮肤，对人体无害。

2. 模板的分类

模板分类有多种方式，通常按以下方式分类：

（1）按材料分类

模板按所用材料不同，分为木模板、钢木（竹）模板、钢模板、塑料模板、玻璃钢模板、铝合金模板、胶合板模板等。

（2）按结构类型分类

由于现浇钢筋混凝土结构构件的形状、尺寸、构造不同，模板的构造及组装方法也不同，具有各自的特点。模板按结构类型分为：基础模板、柱模板、梁模板、楼板模板、楼梯模板、墙模板、壳模板和烟囱模板等。

（3）按施工方法分类

模板按施工方法分为：现场拆装式模板、固定式模板和移动式模板。

1）现场拆装式模板

现场拆装式模板是在施工现场按照设计要求的结构形状、尺寸及空间位置现场组装的模板，当混凝土达到拆模强度后拆除模板。现场装拆式模板多用定型模板和工具式支撑。

2）固定式模板

固定式模板是按照构件的形状、尺寸在现场或预制构件制作模板，然后涂刷隔离剂，浇筑混凝土。当混凝土达到规定的拆模强度后，脱模，清理模板，涂刷隔离剂，再制作下一批构件。固定式模板多用于制作预制构件的模板。各种胎膜即属于固定式模板。

3）移动式模板

移动式模板是随着混凝土的浇筑，模板可以沿垂直方向或水平方向移动的模板。如烟囱、水塔、墙、柱混凝土浇筑采用的滑升模板、提升模板，筒壳浇筑混凝土采用的水平移动式模板等均属于移动式模板。

3．木模板

木材是最早被人们用来制作模板的工程材料，其主要优点是：制作方便、拼装随意，尤其适用于外形复杂或异形的混凝土构件。此外，因其导热系数小，对混凝土冬期施工有一定的保温作用。

木模板、木胶合板模板在工程上广泛应用。此类模板一般为散装散拆式模板，也有的加工成基本元件（拼板），在现场进行拼装，拆除后亦可周转使用。木模板的木材主要采用松木和杉木，其含水率不宜过高，以免干裂，材质不宜低于Ⅲ等材。木模板的拼板，由板条和拼条（木档）组成，如图 1-106 所示。板条厚 25～50mm，宽度不宜超过 200mm，以保证在干缩时，缝隙均匀，浇水后缝隙要严密且板条不翘曲，但梁底板的板条宽度不受限制，以免漏浆。拼条截面尺寸为 25mm×35mm～50mm×50mm，拼条间距根据施工荷载大小及板条的厚度而定，一般取 400～500mm。

4．组合钢模板

（1）模板的组成

组合钢模板是一种定型模板，由钢模板和配件两大部分组成，配件包括连接件和支撑件，这种模板可以拼出多种尺寸和几何形状，可用于建筑物的梁、板、柱、墙、基础等构件施工的需要，也可拼成大模板、滑模、台模等使用。因而这种模板具有轻便灵活、拆装方便，通用性强，周转率高等优点。

1）钢模板

钢模板包括平面模板、阳角模板、阴角模板和连接角模，如图 1-107 所示。另外还有角楞模板、圆楞模板、梁胶模板等与平面模板配套使用的专用模板。

钢模板采用模数制设计，模板宽度以 50mm 进级，长度以

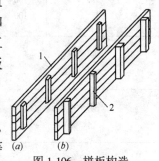

图 1-106　拼板构造
(a)一般拼板；(b)梁侧模板拼板
1—板条；2—拼条

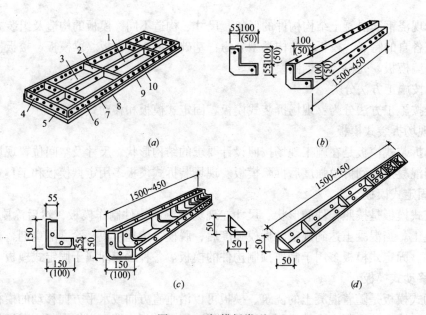

图 1-107　钢模板类型

（a）平面模板；（b）阳角模板；（c）阴角模板；（d）连接角模

1—中纵肋；2—中横肋；3—面板；4—横肋；5—插销孔；

6—纵肋；7—凸棱；8—凸鼓；9—U形卡孔；10—钉子孔

150mm 进级，可以适应横竖拼装，拼装成以 50mm 进级的任何尺寸的模板，其规格见表 1-31。如拼装时出现不足模数的空隙时，用镶嵌木条补缺，用钉子或螺栓将木条与板块边框上的孔洞连接。

钢模板规格编码表　　　　　　　　　　　　　　　表 1-31

模 板 名 称			模 板 长 度（mm）			
			450		600	
			代 号	尺 寸	代 号	尺 寸
平面模板 （代号 P）	宽度（mm）	300	P3004	300×450	P3006	300×600
		250	P2504	250×450	P2506	250×600
		200	P2004	200×450	P2006	200×600
		150	P1504	150×450	P1506	150×600
		100	P1004	100×450	P1006	100×600
阴角模板 （代号 E）			E1504	150×150×450	E1506	150×150×600
			E1004	100×150×450	E1006	100×150×600
阴角模板 （代号 Y）			Y1004	100×100×450	Y1004	100×100×600
			Y0504	50×50×450	Y0504	50×50×600
连接角模 （代号 J）			J0004	50×50×450	J0006	50×50×600

模板名称			模板长度（mm）			
			750		900	
			代号	尺寸	代号	尺寸
平面模板（代号P）	宽度（mm）	300	P3007	300×750	P3009	300×900
		250	P2507	250×750	P2509	250×900
		200	P2007	200×750	P2009	200×900
		150	P1507	150×750	P1509	150×900
		100	P1007	100×750	P1009	100×900
阴角模板（代号E）			E1507	150×150×750	E1509	150×150×900
			E1007	100×150×750	E1009	100×150×900
阴角模板（代号Y）			Y1007	100×100×750	Y1009	100×100×900
			Y0507	50×50×750	Y0509	50×50×900
连接角模（代号J）			J0007	50×50×750	J0009	50×50×900

模板名称			模板长度（mm）			
			1200		1500	
			代号	尺寸	代号	尺寸
平面模板（代号P）	宽度（mm）	300	P3012	300×1200	P3015	300×1500
		250	P2512	250×1200	P2515	250×1500
		200	P2012	200×1200	P2015	200×1500
		150	P1512	150×1200	P1515	150×1500
		100	P1012	100×1200	P1015	100×1500
阴角模板（代号E）			E1512	150×150×1200	E1515	150×150×1500
			E1012	100×150×1200	E1015	100×150×1500
阴角模板（代号Y）			Y1012	100×100×1200	Y1015	100×100×1500
			Y0512	50×50×1200	Y0515	50×50×1500
连接角模（代号J）			J0012	50×50×1200	J0015	50×50×1500

为了板块之间便于连接，钢模板边肋上设有U形卡连接孔，端部上设有L形插销孔，孔径为13.8mm，孔距150mm。

2）连接件

连接件包括：U形卡、L形插销、勾头螺栓、紧固螺栓、对拉螺栓和扣件等。如图

1-108 所示。

　　U形卡：用于相邻模板间的拼接。其安装距离不大于 300mm，即每隔一个孔插一个卡，安装方向一顺一倒相互交错，以抵消 U 形卡可能产生的位移。

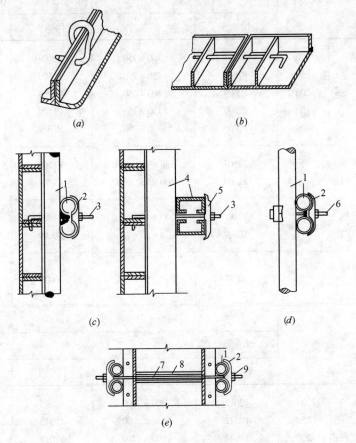

图 1-108　钢模板连接件

（a）U形卡连接；（b）L形插销连接；（c）钩头螺栓连接；

（d）紧固螺栓连接；（e）对拉螺栓连接

1—圆钢管钢楞；2—扣件；3—勾头螺栓；4—内卷边槽钢钢楞；5—蝶形

扣件；6—紧固螺栓；7—对拉螺栓；8—塑料套管；9—螺母

　　L形插销：用于插入钢模板端部的插销孔内，以加强两相邻模板接头处的刚度和保证接头处板面平整。

　　勾头螺栓：用于钢模板与内、外钢楞的加固，使之成为整体，安装间距一般不大于 600mm，长度应与采用的钢楞尺寸相适应。

　　紧固螺栓：用于紧固钢模板内、外钢楞，增强组合模板的整体刚度、长度应与采用的钢楞尺寸相适应。

　　对拉螺栓：用于连接墙壁的两侧模板，保持模板与模板之间设计厚度，并承受混凝土侧压力及水平荷载，使模板不致变形。

　　扣件：用于钢楞与钢楞或钢楞与钢模板之间的扣紧，按钢楞的不同形状，分别采用蝶形扣件和 3 形扣件。

3）支撑件

组合钢模板的支撑件在前边已叙述，这里不再赘述。

（2）钢模板的配板原则

①要保证构件的形状尺寸及相互位置尺寸的正确，使构件达到设计的要求；

②要使模板具有足够的强度和稳定性，能够承担新浇筑混凝土的重量和侧压力及施工荷载，且要求结构简单、拆装方便、不得妨碍其他工序的施工；

③模板配置应优先选用通用、大块模板，使其达到型号少、数量少、镶拼木条数量少；

④合理使用转角模板。对于构造上无特殊要求的转角，可不用阳角模板，一般可用连接角模代替。阴角模板宜用于长度大的转角处、柱头、梁口及其他短边转角部位，如无合适的阴角模板，也可用 55mm 木方代替；

⑤模板沿板长方向拼接应错开布置，以增强模板的整体性；模板的支撑系统应能够承担模板的荷载，保证模板在各种荷载作用下的变形在允许范围以内；

⑥钢模板尽量采用横排或竖排，尽量不采用横竖兼排的方式，因为这样会使支承系统布置困难。

（3）组合钢模板构造与安装

1）基础模板

阶梯式基础模板的构造，如图 1-109 所示。所选钢模板的宽度最好与阶梯高度相同，若基础阶梯高度不符合钢模板宽度的模数时，剩下不足 50mm 宽度的部分可加镶木板。上层阶梯外侧模板较长，需用两块钢板拼接，拼接处除用两根 L 形插销外，上下可加扁钢并用 U 形卡连接，上层阶梯内侧模板长度应与阶梯等长，与外侧模板拼接处，上下应加 T 形扁钢板连接。下层阶梯钢模板的长度最好与下层阶梯等长，四角用连接角模拼接。若无合适长度的钢模板，转角处用 T 形扁钢连接，剩余长度可顺序向外伸出。

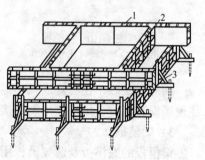

图 1-109　基础模板
1—扁钢连接件；2—T 形连接件；
3—角钢三角撑

基础模板一般现场拼装。拼装时先依照边线安装下层阶梯模板，用角钢三角撑或其他设备箍紧（如钢管围檩等），然后在下层阶梯钢模板上安装上层阶梯钢模板，并在上层阶梯钢模板下方垫以混凝土垫块或钢筋支架作为附加支点。

2）柱模板

柱模板的构造如图 1-110 所示，由四块拼板组成，四角由连接角模连接。每块拼板由若干块钢模板组成，若柱甚高，可根据需要在柱中部设置混凝土浇筑孔。浇筑孔的盖板，可用钢模板或木板镶拼。柱的下端也可留垃圾清理口。

柱模板安装前，应沿边线先用水泥砂浆找平，并调整好柱模板安装底面的标高，如图 1-111（a）所示。若不用水泥砂浆找平，也可沿边线用木板钉一木框，在木框上安装钢模板。边柱的外侧模板需支承在承垫板条上，板条要用螺栓固定在下层结构上，如图 1-111（b）所示。

柱模板现场拼装时，先安装最下一圈，然后逐圈而上直至柱顶。混凝土浇筑孔的盖板也同时安装，为便于以后取下及安装盖板，可在盖板下边及两侧的拼缝中夹一薄铁片。钢模板拼完经垂直度校正后，便可安装柱箍，并用水平及斜向拉杆（斜撑）保持柱的稳定。

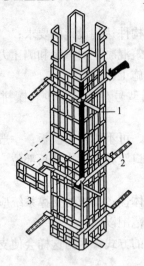

图 1-110　柱模板
1—平面钢模板；2—柱箍；3—浇筑孔盖板

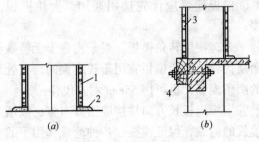

图 1-111　柱模板安装
（a）柱模板安装底面处理；（b）边柱外侧模板的
固定方法
1—柱模板；2—砂浆找平层；3—边柱外侧模板；
4—承垫板条

场外拼装时，在场外设置一钢模板拼装平台，将柱模板按配置图预拼成四片，然后运往现场安装就位，用连接角模连接成整体，最后装上柱箍。

3）梁模板

梁模板的底模板及两侧模板用连接角模连接，如图 1-112 所示。梁侧模板则用阴角模与楼板模板相接。整个梁模板用支柱或支架支承。支柱或支架应支设在垫板上，垫板厚50mm，长度至少要能连续支承三个支柱。垫板下的地基必须坚实。

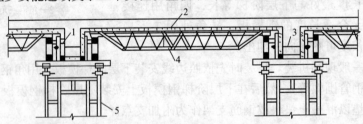

图 1-112　梁、楼板模板
1—梁模板；2—楼板模板；3—对拉螺栓；4—伸缩式桁架；5—门式支架

为抵抗浇筑混凝土时的侧压力并保持一定的梁宽，两侧模板间要设置对拉螺栓和横撑。

梁模板一般在钢模板拼接平台上按配板图拼成三片，用钢楞加固后运到现场安装。安装模板前，应先立好支柱或支架，调整好支柱顶的标高，并以水平及斜向拉杆固定。再将梁底模板安装在支柱顶上，最后安装梁侧模板。

梁模板安装也可采用整体安装的办法，就是在钢模板拼装平台上，将三片钢模板用钢楞、对拉螺栓等加固稳妥后，放入梁的钢筋，运往工地用起重机吊装入位。

4）楼板模板

楼板模板由平面钢模板拼装而成，其周边用阴角模板与梁或墙模板相连接。楼板模板用钢楞及支架支承，为了减少支架用量，扩大板下施工空间，最好用伸缩式桁架支承，如图1-112所示。

先安装梁支承架、钢楞或桁架后，再安装楼板模板。楼板模板的安装可以散拼，即在已安装好的支架上按配板图逐块拼装，也可以整体安装。

5）墙模板

墙模板，如图1-113所示，由两片模板组成，每片模板由若干块平面模板拼成。这些平面模板可横拼也可竖拼，外面用竖横钢楞加固，并用斜撑保持稳定，用对拉螺栓（或称钢拉杆）以抵抗混凝土的侧压力和保持两片模板之间的间距（墙厚）。

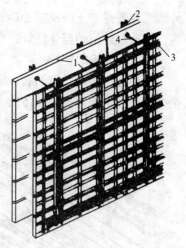

图1-113 墙模板
1—墙模板；2—竖楞；
3—横楞；4—对拉螺栓

墙模板安装，首先沿边线抹水泥砂浆作好安装墙模板的基底处理。钢模板可以散拼，即按配板图由一端向另一端，由上向下，逐层拼装。也可以拼成整片安装。

墙的钢筋可以在模板安装前绑扎，也可以在安装好一边的模板后再绑扎钢筋，最后安装另一边的模板。

6）楼梯模板

楼梯模板由梯板底模板、梯板侧模板、梯级模板、梯级侧模板组成，如图1-114所示。其中梯板的底模板和侧模板用平面钢模板拼成，其上、下端与楼梯梁连接部分，可用木模板镶拼。梯级侧模板可根据梯级放样图用薄钢板及8号槽钢制成，用U形卡固定于梯板的侧模板上。梯级模板则插入槽钢口内，用木楔固定。

5. 大模板

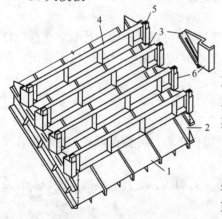

图1-114 楼梯模板
1—梯板底模板；2—梯板侧模板；3—梯级侧模板；4—梯级模板；5—木楔；6—槽钢

（1）大模板工程类型

1）全现浇工程

这种建筑的内墙、外墙全部采用大模板现浇钢筋混凝土墙体，结构的整体性好、抗震性强，但施工时外墙模板的支设复杂、高空作业工序较多、工期较长。

2）内浇外挂工程

建筑的内墙采用大模板现浇钢筋混凝土墙体，外墙采用预制装配式大型墙板，这种结构的整体性好、抗震性强、简化了施工工序，减少了高空作业和外墙板的装饰工程量，缩短了工期。

3）内浇外砌工程

建筑的内墙采用大模板现浇钢筋混凝土墙体，

外墙采用普通黏土砖或空心砖或其他砌体砌筑。这种结构适用于建造 6 层以下的民用建筑，较砖混结构的整体性好，内装饰工程量小，工期较短。

(2) 大模板的构造

大模板由面板、加劲肋、竖楞、支撑桁架、稳定机构和操作平台、穿墙螺栓等组成，是一种现浇钢筋混凝土墙体的大型工具式模板。如图 1-115 所示。

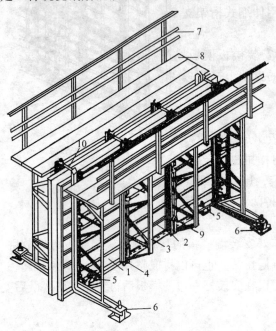

图 1-115　大模板构造示意图

1—面板；2—水平加劲肋；3—支撑桁架；4—竖楞；5—调整水平螺旋千斤顶；6—调整垂直度螺旋千斤顶；7—栏杆；8—脚手架；9—穿墙螺栓；10—固定卡具

1) 面板

面板是直接与混凝土接触的部分，通常采用钢面板（4～6mm）或胶合板面板（用 7～9 层胶合板）。面板要求板面平整、拼缝严密、具有足够的刚度。

2) 加劲肋

加劲肋的作用是固定面板，可做成水平肋或垂直肋（图 1-115 所示大模板为水平肋）。加劲肋把混凝土传给面板的侧压力传递到竖楞上去。加劲肋与金属面板焊接固定，与胶合板面板可用螺栓固定。加劲肋一般采用 [6.5 或 L65 制作，肋的间距根据面板的大小、厚度及墙体厚度确定，一般为 300～500mm。

3) 竖楞

竖楞作用是加强大模板的整体刚度，承受模板传来的混凝土侧压力和垂直力并作为穿墙螺栓的支点。竖楞一般采用 [6.5 或 [8 制作，间距为 1.0～1.2m。

4) 支撑桁架与稳定结构

支撑桁架用螺栓或焊接与竖楞连接在一起，其作用是承受风荷载等水平力，防止大模板倾覆。桁架上部可搭设操作平台。

稳定机构为在大模板两端的桁架底部伸出支腿上设置的可调整螺旋千斤顶。在模板使用阶段，用以调整模板的垂直度，并把作用力传递到地面或楼板上；在模板堆放时。用来调整模板的倾斜度，以保证模板的稳定。

5) 操作平台

操作平台是施工人员操作场所，有两种做法：

①将脚手板直接铺在支撑桁架的水平弦杆上形成操作平台，外侧设栏杆。这种操作平台工作面较小，但投资少，装拆方便。

②在两道横墙之间的大模板的边框上用角钢连接成为搁栅，在其上满铺脚手板。优点是施工安全，但耗钢量大。

6) 穿墙螺栓

穿墙螺栓作用是控制模板间距，承受新浇混凝土的侧压力，并能加强模板刚度。为了避免穿墙螺栓与混凝土粘结，在穿墙螺栓外边套一根硬塑料管或穿孔的混凝土垫块，其长度为墙体宽度。穿墙螺栓一般设置在大模板的上、中、下三个部位，上穿墙螺栓距模板顶部250mm右右，下穿墙螺栓距模板底部200mm左右。

（3）大模板平面组合方案

采用大模板浇筑混凝土墙体，模板尺寸不仅要和房间的开间、进深、层高相适应，而且模板规格要少，尽可能做到定型、统一；在施工中模板要便于组装和拆卸；保证墙面平整，减少修补工作量。大模板的平面组合方案有平模、小角模、大角模和筒形模方案等。

1）平模方案

平模的尺寸与房间每面墙大小相适应，一个墙面采用一块模板，平模拼接构造如图1-116所示。

采用平模方案纵横墙混凝土一般要分开浇筑，模板接缝均在纵横墙交接的阴角处，墙面平整；模板加工量少，通用性强，周转次数多，装拆方便。但由于纵横墙分开浇筑，施工缝多，施工组织较麻烦。

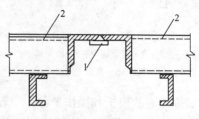

图1-116 平模拼接构造

1—40×10钢板焊在一边角钢上；2—平模

2）小角模方案

一个房间的模板由四块平模和四根L100×100×8角钢组成。L100×100×8的角钢称为小角模。小角模方案在相邻的平模转角处设置角钢，如图1-117所示。使每个房间墙体的内模形成封闭的支撑体系。小角模方案纵横墙混凝土可以同时浇筑，房屋整体性好，墙面平整，模板装拆方便。但浇筑的混凝土墙面接缝多，阴角不够平整。

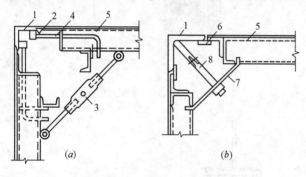

图1-117 小角模构造示意图

（a）带合页的小角模；（b）不带合页的小角模

1—小角模；2—合页；3—花篮螺栓；4—转动铁拐；
5—平模；6—扁钢；7—压板；8—螺栓

小角模有带合页式和不带合页式两种。

带合页式小角模，如图1-117（a）所示。平模上带合页，角钢能自由转动和装拆。安装模板时，角钢有偏心压杆固定，并用花篮螺栓调整。模板上设转动铁拐可将角模压住，使角模稳定。

不带合页式小角模，如图1-117（b）所示。采用以平模压住小角模的方法，拆模时先拆平模，后拆小角模。

3）大角模方案

大角模是由两块平模组成的L形大模板。在组成大角模的两块平模连接部分装置大合页，使一侧平模以另一侧平模为支点，以合页为轴可以转动，其构造如图1-118所示。

大角模方案是在房屋四角设四个大角模，使之形成封闭体系。如房屋进深较大，四角采用大角模后，较长的墙体中间可配以小平模。采用大角模方案时，纵横墙混凝土可以同时浇筑，房屋整体性好。大角模拆装方便，且可保证自身稳定。采用大角模墙体阴角方整，施工质量好，但模板接缝在墙体中部，影响墙体平整度。

大角模的装拆装置由斜撑及花篮螺丝组成。斜撑为两根叠合的L90×9的角钢，组装模板时使斜撑角钢叠合成一直线，大角模的两平模呈90°，插上活动销子，将模板支好。

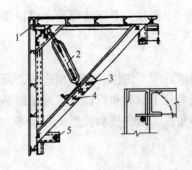

图 1-118　大角模构造
1—合页；2—花篮螺栓；3—固定销子；
4—活动销子；5—调整用螺旋千斤顶

拆模时，先拔掉活动销子，再收紧花篮螺丝，角模两侧的平模内收，模板与墙面脱离。

4）筒形模方案

筒形模是将房间内各墙面的独立的大模板通过挂轴悬挂在钢架上，墙角用小角钢拼接起 来形成一个整体，如图 1-119 所示。采用筒形模时，外墙面常采用大型预制墙板。

6. 滑升模板

滑升模板是随着混凝土的浇筑而沿结构或构件表面向上垂直移动的模板。施工时在建筑物或构筑物的底部，按照建筑物或构筑物平面，沿其结构周边安装高 1.2m 左右的模板和操作平台，随着向模板内不断分层浇筑混凝土，利用液压提升设备不断使模板向上滑升，使结构连续成型，逐步完成建筑物或构筑物的混凝土浇筑工作。液压滑升模板适用于各种构筑物，如：烟囱、筒仓等施工，也可用于现浇框架、剪力墙、筒体等结构施工。

采用液压滑升模板可大量节约模板，节省劳动力，减轻劳动强度，降低工程成本，加快施工进度，提高了施工机械化程度。但液压滑升模板耗钢量大，一次投资费用较多。

液压滑升模板由模板系统、操作平台系统及液压提升系统组成。如图 1-120 所示。

（1）模板系统

滑升模板一般为钢模板。钢模板采用厚度为

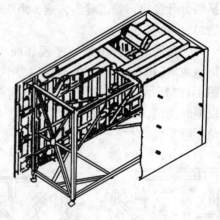

图 1-119　筒形模示意图

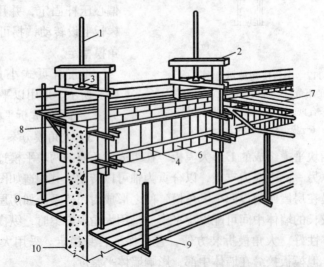

图 1-120　液压滑升模板组成示意图
1—支承杆；2—提升架；3—液压千斤顶；4—围圈；5—围圈支托；6—模板；
7—操作平台；8—外挑三脚架；9—混凝土墙体；10—混凝土墙体

1.5~2.5mm 的钢板冷轧成型或者在钢板上加焊 L30×4 或 L40×4 肋条制成，如图 1-121 所示。模板承受新浇混凝土的侧压力、冲击力及滑升时混凝土对模板的摩阻力。为使其具有足够的刚度，每间隔 200~300mm 宜设置一条纵向加劲肋，模板的上下口最好设置横肋或至少应在上口设置横肋，以保证滑出的混凝土表面平整。相邻两块模板之间的连接可用螺栓或 U 形卡，模板间的接缝可用平接或做成搭边。为了减少滑升时的摩阻力，便于混凝土脱模，模板安装后应有一定倾斜度，形成上口小，下口大，向内倾斜（一般倾斜度 0.2%~0.5%）。

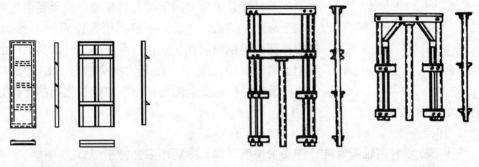

图 1-121　钢模板　　　　　　　　　　图 1-122　钢提升架示意图

在模板的外侧沿模板横向布置两道围圈，模板支承在围圈上，围圈支承在提升架的立柱上。围圈一般用 L75×6 或 [8、[10 制成。上下围圈间距根据模板高度确定，以使模板在受力时产生的变形最小为原则。

围圈的作用是固定模板，保证在滑升过程中模板的几何形状不变，承受由模板传来的水平力和垂直力。同时，由于操作平台一般都支承在围圈上，围圈还承受操作平台传来的荷载。

提升架的作用是固定围圈的位置，承受模板、围圈和操作平台上的全部荷载，并把荷载传递给千斤顶。当提升架上升时，带动围圈、模板和操作平台随提升架上升。

提升架由横梁、立柱、围圈支托（支承围圈和支承操作平台的支托）等组成，如图 1-122 所示。提升架分为单横梁式和双横梁式。立柱与横梁的连接可全部采用螺栓连接或一端焊接，另一端用螺栓连接。立柱一般采用 [12~[16 或 L60×5、L45×5 焊接而成，横梁一般采用 [12 或 L60×5 制成。

提升架随千斤顶一起沿支承杆向上滑升，支承杆埋在混凝土内，一般不再取出，因此耗钢量很大，套管是为了在施工完后回收支承杆而设置的。套管的内径一般比支承杆直径大 2~5mm，将套管套住支承杆，套管上端与提升架横梁相连，下端与模板下口齐平。提升架带动模板上升时，套管便随之上升，在支承杆的四周与混凝土间留下空隙，使支承杆与混凝土不粘结，施工完毕后，便可将支承杆拔出。

（2）操作平台系统

操作平台是供运输混凝土，堆放材料、工具设备，绑扎钢筋，浇筑混凝土及提升模板等施工操作用的工作平台。

建筑物内侧使用的操作平台由支承在提升架立柱上的承重钢桁架、梁、铺板组成，承重桁架之间设置水平支撑和垂直支撑；建筑物外侧使用的操作平台由三角挑架和铺板组成，外挑宽度一般不大于1m。操作平台上的铺板顶面一般与模板上口齐平。

在操作平台下面设置内、外吊脚手架，供检查混凝土质量、修饰混凝土表面、调整和拆除模板及架设梁底模板等操作用。内吊脚手架悬挂在提升架的内侧立柱和操作平台的桁架上；外吊脚手架悬挂在提升架外侧立柱和外挑三角架上。

（3）液压提升系统

液压提升系统由支承杆、千斤顶及液压传动系统组成。

支承杆既是千斤顶向上爬升的轨道，又承受由提升架传来的全部施工荷载。支承杆一般采用直径为25～28mm的经过冷拉调直的钢筋制作，长度3～5mm。相邻支承杆的接头要相互错开，使在同一标高上的接头数量不超过25%，以免削弱滑模结构的支承能力。上下支承杆之间的连接方式有

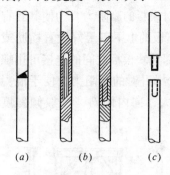

图1-123　支承杆的连接方式
（a）焊接连接；（b）榫接连接；
（c）丝扣连接

三种，如图1-123所示。

1）焊接连接

将上下支承杆两轴线对准，接头采用坡口焊。然后用手锉锉平焊口。

2）榫接连接

有两种作法：

①上下支承杆两端均加工成榫套，连接时将短钢销插入下面的支承杆的榫套上，再将上面的支承杆的榫套套在短钢销上；

②支承杆的两端加工成子母样，连接时将上支承杆的榫头插入下支承杆的榫套中。

3）丝扣连接

在支承杆的两端分别加工成螺丝头和螺丝孔，连接时将上支承杆的螺丝头旋入下支承杆的螺孔内。

焊接连接的支承杆接头加工简单，但现场焊接量较大；榫接连接施工方便，但机械加工量较大；丝扣连接施工操作简单，使用安全可靠，但机械加工量大。这种连接方式多用于支承杆外加套管的施工中，施工完毕，支承杆可拔出重复使用。

液压滑升模板采用的千斤顶多为起重能力为30～50kN的小型液压千斤顶，支承杆从千斤顶中心通过，千斤顶只能沿支承杆上升，不能下降，称为穿心式单作用千斤顶。千斤顶按其卡头形式的不同，分为钢珠式和卡块式两种类型，如图1-124所示。其技术性能指标见表1-32。

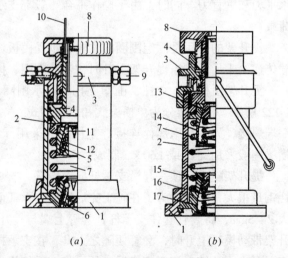

图1-124　小型液压千斤顶构造

（a）钢珠式液压千斤顶；（b）卡块式液压千斤顶

1—底座；2—缸筒；3—缸盖；4—活塞；5—上卡头；6—下卡头；7—排油弹簧；8—行程调整帽；9—油嘴；10—行程指示杆；11—钢珠；12—卡头上弹簧；13—上卡头卡块；14—上卡块座；15—下卡头卡块；16—弹簧；17—下卡块座

项次	名　称	单　位	卡头类别	
			HQ-30 型钢珠式千斤顶	YL-35 型卡块式千斤顶
1	起重能力	kN	30	35
2	工作行程	mm	30	35
3	最大工作压力	MPa	10	10
4	油液容量	L	0.143	0.15
5	爬升速度	mm/min	90	90
6	活塞面积	cm^2	47.7	47.7
7	排油压力	MPa	0.3	0.3
8	卡紧范围	mm	$\phi 23 \sim \phi 25$	$\phi 25 \sim \phi 30$
9	卡块推力	N		$50 \sim 80$
10	换卡滑移量	mm	$3 \sim 5$	$2 \sim 3$
11	外形尺寸	mm	$160 \times 160 \times 240$（长×宽×高）	$160 \times 160 \times 265$（长×宽×高）
12	重　量	kg	13	14

　　HQ-30 型钢珠式液压千斤顶工作原理如图 1-125 所示。施工时，液压千斤顶安装在提升架横梁上，支承杆穿过千斤顶的中心孔。千斤顶向上提升时，油泵将油液从千斤顶进油口压入油缸，如图 1-125（a）所示。

由于上卡头（与活塞连成一体）内的小钢珠（在卡头上呈环形排列，共 7 个，下部支承在斜孔内的卡头小弹簧上）与支承杆产生自锁作用，在油压作用下，油缸被向上顶起，带动提升架及模板系统上升。当上升到下卡头紧靠上卡头时，即完成一个工作行程，如图 1-125（b）所示，此时排油弹簧处于压缩状态，上卡头承受滑模的荷载。当油泵开始回油时，缸内油压力减小，在排油弹簧的弹力作用下，活塞向上移动，油从进油口排出。下卡头由于

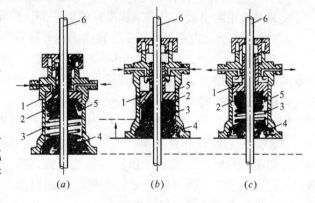

图 1-125　液压千斤顶工作原理
（a）进油；（b）上升；（c）排油
1—活塞；2—上卡头；3—排油弹簧；
4—下卡头；5—缸筒；6—支承杆

小钢珠和支承杆的自锁作用，与支承杆锁紧，使油缸和底座不能下降，下卡头承受滑模的荷载，图 1-125（c）所示。当活塞升至上止点后，千斤顶完成一次上升的工作循环（行程约 30mm）。通过不断的进油、排油，重复工作循环，上下卡头先后交替锁紧支承杆，千斤顶不断向上爬升。带动提升架、围圈、模板不断向上滑升。

　　钢珠式卡头负重工作时，钢珠与支承杆接触点处局部压力较集中，使支承杆产生局部挤压塑性变形，支承杆上出现上尖下圆的水滴状压痕，造成卡头体下降，以致出现千斤顶"回降"现象。

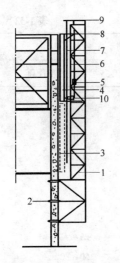

图1-126 爬升模板
1—爬架;2—螺栓;3—预留
爬架孔;4—爬模;5—爬架
千斤顶;6—爬模千斤顶;
7—爬杆;8—模板横挑梁;
9—爬架横挑梁;10—脱模千
斤顶

卡块式卡头是利用3~4瓣卡块锁固支承杆。其特点是:卡头加工较简单,锁紧能力强;由于卡块和支承杆的接触面积较大,压痕较小,有利于支承杆多次重复使用。中型及大型千斤顶多用卡块卡头。

滑模装置的提升是由液压传动系统控制。

液压传动系统主要是由能量转换装置(油泵、千斤顶)、能量控制和调节装置(各种阀)和辅助装置(油箱、滤油器、压力表、油管等)三部分组成。将电动机、油泵、油箱、压力表和能量控制调节装置集中安装在一起,组成液压控制台。

7. 爬升模板

爬升模板是在混凝土墙体浇筑完毕后,利用提升装置将模板自行提升到上一个楼层,浇筑上一层墙体的垂直移动式模板。爬升模板采用整片式大平模,模板由面板及肋组成,而不需要支撑系统;提升设备采用电动螺杆提升机、液压千斤顶或导链。爬升模板是将大模板工艺和滑模工艺相结合,既保持大模板施工墙面平整的优点又保持了滑模利用自身设备使模板向上提升的优点,墙体模板能自行爬升而不依赖塔吊。爬升模板适用于高层建筑墙体、电梯井壁、管道间混凝土施工。

爬升模板由钢模板、提升架和提升装置三部分组成。

如图1-126所示为利用液压千斤顶作为提升装置的外墙面爬升模板。

提升架是一格构式钢桁架,桁架下部用螺栓固定在已浇筑好的混凝土墙壁上(墙壁上要预留螺栓孔)。在提升架上端设有挑横梁,在挑横梁上悬吊爬杆,固定在模板背面的爬模千斤顶,沿爬杆上升,带动模板向上提升到上一个楼层。

在大模板上端设有横挑梁,在模板横挑梁上悬吊爬杆,当提升架需上升时,爬架千斤顶沿吊在模板上的爬杆向上爬升,使提升架上升,此时提升架的全部荷载通过爬杆传给模板,提升架提升到位后用螺栓固定在墙壁上。

模板背面还装设水平脱模用的液压千斤顶用于钢模板的脱模。

如图1-127所示为利用电动螺杆提升机作为提升装置的墙体爬升模板。钢桁架支承在钢牛腿上,钢牛腿用螺栓固定在已浇筑好的混凝土墙体上(浇筑混凝土墙体时要预留螺栓孔),模板悬吊在钢桁架承重梁上的滚动轮下面(滚动轮可沿承重梁左右滚动)。模板安装完毕,浇筑混凝土,当混凝土达到一定强度后,在混凝土墙顶部安装提升架的立柱。此时,松开模板并将模板移离墙面开动电动螺杆提升机将钢桁架及模板提升一个楼层的高度,并将钢桁架支承在上层临时钢牛腿上。此时,电动螺杆倒转,将提升架连同电动螺杆提升机

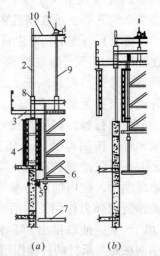

图1-127 电动爬杆爬模
(a) 安装好模板,准备浇筑混凝土;(b) 模板爬升一层
1—电动螺旋千斤顶;2—爬升门架立柱;3—悬吊模板的滚轮;4—模板;5—钢牛腿;6—钢桁架;7—吊脚手;8—套管;9—螺旋杆;10—爬升门架横梁

升起一个楼层的高度。然后支模浇上一层墙体混凝土。

8. 台模（飞模）

台模是浇筑钢筋混凝土楼板的一种大型工具式模板。在施工中可以整体脱模和转运，利用起重机从浇筑完的楼板下吊出，转移至上一楼层，中途不再落地，所以亦称"飞模"。台模适用于各种结构的现浇混凝土楼板的施工，既适用于大开间、大进深的现浇楼板，也适用于小开间、小进深的现浇楼板。台模整体性好，混凝土表面容易平整、施工进度快。

台模由台面、支架（支柱）、支腿、调节装置、走道板及配套附件等组成。

台面是直接接触混凝土的部件，表面应平整光滑，具有较高的强度和刚度。目前常用的面板有：钢板、胶合板、铝合金板、工程塑料板及木板等。

台模按其支架结构类型分为：立柱式台模、桁架式台模、悬架式台模等。

立柱式台模由面板、次梁、主梁和立柱组成，如图 1-128（a）所示。立柱采用普通焊接钢管，下部做成可伸缩式的，以调整台模的高度。立柱式台模脱模时采用台模升降车，如图 1-128（b）、（c）所示。将台模升降车推至台模水平撑下部，利用千斤顶升起台模升降车的臂架，托住台模下部水平撑，然后打掉木楔，缩进立柱活动支腿，千斤顶回油，台模升降车台面下降，台模也随之下降，然后用人力推动，将车子连同台模推至出口处的外挑操作平台上（或活动吊篮上）。然后起重机将台模吊至上一层外挑操作平台上（如采用活动吊篮时，可将台模与吊篮一起吊至上层）。

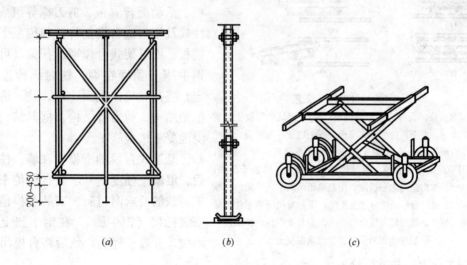

图 1-128　立柱式台模

（a）立柱式台模；（b）单根立柱；（c）台模升降车

桁架式台模由桥架、搁栅、面板、操作平台及可调钢支腿组成，如图 1-129 所示。桁架式台模可以整体脱模，借助起重机械从已浇筑完混凝土的楼板下退出，吊升至上层楼面。为了减轻台模重量，台模各主要部件多采用铝合金制作。台模桁架下弦设置可调节钢支腿，用来支承台模并调节台模的高度。

当新浇筑的楼板混凝土达到拆模强度时，拆模前先用四个液压千斤顶在支腿附近暂时托住桁架下弦，然后将支腿底部的螺旋千斤顶旋松不再受力，并将其推入外套管中。在台

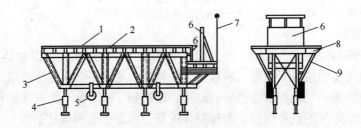

图 1-129 桁架式台模

1—台面；2—小楞；3—桁架式支架；4—支腿调节装置；5—滚轮；
6—边梁模板；7—栏杆；8—可拆式台面模板；9—拆模临时支撑

模桁架下弦安放六只滚轮（每榀放三只），然后液压千斤顶回油，桁架下降，滚轮接触地面，移去液压千斤顶。此时，就可将台模水平外移，当第一排吊点跨出楼层时，起重机吊住第一排吊点，并拉紧吊索；随后继续外推至第二排吊点跨出楼层，起重机吊钩吊住第二排吊点，起重机缓缓升钩，将台模全部推出楼层，用起重机吊升至上一楼层，如图 1-130所示。

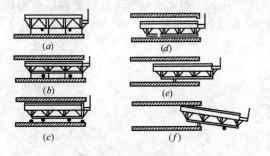

图 1-130 台模施工工艺

（a）安装就位，支好边梁外侧模板；（b）浇筑的混凝土达到拆模强度后，放下两边可拆式模板，拆去边梁外侧模板，放松支腿使台面脱模；（c）用千斤顶临时支承台模，折上支腿；（d）用千斤顶降低台模，使滚轮落在楼板上，移去千斤顶；（e）将台模推出三分之一长度，用起重机吊索吊住支架的一端吊点；（f）推出台模约三分之二长度，用起重机吊索吊住支架另一端的吊点，然后将台模全部推出，由起重机将台模吊至上一层楼面重新安装就位浇筑混凝土

悬架式台模不设立柱，台模支承在钢筋混凝土柱或墙体适当位置设置的托架上。悬架式台模由桁架、次梁、面板、活动翻转翼板、剪刀撑等组成。立柱式及桁架式台模是将荷载传至下一层楼板，而悬架式台模通过托架（可采用钢牛腿与预埋在墙、柱内螺栓连接固定）将荷载传给混凝土墙、柱。适用于框架结构，剪力墙结构及框剪结构的现浇混凝土楼板施工。

悬架式台模的支模应在墙、柱拆模后，混凝土强度达到承受台模传来的施工荷载的要求时进行。安装台模前，先安装托架（钢牛腿），在钢牛腿上放好木楔，并校正标高。然后将台模吊放在四个钢牛腿上，并进行校正、调整。

当新浇混凝土达到拆模强度后，进行脱模。脱模方法有多种，可用专用工具式升降车，也可采用手动或电动葫芦脱模或其他方法。采用升降车脱模时，升起升降车悬臂横梁，横梁两端滚轮托住台模，卸去固定钢牛腿螺栓，取下钢牛腿，升降车悬臂横梁下降，用人力推动升降车将台模向外运送，由起重机吊往上层。采用手动或电动葫芦脱模时，在需下降的台模四个支柱边立好特制梯架，安装四只手动或电动葫芦，将梯架与台模桁架连接，同步向上拉紧葫芦，台模四个吊点受向上拉力，卸去钢牛腿，将台模缓降；落在地面上预先放好的六只滚轮上，然后有工人推出，由起重机吊至上一楼层。

9. 隧道模

隧道模是将楼板和墙体一次支模的一种工具式模板，相当于将台模和大模板组合起来。隧道模有断面呈"Ⅱ"形的整体式隧道模和断面呈"Γ"形的双拼式隧道模两种。整体式隧道模自重大、移动困难，目前已很少应用；双拼式隧道模应用较广泛，特别在内浇外挂和内浇外砌的高、多层建筑中应用较多。

双拼式隧道模由两个半隧道模和一道独立的插入模板组成，如图 1-131 所示。在两个半隧道模之间加一道独立的模板，用其宽度的变化，使隧道模适应于不同的开间；在不拆除中间模板的情况下，半隧道模可提早拆除，增加周转次数。半隧道模的竖向墙模板和水平楼板模板间用斜撑连接。在半隧道模下部设行走装置，在模板长度方向沿墙模板设两个行走轮，在模板宽度方向设一个行走轮。在墙模板的两个行走轮附近设置两个千斤顶，模板就位后，这

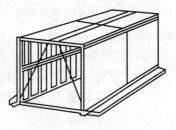

图 1-131　隧道模

两个千斤顶将模板顶起，使行走轮离开楼板，施工荷载全部由千斤顶承担。脱模时，松动两个千斤顶，半隧道模在自重作用下，下降脱模，行走轮落到楼板上。

半隧道模脱模后，用专用吊架吊出，吊升至上一楼层。将吊架从半隧道模的一端插入墙模板与斜撑之间，吊钩慢慢起钩，将半隧道模托起，托挂在吊架上，吊到上一楼层。

10. 模板的设计

模板系统的设计包括模板结构的形式及模板材料的选择、模板及支架系统各部件规格尺寸的确定以及节点设计等。模板系统是一种特殊的工程结构，模板设计应根据工程结构形式、荷载大小、地基土类别、施工设备和材料供应等条件进行。

（1）荷载

计算模板及其支架的荷载，分为荷载标准值和荷载设计值，荷载标准值如下：

1）模板及其支架自重标准值

模板及其支架自重标准值根据设计图纸确定，肋形楼板和无梁楼板的荷载，可参考表 1-33 数值。

楼板模板荷载表（kN/m³）　　　　　　　　　　　　表 1-33

项　次	模板构件名称	木模板	组合钢模板	钢框胶合板模板
1	平板的模板及小楞的重量	0.30	0.50	0.40
2	楼板模板的重量（其中包括梁的模板）	0.50	0.75	0.60
3	模板及其支架的重量（楼层高度为 4m 以下）	0.75	1.10	0.95

2）新浇筑混凝土自重标准值

普通混凝土采用 24kN/m³，其他混凝土根据实际重力密度确定。

3）钢筋自重标准值

钢筋自重标准值应根据设计图纸确定，对一般梁板结构每立方米钢筋混凝土的钢筋自重标准值可按下列数值取用：

楼板　　　　　　　1.1kN/m³

梁　　　　　　　　1.5kN/m³

4）施工人员及设备的自重标准值

计算模板及直接支承模板的小楞时，均布荷载为 2.5kN/m²，另应以集中荷载 2.5kN

再行验算；比较两者所得的弯矩值，取其大者采用；

计算直接支承小楞结构构件时，均布活荷载为 $1.5kN/m^2$；

计算支架立柱及其他支承结构构件时，均布活荷载为 $1.0kN/m^2$。

对大型浇筑设备如上料平台、混凝土输送泵等按实际情况计算；混凝土堆集料高度超过 100mm 以上者按实际高度计算；模板单块宽度小于 150mm 时，集中荷载可分布在相邻的两块板上。

5）振捣混凝土时产生的荷载标准值

对水平面模板产生的垂直荷载为 $2.0kN/m^2$；

对垂直面模板，在新浇筑混凝土侧压力有效压头高度以内为 $4.0kN/m^2$；有效压头高度以外可不予考虑。

6）新浇筑混凝土对模板侧面的压力标准值

采用内部振捣器时，当混凝土浇筑速度在 6m/h 以下时，新浇筑的普通混凝土作用于模板的最大侧压力，可按下列二式计算，并取二式中的较小值。

$$F = 0.22\gamma_c t_0 \beta_1 \beta_2 V^{\frac{1}{2}} \tag{1-44}$$

$$F = \gamma_c H \tag{1-45}$$

式中　F——新浇筑混凝土对模板最大侧压力（kN/m^2）；

γ_c——混凝土的重力密度（kN/m^3）；

t_0——混凝土的初凝时间（h），可按实测确定，当缺乏试验资料时，可采 $t_0 = 200/(T + 15)$ 计算（T 为混凝土的温度℃）；

V——混凝土的浇筑速度（m/h）；

H——混凝土侧压力计算位置处至新浇筑混凝土顶面的总高度（m）；

β_1——外加剂影响修正系数，不掺外加剂时取 1.0，掺具有缓凝作用的外加剂时取 1.2；

β_2——混凝土坍落度影响修正系数。当坍落度小于 30mm 时，取 0.85；50～90mm 时，取 1.0；110～150mm 时，取 1.15。

混凝土侧压力的计算分布图形如图 1-132 所示，h 为有效压头高度：

$$h = \frac{F}{\gamma_c} \tag{1-46}$$

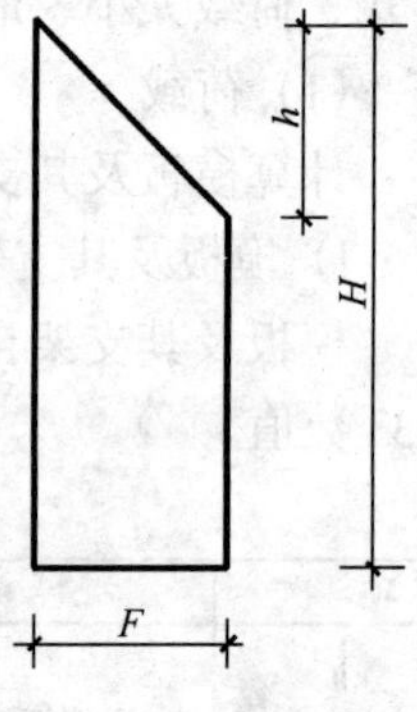

图 1-132　混凝土侧压力的计算分布图形

式中符号意义同上。

7）倾倒混凝土时产生的荷载标准值

倾倒混凝土时对垂直模板产生的水平荷载按表 1-34 采用。

倾倒混凝土时产生的水平荷载标准值（kN/m^2）　　　　　表 1-34

项　　次	向模板中供料方法	水　平　荷　载
1	用溜槽、串桶或导管输出	2
2	用容量小于 $0.2m^3$ 的运输工具倾倒	2
3	用容量 $0.2～0.8m^3$ 的运输工具倾倒	4
4	用容量大于 $0.8m^3$ 的运输工具倾倒	6

注：荷载作用范围在有效压头高度以内。

(2) 计算模板及其支架时的荷载分项系数与调整系数

计算模板及其支架时的荷载设计值，应采用荷载标准值乘以相应的荷载分项系数与调整系数求得。

1) 分项系数（表1-35）。

模板及支架荷载类别与分项系数　　　　　　　　　　　表 1-35

荷 载 编 号	荷 载 名 称	荷 载 类 别	分 项 系 数
①	模板及支架自重	恒 载	1.2
②	新浇混凝土自重	恒 载	
③	钢筋自重	恒 载	
④	施工人员及设备荷载	活 载	1.4
⑤	振捣混凝土时产生的荷载	活 载	
⑥	新浇混凝土对模板侧面的压力	恒 载	1.2
⑦	倾倒混凝土时产生的荷载	活 载	1.4

2) 荷载调整系数

模板工程属临时性工程。由于我国目前还没有临时性工程的设计规范，所以只能按正式结构设计规范执行。由于新的设计规范以概率理论为基础的极限状态设计法代替了容许应力设计法，又考虑到原规范对容许应力值作了提高，因此进行了套改。

对于钢模板及其支架的设计，其荷载设计值可乘以 0.85 的调整系数；其截面的塑性发展系数取 1.0；

对冷弯薄壁型钢模板结构，其设计荷载值的调整系数为 1.0。

对于木模板及其支架的设计，当木材含水率小于 25% 时，其设计荷载值可乘以 0.9 的调整系数，但是考虑到一般混凝土工程施工时都要湿润模板和浇水养护，含水率难以控制，因此一般不乘以调整系数，以保证结构安全。

在风荷载作用下，验算模板及其支架的稳定性时，其基本风压值可乘以 0.8 的调整系数。

(3) 荷载组合

计算模板及其支架时，将前述七项荷载按表1-36进行荷载组合。

计算模板及其支架的荷载组合　　　　　　　　　　　表 1-36

项次	项 目	荷 载 组 合	
		计算承载能力	验算刚度
1	平板和薄壳的模板及其支架	① + ② + ③ + ④	① + ② + ③
2	梁和拱模板的底版	① + ② + ③ + ⑤	① + ② + ③
3	梁、拱、柱（边长≤300mm）墙（厚≤100mm）的侧模板	⑤ + ⑥	⑥
4	大体积结构、柱（边长>300mm）墙（厚>100mm）的侧模板	⑥ + ⑦	⑥

注：计算承载力时，荷载组合值中各项荷载均采用荷载设计值，即荷载标准值乘以相应的分项系数和调整系数。
　　刚度验算时，荷载组合中各项荷载均采用荷载标准值。

(4) 对模板变形值及稳定性的规定

1) 模板变形值的规定

验算模板及其支架的刚度时，其变形值不得超过下列数值：

①结构表面外露（不做装修）的模板，为模板构件跨度的 1/400；

②结构表面隐蔽（做装修）的模板，为模板构件跨度的 1/250；

③支架的压缩变形值或弹性挠度，为相应的结构跨度的 1/1000；

④根据《组合钢模板技术规范》（GB 50214—2001）的要求，组合钢模板结构的允许挠度，应符合表 1-37 的规定。

钢模板及配件的容许挠度 表 1-37

项　次	部件名称	容许挠度（mm）	项　次	部件名称	容许挠度（mm）
1	钢模板的面板	1.5	4	柱　箍	$B/500$
2	单块钢模板	1.5	5	桁　架	$L/1000$
3	钢　楞	$L/500$	6	支撑系统累计	4.0

注：L 为计算跨度，B 为柱宽。

2）模板稳定性的规定

①支架的立柱或桁架必须用撑拉杆件固定确保其稳定性；②为防止模板及其支架在风荷载作用下倾倒，应从构造上采取有效措施。当验算模板及其支架在自重和风荷载作用下的抗倾倒稳定性时，风荷载按《建筑结构荷载规范》（GB 50009—2001）的规定采用，模板及其支架的抗倾倒安全系数不应小于 1.15。

11．模板的拆除

（1）模板拆除时的混凝土强度

现浇整体式结构的模板及其支架拆除时的混凝土强度，应符合设计要求，当无设计要求时，应符合下列规定：

侧面模板：一般在混凝土强度能保证其表面及棱角不因拆除模板而受损坏后，方可拆除；

底面模板：对混凝土的强度要求较严格，在混凝土强度符合表 1-38 规定后，方可拆除。

现浇结构拆模时所需混凝土强度 表 1-38

构件类型	构件跨度（m）	达到设计的混凝土立方体抗压强度标准值的百分率（%）
板	≤2	≥50
	>2，≤8	≥75
	>8	≥100
梁、拱、壳	≤8	≥75
	>8	≥100
悬臂构件	—	≥100

混凝土达到拆模强度所需的时间与所用水泥品种、混凝土配合比、养护条件等因素有关，可根据有关试验资料确定。

当混凝土强度达到拆模强度后，应对已拆除侧模板的结构及其支架进行检查，确认混凝土无影响结构性能的缺陷，而结构又有足够的承载能力后，方可拆除底模和支架。

已拆模的结构，应在混凝土强度达到设计的强度等级后，才允许承受全部计算荷载。当承受的施工荷载大于计算荷载时，必须经过核算，必要时加设临时支撑。

（2）模板的拆除顺序

一般应是后支先拆，先支后拆。先拆除非承重部分，后拆除承重部分，顺序进行。重大复杂模板的拆除，事先应制定拆除方案。

框架结构模板的拆除顺序一般是柱→楼板→梁侧板→梁底板。

多层楼板支柱的拆除，应按下列规定：楼板正在浇筑混凝土时，下一层楼板的模板支柱不得拆除，再下层楼板模板的支柱，仅可拆除一部分；跨度 4m 及 4m 以上的梁下均应保留支柱，其间距不得大于 3m。

拆模时不要过急，不可用力过猛，拆下来的模板要及时清运。定型模板拆除后应逐块传递下来，不得抛掷，拆下后，要清理干净，板面刷油，分类堆放整齐。

三、混凝土工程

混凝土工程分为现浇混凝土工程和预制混凝土工程，是钢筋混凝土工程的三个重要组成部分之一。混凝土工程质量好坏是保证混凝土能否达到设计强度等级的关键，将直接影响钢筋混凝土结构的强度和耐久性。由于混凝土是在施工现场搅拌、浇筑，其原料质量和施工质量将对混凝土工程质量有决定性影响。因此，必须按照《混凝土结构工程施工质量验收规范》GB 50205 的要求进行施工，以确保混凝土工程质量。混凝土工程施工工艺过程包括：混凝土的配料、拌制、运输、浇筑振捣、养护等。

1. 混凝土的配料

（1）混凝土试配强度

混凝土配合比的选择，是根据工程要求、组成材料的质量、施工方法等因素，通过试验室计算及试配后确定的。所确定的试验配合比应使拌制出的混凝土能保证达到结构设计中所要求的强度等级，并符合施工中对和易性的要求，同时还要合理的使用材料和节约水泥。

施工中按设计的混凝土强度等级的要求，正确确定混凝土配制强度，以保证混凝土工程质量。考虑到现场实际施工条件的差异和变化。因此，混凝土的试配强度应比设计的混凝土强度标准值予以提高，即

$$f_{cu,o} = f_{cu,k} + 1.645\sigma \tag{1-47}$$

式中　$f_{cu,o}$——混凝土配制强度（MPa）；

　　　　$f_{cu,k}$——设计的混凝土立方体抗压强度标准值（MPa）；

　　　　σ——施工单位的混凝土强度标准差（MPa）。

对于混凝土强度的标准差 σ，应由强度等级相同，混凝土配合比和工艺条件基本相同的混凝土 28d 强度统计求得。其统计周期，对预拌混凝土工厂和预制混凝土构件厂，可取一个月。对现场拌制混凝土的施工单位，可根据实际情况确定，但不宜超过三个月。σ 可按下式计算：

$$\sigma = \sqrt{\frac{\sum\limits_{i=1}^{n} f_{cu,i}^2 - n\mu_{fcu}}{n-1}} \tag{1-48}$$

式中　$f_{cu,i}$——第 i 组混凝土试件强度（MPa）；

μ_{fcu}——n 组混凝土试件强度平均值（MPa）；

n——统计周期内相同混凝土强度等级的试件组数，$n \geqslant 25$。

当混凝土为 C20 或 C25，如计算所得到的 $\sigma < 2.5$MPa 时，则取 $\sigma = 2.5$MPa；当混凝土为 C30 及其以上时，如计算得到的 $\sigma < 3.0$MPa 时，取 $\sigma = 3.0$MPa。当施工单位无近期混凝土强度统计资料时，σ 可按表 1-39 取值。

σ 值 选 用 表

表 1-39

混凝土强度等级	$\leqslant$ C15	C20 ~ C35	$\geqslant$ C40
σ（MPa）	4.0	5.0	6.0

（2）混凝土的施工配合比换算

混凝土的配合比是在实验室根据初步计算的配合比经过试配和调整而确定的，称为实验室配合比。确定实验室配合比所用的骨料、砂石都是干燥的。

施工现场使用的砂、石都具有一定的含水率，含水率大小随季节、气候不断变化。如果不考虑现场砂、石含水率，还按着实验室配合比投料，其结果是改变了实际砂石用量和用水量，而造成各种原材料用量的实际比例不符合原来的配合比的要求。为保证混凝土工程质量，保证按配合比投料，在施工时要按砂、石实际含水率对原配合比进行修正。

根据施工现场砂、石含水率，调整以后的配合比称为施工配合比。

假定实验室配合比为水泥:砂:石 $= 1 : x : y$

水灰比为 W/C

现场测得砂含水率 W_{sa}、石子含水率 W_g

则施工配合比为 水泥:砂:石 $= 1 : x : (1 + W_{sa}) : y(1 + W_g)$

水灰比 W/C 不变（但用水量要减去砂石中的含水量）。

【例 1-3】 某工程混凝土实验室配合比为 1:2.28:4.47，水灰比 $W/C = 0.63$，每立方米混凝土水泥用量 $C = 285$kg，现场实测砂含水率 3%，石子含水率 1%，求施工配合比及每立方米混凝土各种材料用量。

【解】

施工配合比
$$1 : x(1 + W_{sa}) : y(1 + W_g)$$
$$= 1 : 2.28(1 + 3\%) : 4.47(1 + 1\%)$$
$$= 1 : 2.35 : 4.51$$

按施工配合比每立方米混凝土各组成材料用量：

水泥 $C' = C = 285$（kg）

砂 $G'_{砂} = 285 \times 2.35 = 669.75$（kg）

石 $G'_{石} = 285 \times 4.51 = 1285.35$（kg）

水 $W' = (W - G_{砂} W_{sa} - G_{石} W_g)C$
$$= (0.63 - 2.28 \times 3\% - 4.47 \times 1\%) \times 285 = 147.32 \text{(kg)}$$

$G_{砂}$、$G_{石}$ 为按实验室配合比计算每立方米混凝土砂、石用量。

2. 混凝土的拌制

（1）混凝土搅拌机

混凝土搅拌机按其搅拌机理分为自落式搅拌机和强制式搅拌机两类。

自落式搅拌机搅拌筒内壁装有弧形叶片，当搅拌筒绕水平轴旋转时，弧形叶片不断将物料提升一定的高度，然后利用本身的重力作用自由下落。由于各组成材料颗粒下落的时间、速度、落点及滚动距离不同，从而使各颗粒之间相互穿插、渗透和扩散，最后混凝土各组成材料达到均匀混合。自落式混凝土搅拌机按其搅拌筒的形状不同分为鼓筒式、锥形反转出料式和双锥形倾翻出料式三种类型。自落式搅拌机宜用于搅拌塑性混凝土，锥形反转出料式和双锥形倾翻出料式搅拌机还可用于搅拌低流动性混凝土。

强制式搅拌机主要是根据剪切机理设计的。它的搅拌筒内有很多组叶片，通过叶片强制搅拌装在搅拌筒中的物料，使物料沿环向、径向和竖向运动，拌合成均匀的混合物。强制式搅拌机按其构造特征分为立轴式和卧轴式两类。

强制式搅拌机和自落式搅拌机相比，搅拌作用强烈，搅拌时间短，适合于搅拌低流动性混凝土、干硬性混凝土和轻骨料混凝土。

(2) 混凝土搅拌

1) 加料顺序

搅拌时加料顺序普遍采用一次投料法，将砂、石、水泥和水一起加入搅拌筒内进行搅拌。搅拌混凝土前，先在料斗中装入石子，再装水泥及砂；水泥夹在石子和砂中间，上料时可减少水泥飞扬，同时水泥及砂子不致粘住斗底。料斗将砂、石、水泥倾入搅拌机的同时加水。

另一种为二次投料法，先将水泥、砂和水加入搅拌筒内进行充分搅拌，成为水泥砂浆后，再加入石子搅拌成混凝土。这种投料方法目前多用于强制式搅拌机搅拌混凝土。

2) 搅拌时间

从砂、石、水泥和水等全部材料装入搅拌筒开始到开始卸料时所经历的时间称为混凝土的搅拌时间。混凝土搅拌时间是影响混凝土的质量和搅拌机生产率的一个主要因素。搅拌时间短，混凝土搅拌不均匀，且影响混凝土的强度；搅拌时间过长，混凝土的匀质性并不能显著增加，反而使混凝土和易性降低且影响混凝土搅拌机的生产率。混凝土搅拌的最短时间与搅拌机的类型和容量、骨料的品种、对混凝土流动性的要求等因素有关，应符合表 1-40 的规定。

混凝土搅拌的最短时间 (s)　　　　　　　　　　　表 1-40

混凝土坍落度 (cm)	搅拌机类型	搅拌机容量		
		< 250	250 ~ 500	> 500
≤ 3	自落式	90	120	150
	强制式	60	90	120
> 3	自落式	90	90	120
	强制式	60	60	90

注：1. 掺用外加剂时，搅拌时间应适当延长；
2. 全轻混凝土宜采用强制式搅拌机搅拌，砂轻混凝土可用自落式搅拌机搅拌，但搅拌时间均应延长 60 ~ 90s；
3. 轻骨料宜在搅拌前预湿。采用强制式搅拌机搅拌的加料顺序：先加粗细骨料和水泥搅拌 60s，再加水继续搅拌。采用自落式搅拌机的加料顺序是：先加 1/2 的用水量，然后加粗细骨料和水泥，均匀搅拌 60s，再加剩余用水量继续搅拌；
4. 当采用其他形式搅拌设备时，搅拌的最短时间应按设备说明书的规定经试验确定。

3）一次投料量

施工配合比换算是以每立方米混凝土为计算单位的，搅拌时要根据搅拌机的出料容量（即一次可搅拌出的混凝土量）来确定一次投料量。

【例 1-4】 按上例，已知条件不变，采用 400L 混凝土搅拌机。求搅拌时的一次投料量。

【解】

400L 搅拌机每次可搅拌出混凝土：

$$400L \times 0.65 = 260L = 0.26 \text{（m}^3\text{）}$$

则搅拌时的一次投料量：

水泥　　285（kg）× 0.26 = 74.1（取 75kg，一袋半）

砂　　　75 × 2.35 = 176.25（kg）

石子　　75 × 4.51 = 338.25（kg）

水　　　75 ×（0.63 − 2.28 × 3% − 4.47 × 1%）= 38.77（kg）

搅拌混凝土时，根据计算出的各组成材料的一次投料量，按重量投料。投料时允许偏差不得超过表 1-41 的规定：

原材料每盘称量的允许偏差　　　　**表 1-41**

材料名称	允许偏差
水泥、外掺混合材料	±2%
粗、细骨料	±3%
水、外加剂	±2%

各种衡器应定期校验，每次使用前应进行零点校核，保持计量准确；骨料含水率应经常测定；当遇雨天或含水率有显著变化时，应增加含水率检测次数，并及时调整水和骨料用量。

3. 混凝土的运输

混凝土由拌制地点运至浇筑地点的运输分为水平运输（地面水平运输和楼面水平运输）和垂直运输。常用的水平运输设备有：手推车、机动翻斗车、混凝土搅拌运输车、自卸汽车等；常用的垂直运输设备有：龙门架、井架、塔式起重机、混凝土泵等。混凝土运输设备的选择应根据建筑物的结构特点、运输的距离、运输量、地形及道路条件、现有设备情况等因素综合考虑确定。

（1）对混凝土运输的要求

1）混凝土在运输过程中不产生分层、离析现象。如有离析现象，必须在浇筑前进行二次搅拌。运至浇筑地点后，应具有符合浇筑时所规定的坍落度，见表 1-42。

混凝土浇筑时的最小坍落度　　　　**表 1-42**

结 构 种 类	坍 落 度（mm）	
	振捣器捣实	人工捣实
基础或地面等的垫层	10 ~ 30	20 ~ 40
无配筋的厚大结构（挡土墙、基础或厚大的块体等）或配筋稀疏的结构	10 ~ 30	30 ~ 50
板、梁及大、中型截面的柱子	30 ~ 50	50 ~ 70
配筋密列的结构（薄壁、斗仓、筒仓、细柱）	50 ~ 70	70 ~ 90
配筋特密的结构	70 ~ 90	90 ~ 120

注：1. 需要配制大坍落度混凝土时，应掺用外加剂；

2. 曲面或斜面结构的混凝土，其坍落度值应根据实际需要另行选定。

2）混凝土应以最少的转运次数、最短的时间，从搅拌地点运至浇筑地点。保证混凝土从搅拌机中卸出后到浇筑完毕的延续时间不超过表1-43的规定。

3）运输工作应保证混凝土的浇筑工作连续进行。

4）运送混凝土的容器应严密、不漏浆，容器的内壁应平整光洁、不吸水。粘附的混凝土残渣应及时清除。

（2）混凝土地面水平运输

地面水平运输设备有：手推车、机动翻斗车、搅拌运输车、自卸汽车等。

在施工现场搅拌站拌制混凝土，运距较小的场内运输宜采用手推车或机动翻斗车。机动翻斗车柴油机功率一般为7.4kW（10马力），车前装有容量为400L，载重10kN的翻斗。机动翻斗车结构简单，轻便灵活，能自动卸料。混凝土运输距离较远，从集中搅拌站或商品混凝土工厂运至施工现场，宜采用搅拌运输车，也可采用自卸汽车。

混凝土从搅拌机中卸出至浇筑完毕的延续时间（min）　　表1-43

混凝土强度等级	气温（℃）	
	< 25	≥25
≤ C30	120	90
> C30	90	60

注：1. 掺用外加剂或采用快硬水泥拌制混凝土时，应按试验确定；

2. 轻骨料混凝土的运输、浇筑延续时间应适当缩短。

混凝土搅拌运输车是将锥形倾翻出料式搅拌机装在载重汽车的底盘上。可以在运送混凝土的途中继续缓慢的搅拌，以防止在运距较远的情况下混凝土产生分层离析现象；也可以将水泥、砂、石、水装入搅拌运输车上的搅拌筒内，在往工地运送过程中搅拌；也可将水泥、砂、石装入搅拌筒中，在运输途中适当时间开动搅拌机并加入水，进行搅拌。

（3）混凝土垂直运输

混凝土垂直运输设备可采用龙门架、井架或塔式起重机等。

龙门架、井架运输适用于一般多层建筑施工。龙门架装有升降平台，手推车可以直接推到平台上。由龙门架完成垂直运输，由手推车完成地面水平运输和楼面水平运输。井架装有升降平台或混凝土自动倾卸料斗（翻斗），采用翻斗时，混凝土倾卸在翻斗内，垂直输送至楼面。

塔式起重机作为混凝土的垂直运输工具一般均配有料斗，料斗容积一般为0.4m³，上部开口装料，下部安装扇形手动闸门，可直接把混凝土卸入模板中。当工地搅拌站设在塔式起重机工作半径范围之内时，塔式起重机可完成地面、垂直及楼面运输而不需二次倒运。

（4）混凝土泵运输

混凝土泵运输又称泵送混凝土。是利用混凝土泵的压力将混凝土通过管道输送到浇筑地点，一次完成水平运输和垂直运输。混凝土泵运输具有输送能力大（最大水平输送距离可达800m，最大垂直输送高度可达300m）、效率高、连续作业、节省人力等优点，是施工现场运输混凝土的较先进的方法。

1）泵送混凝土设备

泵送混凝土设备有：混凝土泵、输送管和布料装置。

①混凝土泵。

混凝土泵按作用原理分为液压活塞式、挤压式和气压式三种。

液压活塞式混凝土泵是利用活塞的往复运动，将混凝土吸入和压出。将搅拌好的混凝土装入泵的料斗内，此时排出端片阀关闭，吸入端片阀开启，在液压作用下，活塞向液压缸体方向移动，混凝土在自重及真空吸力作用下，进入混凝土缸内。然后活塞向混凝土缸体方向移动，吸入端片阀关闭，压出端片阀开后，混凝土被压入管道中，输送至浇筑地点。单缸混凝土泵出料是脉冲式的，所以一般混凝土泵都有并列两套缸体，交替出料，使出料稳定。将混凝土泵装在汽车底盘上，组成混凝土泵车，转移方便、灵活，适用于中小型工地施工。

挤压式混凝土泵是利用泵室内的滚轮挤压装有混凝土的软管，软管受局部挤压使混凝土向前推移。泵室内保持高度真空，软管受挤压而后扩张，管内形成负压，将料斗中混凝土不断吸入，滚轮不断挤压软管，使混凝土不断排出，如此连续运转。

气压式混凝土泵是以压缩空气为动力使混凝土沿管道输送至浇筑地点。其设备由空气压缩机、贮气罐、混凝土泵（亦称混凝土浇筑机或混凝土压送器）、输送管道、出料器等组成。

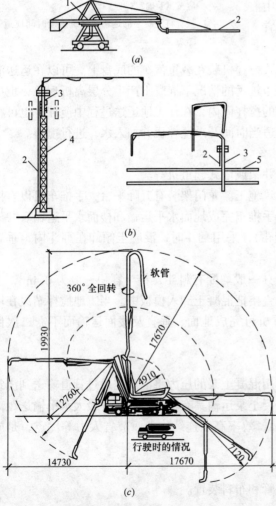

图 1-133　布料杆示意图
1—转盘；2—输送管；3—支柱；4—塔架；5—楼面

②混凝土输送管输送。

混凝土输送管有直管、弯管、锥形管和浇筑软管等。直管、弯管的管径以100、125、150mm 三种为主，直管标准长度以 4.0m 为主；另有 3.0、2.0、1.0、0.5m 四种管长作为调整布管长度用。弯管的角度有 15°、30°、45°、60°、90°五种，以适应管道改变方向的需要。锥形管长度一般为 1.0m，用于两种不同管径输送管的连接。直管、弯管、锥形管用合金钢制成，浇筑软管用橡胶或螺旋形弹性金属制成。软管接在管道出口处，在不移动钢干管的情况下，可扩大布料范围。

③布料装置。

混凝土泵连续输送的混凝土量很大，为使输送的混凝土直接浇筑到模板内，应设置具有输送和布料两种功能的布料装置（称为布料杆）。

布料装置应根据工地的实际情况和条件来选择，如图 1-133 所示为一种移动式布料装置，放在楼面上使用，其臂架可回转 360°，可将混凝土输送到其工作范围内的浇筑地点。此外，还可将布料杆装在塔式起重机上；也可将混凝土泵和布料杆装在汽车底盘上，组成布料杆泵车，用于基础工程或多层建筑混凝土浇筑。

2）泵送混凝土的原材料和配合比

混凝土在输送管内输送时应尽量减少与管壁间摩阻力，应使混凝土流通顺利，不产生离析现象。选择泵送混凝土的原料和配合比应满足泵送的要求。

①粗骨料。

粗骨料宜优先选用卵石。当水灰比相同时卵石混凝土比碎石混凝土流动性好，与管道摩阻力小。为减小混凝土与输送管道内壁的摩阻力，应限制粗骨料最大粒径 d 与输送管内径 D 之比值。一般粗骨料为碎石时，$d \leqslant D/3$；粗骨料为卵石时 $d \leqslant D/2.5$。

②细骨料。

骨料颗粒级配对混凝土的流动性有很大影响，为提高混凝土的流动性和防止离析，泵送混凝土中通过 0.135mm 筛孔的砂应不小于 15%，含砂率宜控制在 40%～50%。

③水泥用量。

水泥用量过少，混凝土易产生离析现象。泵送混凝土最小水泥用量为 300kg/m³。

④混凝土的坍落度。

混凝土的流动性大小是影响混凝土与输送管内壁摩阻力大小的主要因素，泵送混凝土的坍落度宜为 80～180mm。

⑤为了提高混凝土的流动性，减小混凝土与输送管内壁摩阻力，防止混凝土离析，宜掺入适量的外加剂。

3）泵送混凝土施工的有关规定

泵送混凝土施工时，除事先拟定施工方案、选择泵送设备、做好施工准备工作外，在施工中应遵守如下规定：

①混凝土的供应，必须保证混凝土泵能连续工作；

②输送管线的布置应尽量直，转弯宜少且缓，管与管接头严密；

③泵送前应先用适量的与混凝土内成分相同的水泥浆或水泥砂浆润滑输送管内壁；

④预计泵送间歇时间超过 45min 或混凝土出现离析现象时，应立即用压力水或其他方法冲洗管内残留的混凝土；

⑤泵送混凝土时，泵的受料斗内应经常有足够的混凝土，防止吸入空气形成阻塞；

⑥输送混凝土时，应先输送远处混凝土，使管道随混凝土浇筑工作的逐步完成，逐步拆管。

4. 混凝土的浇筑与振捣

将混凝土浇筑到模板内并振捣密实是保证混凝土工程质量的关键。对于现浇钢筋混凝土结构混凝土工程施工，应根据其结构特点合理组织分层分段流水施工，并应根据总工程量、工期以及分层分段的具体情况，确定每工作班的工程量。根据每班工程量和现有设备条件，选择混凝土搅拌机、运输及振捣设备的类型和数量并严格按照《混凝土结构工程施工质量验收规范》的要求进行施工，以确保混凝土工程质量。

（1）混凝土浇筑前的准备工作

由于混凝土属于隐蔽工程，在浇筑混凝土前应进行隐蔽工程验收，检查浇筑项目的轴线、标高以及模板、支架、钢筋、预埋件和预留孔道的正确性和安全性，并进行混凝土施工的技术交底。

浇筑基础混凝土时，还应验槽，如有局部软土层应将其挖除；如发现洞穴，通知设计单位处理；如有积水，或处于地下水范围内，应采取排水措施，并将泥浆清除。

（2）混凝土浇筑

为确保混凝土工程质量，混凝土浇筑工作必须遵守下列规定：

1）混凝土的自由下落高度

浇筑混凝土时为避免发生离析现象，混凝土自高处倾落的自由高度（称自由下落高度）不应超过 2m。自由下落高度较大时，应使用溜槽或串筒，以防止混凝土产生离析。溜槽一般用木板制作，表面包薄钢板，使用时其水平倾角不宜超过 30°。串筒用薄钢板制成，每节筒长 700mm 左右，用钩环连接，筒内设有缓冲挡板。

2）混凝土分层浇筑

为了使混凝土能够振捣密实，浇筑时应分层浇筑、振捣，并在先浇的混凝土初凝之前，将后浇混凝土浇筑并振捣完毕。如果在先浇混凝土已经初凝以后，再浇筑上面一层混凝土，在振捣后浇混凝土时，先浇混凝土由于受振动，已凝结的混凝土结构就会遭到破坏。混凝土分层浇筑时每层的厚度应符合表 1-44 的规定。

混凝土浇筑层的厚度　　　　　　　　　　　　　　　　表 1-44

捣实混凝土的方法	浇筑层的厚度（mm）
插入式振捣	振捣器作用部分长度的 1.25 倍
表面振动	200
人工捣实 1. 在基础、无筋混凝土或配筋稀疏的结构中 2. 在梁、墙板、柱结构中 3. 在配筋密列的结构中	 250 200 150
轻骨料混凝土　　插入式振捣	300
表面振动（振动时需加荷）	200

3）竖向结构混凝土浇筑

竖向结构（墙、柱等）浇筑混凝土前，底部应先填 50～100mm 厚与混凝土内砂浆成分相同的水泥砂浆。砂浆应用铁铲入模，不应用料斗直接倒入模内。浇筑墙体洞口时，要使洞口两侧混凝土高度大体一致。振捣时，振动棒应距洞边 300mm 以上，并从两侧同时振捣，以防止洞口变形。大洞口下部模板应开口并补充振捣。浇筑时不得发生离析现象。当浇筑高度超过 3m 时，应采用串筒、溜槽或振动串筒下落。

4）梁和板混凝土的浇筑

在一般情况下，梁和板的混凝土应同时浇筑。较大尺寸的梁（梁的高度大于 1m）、拱和类似的结构，可单独浇筑。

在浇筑与柱和墙连成整体的梁和板时，应在柱和墙浇筑完毕后停歇 1～1.5h，使其获得初步沉实后，再继续浇筑梁和板。

5）施工缝

浇筑混凝土应连续进行，如必须间歇，间歇时间应尽量缩短。间歇的最长时间应按所用水泥品种及混凝土凝结条件确定。混凝土在浇筑过程中的最大间歇时间，不得超过表

1-45的规定。

混凝土浇筑中的最大间歇时间（min）

表 1-45

混凝土强度等级	气 温（℃）	
	< 25	≥ 25
≤ C30	210	180
> C30	180	150

注：1. 本表数字包括混凝土的运输和浇筑时间；
　　2. 当混凝土中掺有促凝或缓凝型外加剂时，浇筑中最大间歇时间应根据试验结果确定。

由于技术上或组织上的原因，混凝土不能连续浇筑完毕，如中间间歇时间超过了表 1-45 规定的混凝土运输和浇筑所允许的延续时间，这时由于先浇筑的混凝土已经凝结，继续浇筑时，后浇筑的混凝土的振捣，将破坏先浇筑的混凝土的凝结。在这种情况下应留置施工缝（新旧混凝土接槎处称为施工缝）。

①施工缝的位置。

施工缝的位置应在混凝土浇筑之前确定，宜留在结构受剪力较小且便于施工的部位。柱应留水平缝，梁、板应留垂直缝。

柱宜留置在基础的顶面、梁或吊车梁牛腿的下面、吊车梁的上面、无梁楼板柱帽的下面；和板连成整体的大截面梁，留置在板底面以下 20～30mm 处。当板下有梁托时，留在梁托下部。

单向板，留置在平行于板的短边的任何位置。

有主次梁的楼板，宜顺着次梁方向浇筑，施工缝宜留置在次梁跨度的中间 1/3 的范围内。如图 1-134 所示。

墙留置在门洞口过梁跨中 1/3 范围内，也可留在纵横墙的交接处。

双向受力楼板、大体积混凝土结构、拱、薄壳、蓄水池、斗仓、多层钢架及其他结构复杂的工程，施工缝的位置应按设计要求留置。

②施工缝的处理。

在留置施工缝处继续浇筑混凝土时，已浇筑的混凝土，其抗压强度应不小于 1.2MPa（混凝土强度达到 1.2MPa 的时间可通过试件试验决定）。

在已硬化的混凝土表面上，应清除水泥薄膜和松动石子以及软弱混凝土层，并加以充分湿润和冲洗干净，不得积水。

在浇筑混凝土前，施工缝处宜先铺水泥浆或与混凝土成分相同的水泥砂浆一层。浇筑时混凝土应细致捣实，使新旧混凝土紧密结合。

③后浇带的设置。

后浇带是为在现浇钢筋混凝土结构施工过程中，克服由于温度、收缩而可能产生有害裂缝而设置的临时施工缝，该缝需根据设计要求保留一

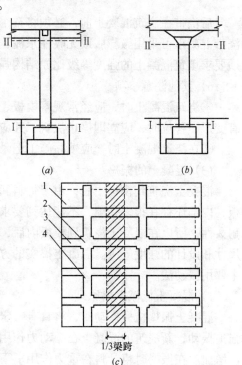

(a) (b)

1/3梁跨

(c)

图 1-134　施工缝位置

（a）、（b）柱子施工缝位置；

（c）肋形楼盖施工缝位置

Ⅰ—Ⅰ 为柱下部施工缝位置；

Ⅱ—Ⅱ 为柱上部施工缝位置

1—楼板；2—柱；3—次梁；4—主梁

段时间后再浇筑，将整个结构连成整体。

后浇带的设置距离，应考虑在有效降低温差和收缩应力的条件下，通过计算来获得。在正常的施工条件下，有关规范对此的规定是，如混凝土置于室内和土中，则为30m；如在露天，则为20m。

后浇带的保留时间应根据设计确定，若设计无要求时，一般至少保留28d以上。

后浇带的宽度应考虑施工简便，避免应力集中。一般其宽度为70～100cm。后浇带内的钢筋应完好保存。后浇带的构造如图1-135所示。

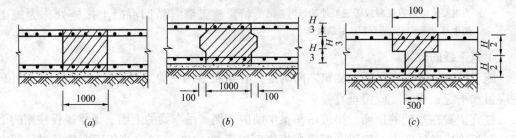

图1-135 后浇带构造
（a）平接式；（b）企口式；（c）台阶式

后浇带在浇筑混凝土前，必须将整个混凝土表面按照施工缝的要求进行处理。填充后浇带混凝土可采用微膨胀或无收缩水泥，也可采用普通水泥加入相应的外加剂拌制，但必须要求填筑混凝土的强度等级比原结构强度提高一级，并保持至少15d的湿润养护。

6）其他注意事项

①浇筑混凝土时，应经常观察模板、支架、钢筋、预埋件和预留孔洞的情况。当发现有变形、移位时，应立即停止浇筑，并应在已浇筑的混凝土凝结前修整完好；

②在浇筑混凝土时，应填写施工记录。

（3）混凝土的振捣

混凝土浇筑到模板中后，由于骨料间的摩阻力和水泥浆的粘结作用，不能自动充满模板，内部还存在很多孔隙，不能达到要求的密实度。而混凝土的密实性直接影响其强度和耐久性，所以在混凝土浇筑到模板内后，必须进行捣实，使之具有设计要求的结构形状、尺寸和设计的强度等级。混凝土捣实的方法有人工振捣和机械振捣。机械振捣在施工现场主要用振动法。

1）混凝土机械振捣原理

混凝土振捣机械振动时，将具有一定频率和振幅的振动力传给混凝土，使混凝土发生强迫振动，新浇筑的混凝土在振动力作用下，颗粒之间的粘着力和摩阻力大大减小，流动性增加。在振捣时粗骨料在重力作用下下沉，水泥浆均匀分布填充骨料空隙，气泡逸出，孔隙减小，游离水分被挤压上升，使原来松散堆积的混凝土充满模型，提高密实度。振动停止后，混凝土重新恢复其凝聚状态，逐渐凝结硬化。机械振捣比人工振捣效果好，混凝土密实度提高，水灰比可以减小。

2）混凝土振捣设备

混凝土振捣机械按其传递振动的方式分为：内部振动器、表面振动器、附着式振动器和振动台。在施工工地主要使用内部振动器和表面振动器。

①内部振动器。

内部振动器又称为插入式振动器（振动棒），多用于振捣现浇基础、柱、梁、墙等结构构件和厚大体积设备基础的混凝土捣实。

内部振动器由电动机、软轴和振动棒三部分组成。按产生振动的原理分为偏心式和行星式两类；按振动频率分为低频（1500～3000r/min）、中频（5000～8000r/min）和高频（10000r/min）三种。

偏心式振动器原理是安装在振动棒中心的具有偏心块的转轴转动，在高速旋转时产生的离心力，使振动棒壳体产生振动。这种振动器的振动频率为6000r/min左右，机械磨损较大。

行星滚锥式振动器原理是电动机通过软轴带动滚锥，它在旋转时除自转外，还绕着滚道作公转，从而形成滚锥体的行星运动，使振动棒振动，产生的振动频率较高达12000～15000r/min，因而应用较普遍。采用插入式振动器捣实混凝土时，振动棒宜垂直插入混凝土中，为使上下层混凝土结合成整体，振动棒应插入下层混凝土50mm。振动器移动间距不宜大于作用半径的1.5倍；振动器距离模板，不应大于振动器作用半径的1/2；并应避免碰撞钢筋、模板、芯管、吊环或预埋件。插点的布置如图1-136所示。

②表面振动器

表面振动器又称平板式振动器，是将振动器安装在底板上，振捣时将振动器放在浇筑好的混凝土结构表面，振动力通过底板传给混凝土，使用时振动器底板与混凝土接触，每一个位置振捣到混凝土不再下沉，表面返出水泥浆时为止，再移动到下一个位置。平板振动器的移动间距，应能保证振动器的底板覆盖已振实部分的边缘。

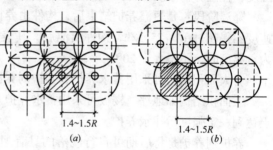

图1-136 插点布置
（a）行列式；（b）交错式

5. 混凝土养护

混凝土的凝结硬化是水泥水化作用的结果，而水泥的水化作用只有在适当的温度和湿度条件下才能顺利进行。混凝土的养护，就是创造一个具有适合的温度和湿度的环境，使混凝土凝结硬化，逐渐达到设计要求的强度。混凝土的养护方法很多，最常用的是对混凝土试块的标准条件下的养护，对预制构件的蒸汽养护，对一般现浇钢筋混凝土结构的自然养护等。

（1）自然养护

自然养护是在常温下（平均气温不低于+5℃）用适当的材料（如草帘）覆盖混凝土，并适当浇水，使混凝土在规定的时间内保持足够的湿润状态。

混凝土的自然养护应符合下列规定：

1）在混凝土浇筑完毕后，应在12h以内加以覆盖和浇水；

2）混凝土的浇水养护日期：硅酸盐水泥、普通硅酸盐水泥和矿渣硅酸盐水泥拌制的混凝土，不得少于7d；掺用缓凝型外加剂或有抗渗性要求的混凝土，不得少于14d；

3）浇水次数应能保持混凝土具有足够的润湿状态为准，养护初期，水泥水化作用进行较快，需水也较多，浇水次数要多；气温高时，也应增加浇水次数；

4）养护用水的水质与拌制用水相同。

（2）蒸汽养护

蒸汽养护是将构件放在充有饱和蒸汽或蒸汽空气混合物的养护室内，在较高的温度和相对湿度的环境中进行养护，以加快混凝土的硬化。

蒸汽养护制度包括：养护阶段的划分，静停时间，升、降温速度，恒温养护温度与时间，养护室相对湿度等。

常压蒸汽养护过程分为四个阶段：静停阶段、升温阶段、恒温阶段及降温阶段。

静停阶段：构件在浇筑成型后先在常温下放一段时间，称为静停，静停时间一般为 2 ~ 6h，以防止构件表面产生裂缝和疏松现象。

升温阶段：构件由常温升到养护温度的过程。升温速度不宜过快，以免由于构件表面和内部产生过大温差而出现裂缝。升温速度为：薄形构件不超过 25℃/h，其他构件不超过 20℃/h，用干硬性混凝土制作的构件，不得超过 40℃/h。

恒温阶段：温度保持不变的持续养护时间。恒温养护阶段应保持 90% ~ 100% 的相对湿度，恒温养护温度不得大于 95℃。恒温养护时间一般为 3 ~ 8h。

降温阶段：是恒温养护结束后，构件由养护最高温度降至常温的散热降温过程。降温速度不得超过 10 ~ 25℃/h，构件出池后，其表面温度与外界温差不得大于 40℃，当室外为负温度时，不得大于 20℃。

对大面积结构可采用蓄水养护和养护剂养护。

大面积结构如地坪、楼板可采用蓄水养护。贮水池一类结构，可在拆除内模板，混凝土达到一定强度后注水养护。

养护剂养护是将后期可自行脱落的具有塑料性质的溶液喷涂在已凝结的混凝土表面上，经挥发，形成一层薄膜，使混凝土表面与空气隔绝，混凝土中的水分不再蒸发，内部保持湿润状态，以利混凝土强度增长。这种方法多用于不便于覆盖塑料布和不便于保水的构件（结构）等。其配合比可参考表 1-46。

塑料溶液配合比参考表 表 1-46

粗苯作溶剂		溶剂油作溶剂	
粗　　　苯	86%	溶剂油	87.5%
过氯乙烯树脂	9.5%	过氯乙烯树脂	10%
苯二甲酸二丁酯	4%	苯二甲酸二丁酯	2.5%
丙　　　酮	0.5%		

6. 大体积混凝土

大体积混凝土，是指现浇混凝土结构的几何尺寸较大，以至于必须采用相应的技术措施以处理温差值，解决温度应力并控制裂缝开展的结构。

大体积混凝土与普通钢筋混凝土相比，具有结构厚、体形大、钢筋密、混凝土数量多、工程条件复杂和施工技术要求高等特点。大体积混凝土在高层建筑、高耸结构物以及大型设备基础中广泛采用。这类大体积混凝土结构，由外荷载引起裂缝的可能性较小。但由于水泥水化过程中释放的水化热引起的温度变化和混凝土收缩而产生的温度应力和收缩应力，是产生裂缝的主要因素。这些裂缝往往给工程带来不同程度的危害，因此除了必须满足强度、刚度、整体性和耐久性要求以外，还必须控制温度变形裂缝的开展。

（1）混凝土浇筑方案

大体积混凝土浇筑时，为保证结构的整体性和施工的连续性，采用分层浇筑时，应保证在下层混凝土初凝前将上层混凝土浇筑完毕。一般有三种浇筑方案，如图1-137所示

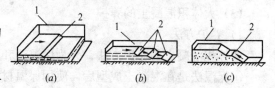

图 1-137　厚大体积混凝土浇筑方案
（a）全面分层；（b）分段分层；（c）斜面分层
1—模板；2—新浇混凝土

1）全面分层

图 1-137（a）为全面分层浇筑方案。在整个模板内，将结构分成若干个厚度相等的浇筑层，浇筑区的面积即为基础平面面积。浇筑混凝土时从短边开始，沿长边方向进行浇筑，要求在逐层浇筑过程中，第二层混凝土要在第一层混凝土初凝前浇筑完毕。为此要求每层浇筑都要有一定的速度（称浇筑强度），其浇筑强度可按下式计算：

$$Q = \frac{H \cdot F}{T_1 - T_2} \tag{1-49}$$

式中　　Q——混凝土浇筑强度（m³/h）；

H——混凝土分层浇筑时的厚度应符合表 4-29 的要求；

F——混凝土浇筑区的面积（m²）；

T_1——混凝土的初凝时间（h）；

T_2——混凝土的运输时间（h）。

如果按上式计算所得的浇筑强度很大，相应需要配备的混凝土搅拌机和运输、振捣设备量也较大，所以，全面分层方案一般适于平面尺寸不大的结构。

2）分段分层

图 1-137（b）为分段分层方案。当采用全面分层方案时浇筑强度很大，现场混凝土搅拌机、运输和振捣设备均不能满足施工要求时，可采用分段分层方案。浇筑混凝土时结构沿长边方向分成若干段，浇筑工作从底层开始，当第一层混凝土浇筑一段长度后，便回头浇筑第二层，当第二层浇筑一段长度后，回头浇筑第三层，如此向前呈阶梯形推进。分段分层方案适于结构厚度不大而面积或长度较大时采用。

3）斜面分层

图 1-137（c）为斜面分层方案。采用斜面分层方案时，混凝土一次浇筑到顶，由于混凝土自然流淌而形成斜面。混凝土振捣工作从浇筑层下端开始逐渐上移。斜面分层方案多用于长度较大的结构。

（2）大体积混凝土的振捣

混凝土振捣应采用振捣棒振捣。振捣棒操作，要做到"快插慢拔"。在振捣过程中，宜将振动棒上下略有抽动，以便上下均匀振动。分层连续浇筑时，振捣棒应插入下层50mm，以消除两层间的接触层。每点振捣时间一般以 10~30s 为宜，还应视混凝土表面呈水平不再显著下沉、不再出现气泡、表面泛出灰浆为宜。

在振动界线以前对混凝土进行二次振捣，排除混凝土因泌水在粗骨料、水平钢筋下部

生成的水分和空隙，提高混凝土与钢筋的握裹力，防止因混凝土沉落而出现的裂缝，减少内部微裂，增加混凝土密实度，使混凝土的抗压强度提高，从而提高抗裂性。

（3）大体积混凝土的养护

1）养护方法

大体积混凝土的养护方法，分为保温法和保湿法两种。

①保温法是在混凝土成型后，使用保温材料（塑料薄膜、草袋等）覆盖养护，减少混凝土表面的热扩散和温度梯度，防止产生表面裂缝。同时延长散热时间，充分发挥混凝土的潜力和材料的松弛特性，使混凝土的平均总温差所产生的拉应力小于混凝土抗拉强度，防止产生贯穿裂缝。

②保湿法是在混凝土浇筑成型后，用洒水、喷水、蓄水养护，使刚浇筑不久的混凝土在适宜的潮湿条件下，以防止混凝土表面脱水而产生干缩裂缝。同时可使水泥的水化作用顺利进行，提高混凝土的极限抗拉强度。

2）养护时间

为了确保新浇筑的混凝土有适宜的硬化条件，防止在早期由于干缩而产生裂缝，大体积混凝土浇筑完毕后，应在 12h 内加以覆盖浇水。普通硅酸盐水泥拌制的混凝土养护时间不得少于 14d；矿渣水泥、火山灰水泥等拌制的混凝土养护时间不得少于 21d。

（4）水化热对大体积混凝土浇筑质量的影响

大体积混凝土浇筑完毕后，由于水泥水化作用所放出的热量使混凝土内部温度逐渐升高。与一般结构相比较，大体积混凝土内部水化热不易散出，结构表面与内部温度不一致，外层混凝土热量很快散发出去，而内部混凝土热量散发较慢，内外温度变形不同，产生温度应力，在混凝土中产生拉应力，若拉应力超过混凝土的抗拉强度时，混凝土表层将产生裂缝，影响混凝土的浇筑质量。

在施工中为避免大体积混凝土由于温度应力作用而产生裂缝，可采取以下技术措施：

1）优先选用低水化热的矿渣水泥拌制混凝土，并适当使用缓凝减水剂。

2）在保证混凝土设计强度等级前提下，适当降低水灰比，减少水泥用量。

3）降低混凝土的入模温度，控制混凝土内外的温差（当设计无要求时，控制在 25℃以内）。如降低拌合水温度（拌合水中加冰屑或用地下水）；骨料用水冲洗降温，避免暴晒。

4）及时对混凝土覆盖保温、保湿材料。

5）可预埋冷却水管，通入循环水将混凝土内部热量带出，进行人工导热。

【例 1-5】　设备基础长 30m，宽 10m，高 5m，采用全面分层浇筑混凝土，不留施工缝，每层厚为 0.3m。采用 J_1-400 型自落式搅拌机拌制混凝土，每一循环时间为 3min。求所需搅拌机台数和浇筑混凝土的延续时间。

【解】

$$F = 10 \times 30 = 300 \ (\mathrm{m}^2), \ H = 0.3 \ (\mathrm{m}), \ T_1 - T_2 = 2 \ (\mathrm{h})$$

混凝土浇筑强度为

$$Q = \frac{10 \times 30 \times 0.3}{2} = 45 \ (\mathrm{m}^3/\mathrm{h})$$

搅拌机生产率 P（取 $K = 0.80$）

$$P = 0.8 \times \frac{3600}{3 \times 60} \times 0.26 = 4.16 \ (\text{m}^3/\text{h})$$

所需台数

$$N = \frac{Q}{P} = \frac{45}{4.16} = 10.8 \ (\text{台})$$

共需搅拌机 10.8 台 ≈ 11 台，实际施工时配置 12 台，1 台备用。

混凝土浇筑延续时间 t_1

$$t_1 = \frac{30 \times 10 \times 5}{4.16 \times 11} = 32.8 \ (\text{h})$$

四、钢筋混凝土框架结构工程

（1）多层框架按分层分段施工。水平方向以结构平面的伸缩缝分段，垂直方向按结构层次分层。在每层中先浇筑柱，再浇筑梁、板。

浇筑一排柱的顺序应从两端同时开始，向中间推进，以免因浇筑混凝土后由于模板吸水膨胀，断面增大而产生横向推力，最后使柱发生弯曲变形。

柱子浇筑宜在梁板模板安装后、钢筋未绑扎前进行，以便利用梁板模板稳定柱模及作为浇筑柱混凝土操作平台之用。

（2）浇筑混凝土时，浇筑层的厚度不得超过表 1-44 的数值。

（3）浇筑混凝土时应连续进行，如必须间歇时，应按表 1-45 规定执行。

（4）混凝土浇筑过程中，要分批做坍落度试验，如坍落度与原规定不符时，应及时调整配合比。

（5）混凝土浇筑过程中，要保证混凝土保护层厚度及钢筋位置的正确性。不得踩踏钢筋，不得移动预埋件和预留孔洞的原来位置，如发现偏差和位移，应及时校正。特别要重视竖向结构的保护层和板、雨篷结构负弯矩部分钢筋的位置。

（6）在竖向结构中浇筑混凝土时，应遵守下列规定：

1）柱子应分段浇筑，边长大于 40cm 且无交叉箍筋时，每段的高度不应大于 3.5m。

2）墙与隔墙应分段浇筑，每段的高度不应大于 3m。

3）采用竖向串筒浇灌混凝土时，竖向结构的浇筑高度可不加限制。

凡柱断面在 40cm×40cm 以内，并有交叉箍筋时，应在柱模侧面开不小于 30cm 高的门洞，装上斜溜槽分段浇筑，每段高度不得超过 2m。

4）分层施工开始浇筑上一层柱时，底部应先填以 5～10cm 厚水泥砂浆一层，其成分与浇筑混凝土内砂浆成分相同，以免底部产生蜂窝现象。

在浇筑剪力墙、薄墙、立柱等狭深结构时，为避免混凝土浇筑至一定高度后，由于积聚大量浆水而可能造成混凝土强度不匀的现象，宜在浇筑到适当的高度时，适量减少混凝土的配合比用水量。

（7）肋形楼板的梁板应同时浇筑，浇筑方法应先将梁根据高度分层浇捣成阶梯形，当达到板底位置时即与板的混凝土一起浇捣，随着阶梯形的不断延长，则可连续向前推进。倾倒混凝土的方向应与浇筑方向相反。

当梁的高度大于 lm 时，允许单独浇筑，施工缝可留在距板底面以下 2～3cm 处。

（8）浇筑无梁楼盖时，在离柱帽下 5cm 处暂停，然后分层浇筑柱帽，下料必须在柱帽中心，待混凝土接近楼板底面时，即可连同楼板一起浇筑。

（9）当浇筑柱梁及主次梁交叉处的混凝土时，一般钢筋较密集。特别是上部负钢筋又粗又多。因此，既要防止混凝土下料困难，又要注意砂浆挡住石子下不去。必要时，这一部分可改用细石混凝土进行浇筑，与此同时。振捣棒头可改用片式并辅以人工捣固配合。

（10）梁板施工缝可采用企口式接缝或垂直立缝的做法，不宜留坡槎。

在预定留施工缝的地方，在板上按板厚放一木条，在梁上闸以木板，其中间要留切口通过钢筋。

第六节　预应力混凝土工程

预应力原理是在结构（构件）受拉区预先施加压力产生预压应力，从而使结构（构件）在使用阶段产生的拉应力首先抵消预压应力，从而推迟了裂缝的出现和限制裂缝的开展，提高了结构（构件）的抗裂度和刚度。

预应力混凝土与普通钢筋混凝土相比，具有抗裂性好、刚度大、材料省、自重轻、结构寿命长等优点，为建造大跨度结构创造了条件。预应力混凝土已由单个预应力混凝土构件发展成整体预应力混凝土结构，广泛应用于土建、桥梁、管道、水塔、电杆和轨枕以及电视塔、核电站安全壳等领域。

预应力混凝土按施工方式不同可分为：预制预应力混凝土、现浇预应力混凝土和叠合预应力混凝土等。按预加应力的方法不同可分为：先张法预应力混凝土和后张法预应力混凝土。先张法是在混凝土浇筑前张拉钢筋，预应力是靠钢筋与混凝土之间的粘结力传递给混凝土。后张法是在混凝土达到一定强度后张拉钢筋，预应力靠锚具传递给混凝土。在后张法中，按预应力筋粘结状态又可分为：有粘结预应力混凝土和无粘结预应力混凝土。前者在张拉后通过孔道灌浆使预应力筋与混凝土相互粘结，后者由于预应力筋涂有油脂。预应力只能永久地靠锚具传递给混凝土。

一、预应力混凝土材料

1. 混凝土

在预应力混凝土结构中所采用的混凝土应具有高强、轻质和高耐久性的性质。一般要求混凝土的强度等级不低于 C30。目前，我国在一些重要的预应力混凝土结构中，已开始采用 C50～C60 的高强混凝土，最高混凝土强度等级已达到 C80，并逐步向更高强度等级的混凝土发展。国外混凝土的平均抗压强度每 10 年提高 5～10MPa，现已出现抗压强度高达 200MPa 的混凝土。

2. 预应力钢筋

预应力筋通常由单根或成束的钢丝、钢绞线或钢筋组成。

对预应力筋的基本要求是高强度、较好的塑性以及较好的粘结性能。

（1）高强钢筋

高强钢筋可分为冷拉热轧低合金钢筋和热处理低合金钢筋两种。

（2）高强钢丝

常用的高强钢丝分为冷拉和矫直回火两种，按外形分为光面、刻痕和螺旋肋三种。常用的高强钢丝的直径（mm）有：4.0、5.0、6.0、7.0、8.0、9.0 等几种。

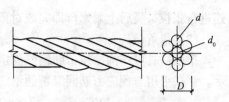

图 1-138　预应力钢绞线的截面

D—钢绞线直径；d_0—中心钢丝直径；

d—外层钢丝直径

（3）钢绞线

钢绞线是用冷拔钢丝绞扭而成，其方法是在绞线机上以一种稍粗的直钢丝为中心，其余钢丝则围绕其进行螺旋状绞合（图 1-138），再经低温回火处理即可。

（4）无粘结预应力钢筋

无粘结预应力钢筋是一种在施加预应力后沿全长与周围混凝土不粘结的预应力筋，它由预应力钢材、涂料层和包裹层组成（图 1-139）。

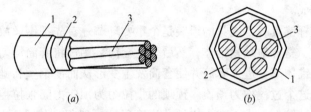

图 1-139　无粘结预应力筋

（a）无粘结预应力筋；（b）截面示意

1—聚乙烯塑料套管；2—保护油脂；3—钢绞线或钢丝束

二、锚具和夹具

1. 锚具

锚具是后张法结构或构件中为保持预应力筋拉力，并将其传递到混凝土上用的永久性锚固装置。锚具的种类很多，各有一定的适用范围。

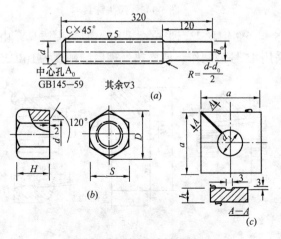

图 1-140　螺丝端杆锚具

（a）螺丝端杆；（b）螺母；（c）垫板

（1）螺丝端杆锚具

螺丝端杆锚具适用于锚固直径不大于 36mm 的冷拉 HRB335、HRB400 级与 RRB400 级钢筋。它是由螺丝端杆、螺母和垫板组成，如图 1-140 所示。螺丝端杆采用 45 号钢制作，螺母和垫板采用 3 号钢制作。螺丝端杆的长度一般为 320mm，当预应力构件长度大于 24m 时，可根据实际情况增加螺丝端杆的长度，螺丝端杆的直径按预应力钢筋的直径对应选取。螺丝端杆与预应力钢筋的焊接，应在预应力钢筋冷拉前进行。螺丝端杆与预应力筋焊接后，同张拉机械相连进行张拉，最后上紧螺母即完成对预应力钢筋的锚固。

(2) 帮条锚具

帮条锚具可作为冷拉带肋钢筋固定端锚具用。它是由帮条和衬板组成，如图 1-141 所示。帮条采用与预应力筋同级别的钢筋，衬板采用普通低碳钢钢板。帮条施焊时，严禁将地线搭在预应力筋上并严禁在预应力筋上引弧，三根帮条与衬板相接触的截面应在一个垂直平面上，以免受力时产生扭曲。帮条的焊接可在预应力筋冷拉前或冷拉后进行。

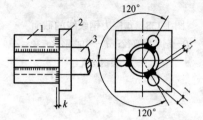

图 1-141 帮条锚具

1—帮条；2—衬板；3—预应力筋

(3) 锥形螺杆锚具

锥形螺杆锚具适用于锚固 14~28ϕ^s5 钢丝束。它是由锥形螺杆、套筒、螺母和垫板组成，如图 1-142 所示。锥形螺杆和套筒均采用 45 号钢制成，螺母和垫板采用 3 号钢制成。

当采用锥形螺杆锚具时，锚具的组装是个重要环节。首先把钢丝放在锥形螺杆的锥体部分，使钢丝均匀、整齐地贴紧锥体，然后套上套筒，用锤将套筒均匀地打紧，最后用拉伸机使锥形螺杆的锥体部分进入套筒并使套筒发生变形从而使钢丝和锥形锚具的套筒、端杆锚成一个整体。这个过程称为预顶。预顶的张拉力为预应力筋张拉控制应力的 1.05 倍。锥形螺杆锚具其外径较大，为了减小构件孔道直径，一般仅在构件两端扩大孔道。因此，预应力钢丝束只能预先组装一端的锚具，而另一端则在钢丝束穿过孔道后，在现场组装。

(4) 镦头锚具

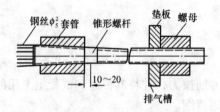

图 1-142 锥形螺杆锚具

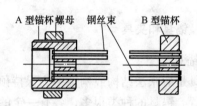

图 1-143 镦头锚具

镦头锚具适用于锚固任意根数的 ϕ^s5 与 ϕ^s7 钢丝束。张拉端采用 A 型镦头锚具，由锚杯和螺母组成，如图 1-143 所示。锚杯采用 45 号钢制作，调质热处理后的硬度为 HRC25~30，锚杯的内外壁均有丝扣，内丝扣用于连接张拉螺杆，外丝扣用于拧紧螺母锚固预应力筋，锚固杯四周钻孔，以固定钢丝的镦头。螺母采用 30 号钢或 45 号钢制作。固定端采用 B 型镦头锚具，由锚板组成。锚板采用 45 号钢制作，调质热处理后的硬度为 HRC25~30，铺板四周钻孔，以固定钢丝的镦头。ϕ^s5 钢丝镦粗头的直径为 7~7.5mm，高度为 4.8~5.3mm，头型不

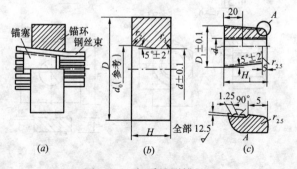

图 1-144 钢质锥形锚具

(a) 装配图；(b) 锚塞；(c) 锚环

应偏歪。

(5) 钢质锥形锚具

钢质锥形锚具适用于锚固 6～30 根 $\phi^s 5$ 或 12～24 根 $\phi^s 7$ 钢丝束。它是由锚环和锚塞组成，如图 1-144 所示。锚环采用 45 号钢制成，经调质热处理后硬度为 HRC22～25；锚塞采用 45 号钢或 T7、T3 碳素工具钢，热处理后硬度为 HRC55～58。锚塞表面刻有细齿槽，以防止被夹紧的预应力钢丝滑动。

(6) KT-Z 型锚具

KT-Z 型锚具（又称可锻铸铁锥形锚具）适用于锚固直径 12mm 的螺纹钢筋束或钢绞线束。它是由锚环和锚塞组成，如图 1-145 所示。均用 KT37-12 或 KT35-10 可锻铸铁铸造成型。加工时锚塞槽口应平整清洁，铸件表面不允许有夹砂、气孔、蜂窝、毛刺。为保证铸造质量几何尺寸准确，宜用金属模型进行翻砂。

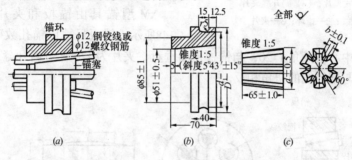

图 1-145　KT-Z 型锚具

（a）装配图；（b）锚环；（c）锚塞

(7) JM 型锚具

JM 型锚具适用于锚固 3～6 根直径 12mm 钢筋束和 4～6 根直径 12mm 钢绞线束。它是由锚环和夹片组成，如图 1-146 所示。锚环与夹片均采用 45 号钢制成，夹片经热处理后，硬度为 HRC48～52，锚环经热处理后，硬度为 HRC32～37。JM 型锚具有良好的锚固性能，预应力筋滑移量比较小，施工方便，但其机械加工量大，成本较高。

(8) 单孔夹片锚具

单孔夹片锚具适用于锚固 $\phi^j 12.7$ 和 $\phi^j 12.5$ 钢绞线，也可用作先张法的夹具。单孔夹片锚具由锚环与夹片组成，如图 1-147 所示。夹片的种类很多，按片数可分为三片式与二片式；按开缝形式可分为直开缝与斜开缝。

(9) 多孔夹片锚固体系

多孔夹片锚固体系（群锚），是在

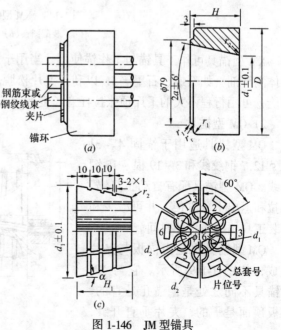

图 1-146　JM 型锚具

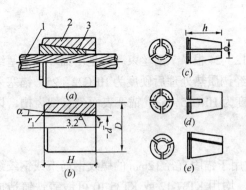

图 1-147　单孔夹片锚具

(a) 组装图；(b) 锚环；(c) 三片式夹片；

(d) 二片式夹片；(e) 斜开缝夹片

1—钢绞线；2—锚环；3—夹片

一块多孔的锚板上，利用每个锥形孔装一副夹片夹持一根钢筋或钢绞线的一种楔紧式锚具。这种锚具在现代预应力混凝土工程中广泛应用，主要的产品有：XM 型、QM 型、QVM 型、BS 型等。

1）XM 型锚具

XM 型锚具适应于锚固 3 ~ 37 根 ϕ^j15 钢绞线束或 3 ~ 12 根 7ϕ^s5 钢丝束，其特点是每根钢绞线都是分开锚固的，任何一根钢绞线的锚固失效（如钢绞线拉断、夹片破裂等），不会引起整束锚固的失效。

XM 型锚具由锚板和夹片组成，如图 1-148所示。锚板尺寸由锚孔数确定，锚孔沿锚板圆周排列，中心线倾角 1:20；与锚板顶面垂直；夹片为 120° 均分斜开缝三片式，开缝沿轴向的偏转角与钢铰线的扭角相反。

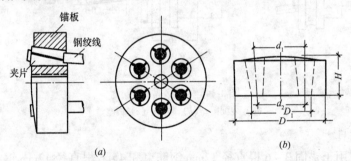

图 1-148　XM 型锚具

(a) 装配图；(b) 锚板

XM 型锚具可作工具锚与工作锚使用。当用于工具锚时，可在夹片和锚板之间抹一层固体润滑剂（如石蜡、石墨等），以利于夹片松脱。用于工作锚时，具有连续反复张拉的功能，可用行程不大的千斤顶张拉任意长度的钢绞线。

2）QM 型锚具

QM 型锚具适用于锚固 4 ~ 31 根 ϕ^j12.7 钢绞线和 3 ~ 19 根 ϕ^j15 钢绞线。QM 型锚具配有自动工具锚，张拉和退出十分方便，并可减少和安装工具锚所花费的时间。

QM 型锚具也是由锚板与夹片组成，如图 1-149 所示。它与 XM 型锚具不同之处是：锚孔是直的，锚板顶面是平的，夹片垂直开缝，

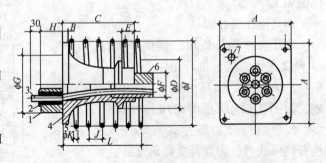

图 1-149　QM 型锚具及配件

备有配套喇叭形铸铁垫板与弹簧圈等。由于灌浆孔设在垫板上，锚板的尺寸可稍小一些。

3）QVM 型锚具

QVM 型锚具适用于锚固 3~55 根 ϕ^j12.7 钢绞线和 3~55 根 ϕ^j15 钢绞线。

QVM 型锚具是在 QM 型锚具的基础上发展起来的一种新型锚具，其与 QM 型锚具的不同之处是：夹片改用二片式直开缝，操作更加方便，如图 1-150 所示。

4）BS 型锚具

BS 型锚具适用于锚固 3~55 根 ϕ^j15 钢绞线。

BS 型锚具下采用钢垫板、焊接喇叭道与螺旋筋，灌浆孔设置在喇叭管上，并由塑料管引出。如图 1-151 所示。

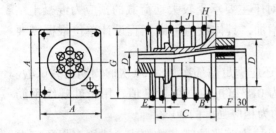
图 1-150　QVM 型锚具及配件

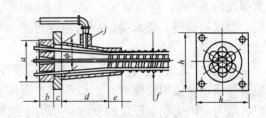
图 1-151　BS 型锚具

（10）精轧螺纹钢筋锚具

精轧螺纹钢筋锚具由垫板和螺母组成，是一种利用与该钢筋螺纹匹配的特制螺母锚固的支承式锚具。适用于锚固直径 25mm 和 32mm 的高强度精轧螺纹钢筋。

螺母分为平面螺母和锥面螺母两种，垫板也相应地分为平面垫板与锥面垫板两种，如图 1-152 所示。锥面螺母可通过锥体与锥孔的配合，保证预应力筋的正确对中；开缝的作用是增强螺母对预应力筋的夹持能力。

（11）性能要求

1）在预应力筋强度等级已确定的条件下，预应力筋-锚具组装件的静载锚固性能试验结果，应同时满足锚具效率系数等于或大于 0.95 和预应力筋总应变等于或大于 2.0% 两项要求；

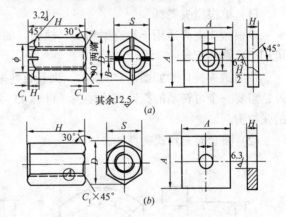
图 1-152　精轧螺纹钢筋锚具
（a）锥面螺母与垫板；（b）平面螺母与垫板

2）锚具的静载锚固性能，应由预应力筋-锚具组装件静载试验测定的效率系数和达到实时组装件受力长度的总应变确定。锚具效率系数应按下式计算：

$$\eta_a = \frac{f_{apu}}{\eta_p \cdot F_{pm}}$$　　　　　　　　　　（1-50）

式中　f_{apu}——预应力筋—锚具组装件实测极限拉力；

F_{pm}——实际平均极限拉力。由预应力钢材试件实测破断荷载平均值计算得出；

η_p——预应力筋的的效率系数。η_p 应按下列规定取用：预应力筋-锚具组装件中预应力钢材为 1 至 5 根时，$\eta_p = 1$；6 至 12 根时，$\eta_p = 0.99$；13 至 19 根时，$\eta_p = 0.98$；20 根以上时，$\eta_p = 0.97$。

当预应力筋-锚具组装件达到实测极限拉力时，应由预应力筋的断裂，而不应由锚具的破坏导致试验的终结。预应力筋拉应力未超过 0.8 倍预应力钢材抗拉强度标准值时，锚具主要受力零件应在弹性阶段工作，脆性零件不得断裂。

3）用于承受静、动荷载的预应力混凝土结构，其预应力筋-锚具组装件，除应满足静载锚固性能要求外，尚应满足循环次数 200 万次的疲劳性能试验要求。疲劳极限上限应为预应力钢丝或钢绞线抗拉强度标准值的 65%（当为精轧螺纹钢筋时，疲劳应力上限为屈服强度的 80%），应力幅度不应小于 80MPa。对于主要承受较大动荷载的预应力混凝土结构，要求所选锚具能承受的应力幅度可适当增加，具体数值可由工程设计单位根据需要确定。

4）在抗震结构中，预应力筋-锚具组装件还应满足循环次数为 50 次的周期荷载试验。组装件用钢丝或钢绞线时，试验应力上限应为 0.8 倍抗拉强度标准值；用精轧螺纹钢筋时，应力上限为屈服强度的 90%。应力下限均为相应强度的 40%。

5）锚具尚应满足分级张拉、补张拉和放松拉力等张拉工艺的要求。锚固多根预应力筋的锚具，除应具有整束张拉的性能外，尚宜具有单根张拉的可能性。

2. 夹具

夹具是先张法施工时为保持预应力筋的张拉力并将其固定在台座（或钢模）上用的临时性工具。要求夹具工作可靠、构造简单、使用方便、成本低廉，并能多次重复使用。

（1）单根镦头夹具

单根镦头夹具适用于具有镦粗头（热镦）的 HRB335、HRB400 和 HRB500 级钢筋，也可用于冷镦的钢丝。

带肋镦头夹具的如图 1-153 所示。夹具材料采用 45 号钢，热处理硬度 HRC30 ~ 35。另外，需要一个可转动的抓钩式连接头（材料 45 号钢，HRC40 ~ 45），以置换千斤顶上原有的张拉头。

（2）圆套筒三片式夹具

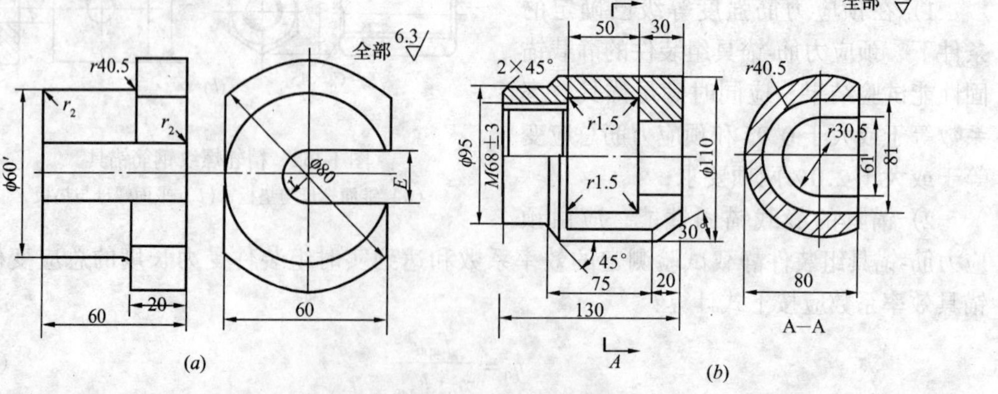

图 1-153 单根墩头夹具及张拉连接头
(a) 单根墩头夹具；(b) 抓钩式连接头

圆套筒三片式夹具由夹片与套筒组成，如图 1-154 所示。

套筒与夹片均采用 45 号钢，套筒热处理硬度为 HRC35 ~ 40，夹片为 HRC40 ~ 45。

（3）方套筒二片式夹具

方套筒二片式夹具，如图 1-155 所示。由方套筒、夹片、方弹簧、插片及插片座组成。该夹具用以夹持热处理钢筋。

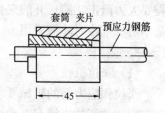

图 1-154　圆套筒三片式夹具

方套筒采用 45 号钢，热处理硬度为 HRC40 ~ 45。夹片采用 20 铬钢，表面渗碳，深度为 0.8 ~ 1.2mm，热处理硬度为 HRC58 ~ 62。夹片齿形根据钢筋外形确定，如钢筋外形改变，齿形也须作相应改变。

（4）锥销夹具

锥销夹具适用于夹持直径 3 ~ 5mm 的冷拔低碳钢丝和碳素钢丝。锥销夹具由套筒和锚塞组成，如图 1-156 所示。

冷拔低碳钢丝用的夹具均采用 45 号钢，套筒不调质，锚塞经热处理后的硬度为 HRC40 ~ 45。碳素钢丝用的夹具、套筒采用 45 号钢，调质，锚塞采用倒齿形，热处理硬度为 HRC55 ~ 58。

（5）性能要求

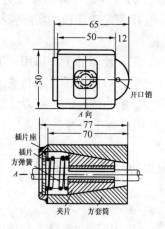

图 1-155　方套筒二片式夹具

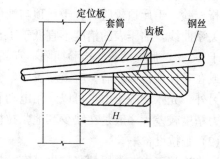

图 1-156　锥销夹具

对于先张法，夹具的静载锚固性能应由预应力筋-夹具组装件静载试验测定的夹具效率系数确定。夹具的效率系数应按下式计算：

$$\eta_g = \frac{F_{gpu}}{F_{pm}}$$

（1-51）

式中　F_{gpu}——预应力筋-夹具组装件的实测极限拉力；

$\quad\quad F_{pm}$——预应力筋的实际平均极限抗拉力。

试验结果应满足夹具效率系数等于或大于 0.92 的要求。

另外，夹具尚应具有下列性能：1）在预应力夹具组装件达到实测极限拉力时，全部零件均不得出现裂缝或破坏；2）应有良好的自锚性能，所谓自锚是指锚具或夹具借助预应力筋的张拉力，就能把预应力筋锚固住而不需要施加外力；3）应有良好的松锚性能，需要大力敲击才能松开的夹具，必须证明其对预应力筋的锚固没有影响，且对操作人员安全不造成危险时才能采用。

3. 张拉机具

(1) 张拉机械

张拉预应力筋的机械要求工作可靠、操作简单、能以稳定的速率加荷。先张法施工中，常用的张拉机械有电动螺杆张拉机、穿心式千斤顶和电动卷扬张拉机组。

1) 电动螺杆张拉机

电动螺杆张拉机既可以张拉预应力钢筋也可以张拉预应力钢丝。它是由张拉螺杆、电动机、变速箱、测力装置、拉力架、承力架的张拉夹具等组成。最大张拉力为 300 ~ 600kN，张拉行程为 800mm，张拉速度 2m/min，自重 400kg。为了便于工作和转移，将其装置在带轮的小车上。

2) YC-20 型穿心式千斤顶

YC-20 型穿心式千斤顶适用于张拉直径为 12 ~ 20mm 的单根预应力钢筋。它是由夹具、油缸和弹性顶压头组成，最大张拉力为 200kN，张拉行程 200mm，自重 19kg。

采用千斤顶张拉预应力筋，预应力筋的张拉力主要由油压表读数反映。油压表的读数表示千斤顶内活塞上单位面积的油压力。理论上油压表读数乘以活塞面积，即为张拉力的值。但是由于活塞与油缸之间存在着摩擦力，使得实际张拉力比理论计算的张拉力要小。为了准确地获得实际张拉力的值，采用试验校正的方法，直接测定千斤顶的实际张拉力与油压表读数之间的关系，制成表格或曲线，供施工时使用。

在施工现场也可以用标准千斤顶（校验好的千斤顶）对需要校验的千斤顶用对顶的方法进行校验。千斤顶校验时，千斤顶与油压表一定要配套校验，以确定千斤顶与油压表读数的关系曲线。油压表的精度不宜低于 1.5 级，校验张拉设备用的试验机或测力计精度不得低于 ±2%。张拉设备的检验期限不宜超过半年。如在使用过程中，张拉设备出现反常现象或在千斤顶检修以后，应重新校验。

另外，先张法施工中也可以采用电动卷扬机张拉预应力筋。由于其张拉能力有限，弹簧测力精度较差，一般是在缺少其他张拉机械时采用。

(2) 张拉设备

后张法施工中，常用的张拉机械有拉杆式千斤顶、穿心式千斤顶和锥锚式千斤顶。

1) 拉杆式千斤顶

拉杆式千斤顶是利用单活塞杆张拉预应力筋的单作用千斤顶，是国内最早生产的液压张拉千斤顶，适用于张拉以螺丝端杆锚具为张拉端锚具的单根钢筋、张拉以锥形螺杆锚具为张拉端锚具的钢丝束、张拉以 DM5A 型镦头锚具为张拉端锚具的钢丝束。拉杆式千斤顶构造简单、操作方便，应用范围较广。其张拉力有 400、600、800kN 三级，张拉行程为 150mm。

拉杆式千斤顶的工作过程如图 1-157 所示。张拉预应力筋时，首先使连接器与预应力筋的螺丝端杆相连接，顶杆支承在构件端部的预埋钢板上。高压油进入主缸时，则推动主缸活塞向左移动，并带动拉杆和连接器及螺丝端杆同时向左移动，对预应力筋进行张拉。达到张拉力时，拧紧预应力筋的螺母，将预应力筋锚固在构件的端部。高压油再进入副缸，推动副缸使主缸活塞和拉杆向右移动，使其恢复初始位置。此时主缸的高压油流回高压油泵中去，完成一次张拉过程。

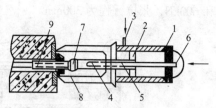

图 1-157　拉杆式千斤
顶构造及工作示意图

1—主缸；2—主缸活塞；3—主缸进油孔；
4—副缸；5—副缸活塞；6—副缸进油孔；
7—连接器；8—传力架；9—螺丝端杆

2）YC-60 型穿心式千斤顶

YC-60 型穿心式千斤顶适用于张拉各种形式的预应力筋，是目前我国预应力混凝土施工中应用最广泛的一种张拉机械。YC-60 型穿心式千斤顶主要用于张拉以 JM 型锚具为张拉端锚具的钢筋束或钢绞线束。YC-60 型穿心式千斤顶加装撑脚、张拉杆和连接器后就可以张拉以螺丝端杆锚具为张拉端锚具的单根钢筋，张拉以锥形螺杆锚具和 DM5A 型镦头锚具为张拉端锚具的钢丝束。YC-60 型穿心式千斤顶增设顶压分束器，还可以张拉以 KT-Z 型锚具为张拉端锚具的钢筋束或钢绞线束。

YC-60 型穿心式千斤顶沿千斤顶的轴线有一直通的穿心孔道，供穿过预应力筋之用。沿千斤顶的径向分内外两层工作油缸。外层为张拉油缸，工作时张拉预应力筋；内层为顶压油缸，工作时进行锚具的顶压锚固。YC-60 型穿心式千斤顶既能张拉预应力筋，又能顶压锚具锚固预应力筋，故又称为穿心式双作用千斤顶。

YC-60 型穿心式千斤顶的张拉力为 600kN，张拉行程为 200mm，YC-60 型穿心式千斤顶的工作过程如图 1-158 所示，分为张拉、顶压和回程三个过程。

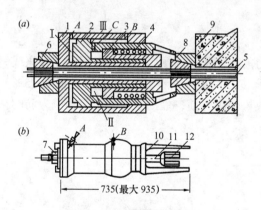

图 1-158　YC-60 型穿心式
千斤顶的构造及工作示意图

（a）构造简图；（b）加顶杆后的 YC-60 型千斤顶

1—张拉油缸；2—顶压油缸（即张拉活塞）；
3—顶压活塞；4—弹簧；5—顶应力筋；6—工
具式锚具；7—螺帽；8—工作锚具；9—混凝土
构件；10—顶杆；11—拉杆；12—连接器

Ⅰ.张拉工作油室；Ⅱ.顶压工作油室；Ⅲ.张拉回程油室

A.张拉缸油嘴；B.顶压缸袖嘴；C.油孔

①张拉：当 A 油嘴进油、B 油嘴回油时，顶压油缸、连接套和撑套连成一体右移顶住锚环，而张拉油缸、端盖螺母及堵头和穿心套连成一体，则带动工具锚向左移动，从而张拉预应力筋。

②顶压：在保持张拉力稳定的条件下 B 油嘴进油，则顶压活塞、保护套和顶压头连成一体右移，将锚塞或夹片强力推入锚环内，锚固预应力筋。

③回程：张拉锚固完毕后 A 油嘴回油、B 油嘴进油，使张拉油缸在液压作用下回程。当 A、B 油嘴同时回油时，顶压活塞在弹簧力的作用下回油复位。

3）锥锚式双作用千斤顶

锥锚式双作用千斤顶适用于张拉以 KT-Z 型锚具为张拉端锚具的钢筋束或钢绞线束，张拉以钢质锥形锚具为张拉端锚具的钢丝束。锥锚式双作用千斤顶如图 1-159 所示，主缸及主缸活塞用于张拉预应力筋，主缸前端缸体上有卡环和销片，用以锚固预应力筋，主缸活塞为一中空筒状活塞，中空部分设有拉力弹簧。副缸和副缸活塞用于顶压锚塞，将预应力筋锚固在构件的端部，其处设有复位弹簧。锥锚式双作用千斤顶的张拉力为 300kN

和 600kN，张拉行程为 300mm。

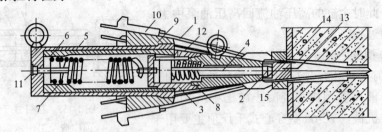

图 1-159　锥锚式双作用千斤顶构造及工作示意图

1—预应力筋；2—顶压头；3—副缸；4—副缸活塞；5—主缸；6—主缸活塞；

7—主缸拉力弹簧；8—副缸压力弹簧；9—锥形卡环；10—模块；

11—主缸袖嘴；12—副缸油嘴；13—锚环；14—构件；15—锚环

锥锚式双作用千斤顶工作过程分为张拉、顶压和回程三个过程。

①张拉：首先将预应力筋固定在锥形卡环上，然后主缸油嘴进油，主缸向左移动，则张拉预应力筋。

②顶压：张拉完成后，主缸稳压，副缸进油，则副缸活塞及顶压头向右移动，将锚塞推入锚环而锚固预应力筋。

③回程：顶锚完成后，主副缸同时回油，主缸及副缸活塞在弹簧力的作用下复位。最后放松模块即可拆下千斤顶。

三、先张法施工

先张法施工是在浇筑混凝土前张拉预应力筋并将张拉的预应力筋临时固定在台座或钢模上，然后浇筑混凝土，待混凝土达到一定强度（一般不低于设计强度标准值的 75%），保证预应力筋与混凝土有足够的粘结力时，放松预应力筋，借助于混凝土与预应力筋的粘结，使混凝土产生预压应力。

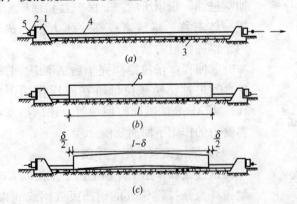

图 1-160　先张法施工示意图

1—台座承力结构；2—横梁；3—台面；

4—预应力筋；5—锚固夹具；6—混凝土构件

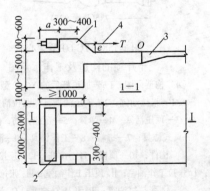

图 1-161　墩式台座

1—台墩；2—横梁；3—台面；4—预应力筋

预应力混凝土构件先张法施工如图 1-160 所示。图 1-160（a）为预应力张拉时的情况，预应力筋一端用锚固夹具固定在台座上，另一端用张拉机械张拉后也用锚固夹具固定在台座的横梁上。图 1-160（b）为混凝土浇筑及养护阶段，这时只有预应力筋有应力，混凝土没有应力。图 1-160（c）为放松预应力筋后的情况，由于预应力筋和混凝土之间存在粘结力，故在预应力筋弹性回缩时使混凝土产生预压应力。先张法中常用的预应力筋有钢丝和钢筋两类。先张法生产预应力混凝土构件，可采用台座法或机组流水法。但由于台座或钢模承受预应力筋的张拉能力受到限制并考虑到构件的运输条件，因此先张法施工适于在构件厂生产中小型预应力混凝土构件，如楼板、屋面板、中小型吊车梁等。

1. 先张法施工的设备

（1）台座

台座是先张法施工的主要设备之一，它承受预应力筋的全部张拉力。因此，台座应有足够的强度、刚度和稳定性。台座按构造形式分墩式和槽式两类；选用时根据构件种类、张拉力大小和施工条件而定。

1）墩式台座

①墩式台座的构造。

墩式台座由台墩、台面和横梁等组成，如图 1-161 所示。

台墩是墩式台座的主要受力结构，台墩依靠其自重和土压力平衡张拉力产生的倾覆力矩，依靠土的反力和摩阻力平衡张拉力产生的水平滑移，因此台墩结构体型大、埋设较深、投资较大。为了改善台墩的受力状况，常采用台墩与台面共同工作的做法以减小台墩自重和埋深。

台面是预应力混凝土构件成型的胎模。它是由素土夯实后铺碎砖垫层，再浇筑 50～80mm 厚的 C15～C20 混凝土面层组成的。台面要求平整、光滑，沿其纵向设 3‰的排水坡度，每隔 10～20m 设置宽 30～50mm 的温度缝。为防止台面出现裂缝，台面宜做成预应力混凝土的。横梁是锚固夹具临时固定预应力筋的支座，常采用型钢或钢筋混凝土制作而成。横梁的挠度要求小于 2mm，并不得产生翘曲。

墩式台座的长度通常为 100～150m，故又称长线台座。墩式台座张拉一次可生产多根预应力混凝土构件，减少了张拉和临时固定的工作，同时也减少了由于预应力筋滑移和横梁变形引起的预应力损失。

②墩式台座的稳定性验算。

墩式台座一般由现浇钢筋混凝土制成。台座应具有足够的强度、刚度和稳定性。稳定性验算包括抗倾覆验算和抗滑移验算两个方面，验算时可按台面受力和台面不受力两种情况考虑。当不考虑台面受力时，如图 1-162（a）所示，台墩借自重及土压力以平衡张拉力矩，借土压力和摩阻力以抵抗水平滑移，因此台墩自重大、埋设深；当考虑台面受力时，如图 1-162（b）所示，由张拉力引起的水平滑移主要由混凝土台面抵抗，而土压力和摩阻力只抵抗少部分滑移力，因而可减小埋深。由张拉力引起的倾覆力矩靠台墩自重对台面 O 点的力矩来平衡，这时由于倾覆旋转点 O 上移，倾覆力矩减小，台墩自重可以减小。因此，为了减小台墩的自重和埋深，应采用台墩与台面共同工作的做法，充分利用台面受力。

墩式台座的抗倾覆验算，可按下式进行：

$$K_1 = \frac{M_1}{M} \geqslant 1.5 \tag{1-52}$$

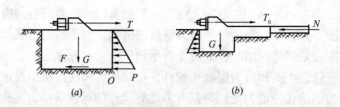

图 1-162 墩式台座稳定性验算简图

(a) 不考虑台面受力；(b) 考虑台面受力

式中　K_1——抗倾覆安全系数；

　　　M_1——抗倾覆力矩；

　　　M——倾覆力矩。

墩式台座的抗滑移验算，可按下式进行：

$$K_2 = \frac{T_1}{T} \geqslant 1.3 \tag{1-53}$$

式中　K_2——抗滑移安全系数；

　　　T_1——抗滑移力；

　　　T——张拉力的合力。

如果台座的设计考虑台墩与台面共同工作，则可不作抗滑移验算，而应计算台面的承载力。

台座强度验算时，支承横梁的牛腿，按柱子牛腿计算方法计算其配筋；墩式台座与台面接触的外伸部分，按偏心受压构件计算；台面按轴心受压杆件计算；横梁按承受均布荷载的简支梁计算，其挠度应控制在 2mm 以内，并不得翘曲。

台面伸缩缝可根据当地温差和经验设置，一般约为 10m 设置一条。

2）槽式台座

槽式台座由钢筋混凝土端柱、传力柱、柱垫、横梁和台面等组成，既可承受张拉力，又可作蒸汽养护槽，适用于张拉吨位较高的大型构件，如吊车梁、屋架等。槽式台座构造如图 1-163 所示。

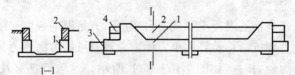

图 1-163　槽式台座

1—钢筋混凝土端柱；2—砖墙；3—下横梁；4—上横梁

槽式台座的长度一般不大于 76m，宽度随构件外形及制作方式而定，一般不小于 1m。槽式台座一般与地面相平，以便运送混凝土和蒸汽养护，但需考虑地下水位和排水等问题。端柱、传力柱的端面必须平整，对接接头必须紧密。柱与柱垫连接必须牢靠。

槽式台座需进行强度和稳定性验算。端柱和传力柱的强度按钢筋混凝土结构偏压构件计算。槽式台座端柱抗倾覆力矩由端柱、横梁自重力等组成。

(2) 先张法施工工艺

先张法预应力混凝土构件在台座上生产时，其工艺流程一般如图 1-164 所示。

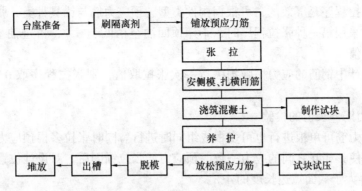

图 1-164　先张法施工工艺流程图

1) 预应力筋的铺设

长线台座台面（或胎模）在铺放钢丝前应涂隔离剂。隔离剂不应弄污钢丝，以免影响钢丝与混凝土的粘结。如果预应力筋遭受污染，应使用适当的溶剂加以清洗。在生产过程中，应防止雨水冲刷掉台面上的隔离剂。

预应力钢丝宜用牵引车铺设。如遇钢丝需接长，可借助于钢丝拼接器用 20 ~ 22 号镀锌钢丝密排绑扎。绑扎长度：对冷拔低碳钢丝不得小于 $40d$；对刻痕钢丝不得小于 $80d$。钢丝搭接长度应比绑扎长度长 $10d$。

预应力钢筋铺设时，钢筋之间的连接或钢筋与螺杆之间的连接，可采用连接器。

2) 预应力筋的张拉

预应力筋的张拉应根据设计要求采用合适的张拉方法、张拉顺序及张拉程序进行，并应有可靠的保证质量措施和安全技术措施。

①张拉控制应力。

预应力筋的张拉控制应力 σ_{con} 按设计规定，设计无规定时可参考表 1-47。

②张拉程序。

预应力筋的张拉程序有超张拉和一次张拉两种。所谓超张拉，就是指张拉应力超过规范规定的控制应力值。用超张拉方法时，预应力筋可按下列两种张拉程序之一进行张拉：

张拉控制应力限值　　表 1-47

钢筋种类	张拉方法	
	先张法	后张法
消除应力钢丝、钢绞线	$0.75f_{ptk}$	$0.70f_{ptk}$
热处理钢筋	$0.70f_{ptk}$	$0.65f_{ptk}$

注：1. 钢筋标准强度 f_{ptk}；
2. 在下列情况下，表中的张拉控制应力限值可提高 $0.05f_{ptk}$：要求提高构件在施工阶段的抗裂性能而在使用阶段受压区内设置的预应力钢筋；要求部分抵消由于应力松弛、摩擦、钢筋分批张拉以及预应力钢筋与张拉台座之间的温差因素产生的预应力损失；
3. 张拉控制应力值 σ_{con} 不应小于 $0.4f_{ptk}$。

$$0 \rightarrow 1.05\sigma_{con} \xrightarrow{\text{持荷 2min}} \sigma_{con}$$

$$或\ 0 \rightarrow 1.03\sigma_{con}$$

第一种张拉程序中，超张拉 5% 并持荷 2min，其目的是为了在高应力状态下加速预应力筋松弛早期发展，以减少应力松弛引起的预应力损失。第二种张拉程序中，超张拉

3%，其目的是为了弥补预应力筋的松弛损失。这种张拉程序施工简便，一般多被采用。以上两种超张拉程序是等效的，可根据构件类型、预应力筋与锚具种类、张拉方法、施工速度等选用。采用第一种张拉程序时，千斤顶回油至稍低于 σ_{con}，再进油至 σ_{con}，以建立准确的预应力值。

如果在设计中钢筋的应力松弛损失按一次张拉取值，则张拉程序取 0→σ_{con} 就可以满足要求。

3）预应力筋伸长值的检验

张拉预应力筋可单根进行也可多根成组同时进行。同时张拉多根预应力筋时，应预先调整初应力，使其相互之间的应力一致。预应力筋张拉锚固后，对设计位置的偏差不得大于 5mm 也不得大于截面短边长度的 4%。

用应力控制方法张拉时应校核预应力筋的伸长值。如实际伸长值比计算伸长值大 10% 或小 5%，应暂停张拉，查明原因并采取措施予以调整后方可继续张拉。预应力筋的计算伸长值 Δl（mm）可按下式计算：

$$\Delta l = \frac{F_p \cdot l}{A_p \cdot E_s} \tag{1-54}$$

式中　F_p——预应力筋的平均张拉力，直线筋取张拉端的拉力；两端张拉的曲线筋，取张拉端的拉力与跨中扣除孔道摩阻损失后拉力的平均值；

l——预应力筋的长度（mm）；

A_p——预应力筋的截面面积（mm^2）；

E_s——预应力筋的弹性模量（kN/mm^2）。

预应力筋的实际伸长值，宜在初应力约为 $10\%\sigma_{con}$ 时开始量测，但必须加上初应力以下的推算伸长值。通过伸长值的检验，可以综合反映张拉力是否足够以及预应力筋是否有异常现象等。因此，对于伸长值的检验必须重视。

（3）混凝土的浇筑和养护

预应力筋张拉完毕后即应浇筑混凝土。混凝土的浇筑应一次完成，不允许留设施工缝。混凝土的用水量和水泥用量必须严格控制，以减少混凝土由于收缩和徐变而引起的预应力损失。预应力混凝土构件浇筑时必须振捣密实（特别是在构件的端部），以保证预应力筋和混凝土之间的粘结力。

采用平卧叠浇法制作预应力混凝土构件时，其下层构件混凝土的强度需达到 5MPa 后，方可浇筑上层构件混凝土并应有隔离措施。

混凝土可采用自然养护或蒸汽养护。但应注意，在台座上用蒸汽养护时，温度升高后，预应力筋膨胀而台座的长度并无变化，因而预应力筋应力减小，这就是温差引起的预应力损失。为了减少这种温差应力损失，应保证混凝土在达到一定强度之前，温差不能太大（一般不超过 20℃），故在台座上用蒸汽养护时，其最高允许温度应根据设计要求的允许温差（张拉钢筋的温度与台座温度的差）经计算确定。当混凝土强度养护至 7MPa（粗钢筋配筋）或 10.0MPa（钢丝、钢绞线配筋）以上时，则可不受设计要求的温差限制，按一般构件的蒸汽养护规定进行。这种养护方法又称为二次升温养护法。在采用机组流水法用钢模制作、蒸汽养护时，由于钢模和预应力筋同样伸缩所以不存在因温差而引起的预应力损失，因此可以采用一般加热养护制度。

（4）预应力筋的放张

预应力筋放张过程是预应力的传递过程，是先张法构件能否获得良好质量的一个重要生产过程。应根据放张要求，确定合理的放张顺序、放张方法及相应的技术措施。

预应力筋放张时，混凝土应符合设计要求；当设计无要求时，不得低于设计的混凝土强度标准值的75%。对于重叠生产的构件，要求最上一层构件的混凝土强度不低于设计强度标准值的75%时方可进行预应力筋的放张。过早放张预应力筋会引起较大的预应力损失或产生预应力钢丝滑动。预应力混凝土构件在预应力筋放张前要对混凝土试块进行试压，以确定混凝土的实际强度。

1）放张顺序

预应力筋的放张顺序，应符合设计要求；当设计无专门要求时，应符合下列规定：

①对承受轴心预压力的构件（如压杆、桩）等所有预应力筋应同时放张；

②对承受偏心预压力的构件，应先同时放张预压力较小区域的预应力筋再同时放张预压力较大区域的预应力筋；

③当不能按上述规定放张时，应分阶段、对称、相互交错地放张，以防止放张过程中构件发生翘曲、裂纹及预应力筋断裂等现象；

④放张后预应力筋的切断顺序，宜由放张端开始，逐次切向另一端。

2）放张方法

当构件的预应力筋为钢丝时，对配筋不多的钢丝，放张可采用剪切、割断和熔断的方法逐根放张并应自中间向两侧进行，以减少回弹量，利于脱模。对配筋较多的预应力钢丝，放张应同时进行，不得采用逐根放张的方法，以防止最后的预应力钢丝因应力增加过大而断裂或使构件端部开裂，放张的方法可用放张横梁来实现。横梁可用千斤顶或预先设置在横梁支点处的放张装置（楔块或砂箱）来放张。

当构件的预应力筋为钢筋时，放张应缓慢进行。对配筋不多的钢筋，可采用逐根加热熔断或借预先设置在钢筋锚固端的楔块等单根放张。对配筋较多的预应力钢筋，所有钢筋应同时放张，放张可采用楔块或砂箱等装置进行缓慢放张。

如图1-165所示为楔块放张的例子。楔块装置放置在台座与横梁之间，放张预应力筋时，旋转螺母使螺杆向上运动，带动楔块向上移动，钢块间距变小，横梁向台座方向移动，便可同时放松预应力筋。楔块放张，一般用于张拉力不大于300kN的情况。

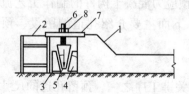

图1-165 楔块放张图

1—台座；2—横梁；3、4—钢块；
5—钢楔块；6—螺杆；7—承力板；
8—螺母

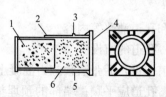

图1-166 砂箱装置构造图

1—活塞；2—钢套箱；3—进砂口；
4—钢套箱；5—出砂口；6—砂子

如图1-166所示为砂箱放张的例子。砂箱装置放置在台座和横梁之间，它由钢制的套箱和活塞组成，内装石英砂或铁砂。预应力筋张拉时，砂箱中的砂被压实、承受横梁的反力。预应力筋放张时，将出砂口打开，砂缓慢流出，从而使预应力筋缓慢的放张。砂箱装置中的砂应采用干砂并选定适宜的级配，防止出现砂子压碎引起流不出的现象或者增加砂的空隙率，使预应力筋的预应力损失增加。采用砂箱放张，能控制放张速度、工作可靠、施工方便，可用于张拉力大于 1000kN 的情况。

四、后张法施工

后张法施工是在浇筑混凝土构件时，在放置预应力筋的位置处预留孔道，待混凝土强度达到设计规定的数值后，将预应力筋穿入孔道中并进行张拉，然后用锚具将预应力筋锚固在构件上，最后进行孔道灌浆。预应力筋承受的张拉力通过锚具传递给混凝土构件，使混凝土产生预压应力。

1. 构件张拉

如图 1-167 所示为预应力混凝土构件后张法施工示意图。图 1-167（a）为制作混凝土构件并在预应力筋的设计位置上预留孔道，待混凝土达到规定的强度后，穿入预应力筋进行张拉。图 1-167（b）为预应力筋的张拉，用张拉机械直接在构件上进行张拉，混凝土同时完成弹性压缩。图 1-167（c）为预应力筋的锚固和孔道灌浆，预应力筋的张拉力通过构件两端的锚具，传递给混凝土构件，使其产生预压应力，最后进行孔道灌浆。

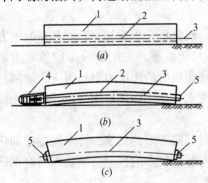

图 1-167　后张法施工示意图
（a）制作混凝土构件；（b）张拉
钢筋；（c）锚固和孔槽灌浆
1—混凝土构件；2—预留孔道；3—预应
力筋；4—千斤顶；5—锚具

后张法施工由于直接在混凝土构件上进行张拉，故不需要固定的台座设备、不受地点限制，适于在施工现场生产大型预应力混凝土构件，特别是大跨度构件（如屋架等）。后张法施工还可作为一种预制构件的拼装手段，大型构件（如拼装式屋架）可以预制成小型块体，运至施工现场后，通过预加应力的手段拼装整体预应力结构。但后张法施工工序较多，工艺复杂，锚具作为预应力筋的组成部分，将永远留置在构件上不能重复使用。

后张法施工中常用的预应力筋有单根钢筋、钢筋束（包括钢绞线束）和钢丝束等几类。

2. 后张法施工工艺

后张法预应力混凝土构件的制作工艺流程如图 1-168 所示。下面主要介绍孔道的留设、预应力筋的张拉和孔道灌浆等内容。

（1）孔道的留设

孔道留设是后张法预应力混凝土构件制作中的关键工序之一。预留孔道的尺寸与位置应正确、孔道应平顺；端部的预埋垫板应垂直于孔道中心线并用螺栓或钉子固定在模板上，以防止浇筑混凝土时发生走动，孔道的直径一般应比预应力筋的外径（包括钢筋对焊接头的外径或需穿入孔道的锚具外径）大 10～15mm，以利于预应力筋穿入。孔道留设的方法有钢管抽芯法、胶管抽芯法和预埋波纹管法等。

1）钢管抽芯法

钢管抽芯法适用于留设直线孔道。钢管抽芯法是预先将钢管敷设在模板的孔道位置

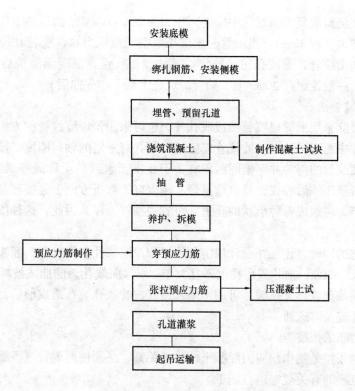

图1-68 后张法施工工艺流程图

上，在混凝土浇筑后每隔一定时间慢慢转动钢管，防止与混凝土粘住，待混凝土初凝后、终凝前抽出钢管形成孔道。选用的钢管要求平直、表面光滑，敷设位置准确。钢管用钢筋井字架固定，间距不宜大于1.0m。每根钢管的长度一般不超过15m，以利于转动和抽管。钢管两端应各伸出构件外0.5m左右，较长的构件可采用两根钢管，中间用套管连接，如图1-169所示。

准确地掌握抽管时间很重要，抽管时间与水泥品种、气温和养护条件有关。抽管宜在混凝土初凝后、终凝以前进行，以用手指按压混凝土表面不显指纹时为宜。抽管过早，会造成塌孔事故；太晚，混凝土与钢管粘结牢固，抽管困难，甚至抽不出来。常温下抽管时间约在混凝土浇筑后3～5h。抽管顺序宜先上后下地进行。抽管方法可用人工或卷扬机，抽管时必须

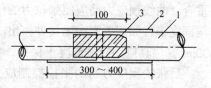

图1-169 钢管连接方式
1—钢管；2—白铁皮套管；3—硬木塞

速度均匀、边抽边转并与孔道保持在一直线上。抽管后应及时检查孔道情况，并做好孔道清理工作，以防止以后穿筋困难。

2）胶管抽芯法

胶管抽芯法可用于留设直线、曲线或折线孔道。胶管有五层或七层夹布胶管和钢丝网橡皮管两种。前者质软，必须在管内充气或充水后才能使用；后者质硬，且有一定的弹性，预留孔道时与钢管一样使用，所不同的是浇筑混凝土后不需转动，抽管时可利用其有一定弹性的特点，胶管在拉力作用下断面缩小，即可把管抽出。

胶管用钢筋井字架固定，间距不宜大于0.5m且曲线孔道处应适当加密。对于充水或

充气的胶管，在浇筑混凝土前胶管中应充入压力为 0.6~0.8MPa 的压缩空气或压力水，此时胶管直径可增大（约 3mm）。当抽管时放出压缩空气或压力水，胶管孔径缩小，与混凝土脱开，随即抽出胶管，形成孔道。胶管抽芯法预留孔道，混凝土浇筑后不需要旋转胶管。抽管时间，一般控制在 200h·℃，抽管时应先上后下、先曲后直。

3）预埋波纹管法

孔道的留设除采用钢管或胶管抽拔成孔外，也可采用预埋波纹管的方法成孔，波纹管直接埋设在构件中而不再抽出。波纹管应密封良好并有一定的轴向刚度，接头应严密，不得漏浆。固定波纹管的钢筋井字架间距不宜大于 0.8m。波纹管全称镀锌双波纹金属软管，是由镀锌薄钢带经压波后卷成，具有重量轻、刚度好、弯折方便、连接容易、与混凝土粘结性能好等优点，可做成各种形状的孔道并可省去抽管工序。因此，这种留孔方法具有较大的推广价值。

在留设孔道的同时，还要在设计规定的位置留设灌浆孔和排气孔。灌浆孔的间距：预埋波纹管不宜大于 30m；抽芯成形孔道不宜大于 12m。曲线孔道的曲线波峰部位，宜设置排气孔，留设灌浆孔或排气孔时，可用木塞或白铁皮管成孔。孔道成形后，应立即逐孔检查，发现堵塞，应及时疏通。

（2）预应力筋的张拉

预应力筋的张拉是制作预应力混凝土构件的关键，必须按照现行《混凝土结构工程施工质量验收规范》的有关规定进行施工。

1）一般规定

预应力筋张拉时，结构的混凝土强度应符合设计要求；当设计无要求时，不应低于设计强度标准值的 75%，以确保在张拉过程中，混凝土不致于受压而破坏。对于块体拼装的预应力构件，立缝处混凝土或砂浆的强度如设计无要求时，不应低于块体混凝土设计强度标准值的 40% 也不得低于 15MPa，以防止在张拉预应力筋时压裂混凝土块体或使混凝土产生过大的弹性压缩；安装张拉设备时，直线预应力筋应使张拉力的作用线与孔道中心线重合；曲线预应力筋应使张拉力的作用线与孔道中心线末端的切线重合；预应力筋张拉、锚固完毕，如需要割去锚具外露出的预应力筋时，则留在锚具外的预应力筋长度不得小于 30mm。锚具应用封端混凝土保护，如需长期外露应采取措施防止锈蚀。

后张法预应力筋的张拉控制应力，按《混凝土结构设计规范》的规定取用，见表 1-54。后张法预应力筋的张拉程序与先张法相同，即可以采用超张拉法也可以采用一次张拉法。

2）张拉方法

为了减少预应力筋与孔道摩擦引起的损失，预应力筋张拉端的设置，应符合设计要求；当设计无要求时，应符合下列规定：

①抽芯成形孔道：曲线预应力筋和长度大于 24m 的直线预应力筋，应在两端张拉；长度等于或小于 24m 的直线预应力筋，可在一端张拉；

②预埋波纹管孔道：曲线预应力筋和长度大于 30m 的直线预应力筋，宜在两端张拉；长度等于或小于 30m 的直线预应力筋可在一端张拉。

同一截面中有多根一端张拉的预应力筋时，张拉端宜分别设置在结构的两端。当两端同时张拉同一根预应力筋时，为了减少预应力损失，宜先在一端锚固，再在另一端补足张拉力后进行锚固。

3）张拉顺序

预应力筋的张拉顺序应符合设计要求，当设计无具体要求时，可采用分批、分阶段对称张拉。应使混凝土不产生超应力、构件不扭转与侧弯、结构不变位等。因此，对称张拉是一项重要原则。同时，还要考虑到尽量减少张拉机械的移动次数。

对配有多根预应力筋的预应力混凝土构件，由于不可能同时一次张拉，应分批、对称的进行张拉。分批张拉时，应计算分批张拉的弹性回缩造成的预应力损失值，分别加到先张拉预应力筋的张拉控制应力内，或采用同一张拉值逐根复位补足。

对于平卧叠浇的预应力混凝土构件，上层构件重量产生的水平摩阻力会阻止下层构件在预应力筋张拉时产生的混凝土弹性压缩的自由变形，待上层构件起吊后，由于摩阻力影响消失，则混凝土弹性压缩的自由变形恢复而引起预应力损失。所以，对于平卧重叠浇筑的构件，宜先上后下逐层进行张拉。为了减少上下层之间因摩阻力引起的预应力损失，可逐层加大张拉力。但底层张拉力，当采用钢丝、钢绞线、热处理钢筋，不宜比顶层张拉力大5%；采用冷拉带肋钢筋，不宜比顶层张拉力大9%；当隔离层效果较好时可采用同一张拉值。

4）预应力值的校核和伸长值的确定

预应力筋张拉之前，应按设计张拉控制应力和施工所需的超张拉要求计算总张拉力。可以用下式计算：

$$N_p = (1 + P)(\sigma_{con} + \sigma_p) A_p \qquad (1\text{-}55)$$

式中　N_p——预应力筋总张拉力（kN）；

　　　P——超张拉百分率（%）；

　　　σ_{con}——张拉控制应力（kN/mm^2）；

　　　A_p——同一批张拉的预应力筋面积（mm^2）；

　　　σ_p——分批张拉时，考虑后批张拉对先皮张拉的混凝土产生弹性回缩影响所增加的应力值（对后批张拉时，该项为零，仅一批张拉时，该项亦为零）。

预应力筋张拉时，应尽量减少张拉机具的摩阻力，摩阻力的数值应由试验确定，将其加在预应力筋的总张拉力中去，然后折算成油压表读数值，作为施工时的控制数值。

为了了解预应力值建立的可靠性，需对预应力筋的应力及损失进行检验和测定，以便在张拉时补足和调整预应力值。检验应力损失最方便的方法，在后张法中是将钢筋张拉24h后，未进行孔道灌浆以前，重复张拉一次，测读前后两次应力值之差，即为钢筋预应力损失（并非全部损失，但已完成很大部分）。

预应力筋张拉时，通过伸长值的校核，综合反映张拉力是否足够，孔道摩阻损失是否偏大，以及预应力筋是否有异常现象。

用应力控制方法张拉时，还应测定预应力筋的实际伸长值，以对预应力筋的预应力值进行校核。预应力筋实际伸长值的测定方法与先张法相同。

（3）孔道灌浆

预应力筋张拉锚固后，孔道应及时灌浆以防止预应力筋锈蚀，增加结构的整体性和耐久性。但采用电热法时孔道灌浆应在钢筋冷却后进行。

孔道灌浆应采用强度等级不低于42.5级普通硅酸盐水泥或矿渣硅酸盐水泥配制的水泥浆；对空隙大的孔道可采用砂浆灌浆。水泥浆及砂浆强度均不应低于20MPa。灌浆用水泥浆的水灰比宜为0.4左右，搅拌后3h泌水率宜控制在2%，最大不得超过3%。纯水泥浆的收缩性较大，为了增加孔道灌浆的密实性，在水泥浆中可掺入为水泥用量0.01%的铝粉或0.25%的木质素磺酸钙或其他减水剂，但不得掺入氯化物或其他对预应力筋有腐蚀作用的外加剂。

灌浆前，混凝土孔道应用压力水冲刷干净并润湿孔壁。灌浆顺序应先下后上，以避免上层孔道漏浆而把下层孔道堵塞，孔道灌浆可采用电动灰浆泵，灌浆应缓慢均匀地进行，不得中断，灌满孔道并封闭排气孔后，宜再继续加压至0.5~0.6MPa并稳压一定时间，以确保孔道灌浆的密实性。对于不掺外加剂的水泥浆可采用二次灌浆法，以提高孔道灌浆的密实性。灌浆后孔道内水泥浆及砂浆强度达到15MPa时，预应力混凝土构件即可进行起吊运输或安装。

五、预应力损失

由于原材料性质与制作方法的一些原因，应力筋中的应力会逐步减少，要经过相当长的时间才能稳定下来。由于结构中的预压应力是通过张拉预应力筋得来的，因此凡能使预应力筋产生缩短的因素，都将造成预应力损失。

1. 预应力损失的原因

造成预应力损失的原因，先张法与后张法不完全相同。先张法在张拉预应力筋过程中有预应力筋与模板的摩擦和折点的摩擦损失，有蒸汽养护温差引起的损失，有锚固损失（锚具变形、应力筋回缩）和放张时混凝土受压缩而引起的弹性压缩损失；后张法有预应力筋与孔道壁的摩擦损失、锚固损失、后张拉束对先张拉束由于混凝土压缩变形而引起的损失等。以上各种损失都是在预加应力、亦即应力传递完成之前发生的，一般称之为瞬时损失。此外由于混凝土收缩、混凝土的徐变变形以及由于钢材松弛引起的损失，则都是随时间而发展，需要三五年，甚至几十年时间才能全部出现的损失，一般称之为长期损失。

2. 减少预应力损失值的措施

为了提高预应力筋的效率，应采取各种措施以尽量减少预应力损失。就长期损失中的收缩与徐变而言，要减少损失，必须尽量降低混凝土的水泥用量和减小水灰比，选用弹性模量高、坚硬密实和吸水率低的石灰石、花岗石等碎石或卵石作粗骨料。注意早期养护，也对减少收缩有利。采用强度较高的混凝土和推迟对混凝土施加预应力的时间，对减少徐变也很有效。减少钢材松弛损失的有效措施是采用低松弛钢材，低松弛钢丝与钢绞线的应力松弛只有一般应力消失处理钢材的1/3左右。采用短期（3~5min）超张拉的方法对减少未经应力消失处理钢丝的松弛，例如对冷拔低碳钢丝是有效的，但对应力消失处理与低松弛处理的钢材并不起多少作用。

至于锚具变形与内缩值、曲线与直线的摩擦等瞬时损失，则与预应力束的铺设质量，安装位置的正确性，锚具的安装定位，千斤顶的对中、正直等因素有关，应通过对专业技工的培训，现场施工损失值的实测检查等手段，来提高操作水平和降低损失值。

六、无粘结预应力混凝土施工

在后张法预应力混凝土中，预应力筋分为有粘结和无粘结两种。有粘结预应力是后张法的常规作法，张拉后通过灌浆使预应力筋与混凝土粘结。无粘结预应力是近年来发展起来的新技术，其作法是在预应力筋表面刷涂料并包塑料带（管）后如同普通钢筋一样先铺设在支好的模板内，然后浇筑混凝土，待混凝土达到设计要求的强度后进行预应力筋的张拉锚固。这种预应力工艺的优点是不需要预留孔道和灌浆、施工简单、张拉时摩阻力较小、预应力筋易弯成多跨曲线形状等。但预应力筋强度不能充分发挥（一般要降低10%～20%），锚具的要求也较高。根据我国目前情况，无粘结预应力筋在双向连续平板和密肋板中比较经济合理，在多跨连续梁中也有较大的发展前途。

1. 无粘结预应力筋的组成

无粘结预应力筋由无粘结筋、涂料层和外包层三部分组成。

（1）无粘结筋

无粘结筋宜采用柔性较好的预应力钢材制作。一般选用 7 根 $\phi5$ 高强钢丝组成钢丝束，也可选用 7 根 ϕ^j4 或 7 根 ϕ^j5 钢绞线。

（2）涂料层

无粘结筋的涂料层可用防腐油脂或防腐沥青制作。涂料层作用是使无粘结筋与混凝土隔离，减少张拉时的摩擦损失，防止无粘结筋腐蚀等。因此，要求涂料性能符合下列要求：在 $-20～+70℃$ 温度范围内，不流淌、不裂缝、不变脆并有一定韧性；使用期内化学稳定性高；对周围材料无侵蚀作用；不透水、不吸湿；防腐性能好；润滑性能好、摩擦阻力小。

（3）外包层

无粘结筋的外包层可用高压聚乙烯塑料带或塑料管制作。外包层的作用是使无粘结筋在运输、储存、铺设和浇筑混凝土等过程中不会发生不可修复的破坏。因此，要求外包层应符合下列要求：在 $-20～+70℃$ 温度范围内，低温不脆化、高温化学稳定性好；必须具有足够的韧性、抗破损性强；对周围材料无侵蚀作用；防水性好。

制作单根无粘结筋时，宜优先选用防腐油脂作涂料层，其塑料外包层应用塑料注塑机注塑成形。防腐油脂应充足饱满，外包层应松紧适度；成束无粘结筋可用防腐沥青或防腐油脂作涂料层。当使用防腐沥青时，应用密缠塑料带作外包层，塑料带各圈之间的搭接宽度应不小于带宽的1/2，缠绕层数不应小于四层。要求防腐油脂涂料层无粘结筋的张拉摩擦系数不应大于0.12；防腐沥青涂料层无粘结筋的张拉摩擦系数不应大于0.25。

2. 无粘结预应力筋的制作

无粘结预应力筋的制作，一般采用挤压涂层工艺和涂包成型工艺两种。

（1）挤压涂层工艺

挤压涂层工艺制作无粘结预应力筋的工艺流程图如图1-170所示。挤压涂层工艺主要是无粘结筋通过涂油装置涂油，涂油无粘结筋通过塑料挤压机涂刷塑料薄膜，再经冷却筒槽成型塑料套管。这种挤压涂层工艺的特点是效率高、质量好、设备性能稳定。它与电线、电缆包裹塑料套管的工艺相似。

（2）涂包成型工艺

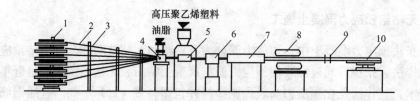

图 1-170 挤压涂层工艺流程图

1—放线盘；2—钢丝；3—梳子板；4—给油装置；5—塑料挤压机机头；

6—风冷装置；7—水冷装置；8—牵引机；9—定位支架；10—收线盘

涂包成型工艺制作无粘结预应力筋的工艺流程图如图 1-171 所示。无粘结筋经过涂料槽涂刷涂料后，再通过归束滚轮归成一束并进行补充涂刷，涂料厚度一般为 2mm。涂好涂料的无粘结筋随即通过绕布转筋自动地交叉缠绕两层塑料布。当达到需要的长度后进行切割，成为一根完整的无粘结预应力筋。这种涂包成型工艺的特点是质量好，适应性较强。

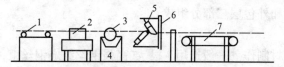

图 1-171 涂包成型工艺流程图

1—滚动支架；2—涂料槽；3—归束滚轮；

4—二级涂料槽；5—塑料布；6—穿心式

包裹转盘；7—皮带输送机

无粘结预应力筋的包装、运输、保管应符合下列要求：对不同规格的无粘结预应力筋应有标记；当无粘结预应力筋带有镦头锚具时应有塑料袋包裹；无粘结预应力筋应堆放在通风干燥处，露天堆放应搁置在架板上并加以覆盖。

3. 无粘结预应力筋的锚具

无粘结预应力构件中，锚具是把无粘结筋的张拉力传递给混凝土的工具。无粘结预应力筋的锚具不仅受力比有粘结预应力筋的锚具大而且承受的是重复荷载。因而对无粘结预应力筋的锚具应有更高的要求。

我国主要采用高强钢丝和钢绞线作为无粘结筋。无粘结预应力筋根据设计需要，可在构件中配置较短的预应力筋，其一端锚固在构件端头作为张拉端，而另一端则直接埋入构件中形成有粘结的锚头。钢绞线无粘结筋的张拉端可采用 XM 型夹片式锚具，埋入端宜采用压花式埋入锚具。钢丝束无粘结筋的张拉端可采用镦头锚具，埋入端宜采用锚板式埋入锚具。

（1）压花式埋入锚具

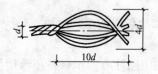

图 1-172 压花式埋入锚具

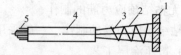

图 1-173 锚板式埋入锚具

1—锚板；2—钢丝；3—螺旋筋；

4—软塑料管；5—无粘结钢丝束

采用无粘结钢绞线时，钢绞线在埋入端宜采用压花式埋入锚具，将其放置在设计位置，如图 1-172 所示。这种做法的关键是张拉前埋入端的混凝土强度等级应大于 C30 才能形成可靠的粘结式锚头。

（2）锚板式埋入锚具

采用无粘结钢丝束时，钢丝束在埋入端宜采用锚板式埋入锚具并用螺旋筋加强，如图 1-173 所示。施工中如端头无结构配筋时，需要配置构造钢筋，使埋入端锚板与混凝土之间有可靠的锚固性能。

4. 无粘结预应力的施工工艺

在无粘结预应力的施工中，重要工序是无粘结预应力筋的铺设、张拉和端部锚头处理。无粘结筋在使用前应逐根进行检查外包层的完好程度。对有轻微破损者，可包塑料带补好；对破损严重者应予以弃用。

（1）无粘结预应力筋的铺设

在单向连续梁板中，无粘结筋的铺设比较简单，如同普通钢筋一样铺设在设计位置上；在双向连续平板中，无粘结筋一般为双向曲线配筋，铺设时，应先铺设标高低的无粘结筋，再铺设标高较高的无粘结筋。并应尽量避免两个方向的无粘结筋相互穿插编结。

无粘结筋应严格按设计要求的曲线形状就位并固定牢靠。铺设无粘结筋时，无粘结筋的曲率可垫钢马凳控制。钢丝束就位后，标高及水平位移经调整、检查无误后，用钢丝与非预应力筋绑扎牢固，防止钢丝束在浇筑混凝土的过程中位移。

（2）无粘结预应力筋的张拉

由于无粘结预应力筋一般为曲线配筋，故应采用两端同时张拉。无粘结筋的张拉顺序，应根据其铺设顺序，先铺设的先张拉，后铺设的后张拉。成束无粘结筋正式张拉前，宜先用千斤顶往复抽动 1~2 次以降低张拉摩擦损失。无粘结筋在张拉过程中，当有个别钢丝发生滑脱或断裂时，可相应降低张拉力，但滑脱或断裂的数量不应超过结构同一截面无粘结预应力筋总量的 2%。

（3）无粘结预应力筋的端部锚头处理

对无粘结筋端部锚头的防腐处理应特别重视。采用钢丝束镦头锚具时，当锚杯被拉出后塑料套筒内产生空隙，必须用油枪通过锚杯的注油孔向套筒内注满防腐油脂，避免长期与大气接触造成锈蚀，如图 1-174 所示。采用钢绞线 XM 型夹片式锚具时，张拉端头构造简单，无须另加设施，张拉后端头钢绞线预留长度不小于 150mm，多余部分割掉并将钢绞线散开打弯，埋在混凝土内以加强锚固，如图 1-175 所示。

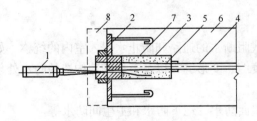

图 1-174 钢丝束端部锚头处理

1—油枪；2—锚具；3—端部孔道；4—有涂层的
无粘结预应力束；5—无涂层的端部钢丝；6—构件；
7—注入孔道的油脂；8—混凝土封闭

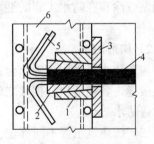

图 1-175 钢绞线端部锚头处理

1—锚环；2—夹片；3—埋件；
4—钢绞线；5—散开打弯钢丝；
6—圈梁

第七节 防 水 工 程

一、建筑防水概述

防水是建筑产品的一项主要使用功能，防水工程质量的优劣，不仅关系到人们居住的环境和卫生条件，而且直接影响到建筑物或构筑物的使用功能和使用寿命。防水工程质量与设计因素、防水材料、施工工艺及施工质量、保养与维修管理等因素有关。其中，关键的因素是防水工程的施工工艺及施工质量。

建筑防水主要指房屋建筑物的防水。建筑防水的作用是为防止雨水、地下水、工业与民用给排水、腐蚀性液体以及空气中的湿气、蒸汽等对建筑物某些部位的渗透侵入，而从建筑材料上和构造上所采取的措施。建筑物需要进行防水处理的部位主要是：屋面、外墙面、厕浴间楼地面和地下室。

建筑防水的功能要求是采用有效、可靠的防水材料和技术措施，保证建筑物某些部位免受水的侵入和不出现渗漏水现象，保护建筑物具有良好、安全的使用环境、使用条件和使用年限。因此，建筑防水技术在建筑工程中占有重要地位。

1. 建筑防水的分类

（1）建筑防水按其采取的措施和手段不同，分为材料防水和构造防水两大类。

1）材料防水

材料防水是依靠防水材料经过施工形成整体封闭防水层阻断水的通路，以达到防水的目的或增强抗渗漏水的能力。材料防水按采用防水材料的不同，又分为刚性防水和柔性防水两大类。

刚性防水又可分为结构构件的刚性自防水和刚性防水材料防水。结构构件的自防水主要是依靠建筑物构件（如屋面板、墙体、底板等）材料自身的密实性、抗渗性、抗蚀性，及某些构造措施（如坡度、伸缩缝并辅以油膏嵌缝、埋设止水带等），起到自身防水的目的；刚性防水材料防水是在建筑构件上抹防水砂浆，浇筑掺有外加剂的细石混凝土、补偿收缩混凝土或预应力混凝土等以达到防水的目的。

柔性防水则是在建筑构件上使用柔性材料（如铺设防水卷材、涂布防水涂料等），将其铺贴或涂布在防水工程的迎水面以达到防水层的目的。柔性防水又分卷材防水和涂膜防水。

2）构造防水

构造防水是采取正确与合适的构造形式阻断水的通路和防止水侵入室内的统称。如对各类接缝，各种部位、构件之间设置的温度缝、变形缝，以及节点细部构造的防水处理均属构造防水。

（2）按建筑工程不同部位，又可分为屋面防水、地下防水和卫生间防水等。

2. 建筑防水的等级

（1）屋面防水等级和设防要求

屋面防水是建筑物的一项重要工程，按照国家标准《屋面工程质量验收规范》（GB 50207—2002），根据建筑物性质、重要程度、使用功能及防水耐用，将屋面防水的设防要求分为 4 个等级，见表 1-48。

屋面防水等级和设防要求　　　　　　　　　　　表 1-48

项　目	屋面防水等级			
	Ⅰ	Ⅱ	Ⅲ	Ⅳ
建筑物类别	特别重要或对防水有特殊要求的建筑	重要的建筑和高层建筑	一般的建筑	非永久性的建筑
防水层合理使用年限	25 年	15 年	10 年	5 年
防水层选用材料	宜选用合成高分子防水卷材、高聚物改性沥青防水卷材、金属板材、合成高分子防水涂料、细石混凝土等材料	宜选用高聚物改性沥青防水卷材、合成高分子防水卷材、金属板材、合成高分子防水涂料、高聚物改性沥青防水涂料、细石混凝土、平瓦、油毡瓦等材料	宜选用三毡四油沥青防水卷材、高聚物改性沥青防水卷材、合成高分子防水卷材、金属板材、高聚物改性沥青防水涂料、合成高分子防水涂料、细石混凝土、平瓦、油毡瓦等材料	可选用二毡三油沥青防水卷材、高聚物改性沥青防水涂料等材料
设防要求	三道或三道以上防水设防	二道防水设防	一道防水设防	一道防水设防

（2）地下工程防水等级和防水标准

地下工程防水与屋面工程防水各有不同特点，地下工程长期受地下水位变化影响，处于水的包围当中。如果防水措施不当出现渗漏，不但修缮困难，影响工程正常使用，而且长期下去，会使主体结构产生腐蚀、地基下沉，危及安全，易造成重大经济损失。

新修订的《地下工程防水技术规范》（GB 50108—2001）将地下工程防水等级分为 4 级，见表 1-49。

地下工程防水等级　　　　　　　　　　　表 1-49

防水等级	标　准
Ⅰ	不允许渗水，结构表面无湿渍
Ⅱ	不允许漏水，结构表面可有少量湿渍 工业与民用建筑：总湿渍面积不应大于总防水面积（包括顶板、墙面、地面）的 1/1000；任意 $100m^2$ 防水面积上的湿渍不超过 1 处，单个湿渍的最大面积不大于 $0.1m^2$ 其他地下工程：总湿渍面积不应大于总防水面积的 6/1000；任意 $100m^2$ 防水面积上的湿渍不超过 4 处，单个湿渍的最大面积不大于 $0.2m^2$
Ⅲ	有少量漏水点，不得有线流和漏泥砂 任意 $100m^2$ 防水面积上的漏水点不超过 7 处，单个漏水点的最大漏水量不大于 2.5L/d，单个湿渍的最大面积不大于 $0.3m^2$
Ⅳ	有漏水点，不得有线流和漏泥砂 整个工程平均漏水量不大于 $2L/m^2 \cdot d$；任意 $100m^2$ 防水面积上的平均漏水量不大于 $4L/m^2 \cdot d$

二、防水材料

1. 防水卷材

防水卷材按材料的组成不同，分为普通沥青防水卷材、高聚物改性沥青防水卷材和合成高分子防水卷材三大类。

（1）沥青防水卷材

沥青防水卷材是用原纸、纤维织物、纤维毡等胎体材料浸涂沥青，表面撒布粉状、粒状或片状材料制成的可卷曲的片状防水材料。

沥青防水卷材由于价格低廉，具有一定的防水性能，故应用较广泛。按胎体材料的不同分为纸胎油毡、纤维胎油毡（如玻璃布胎、玻纤毡胎、黄麻胎）、特殊胎油毡（如铝箔胎）三类。

（2）高聚物改性沥青防水卷材

该卷材使用的高聚物改性沥青，指在石油沥青中添加聚合物，通过高分子聚合物对沥青的改性作用，提高沥青软化点，增加低温柔性，使感温性能得到明显改善；增加弹性，使沥青具有可逆变形的能力；改善耐老化性和耐硬化性，使聚合物沥青具有良好使用功能，即高温不流淌、低温不脆裂，刚性、机械强度、低温延伸性有所提高，增大负温下柔韧性，延长使用寿命。用于沥青改性的聚合物较多，有以 SBS（苯乙烯—丁二烯—苯乙烯合成橡胶）为代表的弹性体聚合物和以 APP（无规聚丙烯合成树脂）为代表的塑性体聚合物两大类。卷材的胎体主要使用玻纤毡和聚酯毡等高强材料。主要品种有：SBS 改性沥青防水卷材和 APP 改性沥青防水卷材两种。

（3）合成高分子防水卷材

合成高分子防水卷材是以合成橡胶、合成树脂或它们两者的共混体系为基料，加入适量的化学助剂和填充料等，经过橡胶或塑料加工工艺，如经塑炼、混炼、或挤出成型、硫化、定型等工序加工，制成的无胎加筋的或不加筋的弹性或塑性的卷材（片材）。

目前，合成高分子防水卷材主要分为合成橡胶（硫化橡胶和非硫化橡胶）、合成树脂、纤维增强几大类。合成橡胶类当前最具代表性的产品有三元乙丙橡胶防水卷材，还有以氯丁橡胶、丁基橡胶、氯磺化聚乙烯等为原料生产的卷材，但与三元乙丙橡胶防水卷材的性能相比，不在同一档次水平。合成树脂类的主要品种是聚氯乙烯防水卷材，其他合成树脂类防水卷材，如氯化聚乙烯防水卷材、高密度聚乙烯防水卷材等，也存在与聚氯乙烯防水卷材档次不同的问题。此外，我国还研制出多种橡塑共混防水卷材，其中氯化聚乙烯—橡胶共混防水卷材具有代表性，其性能指标接近三元乙丙橡胶防水卷材。由于原材料与价格有一定优势，推广应用量正逐步扩大。

2. 防水涂料

建筑防水涂料是一种稠状、匀质液体，涂刷在建筑物表面，经溶剂或水分的挥发，或两种组分间化学反应，形成一层致密的薄膜，使建筑物的表面与水隔绝，从而达到建筑物防水的作用。在保证产品质量的前提下，防水涂料具有施工方便、环保、有装饰功能等作用。

（1）沥青防水涂料

沥青防水涂料是以石油沥青为基料，掺加无机填料和助剂而制成的低档防水涂料。按其类型可分为溶剂型和水乳型，按其使用目的可制成薄质型和厚质型。该类防水涂料生产方法简单，产品价格低廉。

（2）高聚物改性沥青防水涂料

高聚物改性沥青防水涂料通常是用再生橡胶、合成橡胶、SBS 或树脂对沥青进行改性而制成的溶剂型或水乳型涂膜防水材料。通过对沥青改性的防水涂料，具有高温不流淌、低温不脆裂、耐老化、增加延伸率和粘结力等性能，能够显著提高防水涂料的物理性能，扩大应用范围。

高聚物改性沥青防水涂料包括氯丁橡胶沥青防水涂料（水乳型和溶剂型两类）、再生橡胶沥青防水涂料（水乳型和溶剂型两类）、SBS 改性沥青防水涂料等种类。

（3）合成高分子防水涂料

合成高分子防水涂料是以合成橡胶或合成树脂为主要成膜物质，加入其他辅料配制而成的单组分或多组分防水涂料。

合成高分子防水涂料包括聚氨酯防水涂料、丙烯酸弹性防水涂料、硅橡胶防水涂料、聚合物水泥防水涂料等品种。

3. 接缝密封材料

接缝密封材料是与防水层配套使用的一类防水材料，主要用于防水工程嵌填各种变形缝、分格缝、墙板板缝，密封细部构造及卷材搭接缝等部位。

接缝密封材料有：改性沥青接缝材料和合成高分子接缝密封材料两种。

（1）改性沥青接缝材料

该接缝材料是以石油沥青为基料，掺加废橡胶、废塑料作改性材料及填料等制成。因其综合性能较差，已逐渐被合成高分子类接缝密封材料所替代。

（2）合成高分子接缝密封材料

在我国最早研制的产品称塑料油膏。它是以聚氯乙烯树脂为基料，加入适量煤焦油作改性材料及添加剂配制而成。其半成品为聚氯乙烯胶泥，成品即塑料油膏，目前仍有较多工程采用。

在当前开发的产品中，品质较高的建筑密封材料有：硅酮密封膏、聚硫密封膏、聚氨酯密封膏和丙烯酸酯密封膏。

4. 防水砂浆和防水混凝土

防水砂浆和防水混凝土的作用是通过掺入少量外加剂或高聚物，并调整配合比，降低孔隙率，改善孔结构，增加原材料界面的密实性；或通过补偿收缩，提高抗裂能力等方法，达到防水与抗渗的目的。

防水混凝土一般分为普通防水混凝土、外加剂防水混凝土和补偿收缩混凝土，加入外加剂种类不同，其抗渗压力与适用范围不同。它们各具特点，可根据不同工程要求加以选择。防水混凝土的特点及其适用范围见表1-50。

防水砂浆按其材料成分的不同，分为普通水泥防水砂浆、聚合物水泥防水砂浆、掺外加剂的水泥防水砂浆三大类。在水泥砂浆中掺入的外加剂，包括防水剂和膨胀剂两类；防水剂，通常又分为氯化物金属盐类防水剂（如氯化钙、氯化铝、氯化铁）、金属皂类防水剂等。

5. 堵漏止水材料

种　类		最高抗渗压力（MPa）	特　点	适　用　范　围
	普通防水混凝土	>3.0	施工方便、材料来源广泛	适用于一般工业、民用建设及公共建设的地下防水工程
外加剂防水混凝土	引气剂防水混凝土	>2.2	拌合物流动性好	适用于北方高寒地区对抗冻性要求较高的地下防水工程及一般的地下防水工程，不适用于抗压强度 >20MPa 或耐磨性要求较高的地下防水工程
	减水剂防水混凝土	>2.2	拌合物流动性好	适用于钢筋密集或捣固困难的薄壁型防水构筑物，对混凝土凝结时间和流动性有特殊要求的防水工程（泵送混凝土）
	三乙醇胺防水混凝土	>3.8	早期强度高、抗渗等级高	适用于工期紧迫、要求早强及抗渗性较高的防水工程及一般防水工程
	氯化铁防水混凝土	>3.8	密实性好、抗渗标号高	适用于水中结构的无筋、少筋、厚大防水混凝土工程及一般地下防水工程，砂浆修补、抹面工程 在接触直流电源或预应力混凝土及重要的薄壁结构不宜使用
	膨胀剂或膨胀水泥防水混凝土	>3.6	密实性好、抗裂性好	适用于地下工程和地上防水构筑物及其后浇缝

堵漏止水类材料主要用于地下工程防水，分为防水剂类堵漏材料、堵漏浆液灌浆材料、止水带和遇水膨胀橡胶止水材料三类。

（1）堵漏材料

堵漏材料的品种有：以硅酸钠（水玻璃）为基料的硅酸钠防水剂和快燥精；以水硬性无机胶凝材料为基料的无机高效防水粉；以及水泥类的石膏—水泥堵漏材料、水泥—防水浆堵漏材料等。

（2）灌浆材料

早期使用的灌浆材料品种有：甲凝（甲基丙烯酸甲酯堵漏浆液）、丙凝（丙烯酰胺堵漏浆液）、氰凝（异氰酸酯堵漏浆液）、环氧糠醛浆材等。近期开发使用较多的是聚氨酯浆材，它是液体状堵漏材料中最优秀的一种。

聚氨酯灌浆材料分水溶性（单组分）和油溶性（双组分）两种。水溶性聚氨酯浆材的特点是具有良好的延伸性、弹性及耐低温性等，对使用一般堵漏材料或方法难以奏效的地下工程大流量涌水和漏水有较好的止水效果。油溶性聚氨酯浆材固化时固结强度大，抗渗性好，适用于加固、锚固、防水堵漏等工程。因环保要求，油性聚氨酯灌浆材料属于淘汰产品，目前重点使用水溶性聚氨酯灌浆材料。

（3）止水材料

止水材料主要用于地下建筑物或构筑物的变形缝、沉降缝等部位的防水。目前常用的有止水带和遇水膨胀橡胶止水条等。

止水带有：橡胶止水带、塑料止水带、复合止水带等多种。其中，橡胶止水带的特点是：具有较好的弹性、耐磨性和耐撕裂性；适应变形能力强，伸长率、脆性温度、稳定性等均优于塑料止水带，但硬度、强度、耐久性等不如塑料止水带；在主体结构温度超过 50℃、受强烈氧化作用，及在油类物质与有机溶剂环境下不得使用。复合止水带多用于大型工程的接缝，如地下工程的变形缝、结构接缝和管道接头部位的防水密封。这种接缝是由可伸缩的橡胶型材和两侧结构立面配置的镀锌钢带组成，最大能适应 90mm 的特大变形量。

遇水膨胀橡胶的特点是：具有一般橡胶的弹性、延伸性和抗压缩变形能力；遇水后能膨胀，膨胀率可在 100% ~ 500% 之间调节，且不受水质影响；耐水性好，膨胀后仍能保持弹性。遇水膨胀橡胶（止水条）分为制品型遇水膨胀橡胶（止水条）和腻子型遇水膨胀橡胶。制品型产品适用于建筑物和构筑物的变形缝、施工缝；金属、混凝土等预制构件的接缝防水。腻子型产品则主要用于现浇混凝土施工缝等部位的防水。

三、屋面防水施工

屋面防水工程主要有卷材防水屋面、涂膜防水屋面和刚性防水屋面。

1. 卷材防水屋面

卷材防水屋面主要采用沥青防水卷材、高聚物改性沥青防水卷材、合成高分子防水卷材等柔性材料作屋面覆盖层。卷材屋面的构造如图 1-176 所示。

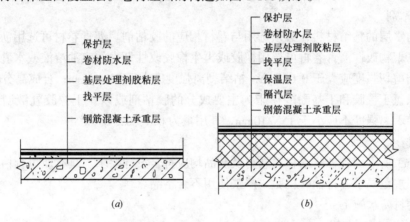

图 1-176 卷材屋面构造层次
（a）不保温卷材屋面；（b）保温卷材屋面

（1）基层处理要求

基层施工质量的好坏，将直接影响屋面工程的质量。基层应具有足够的强度和刚度，保证承受荷载时不致产生显著变形。基层一般采用水泥砂浆或沥青砂浆找平，做到平整、坚实、清洁、无凹凸形及尖锐颗粒。用 2m 直尺检查其平整度，基层与直尺间的最大空隙不应超过 5mm。铺设屋面隔汽层和防水层之前，基层必须清理干净，找平层必须干燥、洁净。平屋面及槽口、槽沟、天沟的基层坡度，必须符合设计要求。屋面基层与女儿墙、立墙、天窗壁、烟囱、变形缝等突出屋面结构的连接处，以及基层的转角处（各水落口、檐口、天沟、檐沟、屋脊等），均应做成圆弧，圆弧半径参见表 1-51。为防止由于温差及混凝土构件收缩而使防水屋面开裂，找平层宜留分格缝，并嵌填密封材料，缝宽一般为 20mm。分格缝应留设在板端缝处，其纵横向最大间距：当找平层采用水泥砂浆时，不宜大于 6m；采用沥青砂浆时，则不宜大于 4m。分格缝应附加 200～300mm 宽的油毡，用沥青胶结材料单边点贴覆盖。涂刷基层处理剂不得露底，基层处理剂（或称冷底子油）的选用应与卷材的材性相容。基层处理剂可采用喷涂、刷涂施工。喷、涂应均匀，待第一遍干燥后再进行第二遍喷、涂，待最后一遍干燥后，方可铺设卷材。

基层与突出屋面结构的连接处、基层转角处圆弧半径 表 1-51

卷材种类	圆弧半径（mm）	卷材种类	圆弧半径（mm）
沥青防水卷材	100～150	合成高分子防水卷材	20
高聚物改性沥青防水卷材	50		

(2) 材料选择

1) 基层处理剂

基层处理剂是为了增强防水材料与基层之间的粘结力，在防水层施工前，预先涂刷在基层上的涂料。其选择应与所用卷材的材性相容。常用的基层处理剂有用于沥青卷材防水屋面的冷底子油，用于高聚物改性沥青防水卷材屋面的氯丁胶沥青乳胶、橡胶改性沥青溶液、沥青溶液（即冷底子油）和用于合成高分子防水卷材屋面的聚氨酯煤焦油系的二甲苯溶液、氯丁胶乳溶液、氯丁胶沥青乳胶等。

2) 胶粘剂

卷材防水层的粘结材料，必须选用与卷材相应的胶粘剂。沥青卷材可选用沥青胶作为胶粘剂；高聚物改性沥青卷材可选用橡胶或再生橡胶改性沥青的汽油溶液或水乳液作胶粘剂，其粘结剪切强度应大于 0.05MPa，粘结剥离强度应大于 8N/10mm；合成高分子防水卷材可选用以氯丁橡胶和丁基酚醛树脂为主要成分的胶粘剂或以氯丁橡胶乳液制成的胶粘剂，其粘结剥离强度不应小于 15N/10mm，其用量为 0.4～0.5kg/m^2。

3) 卷材

屋面施工所选用各种防水材料卷材及制品均应符合设计要求。具有质量合格证明，进场前应按照规范要求进行抽样检验，严禁使用不合格品。

(3) 卷材防水施工

1) 沥青防水卷材施工

①施工前准备

在阴凉干燥处将卷材打开，清除其表面的撒布料，清除时应避免损伤卷材，并保持表面干燥，直立置于干净、通风、阴凉的地方。为了保证施工安全，应设置防护栏杆等必要的措施，并准备好灭火器材。

②涂刷冷底子油

涂刷冷底子油之前，检查找平层表面，要求平整、干净。涂刷要薄而均匀，不得有空白、麻点、气泡。如果基层表面较粗糙，宜先刷一遍慢挥发性冷底子油，待其干燥后，再刷一遍快挥发性冷底子油。涂刷时间宜在铺卷材前 1～2 天进行，使油层干燥而又不沾灰尘。

③卷材铺贴

a. 施工顺序。

大面积卷材铺贴前，在整个工程中，应先做好节点密封、附加层和屋面排水较集中部位（屋面与水落口连接处、檐口、天沟等）与分格缝的空铺条处理等，然后由屋面最低标高处向上施工。铺贴多跨和有高低跨的屋面时，应按照"先高后低、先远后近"的施工顺序，即高低跨屋面，先铺高跨后铺低跨；等高的大面积屋面，先铺离上料地点较远的部位，后铺较近部位。

b. 铺设方向。

卷材铺贴方向应根据屋面坡度和周围是否有振动来确定。当屋面坡度小于3%时，卷材宜平行于屋脊铺贴；屋面坡度在3%～15%时，卷材可平行或垂直屋脊铺贴；屋面坡度大于15%或受振动时，沥青防水卷材应垂直屋脊铺贴。高聚物改性沥青防水卷材和合成高分子防水卷材可平行或垂直屋脊铺贴，但上下层卷材不得相互垂直铺贴。

c. 搭接方法。

卷材铺贴应采用搭接法，上下层及相邻两幅卷材的搭接应错开。叠层铺贴，上下层两幅卷材的搭接缝也应错开 1/3 幅宽；相邻两幅卷材的接头还应相互错开 300mm 以上，以免接头处多层卷材相重叠而粘结不实。平行于屋脊的搭接应顺流水方向；垂直于屋脊的搭接应顺年主导风向。叠层铺设的各层卷材，在天沟与屋面的连接处，应采用叉接法搭接，搭接缝应错开；接缝宜留在屋面或天沟侧面，不宜留在沟底。各种卷材的搭接宽度应符合规范要求。

d. 铺贴方法。

沥青卷材的铺贴方法有浇油法、刷油法、刮油法、撒油法等四种。通常采用浇油法或刷油法，在干燥的基层上满涂沥青胶，应随浇涂随铺油毡。铺贴时，油毡要展平压实，使之与下层紧密粘结，卷材的接缝，应用沥青胶赶平封严。对容易渗漏水的薄弱部位（如天沟、檐口、泛水、水落口处等），均应加铺 1～2 层卷材附加层。

2）高聚物改性沥青防水卷材施工

根据高聚物改性沥青防水卷材的特性，其施工方法有热熔法、冷粘法和自粘法三种。目前，使用最多的是热熔法。

热熔法施工是采用火焰加热器熔化热熔型防水卷材底面的热熔胶进行粘结的施工方法。操作时，火焰喷嘴与卷材底面的距离应适中；幅宽内加热应均匀，以卷材底面沥青熔融至光亮黑色为度，不得过分加热或烧穿卷材；卷材底面热熔后应立即滚铺，并进行排汽、辊压粘结、刮封接口等工序。采用条粘法施工，每幅卷材两边的粘贴宽度不应小于150mm。

以使用热熔法施工为主的 SBS 和 APP 两种改性沥青防水卷材，由于其改性材料分子结构的不同，对施工要求有严格限制。SBS 改性沥青当被高温热熔、温度超过 250℃时，其弹性网状体结构就会遭到破坏，影响卷材特性，而喷灯熔化改性沥青的温度往往超过这一限值，因而必须选用具有足够厚度（4mm）的卷材。否则，宜使用材质相容的热玛琋脂以热铺法粘贴。APP 改性沥青由于其热稳定性好，卷材使用热熔法铺贴不会因受短时间高温而造成损坏。

冷粘法（冷施工）是采用胶粘剂或冷玛琋脂进行卷材与基层、卷材与卷材的粘结，而不需要加热施工的方法。采用冷粘法施工，根据胶粘剂的性能，应控制胶粘剂涂刷与卷材铺贴的间隔时间。铺贴卷材时，应排除卷材下面的空气，并辊压粘贴牢固。搭接部位的接缝应满涂胶粘剂，辊压粘结牢固，溢出的胶粘剂随即刮平封口，也可采用热熔法接缝。接缝口应用密封材料封严，宽度不应小于 10mm。

自粘法是采用带有自粘胶的防水卷材，不用热施工，也不需涂刷胶结材料而进行粘结的施工方法。采用自粘法施工，基层表面应均匀涂刷基层处理剂，铺贴卷材时，应将自粘胶底面隔离纸完全撕净，排除卷材下面的空气，并辊压粘结牢固。搭接部位宜采用热风焊枪加热，加热后随即粘贴牢固，并在接缝口用密封材料封严。铺贴立面、大坡面卷材时，应加热后粘贴牢固。

3）合成高分子防水卷材施工

合成高分子防水卷材的铺贴方法有：冷粘法、自粘法和热风焊接法。目前国内采用最多的是冷粘法。

采用冷粘法施工，不同品种的卷材和不同的粘结部位，应使用与卷材材质配套的胶粘剂和接缝专用胶粘剂。铺贴卷材前，基层表面应涂刷基层处理剂；铺贴卷材时，胶粘剂可涂刷在基层或卷材的底面，并应根据胶粘剂的特性，控制涂层厚度及涂刷胶粘剂与铺贴卷材的间隔时间。铺贴卷材不得皱折，也不得用力拉伸卷材，并应排除卷材下面的空气，辊压粘结牢固。接缝口应采用密封材料封严。铺贴大坡面和立面卷材应采用满粘法，并宜减少短边搭接。立面卷材收头的端部应裁齐，并用压条或垫片钉压固定；最大钉距不应大于900mm；上口应用密封材料封固。

采用自粘法铺贴合成高分子防水卷材的施工方法，与铺贴高聚物改性沥青防水卷材的方法基本相同。

采用热风焊接法铺设合成高分子防水卷材，焊接前，卷材铺放应平整顺直，搭接尺寸准确。焊接缝的结合面应清扫干净。焊接顺序应先焊长边搭接缝，后焊短边搭接缝。

2．涂膜防水屋面

（1）基本规定

按规范规定，涂膜防水屋面主要适用于防水等级为Ⅲ级、Ⅳ级的屋面防水，也可用作Ⅰ级、Ⅱ级屋面多道防水设防中的一道防水层。

涂膜防水屋面施工的工艺流程如下：

表面基层清理、修理→喷涂基层处理剂→节点部位附加增强处理→涂布防水涂料及铺贴胎体增强材料→清理及检查修理→保护层施工

涂膜防水屋面基层如为预制屋面板时，其端缝应进行柔性密封处理。非保温屋面的板缝应预留凹槽，嵌填密封材料，并应增设带有胎体增强材料的附加层。

为避免基层变形导致涂膜防水层开裂，涂膜层应加铺胎体增强材料，如玻纤网布、化纤或聚酯无纺布等，与涂料形成一布二涂、二布三涂或多布多涂的防水层。

防水涂膜施工应分层分遍涂布。待先涂的涂层干燥成膜后，方可涂布后一遍涂料。铺设胎体增强材料，屋面坡度小于 15% 时可平行屋脊铺设；坡度大于 15% 时应垂直屋脊铺设，并由屋面最低处向上操作。胎体的搭接宽度，长边不得小于 50mm；短边不得小于70mm。采用二层或以上胎体增强材料时，上下层不得互相垂直铺设，搭接缝应错开，其间距不应小于幅宽的 1/3。涂膜防水层的收头应用防水涂料多遍涂刷或用密封材料封严。

涂膜防水屋面应做保护层。保护层采用水泥砂浆或块材时，应在涂膜层与保护层之间设置隔离层。

防水涂膜严禁在雨天、雪天施工；五级风及其以上时或预计涂膜固化前有雨时不得施

工；气温低于5℃或高于35℃时不宜施工。

（2）合成高分子防水涂膜施工

合成高分子防水涂料是现有各类防水涂料中综合性能指标最好、质量较为可靠、值得提倡推广应用的一类防水涂料。

合成高分子防水涂膜的厚度不应小于2mm，在Ⅲ级防水屋面上复合使用时，不宜小于1mm。可采用刮涂或喷涂施工，当采用刮涂施工时，每遍刮涂的推进方向宜与前一遍相互垂直。多组分涂料应按配合比准确计量，搅拌均匀，及时使用。配料时可加入适量的缓凝剂或促凝剂调节固化时间，但不得混入已固化的涂料。

在涂层中夹铺胎体增强材料时，位于胎体下面的涂层厚度不宜小于1mm；涂刮最上层的涂层不应少于两遍。

3. 刚性防水屋面

刚性防水屋面是指利用刚性防水材料作防水层的屋面。主要有普通细石混凝土防水屋面、补偿收缩混凝土防水屋面、块体刚性防水屋面、预应力混凝土防水屋面等。与卷材及涂膜防水屋面相比，刚性防水屋面所用材料易得，价格便宜，耐久性好，维修方便，但刚性防水层材料的表观密度大，抗拉强度低，极限拉应变小，易受混凝土或砂浆的干湿变形、温度变形和结构变位而产生裂缝。主要适用于防水等级为Ⅲ级的屋面防水，也可用作Ⅰ、Ⅱ级屋面多道防水设防中的一道防水层，不适用于设有松散材料保温层的屋面以及受较大震动或冲击的建筑屋面。

（1）材料要求

防水层的细石混凝土宜用普通硅酸盐水泥或硅酸盐水泥，用矿渣硅酸盐水泥时应注意采取减少泌水性措施。水泥强度等级不宜低于42.5级；不得使用火山灰水泥；防水层的细石混凝土和砂浆中，粗骨料的最大粒径不宜超过15mm，含泥量不应大于1%；细骨料应采用中砂或粗砂，含泥量不应大于2%；拌合用水应采用不含有害物质的洁净水。混凝土水灰比不应大于0.55，每立方米混凝土水泥最小用量不应小于330kg，含砂率宜为35%~40%，灰砂比应为1：（2~2.5），并宜掺入外加剂。普通细石混凝土、补偿收缩混凝土的自由膨胀率应为0.05%~0.1%。

块体刚性防水层使用的块体应无裂纹、无石灰颗粒、无灰浆泥角，质地密实，表面平整。

（2）基层处理

刚性防水屋面的结构层宜为整体现浇的钢筋混凝土。当屋面结构层采用装配式钢筋混凝土板时，应用强度等级不小于C20的细石混凝土灌缝，灌缝的细石混凝土宜掺膨胀剂。当屋面板板缝宽度大于40mm或上窄下宽时，板缝内必须设置构造钢筋，板端缝应进行密封处理。

（3）隔离层施工

在结构层与防水层之间宜增加一层低强度等级砂浆、卷材、塑料薄膜等材料起隔离作用，使结构层和防水层变形互不受约束，以减少防水混凝土产生拉应力而导致混凝土防水层开裂。

（4）分格缝的设置

为防止大面积的刚性防水层因温差、混凝土收缩等影响而产生裂缝，应按设计要求设置分格缝。其位置一般应设在结构应力变化较突出的部位，如结构层屋面板的支承端、屋面转折处、防水层与突出屋面结构的交接处，并应与板缝对齐。分格缝纵横间距一般不大于6m。

分格缝的一般做法是在施工刚性防水层前，先在隔离层上定好分格缝位置，再安放分格条，然后按分隔板块浇筑混凝土，待混凝土初凝后，将分格条取出即可。分格缝处可采用嵌填密封材料并加贴防水卷材的办法进行处理，以增加防水的可靠性。

（5）防水层施工

1）普通细石混凝土防水层施工

混凝土浇筑应按先远后近、先高后低的原则进行，一个分格缝内的混凝土必须一次浇筑完毕，不得留施工缝。钢筋网片应放置在混凝土的中上部。混凝土的质量要严格保证，加入外加剂时，应准确计量，投料顺序得当，搅拌均匀。混凝土搅拌应采用机械搅拌，搅拌时间不少于2min；混凝土运输过程中应防止漏浆和离析。混凝土浇筑时，先用平板振动器振实，再用辊筒滚压至表面平整、泛浆，然后用铁抹子压实抹平，并确保防水层的设计厚度和排水坡度。抹压时严禁在表面洒水、加水泥浆或撒干水泥。待混凝土初凝收水后，应进行二次表面压光，或在终凝前三次压光成活。混凝土浇筑12~24h后应进行养护，养护时间不应少于14d。养护初期屋面不得上人。施工时的气温宜在5~35℃，以保证防水层的施工质量。

2）补偿收缩混凝土防水层施工

补偿收缩混凝土防水层是在混凝土中掺入膨胀剂拌制而成，硬化后的混凝土产生微膨胀，以补偿普通混凝土的收缩，它在配筋情况下，由于钢筋限制其膨胀，从而使混凝土产生自应力，起到自密实混凝土、提高混凝土抗裂性和抗渗性的作用。其施工要求与普通细石混凝土防水层大致相同。当用膨胀剂拌制补偿收缩混凝土时，应按照配合比准确称量，搅拌投料时应与水泥同时加入。混凝土搅拌时间不少于2min。

四、地下防水施工

1. 防水方案

地下工程的防水方案，应遵循"防排结合、刚柔并用、多道设防、综合治理"的原则，根据使用要求、自然环境条件及结构形式等因素确定。常用的防水方案有以下三类：

（1）结构自防水

依靠防水混凝土本身的抗渗性和密实性来进行防水。结构本身既是承重围护结构，又是防水层。因此，它具有施工简便、工期较短、改善劳动条件、节省工程造价等优点，是解决地下防水的有效途径，从而被广泛采用。

（2）设防水层

即在结构物的外侧增加防水层，以达到防水的目的。常用的防水层有水泥砂浆、卷材、沥青胶结料和金属防水层，可根据不同的工程对象、防水要求及施工条件选用。

（3）渗排水防水

利用盲沟、渗排水层等措施来排除附近的水源以达到防水目的。适用于形状复杂、受高温影响、地下水为上层滞水且防水要求较高的地下建筑。

2. 变形缝、后浇带

地下室工程常因细部构造防水处理不当出现渗漏。地下室工程的细部构造主要有：变形缝、后浇缝（施工缝）、穿墙管（盒）、埋设件、预留孔洞、孔口等。为保证防水质量，对这些部位的设计与施工应遵守《地下工程防水技术规范》的规定，采取加强措施。

（1）变形缝

变形缝应满足密封防水、适应变形、施工方便、检查容易等要求。用于伸缩的变形缝宜不设或少设，可根据不同的工程结构类别及工程地质情况采用诱导缝、加强带、后浇带等替代措施。用于沉降的变形缝其最大允许沉降差值不应大于30mm，当计算沉降差值大于30mm时，应在设计时采取措施。用于沉降的变形缝的宽度宜为20~30mm，用于伸缩的变形缝的宽度宜小于此值。变形缝的构造形式和材料，应根据工程特点、工程开挖方法、地基或结构变形情况，以及水压、水质和防水等级确定。

需要增强变形缝的防水能力时，可采用两道埋入式止水带，或采取嵌缝式、粘贴式、附贴式、埋入式等方法复合使用。其中埋入式止水带的接缝位置不得设在结构转角处，应设在边墙较高位置上，接头宜采用热压焊。

对水压小于0.03MPa、变形量小于10mm的变形缝可用弹性密封材料嵌填密实或粘贴橡胶片，如图1-177、图1-178所示。

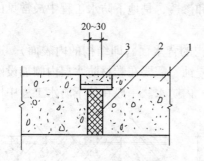

图 1-177　嵌缝式变形缝

1—围护结构；2—填缝材料；3—嵌缝材料

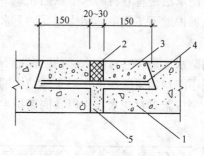

图 1-178　粘贴式变形缝

1—围护结构；2—填缝材料；3—细石
混凝土；4—橡胶片；5—嵌缝材料

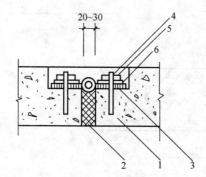

图 1-179　附贴式止水带变形缝（a）

1—围护结构；2—填缝材料；3—止水带；
4—螺栓；5—螺母；6—压铁

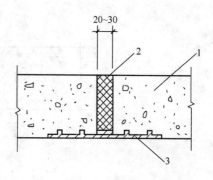

图 1-180　附贴式止水带变形缝（b）

1—围护结构；2—填缝材料；3—止水带

对水压小于0.03MPa，变形量为20~30mm的变形缝，宜用附贴式止水带，如图1-

179、图 1-180 所示。

对水压大于 0.03MPa，变形量为 20～30mm 的变形缝，应采用埋入式橡胶或塑料止水带，如图 1-181 所示。

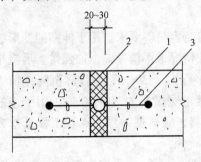

图 1-181 埋入式橡胶（塑料）
止水带变形缝

1—围护结构；2—填缝材料；3—止水带

（2）后浇缝（施工缝）

后浇缝应设在受力和变形较小的部位，间距宜为 30～60m，宽度宜为 700～1000mm。后浇带可做成平直缝，结构主筋不宜在缝中断开，如必须断开，则主筋搭接长度应大于 45 倍主筋直径，并应按设计要求加设附加钢筋。后浇带应在其两侧混凝土龄期达到 42d（高层建筑应在结构顶板浇筑混凝土 14d）后，采用补偿收缩混凝土浇筑，强度应不低于两侧混凝土。并在后浇缝结构断面中部附近安设遇水膨胀橡胶止水条。混凝土后浇缝示意，如图 1-182 所示。

3.卷材防水层施工

地下工程卷材防水层的防水方法有两种，即外防水法和内防水法。

外防水法是将卷材防水层粘贴在地下工程结构的迎水面（即结构的外表面），它能够有效地保护地下工程主体结构免受地下水的侵蚀和渗透，是地下防水工程中最常见的防水方法。

内防水法是将卷材防水层粘贴在地下工程结构的背水面（即结构的内表面）。这种内防水层不能直接阻断地下水对主体结构的渗透和侵蚀，需要在卷材防水层内侧加设刚性内衬层，来压紧卷材防水层，以共同保护主体结构。内防水法一般在地下防水工程中用得较

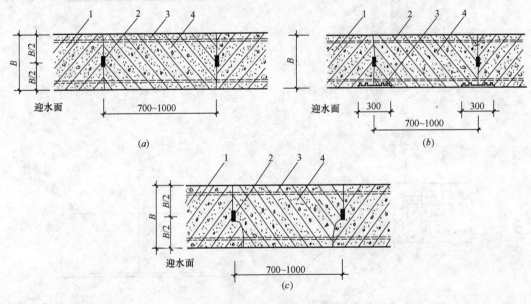

图 1-182 后浇带防水构造

（a）1—先浇混凝土；2—遇水膨胀止水条；3—结构主筋；4—后浇补偿收缩混凝土；

（b）1—先浇混凝土；2—结构主筋；3—外贴式止水带；4—后浇补偿收缩混凝土；

（c）1—先浇混凝土；2—遇水膨胀止水条；3—结构主筋；4—后浇补偿收缩混凝土

少，多用于人防工程、隧道及特种工业基坑工程。

外防水法分为"外防外贴法"和"外防内贴法"两种施工方法。

（1）内贴法

内贴法的铺贴如图 1-183（a）所示，先在地下构筑物四周的混凝土底板垫层上做好找平层，再在四周干铺一层卷材条，在其上砌永久性保护墙（高度按设计要求）。接着在保护墙上抹水泥砂浆找平后，将防水卷材铺贴在保护墙上，最后浇筑钢筋混凝土底板和结构墙体。

（2）外贴法

外贴法的铺贴如图 1-183（b）所示，在浇筑混凝土底板和结构墙体之前，先做混凝土垫层，在垫层的四周砌保护墙，再铺贴底层卷材，四周应留出卷材接头，然后灌注底板和墙身混凝土，待侧模拆除以后，继续铺贴结构墙外侧的卷材防水层。

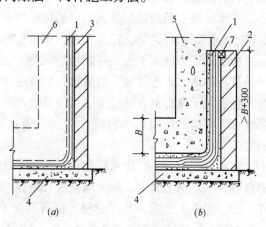

图 1-183　卷材防水层铺贴法
（a）内贴法；（b）外贴法
1—卷材防水层；2—临时保护墙；3—永久保护墙；
4—垫层；5—先浇构筑物；6—后浇构筑物；7—木条

外贴法与内贴法相比较，其优点是：防水层不受结构沉陷的影响；施工结束后即可进行试验且易修补；在灌注混凝土时，不至碰坏保护墙和防水层，能及时发现混凝土的缺陷并进行补救。但其施工期较长，土方量较大且易产生塌方现象，不能利用保护墙做模板，转角接槎处质量较差。具体地说，外贴法和内贴法各自都有其优点，一些项目的详细比较结果见表 1-52，一般情况下大多采用外贴法。

外贴法与内贴法的比较　　　　　　　　　　　　　　　　表 1-52

比较项目	外　贴　法	内　贴　法
漏水情况	防水层做完后即可进行试验，且修补比较容易	防水层做完后，不能立即试验，须待基础及外墙施工完毕后，才可试验，如发现漏水则修补困难
卷材粘贴情况	预留的卷材接头不易保护好，基础与外墙卷材转角处易弄脏受损，且操作困难，容易造成漏水	基础及外墙的卷材防水层一次铺贴完，转角处铺贴质量较易保证
工期	工期长	工期短
施工条件	要有一定的工作面，四周无相邻建筑物	四周有无建筑物均可施工
开挖土方量	土方量较大	土方量较小
沉陷影响	不受沉陷影响	受沉陷影响
混凝土外墙	浇捣混凝土时，防水层不易损坏，混凝土质量检查也比较方便，但模板耗费较多	浇捣混凝土时，防水层易损坏，混凝土捣固质量不易检查，但能节约墙身的外侧模板

4. 防水混凝土施工

(1) 防水混凝土的一般要求

防水混凝土是通过混凝土本身的憎水性和密实性来达到防水目的的一种混凝土，它既是防水材料，同时又是承重材料和围护结构的材料。

防水混凝土适用于水池等贮水构筑物，江心取水构筑物，地下通廊、水泵房、沉箱、设备基础和地下人防等地下构筑物，以及受干湿或冻融交替作用的工程；但不适用于裂缝宽度开展大于现行钢筋混凝土结构设计规范规定的结构，遭受剧烈振动或冲击的结构，腐蚀性水下结构。使用防水混凝土时，其表面温度最高不应高过80℃，一般控制在50~60℃以下。

防水混凝土与卷材防水相比，具有很多优点。它可以把结构的承重、围护、防水等作用合而为一；施工简便，省去熬沥青和贴卷材、砌保护墙等多道工序，改善了施工操作条件，加快了施工速度。节省卷材、沥青等防水材料；成本较低，只占卷材防水层费用的10%左右；不受防水工程条件的限制，耐久性强，易于检修。由于有这些优点，它在我国地下工程防水中占有重要地位。

防水混凝土除了满足设计要求的强度等级外，还应满足一定的抗渗等级符号。

防水混凝土的抗渗等级符号有 P6、P8、P10、P12、P16、P20 等，P 表示抗渗等级符号，右边数字为压力值。防水混凝土的设计抗渗等级应符合表 1-53 的规定。

防水混凝土设计抗渗等级　　　　　　　　　　　　　　　　表 1-53

工程埋置深度（m）	设计抗渗等级	工程埋置深度（m）	设计抗渗等级
< 10	P6	20 ~ 30	P10
10 ~ 20	P8	30 ~ 40	P12

注：1. 本表适用于Ⅳ、Ⅴ级围岩（土层及软弱围岩）；

　　2. 山岭隧道防水混凝土的抗渗等级可按铁道部门的有关规范执行。

防水混凝土处于侵蚀性介质中，混凝土抗渗等级符号不应小于 P8；防水混凝土结构的混凝土垫层，其抗压强度等级不应小于 C15，厚度不应小于 100mm。

1）防水混凝土结构应符合下列规定：

①结构厚度不应小于 250mm；

②裂缝宽度不得大于 0.2mm，并不得贯通；

③钢筋保护层厚度迎水面不应小于 50mm。

2）防水混凝土使用的水泥，应符合下列规定：

①在不受侵蚀性介质和冻融作用时，宜采用普通硅酸盐水泥、硅酸盐水泥、火山灰质硅酸盐水泥、粉煤灰硅酸盐水泥，如采用矿渣硅酸盐水泥则必须掺用外加剂（高效减水剂）；

②在受冻融作用时应优先选用普通硅酸盐水泥，不宜采用火山灰质硅酸盐水泥和粉煤灰硅酸盐水泥；

③不得使用过期或受潮结块的水泥，并不得将不同品种或强度等级的水泥混合使用；

④水泥不应低于 32.5 强度等级。

防水混凝土所用的砂石，除应符合现行《普通混凝土砂质量标准及检验方法》和《普通混凝土用碎石卵石质量标准及检验方法》的规定外，还应符合下列要求：石子最大粒径不宜大于40mm，泵送时其最大粒径应为输送管径的1/4；吸水率不应大于1.5%；不得使用碱活性骨料；砂宜采用中砂。

防水混凝土可根据工程需要掺入引气剂、减水剂、密实剂、膨胀剂、防水剂、复合型外加剂等外加剂，其掺量和品种应经试验确定。因此，防水混凝土可以分为普通防水混凝土（普通防水混凝土、骨料级配防水混凝土）和外加剂防水混凝土（引气剂防水混凝土、减水剂防水混凝土、防水剂防水混凝土等）。

（2）防水混凝土的施工

防水混凝土施工质量的好坏，直接关系到工程是否渗漏、耐久。因此，施工时要特别强调"严、细"。从施工准备到混凝土养护，都要始终采取严密措施，精心操作。

防水混凝土拌合，必须采用机械搅拌，搅拌的时间不应小于2min；掺外加剂时，应根据外加剂的技术要求确定搅拌时间。防水混凝土必须采用机械振捣密实，振捣时间宜为10～30s，以混凝土开始泛浆和不冒气泡为准，并应避免漏振、欠振和过振。掺引气剂或引气型减水剂时，应采用高频插入式振捣器振捣。

防水混凝土应连续浇筑，宜少留施工缝。当留设施工缝时，应注意：

①顶板、底板不宜留施工缝，顶拱、底拱不宜留纵向施工缝，墙体水平施工缝不应留在剪力与弯矩最大处或底板与侧墙的交接处，应留在高出底板表面不小于300mm的墙体上，墙体有孔洞时，施工缝距孔洞边缘不宜小于300mm。拱墙结合的水平施工缝，宜留在起拱线以下150～300mm处；先拱后墙的施工缝可留在起拱线处，但必须加强防水措施，施工缝的形式根据图1-184选用。

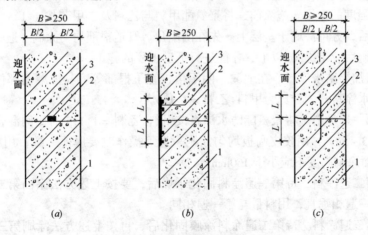

图 1-184　施工缝防水基本构造

（a）1—先浇混凝土；2—遇水膨胀止水条；3—后浇混凝土

（b）外贴止水带 $L \geqslant 150$；外涂防水涂料 $L = 200$；

外抹防水砂浆 $L = 200$；

1—先浇混凝土；2—外贴防水层；3—后浇混凝土

（c）钢板止水带 $L \geqslant 100$；橡胶止水带 $L \geqslant 125$；钢边橡胶止水带 $L \geqslant 120$；

1—先浇混凝土；2—中埋止水带；3—后浇混凝土

②垂直施工缝应避开地下水和裂隙水较多的地段，并宜与变形缝相结合。

（3）防水混凝土的养护

防水混凝土进入终凝时应立即进行养护，防水混凝土养护得好坏对其抗渗性的影响很大。防水混凝土的水泥用量较多，收缩性较大，如果混凝土早期脱水或养护中缺乏必要的温、湿度条件，其后果较普通混凝土更严重。因此，当混凝土进入终凝（浇灌后 4~6h）时，应立即开始覆盖并浇水养护。浇捣后 3d 内每天应浇水 3~6 次，3d 后每天浇水 2~3 次，养护天数不少于 14d。为了防止混凝土内水分蒸发过快，还可以在混凝土浇捣一天后，在混凝土表面刷水玻璃两道或氯乙烯-偏氯乙烯乳液，以封闭毛细孔道，保证有较好的硬化条件。

五、卫生间防水施工

卫生间涂膜防水以聚氨酯防水涂料、氯丁胶乳沥青防水涂料（或 SBS 改性沥青防水涂料）使用的较多，施工方法如下：

1. 聚氨酯防水涂料施工工艺

（1）操作顺序

清理基层→涂刷基层处理剂→涂刷附加层防水涂料→刮涂第一遍涂料→刮涂第二遍涂料→刮涂第三遍涂料→第一次蓄水试验→稀撒砂粒→质量验收→保护层施工→第二次蓄水试验。

（2）操作要点

1）清理基层。将基层清扫干净。基层应做到找坡正确，排水顺畅，表面平整、坚实，无起灰、起砂、起壳及开裂等现象。涂刷基层处理剂前，基层表面应达到干燥状态。

2）涂刷基层处理剂。基层处理剂为低黏度聚氨酯，可以起到隔离基层潮气，提高涂膜与基层粘结强度的作用。施涂前，将聚氨酯甲料与乙料及二甲苯按 1:1.5:1.5 的比例配料，搅拌均匀后，方可涂刷于基层上。先在阴阳角、管道根部均匀涂刷一遍，然后进行大面积涂刷。涂刷后应干燥 4h 以上，才能进行下道工序的施工。

3）涂刷附加层防水涂料。在地漏、阴阳角、管子根部等容易渗漏的部位，均匀涂刷一遍附加层防水涂料。配合比为甲料:乙料 = 1:1.5。

4）涂刷第一遍涂料。将聚氨酯防水涂料按甲料:乙料 = 1:1.5 的比例混合，开动电动搅拌器，搅拌 3~5min，用胶皮刮板均匀涂刷一遍。操作时要厚薄一致，用料量为 0.8~1.0kg/m²，立面涂刮高度不应小于 150mm。

5）涂刮第二遍涂料。待第一遍涂料固化干燥后，要按上述方法涂刷第二遍涂料。涂刮方向应与第一遍相垂直，用料量与第一遍相同。

6）涂刮第三遍涂料。待第二遍涂料涂膜固化后，再按上述方法涂刷第三遍涂料。用料量为 0.4~0.5kg/m²。

7）第一次蓄水试验。待防水层完全干燥后，可进行第一次蓄水试验。蓄水试验 24h 后无渗漏时为合格。

8）稀撒砂粒。为了增加防水涂膜与粘结饰面层之间的粘结力，在防水层表面需边涂聚氨酯防水涂料，边稀撒砂粒（砂粒不得有棱角）。砂粒粘结固化后，即可进行保护层施工。未粘结的砂粒应清扫回收。

9）保护层施工。防水层蓄水试验不漏，质量检验合格后，即可进行保护层施工或粘铺地面砖、陶瓷锦砖等饰面层。施工时应注意成品保护，不得破坏防水层。

10）第二次蓄水试验。厕浴间装饰工程全部完成后，工程竣工前还要进行第二次蓄水试验，以检验防水层完工后是否被水电或其他装饰工程损坏。蓄水试验合格后，厕浴间的防水施工才算圆满完成。

2. 氯丁胶乳沥青防水涂料施工工艺（以二布六涂为例）

（1）操作顺序

清理基层→刮氯丁胶乳沥青水泥腻子→涂刷第一遍涂料（表干 4h）做细部构造附加层→铺贴玻纤网格布同时涂刷第二遍涂料→涂刷第三遍涂料→铺贴玻纤网格布同时涂刷第四遍涂料→涂刷第五遍涂料→涂刷第六遍涂料并及时撒砂粒→蓄水试验→保护层、饰面层施工→质量验收→第二次蓄水试验→防水层验收。

（2）操作要点

1）清理基层。卫生间防水施工前，应将基层浮浆、杂物、灰尘等清理干净。

2）刮氯丁胶乳沥青水泥腻子。在清理干净的基层上满刮一遍氯丁胶乳沥青水泥腻子。管道根部和转角处要厚刮并抹平整。腻子的配制方法是：将氯丁胶乳沥青防水涂料倒入水泥中，边倒边搅拌至稠浆状即可刮涂于基层，腻子厚度约 2～3mm。

3）涂刷第一遍涂料。待上述腻子干燥后，满刷一遍防水涂料，涂刷不能过厚，不得刷漏，以表面均匀不流淌、不堆积为宜。立面刷至设计高度。

4）做细部构造附加层。在阴阳角、地漏、大便器蹲坑等细部构造处，应分别附加一布二涂附加防水层，其宽度不小于 250mm。

5）铺贴玻纤网格布同时涂刷第二遍涂料。附加防水层做完并干燥后，就可大面铺贴玻纤网格布同时涂刷第二遍防水涂料。此时先将玻纤网格布剪成相应尺寸铺贴于基层上，然后在上面涂刷防水涂料，使涂料浸透布纹渗入基层中。玻纤网格布搭接宽度不宜小于 100mm，并顺水接槎。玻纤网格布立面应贴至设计高度，平面与立面的搭接缝应留在平面处，距立面边宜大于 200mm，收口处要压实贴牢。

6）涂刷第三遍涂料。待上遍涂料实干后（一般宜 24h 以上），再满刷第三遍涂料，涂刷要均匀。

7）铺贴玻纤网格布刷第四遍涂料。在上述涂料表干后（4h），铺贴第二层玻纤网格布同时满刷第四遍涂料。第二层玻纤网格布与第一层玻纤网格布接槎要错开，涂刷防水涂料时应均匀，将布展平无折皱。

8）待上述涂层实干后，满刷第五遍、第六遍防水涂料。

9）待整个防水层实干后，可做蓄水试验，蓄水时间不少于 24h，无渗漏为合格。然后做保护层或饰面层施工。在饰面层完工后，工程交付使用前应进行第二次蓄水试验，以确保卫生间防水工程质量。

3. 卫生间防水工程质量要求

（1）卫生间经蓄水试验不得有渗漏现象。

（2）涂膜防水材料进场复检后，应符合有关技术标准。

（3）涂膜防水层必须达到规定的厚度（施工时可用材料用量控制，检查时可用针刺法），应做到表面平整，厚薄均匀。

（4）胎体增强材料与基层及防水层之间应粘结牢固，不得有空鼓、翘边、折皱及封口不严等现象。

（5）排水坡度应符合设计要求，不积水，排水系统畅通，地漏顶应为地面最低处。

（6）地漏管根等细部防水做法应符合设计要求，管道畅通，无杂物堵塞。

4. 防水工程质量通病与防治措施

卫生间防水工程质量通病主要有地面汇水倒坡、墙面返潮和地面渗漏、地漏周围渗漏、立管四周渗漏等，其原因分析和预防措施见表1-54。

卫生间防水工程质量通病与防治方法 表1-54

项次	项目	原因分析	防治方法
1	地面汇水倒坡	地漏偏高，集水汇水性差，表面层不平有积水，坡度不顺或排水不通畅或倒流水	1. 地面坡度要求距排水点最远距离处控制在2%，且不大于30mm，坡向准确。 2. 严格控制地漏标高，且应低于地面表面5mm。 3. 卫生间地面应比走廊及其他室内地面低20～30mm。 4. 地漏处的汇水口应呈喇叭口形，集水汇水性好，确保排水通畅。严禁地面有倒坡和积水现象
2	墙面返潮和地面渗漏	1. 墙面防水层设计高度偏低，地面与墙面转角处成直角状。 2. 地漏、墙角、管道、门口等处结合不严密，造成渗漏。 3. 砌筑墙面的黏土砖含碱性和酸性物质	1. 墙面上设有水器具时，其防水高度一般为1500mm；淋浴处墙面防水高度应大于1800mm。 2. 墙体根部与地面的转角处，其找平层应做成钝角。 3. 预留洞口、孔洞、埋设的预埋件位置必须准确、可靠。地漏、洞口、预埋件周边必须设有防渗漏的附加防水层措施。 4. 防水层施工时，应保持基层干净、干燥，确保涂膜防水层与基层粘结牢固。 5. 进场黏土砖应进行抽样检查，如发现有类似问题时，其墙面宜增加防潮措施
3	地漏周围渗漏	承口杯与基体及排水管接口结合不严密，防水处理过于简陋，密封不严	1. 安装地漏时，应严格控制标高，宁可稍低于地面，也决不可超高。 2. 要以地漏为中心，向四周辐射找好坡度，坡向准确，确保地面排水迅速、通畅。 3. 安装地漏时，先将承口杯牢固地粘结在承重结构上，再将浸涂好防水涂料的胎体增强材料铺贴于承口杯内，随后仔细地再涂刷一遍防水涂料，然后再插口压紧，最后在其四周，再满涂防水涂料1～2遍，待涂膜，干燥后，把漏勺放入承口内。 4. 管口连接固定前，应先进行测量，复核地漏标高及位置正确后，方可对口连接、密封固定
4	立管四周渗漏	1. 穿楼板的立管和套管未设止水环。 2. 立管或套管的周边采用普通水泥砂浆堵孔，套管和立管之间的环隙未填塞防水密封材料。 3. 套管和地面相平，导致立管四周渗漏	1. 穿楼板的立管应按规定预埋套管，并在套管的埋深处设置止水环。 2. 套管、立管的周边应用微膨胀细石混凝土堵塞严密；套管和立管的环隙应用密封材料堵塞严密。 3. 套管高度应比设计地面高出80mm；套管周边应做同高度的细石混凝土防水护墩

注：凡热水管、暖气管等穿过楼板时需加套管。套管高出地面不少于20mm，加上楼板结构层、拔坡层、找平层及面层的厚度，套管长度一般约110～120mm；套管内径要比立管外径大2～5mm。而止水环一般焊于套管的上端向下50mm处，在止水环周围应用密封材料封嵌密实。

第八节 装饰装修工程

一、抹灰工程

抹灰，是装修工作中一个重要的工作内容。在室内通过抹灰可以保护墙体等结构层面，提高结构的使用年限，使墙、顶、地、柱等表面光滑洁净，便于清洗。起到防尘、保温、隔热、隔声、防潮、利于采光效果，甚至有耐酸、耐碱、耐腐蚀、阻隔辐射等作用。而室外抹灰，也可以使建筑物的外墙体得到保护，使之增强抵抗风、霜、雨、雪、寒、暑的能力；提高保温、隔热、隔声、防潮的能力，增加建筑物的使用年限。所以，高质量的抹灰工艺施工过程，可以提高房屋的使用性能，给用户一种舒适、温馨的惬意。

1. 抹灰工程的分类

抹灰工程按材料和装饰效果分一般抹灰和装饰抹灰两大类。一般抹灰有石灰砂浆、水泥石灰砂浆、水泥砂浆、聚合物水泥砂浆以及麻刀灰、纸筋灰、石膏灰等；装饰抹灰有水刷石、水磨石、斩假石、干粘石、拉毛灰、洒毛灰以及喷砂、喷涂、滚涂、弹涂等。

一般抹灰按质量标准和操作工序不同，又分为普通抹灰和高级抹灰。抹灰工程一般分层进行。普通抹灰以一底一面完成工序，即头遍为底，二遍为面；高级抹灰以二底三面完成工序，即头遍为底，二遍抹灰为垫层，三四五遍为面层。一般抹灰表面质量应符合下列规定：普通抹灰表面应光滑、洁净、接槎平整，分格缝应清晰；高级抹灰表面则应光滑、洁净、颜色均匀、无抹纹，分格缝和灰线应清晰美观。

2. 抹灰材料要求

建筑装饰装修工程所用材料的品种、规格和质量应符合设计要求和国家现行标准的规定。当设计无要求时应符合国家现行标准的规定。严禁使用国家明令淘汰的材料。水泥的凝结时间和安定性复验应合格。砂浆的配合比应符合设计要求。砂用中砂，含泥量不大于5%，砂中不含有有机杂质。抹灰用的石灰膏的熟化期不应少于15d；罩面用的磨细石灰粉的熟化期不应少于3d。当要求抹灰层具有防水、防潮功能时，应采用防水砂浆。

3. 基层处理

为了使抹灰砂浆与基体表面粘结牢固，防止抹灰层产生空鼓现象，抹灰前对凹凸不平的基层表面应剔平，或用1:3水泥砂浆补平。孔、洞及缝隙处均应用1:3水泥砂浆或水泥混合砂浆（加少量麻刀）分层嵌塞密实。基层表面的尘土、污垢、油渍等应清除干净，并应洒水润湿。过光的墙面应予以凿毛，或涂刷一层界面剂，以加强抹灰层与基层的粘结力。

在内墙的阳角和门洞口侧壁的阳角、柱角等易于碰撞之处，应按设计要求施工，设计无要求时，应采用1:2水泥砂浆制作护角，其高度应不低于2m，每侧宽度不小于50mm。

4. 一般抹灰施工

抹灰工程由于基层的不同，所用的砂浆也不同。如墙基层分普通黏土砖墙、蒸气砖墙、泡沫加气混凝土墙、陶粒砖（板）墙、石墙、混凝土墙、木板条墙等。相应的砂浆也有水泥砂浆、石灰砂浆、混合砂浆等多种。

一般抹灰施工过程一般为：基层处理；做灰饼；设置标筋；阳角护角；抹底层灰；抹中层灰；抹面层灰压光；清理。

为控制抹灰层厚度和墙面平直度，用与抹灰层相同的砂浆先做出灰饼和标筋（图1-185），标筋稍干后以标筋为平整度的基准进行底层抹灰。如用水泥砂浆或混合砂浆，应待前一抹灰层凝结后再抹后一层。如用石灰砂浆，则应待前一层达到七八成干后，方可抹后一层。

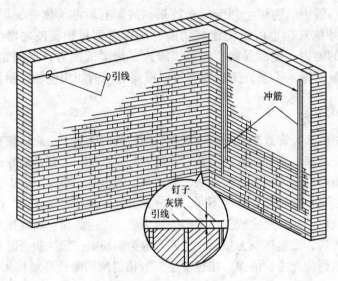

图 1-185　灰饼和标筋

各种砂浆抹灰层，在凝结前应防止快干、水冲、撞击、振动和受冻，在凝结后应采取措施防止沾污和损坏。水泥砂浆抹灰层应在湿润条件下养护。

抹灰层与基层之间及各抹灰层之间必须粘结牢固，这在外墙和顶棚上尤其重要。抹灰层应无脱层、空鼓，面层应无爆灰和裂缝。

施工中应注意水泥砂浆不得抹在石灰砂浆层上，罩面石膏灰不得抹在水泥砂浆层上。

5. 装饰抹灰施工

装饰抹灰种类很多，其底层多为1：3水泥砂浆打底，面层主要有为水刷石、斩假石、干粘石、假面砖等。

（1）水刷石抹灰

水刷石是一种传统的抹灰工艺。由于其使用的水泥、石子和颜料种类多，变化大，色彩丰富，立体感强，坚实度高和耐久性好。所以被许多工程采用，特别是在20世纪50～60年代，则被视为高级装修的一种工艺。

水刷石工艺在外檐抹灰中，应用部位极为广泛，几乎可以在外檐所有的部位使用。但其也有施工效率低、水泥用量大，劳动强度高等不尽人意之处。

（2）干粘石抹灰

干粘干抹灰工艺是水刷石抹灰的代用法。其有着水刷石的效果，却较之水刷石造价低得多，施工进度快得多，但不如水刷石坚固、耐久。所以一般多用于室外装饰的首层以上。

干粘石抹灰依要求不同或地区不同。各层用料亦有不同，做法也略有异。但一般分3～4层完成。

干粘石抹灰第一道，要用1:3水泥砂浆打底，在打底前要对基层进行浇水湿润。打底后，一般第二天可以进行下一道的操作。

第二道开始前，要依设计要求，在底子灰上用墨斗弹分格线。分格线要弹在分格条的一侧，不要居中。然后依分格线粘分格条。分格条在粘贴前要经浸泡和阴干后使用。粘分格条时要把分格条用眼穿一下，有不直的在粘贴前要调直。比较长的米条在粘贴前，应在弹线的另一侧，用打点法贴线先粘一根直靠尺。而后依靠尺再粘分格条。然后在分格条的外侧用素水泥浆抹出上小八字灰，稍收水后取掉靠尺抹另一面的小八字灰。要求粘好的分格条要平直，不能扭翘，横向在一条水平线上，接头平齐，竖向在一条垂直线上。一面墙的所有横、竖分格条，要竖向在一个垂直面上。然后可以逐格逐块抹第二道粘结层。在抹粘结层前要洒水湿润。粘结层一般用刮抹1mm素水泥浆或1:0.5水泥石灰膏的方法。也可以采用涂刷掺加水质量30%108胶的水泥聚合物灰浆的方法，紧跟抹第三道结合层。

第三道用1:1:6水泥石灰砂浆分二遍抹成。第一遍薄薄抹一层，第二遍要与第四道连续进行，一般最好是三人合作。

干粘石面层施工完成后，分格条即可起出，也可以在抹灰层干燥硬结后起出。然后用溜子把分格缝勾平整，溜出光，隔天喷水养护。干粘石作为水刷石的代用品，不仅是在室外墙面上使用，而且在外檐的檐口、檐裙、腰线、窗套、遮阳板、柱垛等部位多有使用。

（3）剁斧石抹灰

剁斧石又称剁假石、剁石、斩假石。其使用部位比较广，几乎可以在外檐的各部位应用。剁斧石坚固、耐久，古朴大方而自然，且有真石的感觉，是室外装饰的理想工艺。剁斧石打底采用1:3水泥砂浆打底，面层采用1:2.5水1泥石渣米粒石浆。剁斧石由于施工部位不同，相应的施工程序也各有异。

6.抹灰工程质量要求

一般抹灰工程分为普通抹灰和高级抹灰，当设计无要求时，按普通抹灰验收。

（1）一般抹灰

1）主控项目

①抹灰前基层表面的尘土、污垢、油渍等应清除干净，并应洒水润湿。

②一般抹灰所用材料的品种和性能应符合设计要求。水泥的凝结时间和安定性复验应合格。砂浆的配合比应符合设计要求。

③抹灰工程应分层进行。当抹灰总厚度大于或等于35mm时，应采取加强措施。不同材料基体交接处表面的抹灰，应采取防止开裂的加强措施，当采用加强网时，加强网与各基体的搭接宽度不应小于100mm。

④抹灰层与基层之间及各抹灰层之间必须粘结牢固，抹灰层应无脱层、空鼓，面层应无爆灰和裂缝。

2）一般项目

①一般抹灰工程的表面质量应符合下列规定：

a. 普通抹灰表面应光滑、洁净、接槎平整，分格缝应清晰；

b. 高级抹灰表面应光滑、洁净、颜色均匀、无抹纹，分格缝和灰线应清晰美观。

②护角、孔洞、槽、盒周围的抹灰表面应整齐、光滑；管道后面的抹灰表面应平整。

③抹灰层的总厚度应符合设计要求；水泥砂浆不得抹在石灰砂浆层上；罩面石膏灰不得抹在水泥砂浆层上。

④抹灰分格缝的设置应符合设计要求，宽度和深度应均匀，表面应光滑，棱角应整齐。

⑤有排水要求的部位应做滴水线（槽）。滴水线（槽）应整齐顺直，滴水线应内高外低，滴水槽的宽度和深度均不应小于10mm。

⑥一般抹灰工程质量的允许偏差和检验方法应符合表1-55的规定。

一般抹灰的允许偏差和检验方法 表 1-55

项 次	项 目	允许偏差（mm）		检 验 方 法
		普通抹灰	高级抹灰	
1	立面垂直度	4	3	用2m垂直检测尺检查
2	表面平整度	4	3	用2m靠尺和塞尺检查
3	阴阳角方正	4	3	用直角检测尺检查
4	分格条（缝）直线度	4	3	拉5m线，不足5m拉通线，用钢直尺检查
5	墙裙、勒脚上口直线度	4	3	拉5m线，不足5m拉通线，用钢直尺检查

注：1. 普通抹灰，本表第3项阴角方正可不检查；

    2. 顶棚抹灰，本表第2项表面平整度可不检查，但应平顺。

（2）装饰抹灰

1）主控项目

①抹灰前基层表面的尘土、污垢、油渍等应清除干净，并应洒水润湿。

②装饰抹灰工程所用材料的品种和性能应符合设计要求。水泥的凝结时间和安定性复验应合格。砂浆的配合比应符合设计要求。

③抹灰工程应分层进行。当抹灰总厚度大于或等于35mm时，应采取加强措施。不同材料基体交接处表面的抹灰，应采取防止开裂的加强措施，当采用加强网时，加强网与各基体的搭接宽度不应小于100mm。

④各抹灰层之间及抹灰层与基体之间必须粘结牢固，抹灰层应无脱层、空鼓和裂缝。

2）一般项目

①装饰抹灰工程的表面质量应符合下列规定：

a. 水刷石表面应石粒清晰、分布均匀、紧密平整、色泽一致，应无掉粒和接槎痕迹；

b. 斩假石表面剁纹应均匀顺直、深浅一致，应无漏剁处；阳角处应横剁并留出宽窄一致的不剁边条，棱角应无损坏；

c. 干粘石表面应色泽一致、不露浆、不漏粘，石粒应粘结牢固、分布均匀，阳角处应无明显黑边；

d. 假面砖表面应平整、沟纹清晰、留缝整齐、色泽一致，应无掉角、脱皮、起砂等缺陷。

②装饰抹灰分格条（缝）的设置应符合设计要求，宽度和深度应均匀，表面应平整光滑，棱角应整齐。

③有排水要求的部位应做滴水线（槽）。滴水线（槽）应整齐顺直，滴水线应内高外低，滴水槽的宽度和深度均不应小于10mm。

④装饰抹灰工程质量的允许偏差和检验方法应符合表1-56的规定。

装饰抹灰的允许偏差和检验方法　　　　　　　　　　　　　　表1-56

项次	项　目	允许偏差（mm）				检　验　方　法
		水刷石	斩假石	干粘石	假面砖	
1	立面垂直度	5	4	5	5	用2m垂直检测尺检查
2	表面平整度	3	3	5	4	用2m靠尺和塞尺检查
3	阳角方正	3	3	4	4	用直角检测尺检查
4	分格条（缝）直线度	3	3	3	3	拉5m线，不足5m拉通线，用钢直尺检查
5	墙裙、勒脚上口直线度	3	3	—	—	拉5m线，不足5m拉通线，用钢直尺检查

二、饰面工程

1. 材料及施工基本要求

饰面板（砖）工程所用材料均应进行性能复验，检验的内容包括：

(1) 室内用花岗石的放射性；

(2) 粘贴用水泥的凝结时间、安定性和抗压强度；

(3) 外墙陶瓷面砖的吸水率；

(4) 寒冷地区外墙陶瓷面砖的抗冻性。

此外，饰面板表面应平整、洁净、色泽一致，无裂痕和缺损；石材表面应无泛碱等污染。饰面砖的品种、规格、图案、颜色和性能应符合设计要求。施工中应对预埋件（或后置埋件）、连接节点以及防水层等隐蔽工程项目进行验收。饰面板（砖）工程在抗震缝、伸缩缝、沉降缝等部位的处理应保证缝的使用功能和饰面的完整性。

2. 饰面工程施工

(1) 镶贴墙面瓷砖

首先将墙面扫净，浇水湿润，1:3水泥砂浆打底，刷毛。打完底后先用水平尺找平，再量出镶贴瓷砖的面积，算好纵横的皮数，弹出水平数线，定出水平标准。用废瓷砖贴灰饼确定贴铺厚度的控制。门口或阳角处的灰饼除正面外，侧面也要挂直。

打底完成经3～4d后开始镶贴瓷砖。瓷砖要逐块套方分档使用。使用前，要浸水2h以上后，进行阴干。

镶贴由上向下进行。先在最下一皮砖的下口垫好靠尺，用1:0.3:3混合灰涂在砖的背面，放在垫尺板上口，贴在墙上，用小铲轻敲砖面。使灰浆挤满，再用靠尺扫灰饼靠平。贴好底层一皮砖后靠尺横向靠平，如不平时用小铲把敲平。亏灰时，应取下瓷砖添灰重贴，不得在砖口处塞灰，否则会产生空鼓。下班以前须将砖面上砂浆擦净。贴到洞口后须成一条直线。每层砖缝横平竖直。

贴完应进行质量自检，然后用清水冲洗砖面，再用棉丝擦净，接缝要用白灰水泥擦平。

（2）大理石墙面的安装

大理石、花岗石及预制水磨石块材的安装方法基本相同。

1）小规格块料采用粘贴方法：用1:3水泥砂浆打底，找规矩、刮平、划毛，待底子灰凝固后，将已经润湿的石板抹上厚度为2～3mm的素水泥浆，粘贴，用木锤轻敲，并用靠尺、水平尺找平。

2）大规格块料的安装方法：将板块上端内侧斜钻 ϕ5mm 的圆孔，穿18号铜丝，按照事先找好的水平线和垂直线先在最下一行两头找平，拉上横线，从阳角或中间一块开始用铜丝把板材与结构中的钢筋骨架绑扎固定，离墙留20～60mm左右的空障，然后向两侧安装。在用托线板靠直靠平，用纸或石膏将底下及两侧缝隙堵严，上下口的四个角都用石膏临时固定。较大的板材固定时要加支撑。固定后用1:2.5水泥砂浆分层灌注。每次灌浆高度为150～200mm。灌浆接缝应留在饰面板的水平接缝以下50～100mm外，待终凝后灌第二次。第一行灌完浆应待水泥砂浆终凝后强度达到4MPa时，拆除支撑及清除临时固定石膏，再安装第二行。依次逐行操作。特别注意安装墙面时，必须保持板与板交接处的四周平整。

3．饰面工程质量要求

（1）饰面板安装工程

1）主控项目

①饰面板的品种、规格、颜色和性能应符合设计要求，木龙骨、木饰面板和塑料饰面板的燃烧性能等级应符合设计要求。

②饰面板孔、槽的数量、位置和尺寸应符合设计要求。

③饰面板安装工程的预埋件（或后置埋件）、连接件的数量、规格、位置、连接方法和防腐处理必须符合设计要求。后置埋件的现场拉拔强度必须符合设计要求。饰面板安装必须牢固。

2）一般项目

①饰面板表面应平整、洁净、色泽一致，无裂痕和缺损。石材表面应无泛碱等污染。

②饰面板嵌缝应密实、平直，宽度和深度应符合设计要求，嵌填材料色泽应一致。

③采用湿作业法施工的饰面板工程，石材应进行防碱背涂处理。饰面板与基体之间的灌注材料应饱满、密实。

④饰面板上的孔洞应套割吻合，边缘应整齐。

⑤饰面板安装的允许偏差和检验方法应符合表1-57的规定。

饰面板安装的允许偏差和检验方法　　　　　　　　　　　表 1-57

项次	项　目	允许偏差（mm）							检验方法
		石　　材			瓷板	木材	塑料	金属	
		光面	剁斧石	蘑菇石					
1	立面垂直度	2	3	3	2	1.5	2	2	用2m垂直检测尺检查
2	表面平整度	2	3		1.5	1	3	3	用2m靠尺和塞尺检查

项次	项　目	允许偏差（mm）							检验方法
		石　材			瓷板	木材	塑料	金属	
		光面	剁斧石	蘑菇石					
3	阴阳角方正	2	4	4	2	1.5	3	3	用直角检测尺检查
4	接缝直线度	2	4	4	2	1	1	1	拉 5m 线，不足 5m 拉通线，用钢直尺检查
5	墙裙、勒脚上口直线度	2	3	3	2	2	2	2	拉 5m 线，不足 5m 拉通线，用钢直尺检查
6	接缝高低差	0.5	3		0.5	0.5	1	1	用钢直尺和塞尺检查
7	接缝宽度	1	2	2	1	1	1	1	用钢直尺检查

（2）饰面砖粘贴工程

1）主控项目

①饰面砖的品种、规格、图案、颜色和性能应符合设计要求。

②饰面砖粘贴工程的找平、防水、粘结和勾缝材料及施工方法应符合设计要求及国家现行产品标准和工程技术标准的规定。

③饰面砖粘贴必须牢固。

④满粘法施工的饰面砖工程应无空鼓、裂缝。

2）一般项目

①饰面砖表面应平整、洁净、色泽一致，无裂痕和缺损。

②阴阳角处搭接方式、非整砖使用部位应符合设计要求。

③墙面突出物周围的饰面砖应整砖套割吻合，边缘应整齐。墙裙、贴脸突出墙面的厚度应一致。

④饰面砖接缝应平直、光滑，填嵌应连续、密实；宽度和深度应符合设计要求。

⑤有排水要求的部位应做滴水线（槽）。滴水线（槽）应顺直，流水坡向应正确，坡度应符合设计要求。

⑥饰面砖粘贴的允许偏差和检验方法应符合表 1-58 的规定。

饰面砖粘贴的允许偏差和检验方法　　　　　　　　　　表 1-58

项次	项　目	允许偏差（mm）		检　验　方　法
		外墙面砖	内墙面砖	
1	立面垂直度	3	2	用 2m 垂直检测尺检查
2	表面平整度	4	3	用 2m 靠尺和塞尺检查
3	阴阳角方正	3	3	用直角检测尺检查
4	接缝直线度	3	2	拉 5m 线，不足 5m 拉通线，用钢直尺检查
5	接缝高低差	1	0.5	用钢直尺和塞尺检查
6	接缝宽度	1	1	用钢直尺检查

三、吊顶工程

吊顶是采用悬吊方式将装饰顶棚支承于屋顶或楼板下面。其材料可以用传统的木结构吊顶骨架，目前大多数采用的是轻钢龙骨和铝合金型材龙骨。

1. 吊顶的构造组成

吊顶主要由支承、基层和面层三个部分组成。

(1) 支承

吊顶支承由吊杆（吊筋）和主龙骨组成。

1) 木龙骨吊顶的支承。木龙骨吊顶的主龙骨又称为大龙骨或主梁，传统木质吊顶的主龙骨，多采用 50mm×70mm~60mm×100mn 方木或薄壁槽钢、L60×6~L70×7mm 角钢制作。龙骨间距按设计，如设计无要求，一般按 1m 设置。主龙骨一般用 $\phi 8 \sim \phi 10mm$ 的吊顶螺栓或 8 号镀锌钢丝与屋顶或楼板连接。

2) 金属龙骨吊顶的支承部分。轻钢龙骨与铝合金龙骨吊顶的主龙骨截面尺寸取决于荷载大小，其间距尺寸应考虑次龙骨的跨度及施工条件，一般采用 1~1.5m。其截面形状较多，主要有 U 形、T 形、C 形、L 形等。主龙骨与屋顶结构楼板结构多通过吊杆连接，吊杆与主龙骨用特制的吊杆件或套件连接。

(2) 基层

基层用木材、型钢或其他轻金属材料制成的次龙骨组成。吊顶面层所用材料不同，其基层部分的布置方式和次龙骨的间距大小也不一样，但一般不应超过 600mm。

吊顶的基层要结合灯具位置、风扇或空调透风口位置等进行布置，留好预留洞口及吊挂设施等，同时应配合管道、线路等安装工程施工。

(3) 面层

传统的木龙骨吊顶：其面层多用人造板，（如胶合板、纤维板、木丝板、刨花板）面层或板条（金属网）抹灰面层。轻钢龙骨、铝合金龙骨吊顶，其面板多用装饰吸声板（如纸面石膏板、钙塑泡沫板、纤维板、矿棉板、玻璃丝棉板等）制作。

2. 材料要求

(1) 吊顶用的木材应符合《木结构工程施工质量验收规范》（GB 50206—2002），尤其是主、次龙骨不得有朽蚀、裂缝、多节，含水率要低于 12%；钢质、铝合金材的型号尺寸符合设计要求。

(2) 罩面板用的材质及配件应符合现行的国家、行业及有关企业的标准。

(3) 龙骨用的紧固件及螺钉、钉子等宜用镀锌制品，预埋的木砖应作防腐处理。吊顶工程中的预埋件、钢筋吊杆和型钢吊杆应进行防锈处理。

(4) 胶粘剂的类型按所使用的罩面板配套使用。

(5) 吊顶工程的木吊杆、木龙骨和木饰面板必须进行防火处理，并应符合有关设计防火规范的规定。

3. 吊顶施工工艺

吊顶施工工艺流程一般是：弹线；检查大龙骨吊杆；安装大龙骨；安装小龙骨；安罩面板。

(1) 木吊顶施工

1）弹水平线。首先将楼地面基准线弹在墙上，并以此为起点，弹出吊顶高度水平线。

2）主龙骨的安装。主龙骨与屋顶结构或楼板结构连接主要有三种方式：用屋面结构或楼板内预埋铁件固定吊杆；用射钉将角铁等固定于楼底面固定吊杆；用金属膨胀螺栓固定铁件再与吊杆连接，如图1-186所示。

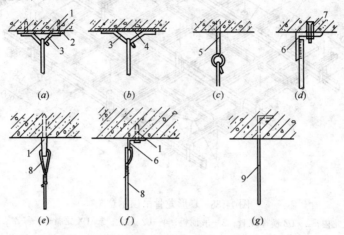

图1-186 吊杆固定

(*a*)射钉固定；(*b*)预埋件固定；(*c*)预埋 $\phi6$ 钢筋吊环；(*d*)金属膨胀螺丝
固定；(*e*)射钉直接连接钢丝；(*f*)射钉角铁连接法；(*g*)预埋8号镀锌钢丝

1—射钉；2—焊板；3— $\phi10$ 钢筋吊环；4—预埋钢板；5— $\phi6$ 钢筋；

6—角钢；7—金属膨胀螺丝；8—铝合金丝；9—8号镀锌钢丝

主龙骨安装后，沿吊顶标高线固定沿墙木龙骨，木龙骨的底边与吊顶标高线齐平。一般是用冲击电钻在标高线以上10mm处墙面打孔，孔内塞入木楔，将沿墙龙骨钉固于墙内木楔上。然后将拼接组合好的木龙骨架托到吊顶标高位置，整片调正调平后，将其与沿墙龙骨和吊杆连接，如图1-187所示。

3）罩面板的铺钉。罩面板多采用人造板，应按设计要求切成方形、长方形等。板材安装前，按分块尺寸弹线，安装时由中间向四周呈对称排列，顶棚的接缝与墙面交圈应保持一致。面板应安装牢固且不得出现折裂、翘曲、缺棱掉角和脱层等缺陷。

（2）轻金属龙骨吊顶施工

轻金属龙骨按材料分为轻钢龙骨和铝合金龙骨。

1）轻钢龙骨装配式吊顶施工

利用薄壁镀锌钢板带经机械冲压而成的轻钢龙骨即为吊顶的骨架型材。轻钢吊顶龙骨有U形和T形两种。

U形上人轻钢龙骨安装方法如图1-188所示。

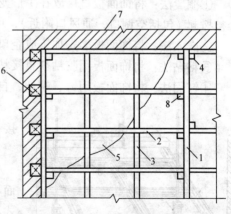

图1-187 木龙骨吊顶

1—吊筋；2—罩面板；3—横撑龙骨；4—吊筋；
5—罩面板；6—木砖；7—砖墙；8—吊木

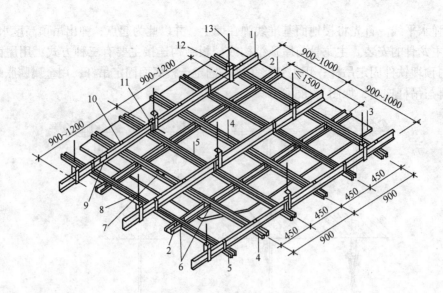

图 1-188　U形龙骨吊顶示意图

1—BD大龙内；2—UZ横撑龙骨；3—吊顶板；4—UZ龙骨；5—UX龙骨；6—UZ$_3$支托连接；

7—UZ$_2$连接件；8—UX$_2$连接件；9—BD$_2$连接件；10—UX$_1$吊挂；11—UX$_2$吊件；12—BD$_1$吊件；

13—UX$_3$吊杆 $\phi6\sim\phi10$

　　施工前，先按龙骨的标高在房间四周的墙上弹出水平线，再根据龙骨的要求按一定间距弹出龙骨的中心线，找出吊点中心，将吊杆固定在埋件上。吊顶结构未设埋件时，要按确定的节点中心用射钉固定螺钉或吊杆，吊杆长度计算好后，在一端套丝，丝扣的长度要考虑紧固的余量，并分别配好紧固用的螺母。

　　主龙骨的吊顶挂件连在吊杆上校平调正后，拧紧固定螺母，然后根据设计和饰面板尺寸要求确定的间距，用吊挂件将次龙骨固定在主龙骨上，调平调正后安装饰面板。

饰面板的安装方法有：

①搁置法：将饰面板直接放在T形龙骨组成的格框内。有些轻质饰面板，考虑刮风时会被掀起（包括空调口，通风口附近），可用木条、卡子固定。

②嵌入法：将饰面板事先加工成企口暗缝，安装时将T形龙骨两肢插入企口缝内。

③粘贴法：将饰面板用胶粘剂直接粘贴在龙骨上。

④钉固法：将饰面板用钉、螺丝，自攻螺丝等固定在龙骨上。

⑤卡固法：多用于铝合金吊顶，板材与龙骨直接卡接固定。

2）铝合金龙骨装配式吊顶施工

铝合金龙骨吊顶按罩面板的要求不同分龙骨底面不外露和龙骨底面外露两种形式；按龙骨结构型式不同分T形和TL形。TL形龙骨属于安装饰面板后龙骨底面外露的一种（图1-189、图1-190）。

铝合金吊顶龙骨的安装方法与轻钢龙骨吊顶基本相同。

3）常见饰面板的安装

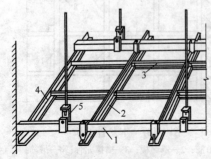

图 1-189　TL形铝合金吊顶

1—大龙骨；2—大T；3—小T；

4—角条；5—大吊挂件

铝合金龙骨吊顶与轻钢龙骨吊顶饰面板安装方法基本相同。石膏饰面板的安装可采用钉固法、粘贴法和暗式企口胶接法。U形轻钢龙骨采用钉固法安装石膏板时，使用镀锌自攻螺钉与龙骨固定。钉头要求嵌入石膏板内0.5～1mm，钉眼用腻子刮平，并用石膏板与同色的色浆腻子涂刷一遍。螺钉规格为 M5×25 或 M5×35。螺钉与板边距离应不大于15mm，螺钉间距以150～170mm为宜，均匀布置，并与板面垂直。石膏板之间应留出 8～10mm 的安装缝。

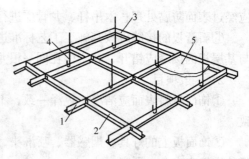

图 1-190　TL形铝合金不上人吊顶
1—大 T；2—小 T；3—吊件；4—角条；5—饰面板

待石膏板全部固定好后，用塑料压缝条或铝压缝条压缝，钙塑泡沫板的主要安装方法有钉固和粘贴两种。钉固法即用圆钉或木螺丝，将面板钉在顶棚的龙骨上，要求钉距不大于150mm，钉帽应与板面齐平，排列整齐，并用与板面颜色相同的涂料装饰。钙塑板的交角处，用木螺丝将塑料小花固定，并在小花之间沿板边按等距离加钉固定。用压条固定时，压条应平直，接口严密，不得翘曲。钙塑泡沫板用粘贴法安装时，胶粘剂可用401胶或氯丁胶浆聚异氧酸脂胶（10:1），涂胶后应待稍干，方可把板材粘贴压紧。胶合板、纤维板安装应用钉固法：要求胶合板钉距80～150mm，钉长25～35mm，钉帽应打扁，并进入板面0.5～1mm，钉眼用油性腻子抹平；纤维板钉距80～120mm，钉长20～30mm，钉帽进入板面0.5mm，钉眼用油性腻子抹平；硬质纤维板应用水浸透，自然阴干后安装。矿棉板安装的方法主要有搁置法、钉固法和粘贴法。顶棚为轻金属T形龙骨吊顶时，在顶棚龙骨安装放平后，将矿棉板直接平放在龙骨上，矿棉板每边应留有板材安装缝，缝宽不宜大于1mm。顶棚为木龙骨吊顶时，可在矿棉板每四块的交角处和板的中心用专门的塑料花托脚，用木螺丝固定在木龙骨上；混凝土顶面可按装饰尺寸做出平顶木条，然后再选用适宜的粘胶剂将矿棉板粘贴在平顶木条上。金属饰面板主要有金属条板、金属方板和金属格栅。板材安装方法有卡固法和钉固法。卡固法要求龙骨形式与条板配套；钉固法采用螺钉固定时，后安装的板块压住前安装的板块，将螺钉遮盖，拼缝严密。方形板可用搁置法和钉固法，也可用铜丝绑扎固定。格栅安装方法有两种，一种是将单体构件先用卡具连成整体，然后通过钢管与吊杆相连接；另一种是用带卡口的吊管将单体物体卡住，然后将吊管用吊杆悬吊。金属板吊顶与四周墙面空隙，应用同材质的金属压缝条找齐。

4.吊顶工程质量要求

(1)暗龙骨吊顶工程

以轻钢龙骨、铝合金龙骨、木龙骨等为骨架，以石膏板、金属板、矿棉板、木板、塑料板或格栅等为饰面材料的暗龙骨吊顶工程的质量要求如下：

1)主控项目

①吊顶标高、尺寸、起拱和造型应符合设计要求。

②饰面材料的材质、品种、规格、图案和颜色应符合设计要求。

③暗龙骨吊顶工程的吊杆、龙骨和饰面材料的安装必须牢固。

④吊杆、龙骨的材质、规格、安装间距及连接方式应符合设计要求。金属吊杆、龙骨

应经过表面防腐处理；木吊杆、龙骨应进行防腐、防火处理。

⑤石膏板的接缝应按其施工工艺标准进行板缝防裂处理。安装双层石膏板时，面层板与基层板的接缝应错开，并不得在同一根龙骨上接缝。

2）一般项目

①饰面材料表面应洁净、色泽一致，不得有翘曲、裂缝及缺损。压条应平直、宽窄一致。

②饰面板上的灯具、烟感器、喷淋头、风口篦子等设备的位置应合理、美观，与饰面板的交接应吻合、严密。

③金属吊杆、龙骨的接缝应均匀一致，角缝应吻合，表面应平整，无翘曲、锤印。木质吊杆、龙骨应顺直，无劈裂、变形。

④吊顶内填充吸声材料的品种和铺设厚度应符合设计要求，并应有防散落措施。

⑤暗龙骨吊顶工程安装的允许偏差和检验方法应符合表 1-59 的规定。

暗龙骨吊顶工程安装的允许偏差和检验方法　　　　　表 1-59

项次	项　　目	允许偏差（mm）				检　验　方　法
		纸面石膏板	金属板	矿棉板	木板、塑料板、格栅	
1	表面平整度	3	2	2	2	用 2m 靠尺和塞尺检查
2	接缝直线度	3	1.5	3	3	拉 5m 线，不足 5m 拉通线，用钢直尺检查
3	接缝高低差	1	1	1.5	1	用钢直尺和塞尺检查

（2）明龙骨吊顶工程

以轻钢龙骨、铝合金龙骨、木龙骨等为骨架，以石膏板、金属板、矿棉板、塑料板、玻璃板或格栅等为饰面材料的明龙骨吊顶工程的质量要求如下：

1）主控项目

①吊顶标高、尺寸、起拱和造型应符合设计要求。

②饰面材料的材质、品种、规格、图案和颜色应符合设计要求。当饰面材料为玻璃板时，应使用安全玻璃或采取可靠的安全措施。

③饰面材料的安装应稳固严密。饰面材料与龙骨的搭接宽度应大于龙骨受力面宽度的 2/3。

④吊杆、龙骨的材质、规格、安装间距及连接方式应符合设计要求。金属吊杆、龙骨应进行表面防腐处理；木龙骨应进行防腐、防火处理。

⑤明龙骨吊顶工程的吊杆和龙骨安装必须牢固。

2）一般项目

①饰面材料表面应洁净、色泽一致，不得有翘曲、裂缝及缺损。饰面板与明龙骨的搭接应平整、吻合，压条应平直、宽窄一致。

②饰面板上的灯具、烟感器、喷淋头、风口篦子等设备的位置应合理、美观，与饰面板的交接应吻合、严密。

③金属龙骨的接缝应平整、吻合、颜色一致，不得有划伤、擦伤等表面缺陷。木质龙骨应平整、顺直，无劈裂。

④吊顶内填充吸声材料的品种和铺设厚度应符合设计要求，并应有防散落措施。

⑤明龙骨吊顶工程安装的允许偏差和检验方法应符合表1-60的规定。

明龙骨吊顶工程安装的允许偏差和检验方法 表1-60

项次	项目	允许偏差（mm）				检验方法
		石膏板	金属板	矿棉板	塑料板、玻璃板	
1	表面平整度	3	2	3	2	用2m靠尺和塞尺检查
2	接缝直线度	3	2	3	3	拉5m线，不足5m拉通线，用钢直尺检查
3	接缝高低差	1	1	2	1	用钢直尺和塞尺检查

四、玻璃幕墙施工

1. 玻璃幕墙的特点和分类

玻璃幕墙的特点是可以借外部的景色到幕墙之上，产生别致的装饰效果。它体现现代建筑气息，能随季节变化而改变外观的颜色。作为围护墙体，它具有自重轻、原材料生产工业化、施工装配化、工期短、速度快的特点。缺点是造价高、耗能大，光污染以及在设计、施工、材料不完善时有安全隐患。

按玻璃的种类可分为吸热玻璃、夹丝玻璃、夹层玻璃、钢化玻璃、镀膜热反射玻璃、中空玻璃等玻璃幕墙。

2. 材料要求

（1）玻璃幕墙工程所使用的各种材料、构件和组件的质量，应符合设计要求及国家现行产品标准和工程技术规范的规定。

（2）玻璃幕墙使用的玻璃应符合下列规定：

1）幕墙应使用安全玻璃，玻璃的品种、规格、颜色、光学性能及安装方向应符合设计要求。

2）幕墙玻璃的厚度不应小于6.0mm。全玻幕墙肋玻璃的厚度不应小于12mm。

3）幕墙的中空玻璃应采用双道密封。明框幕墙的中空玻璃应采用聚硫密封胶及丁基密封胶；隐框和半隐框幕墙的中空玻璃应采用硅酮结构密封胶及丁基密封胶；镀膜面应在中空玻璃的第2或第3面上。

4）幕墙的夹层玻璃应采用聚乙烯醇缩丁醛（PVB）胶片干法加工合成的夹层玻璃。点支承玻璃幕墙夹层玻璃的夹层胶片（PVB）厚度不应小于0.76mm。

5）钢化玻璃表面不得有损伤；8.0mm以下的钢化玻璃应进行引爆处理。

6）所有幕墙玻璃均应进行边缘处理。

（3）玻璃幕墙与主体结构连接的各种预埋件、连接件、紧固件必须安装牢固，其数量、规格、位置、连接方法和防腐处理应符合设计要求。

（4）玻璃幕墙宜采用岩棉、矿棉、玻璃棉、防火板等不燃烧性或难燃烧性材料作隔热保温材料，同时应采用铝箔或塑料薄膜包装的复合材料，作为防水和防潮材料。

（5）在主体结构与玻璃幕墙构件之间，应加设耐热的硬质有机材料垫片。

（6）玻璃幕墙立柱与横梁之间的连接处，宜加设橡胶片，并应安装严密。

3. 玻璃幕墙施工

玻璃幕墙的施工工艺流程一般是：结构施工时槽钢预埋→结构尺寸复核→确定垂直及

水平基准线→安装立挺→安装横梁→幕墙固定玻璃的安装→幕墙玻璃窗的安装→密封条→打硅酮密封胶→室内立柱罩板窗台板、窗帘盒安装→封顶→外墙清洗检查→验收、拆架子。

4．施工中注意要点

（1）施工前必须有可靠设计资质的单位设计，并审图后组织施工，一定要编写施工方案。

（2）幕墙工程所用各种材料、五金配件、构件及组件的必须具备产品合格证书、性能检测报告、进场验收记录。所用材料必须抽检，不合格绝不能用，尤其是粘结胶、密封胶，过期严禁使用。隐框、半隐框幕墙所采用的结构粘结材料必须是中性硅酮结构密封胶，其性能必须符合《建筑用硅酮结构密封胶》（GB16776）的规定；硅酮结构密封胶必须在有效期内使用。

（3）玻璃必须选用安全玻璃，如钢化玻璃、夹丝玻璃。玻璃尺寸要考虑热胀冷缩变化。

（4）主体结构与幕墙连接的各种预埋件，其数量、规格、位置和防腐处理必须符合设计要求。

（5）幕墙的金属框架与主体结构预埋件的连接、立柱与横梁的连接及幕墙面板的安装必须符合设计要求，安装必须牢固。

（6）施工中考虑防雷措施。节点施工必须按图处理好。

（7）玻璃安装的下部构件框槽内，应设两块定位橡胶垫，避免玻璃直接和构件接触摩擦。安装前玻璃应擦洗干净，用吸盘安装，并注意保护镀膜层，内胶条应填实密封。密封胶施工前，必须对缝隙进行清洁，干净后应立即打密封胶，防止二次污染。密封胶表面应光滑平整。

（8）各节点连接件、螺丝等必须安装牢固，符合图纸要求，事后应进行复查，以保证使用安全和承受风荷载和震动。

（9）注意完工后的成品保护。

（10）应向业主建议对幕墙进行定期或不定期的检查、维修。每隔5年应进行一次全面检查，以确保幕墙的安全使用。

（11）施工中积累的技术资料及监理认可的合格证等证明资料，应当存档。

（12）幕墙工程应对下列隐蔽工程项目进行验收：

1）预埋件（或后置埋件）；

2）构件的连接节点；

3）变形缝及墙面转角处的构造节点；

4）幕墙防雷装置；

5）幕墙防火构造。

5．玻璃幕墙工程质量要求

（1）主控项目

1）玻璃幕墙工程所使用的各种材料、构件和组件的质量，应符合设计要求及国家现行产品标准和工程技术规范的规定。

2）玻璃幕墙的造型和立面分格应符合设计要求。

3）玻璃幕墙使用的玻璃应符合下列规定：

①幕墙应使用安全玻璃，玻璃的品种、规格、颜色、光学性能及安装方向应符合设计要求。

②幕墙玻璃的厚度不应小于6.0mm。全玻幕墙肋玻璃的厚度不应小于12mm。

③幕墙的中空玻璃应采用双道密封。明框幕墙的中空玻璃应采用聚硫密封胶及丁基密封胶；隐框和半隐框幕墙的中空玻璃应采用硅酮结构密封胶及丁基密封胶；镀膜面应在中空玻璃的第2或第3面上。

④幕墙的夹层玻璃应采用聚乙烯醇缩丁醛（PVB）胶片干法加工合成的夹层玻璃。点支承玻璃幕墙夹层玻璃的夹层胶片（PVB）厚度不应小于0.76mm。

⑤钢化玻璃表面不得有损伤；8.0mm以下的钢化玻璃应进行引爆处理。

⑥所有幕墙玻璃均应进行边缘处理。

4）玻璃幕墙与主体结构连接的各种预埋件、连接件、紧固件必须安装牢固，其数量、规格、位置、连接方法和防腐处理应符合设计要求。

5）各种连接件、紧固件的螺栓应有防松动措施；焊接连接应符合设计要求和焊接规范的规定。

6）隐框或半隐框玻璃幕墙，每块玻璃下端应设置两个铝合金或不锈钢托条，其长度不应小于100mm，厚度不应小于2mm，托条外端应低于玻璃外表面2mm。

7）明框玻璃幕墙的玻璃安装应符合下列规定：

①玻璃槽口与玻璃的配合尺寸应符合设计要求和技术标准的规定。

②玻璃与构件不得直接接触，玻璃四周与构件凹槽底部应保持一定的空隙，每块玻璃下部应至少放置两块宽度与槽口宽度相同、长度不小于100mm的弹性定位垫块；玻璃两边嵌入量及空隙应符合设计要求。

③玻璃四周橡胶条的材质、型号应符合设计要求，镶嵌应平整，橡胶条长度应比边框内槽长1.5%～2.0%，橡胶条在转角处应斜面断开，并应用粘结剂粘结牢固后嵌入槽内。

8）高度超过4m的全玻幕墙应吊挂在主体结构上，吊夹具应符合设计要求，玻璃与玻璃、玻璃与玻璃肋之间的缝隙，应采用硅酮结构密封胶填嵌严密。

9）点支承玻璃幕墙应采用带万向头的活动不锈钢爪，其钢爪间的中心距离应大于250mm。

10）玻璃幕墙四周、玻璃幕墙内表面与主体结构之间的连接节点、各种变形缝、墙角的连接节点应符合设计要求和技术标准的规定。

11）玻璃幕墙应无渗漏。

12）玻璃幕墙结构胶和密封胶的打注应饱满、密实、连续、均匀、无气泡，宽度和厚度应符合设计要求和技术标准的规定。

13）玻璃幕墙开启窗的配件应齐全，安装应牢固，安装位置和开启方向、角度应正确；开启应灵活，关闭应严密。

14）玻璃幕墙的防雷装置必须与主体结构的防雷装置可靠连接。

（2）一般项目

1）玻璃幕墙表面应平整、洁净；整幅玻璃的色泽应均匀一致；不得有污染和镀膜损坏。

2) 每平方米玻璃的表面质量和检验方法应符合表 1-61 的规定。

每平方米玻璃的表面质量和检验方法   表 1-61

项次	项　目	质量要求	检验方法
1	明显划伤和长度 >100mm 的轻微划伤	不允许	观　察
2	长度≤100mm 的轻微划伤	≤8 条	用钢尺检查
3	擦伤总面积	≤500mm²	用钢尺检查

3) 一个分格铝合金型材的表面质量和检验方法应符合表 1-62 的规定。

一个分格铝合金型材的表面质量和检验方法   表 1-62

项次	项　目	质量要求	检验方法
1	明显划伤和长度 >100mm 的轻微划伤	不允许	观　察
2	长度≤100mm 的轻微划伤	≤2 条	用钢尺检查
3	擦伤总面积	≤500mm²	用钢尺检查

4) 明框玻璃幕墙的外露框或压条应横平竖直，颜色、规格应符合设计要求，压条安装应牢固。单元玻璃幕墙的单元拼缝或隐框玻璃幕墙的分格玻璃拼缝应横平竖直、均匀一致。

5) 玻璃幕墙的密封胶缝应横平竖直、深浅一致、宽窄均匀、光滑顺直。

6) 防火、保温材料填充应饱满、均匀，表面应密实、平整。

7) 玻璃幕墙隐蔽节点的遮封装修应牢固、整齐、美观。

8) 明框玻璃幕墙安装的允许偏差和检验方法应符合表 1-63 的规定。

明框玻璃幕墙安装的允许偏差和检验方法   表 1-63

项次	项　目		允许偏差 (mm)	检验方法
1	幕墙垂直度	幕墙高度≤30m	10	用经纬仪检查
		30m < 幕墙高度≤60m	15	
		60m < 幕墙高度≤90m	20	
		幕墙高度 90m	25	
2	幕墙水平度	幕墙幅宽≤35m	5	用水平仪检查
		幕墙幅宽 >35m	7	
3	构件直线度		2	用 2m 靠尺和塞尺检查
4	构件水平度	构件长度≤2m	2	用水平仪检查
		构件长度 >2m	3	
5	相邻构件错位		1	用钢直尺检查
6	分格框对角线长度差	对角线长度≤2m	3	用钢尺检查
		对角线长度 >2m	4	

9) 隐框、半隐框玻璃幕墙安装的允许偏差和检验方法应符合表 1-64 的规定。

隐框、半隐框玻璃幕墙安装的允许偏差和检验方法　　　　　表 1-64

项次	项 目		允许偏差 （mm）	检 验 方 法
1	幕墙垂直度	幕墙高度≤30m	10	用经纬仪检查
		30m＜幕墙高度≤60m	15	
		60m＜幕墙高度≤90m	20	
		幕墙高度＞90m	25	
2	幕墙水平度	层高≤3m	3	用水平仪检查
		层高＞3m	5	
3	幕墙表面平整度		2	用 2m 靠尺和塞尺检查
4	板材立面垂直度		2	用垂直检测尺检查
5	板材上沿水平度		2	用 1m 水平尺和钢直尺检查
6	相邻板材板角错位		1	用钢直尺检查
7	阳角方正		2	用直角检测尺检查
8	接缝直线度		3	拉 5m 线，不足 5m 拉通线，用钢直尺检查
9	接缝高低差		1	用钢直尺和塞尺检查
10	接缝宽度		1	用钢直尺检查

第九节　季节性施工

一、冬期施工

1. 冬期施工的特点

（1）冬期施工期间，因持续低温、温差大以及强风、降雪和反复受冻等原因会严重影响施工质量，是质量事故的多发期。

（2）冬期施工质量事故发现具有滞后性。冬期施工质量事故不易察觉，一般到解冻后才暴露出质量问题。

（3）冬期施工的计划性和准备工作时间性很强。冬期施工期间经常因时间紧，仓促施工，而引发质量事故。

2. 各分项工程冬期施工

（1）土石方工程

冬期施工期间，施工条件和环境条件变差，土遭受冻结后其机械强度大大增加，土方施工造价增加，效率降低。因此，施工前应周密计划，合理组织，进行连续施工。目前对冻土开挖方法主要有：爆破法、机械法和人工开挖。冬期回填土施工应尽量采用未受冻、不冻胀的土壤进行回填施工。

（2）砌体工程

根据规范规定：当室外日平均气温连续 5d 低于 5℃时，或当日气温低于 0℃时，砌体工程应按照冬期施工要求进行施工。

1）冬期施工方法

砌体工程冬期施工有掺盐砂浆法、冻结法和暖棚法等。在冻结法施工期间，应经常对砌体进行观测和检查，如发现裂缝、不均匀沉降等情况，应立即采取加固措施；当采用掺盐砂浆法施工时，宜将砂浆强度等级按照常温施工的强度提高一级，配筋砌体不得采用掺盐砂浆法砌筑；当采用暖棚法施工时，块材在砌筑时的温度不应低于5℃，距离所砌的结构地面0.5m处的棚内温度也不应低于5℃。

2）对材料要求

①石灰膏、电石膏等应防止受冻，如遭冻结，应经融化后使用。

②拌制砂浆用砂，不得含有冰块和大于10mm的冻结块。如对水和砂进行加热，水的温度不得超过80℃，砂的温度不得超过40℃。当采用掺外加剂法、掺盐砂浆法和暖棚法时，砂浆使用温度不应低于5℃，但采用冻结法施工时，室外空气温度分别为0～-10℃、-11～-25℃、-25℃以下时，砂浆最低使用温度分别为10℃、15℃、20℃。

③砌体用砖或其他块材不得遭水浸冻。

3）砌筑要求

当基土无冻胀时，基础可在冻结的地基上砌筑；当基土有冻胀时，应在未冻的地基上砌筑。施工期间和回填土前，均应防止地基遭受冻结。

普通砖、多孔砖和空心砖在气温高于0℃条件下砌筑时，应浇水湿润。在气温低于、等于0℃条件下砌筑时，可不浇水，但必须增大砂浆稠度。

（3）混凝土工程

按国家规范规定：当平均气温连续5d低于5℃时，混凝土结构工程应按照冬期施工要求进行施工。一般混凝土冬期施工要求在正温下浇筑，正温下养护，因此施工时对原材料和施工过程均要求采取必要的措施，来保证混凝土的施工质量。

1）对材料和材料加热的要求

①冬期施工中配制混凝土用的水泥，应优先选用活性高、水化热量大的硅酸盐水泥和普通硅酸盐水泥，不宜用火山灰质硅酸盐水泥和粉煤灰硅酸盐水泥。水泥不得直接加热，使用前1～2d运入暖棚存放，暖棚温度宜在5℃以上。水的加热方法有三种：用锅烧水、用蒸汽加热水和用电极加热水。

②骨料要求提前清洗和贮备，做到骨料清洁，无冻块和冰雪。冬期骨料所用贮备场地应选择地势较高不积水的地方。骨料加热的方法有：将骨料放在铁板上面，底下燃烧直接加热；或者通过蒸汽管、电热器加热等。但不得用火焰直接加热骨料。

2）混凝土的搅拌和浇捣

①混凝土不宜露天搅拌，应尽量搭设暖棚，优先选用大容量的搅拌机，以减少混凝土的热量损失。搅拌前，用热水或蒸汽冲洗搅拌机。混凝土的拌合时间比常温规定时间延长50%。由于水泥和80℃左右的水拌合会发生骤凝现象，所以材料投放时，应先将水和砂石投入拌合，然后加入水泥。

②混凝土在浇筑前，应清除模板和钢筋上的冰雪和污垢，尽量加快混凝土的浇筑速度，防止热量散失过多。应保证混凝土拌合物的出机温度不宜低于10℃，入模温度不得低于5℃。

③在施工操作上要加强混凝土的振捣，尽可能提高混凝土的密实程度。冬期振捣混凝土要采用机械振捣，振捣时间应比常温时有所增加。

3）养护方法

冬期施工混凝土常用的养护方法有蓄热法、外加剂法、人工加热法等。一般情况下应优先选择蓄热法，或蓄热法和外加剂法结合的方法进行养护，其次才考虑采用人工加热法。

（4）屋面工程

1）室外屋面工程主要应防止找平层受冻，防水层应采用热作法施工，不能采用冷作法。

2）油毡卷材屋面不宜在低于0℃的情况下施工。油毡铺贴前，应检查基层的强度、含水率及平整度。基层含水率应不超过15%，含水率过大会因为水分蒸发引起油毡鼓泡。

3）油毡铺贴前，应清除基层冰霜、积雪、垃圾，并刷冷底子油一道。

4）卷材铺贴时，应做到随涂粘结剂随铺贴和压实卷材，以免沥青胶冷却后粘结不好。

（5）抹灰工程

凡昼夜平均温度不超过5℃，或当天温度不超过－3℃时，抹灰工程应按冬期施工法施工。冬期施工依温度的高低程度和工程对施工的要求，常用施工方法有冷作法和热作法两种。

1）冷作法

冷作法是通过在砂浆中掺入化学外加剂（如氯化钠、氯化钙、漂白粉、亚硝酸钠），以降低砂浆的冰点，来达到砂浆抗冻的目的。室外作业一般采用冷作法。

冷作法施工时，调制砂浆的水要进行加温，但不得超过35℃。砂浆在搅拌时，要先把水泥和砂先行掺合均匀，加氯化钠水溶液搅拌至均匀，如果采用混合砂浆，石灰膏的用量不能超过水泥重量的一半。砂浆在使用时要具有一定的温度。

冷作法抹灰时，如果基层表面有霜、雪、冰，要用热氯化钠溶液进行刷洗，基层融化后方可施工。冻结后的砂浆要待砂浆融化后，搅拌均匀后方可使用，拌制的氯化钠砂浆要随拌随用，不可停放。抹灰完成后，不能浇水养护。

2）热作法

热作法是通过供暖等各种方法提高环境温度，达到防冻的施工方法。室内抹灰一般采用热作法。

热作法施工时，环境温度要在＋5℃以上，室内要进行采暖，施工用的砂浆，使用温度应在＋5℃以上，一般采用水或砂加热的方法来提高砂浆温度。在热作法施工过程中，要有专人对室内进行测温，室内的环境温度，以地面以上50cm处为准。

3.冬期施工安全注意事项

冬期施工应重点做好防火、防滑、防寒、防毒、防爆等一系列工作。

（1）冬期施工作业层和运输通道应采取防滑措施，及时清除积雪冰霜，并设置挡风设施。

（2）易燃材料应经常清理，保证消防器材和水源供应，保证消防道路畅通。

（3）防止一氧化碳中毒，注意锅炉使用安全。

4.台风季节施工

台风季节施工应注意以下问题：

（1）关注气象信息，遇有暴雨、浓雾和六级以上的强风应停止室外作业。

（2）台风季节注意收听气象预报，以便及时采取防台抗台措施。

（3）对所有的临时设施和生产设施做好防台防护加固措施。

（4）保持场内排水管、沟畅通，做好水泵等设备的日常保养和维护工作。

（5）恶劣天气过后，作业人员应对作业环境安全进行检查，重点检查工地临时设施、脚手架、施工机械设备、临时用电线路和基坑工程的安全。安全防护不到位的，应及时整改。

（6）暴雨、台风过后发现倾斜、变形、下沉、漏雨、漏电等现象，应及时修理加固，有严重危险的，立即排除。

（7）遇六级以上强台风时，人员应及时撤离施工作业现场、临时工棚和活动房等危险场所躲避在安全的建筑物内，严禁靠停在围墙、大树底下。

二、雨期施工

1. 雨期施工的特点

雨季施工往往具有突然性、突击性、或因雨期时间较长拖延工期等特点，因此需要及早做好雨期施工准备和防范措施，充分估计，合理安排，避免给工程造成损失。

2. 各分项工程雨期施工

雨期施工时，施工现场应重点解决好截水和排水问题。其总体原则是上游截水、下游散水；坑底抽水、地面排水。一般在建筑物四周设置临时排水沟阻止场外水流入现场。同时对一些受雨水影响较大的室外分部工程也应采取相应的措施以便使工程得以顺利进行。各工种施工根据自身施工特点不同，要求不一样。

（1）土石方和基础工程

大量的土方开挖和回填土工程应尽量在雨期来临之前完成。在雨期进行土方和基础工程施工，必须结合本地区特点，合理部署并采取一定的防护措施保证顺利施工。

基坑（槽）或管沟开挖时，应注意边坡稳定问题，可适当放缓边坡或设置支撑，加强对边坡和支撑的检查。填方工程施工时，取土、运土、压实等各道工序应连续进行，在雨前应及时压完已填土层，并将表面压光，考虑一定的排水坡度。

基础工程雨期施工，应防止雨水浸泡后造成塌方、桩基塌孔、槽底淤泥等，须采取以下措施：

1）雨期施工工作面不宜过大，应逐段、逐片分期完成。

2）雨期施工前，应检查原有排水系统，必要时增加排水措施和防洪措施。

3）基础挖至标高后，及时验收并浇筑混凝土垫层。

4）基坑内设集水井并配足水泵。

5）钻孔灌注桩应做到当天钻孔当天浇筑混凝土，基底四周要挖排水沟。

6）深基础工程雨后应将模板及钢筋上淤泥和积水清除掉。

7）基础施工完毕，应抓紧基坑四周的回填工作。

（2）砌体工程

砌体工程的雨期施工，主要是要考虑砂浆及其他砌体材料的含水量变化对砌体整体稳定性的影响，其雨期施工要求注意以下几个方面：

1）砌筑用块材在雨期必须集中堆放，不宜浇水，砌筑材料应加以覆盖，以免吸水过多。

2）控制每天砌筑高度，每天砌筑高度不超过 1.2m。

3）砌体施工时，内外墙尽量同时砌筑，同时适当减小砂浆稠度，水平灰缝厚度应控制在 8～10mm。

4）稳定性较差的窗间墙、独立砖柱，应架设临时支撑或及时浇筑圈梁。

5）收工时在墙上盖上一层砖，并用草帘加以覆盖，以免雨水将砂浆冲掉。

6）雨期遇大雨必须停工，雨后继续施工，必须复核已完工砌体的垂直度和标高。遇台风时，应在与风向相反方向加临时支撑，以保证墙体的稳定。

（3）混凝土工程

1）模板隔离层在涂刷前要及时掌握天气预报，以防隔离层被雨水冲掉。

2）遇到大雨应停止浇筑混凝土，已浇部位应加以覆盖。

3）雨期施工时，砂、石料应堆放在地势高处并利于排水，加强对混凝土粗骨细料含水量的测定，及时调整用水量，以保证配合比中水灰比准确，适当减小坍落度。

4）大面积混凝土浇筑前，要尽量避开大雨，了解近 2～3d 的天气情况。

5）模板支撑下回填要夯实，并加好垫板，雨后及时检查有无下沉。

（4）屋面工程

1）卷材防水屋面尽量在雨期前施工，并同时安装好屋面的落水管。

2）雨天严禁油毡屋面施工，油毡、保温材料不准水淋。

3）防水材料和基层要注意因受潮而影响使用效果。

4）雨期屋面工程应采用湿铺法施工工艺。湿铺法就是在潮湿的基层上铺设卷材，先喷刷 1～2 道冷底子油，喷刷工作宜在水泥砂浆凝结初期进行操作，以防基层浸水。如基层浸水，应在基层表面干燥后方可铺贴油毡。

（5）抹灰工程

1）室外抹灰和饰面工程施工应避开雨期，对已经施工的墙面，注意保护，防止雨水污染。

2）室内抹灰尽量在做完屋面后进行。

3）雨天不宜做罩面油漆。

3. 雨期施工安全注意事项

雨期施工应重点做好防雨、防风、防雷、防电、防汛等一系列工作。

1）机械设备应设置在地势较高处，并搭设防雨棚。

2）脚手架应经常检查，发现问题要及时处理或更换加固，脚手架上马道要采取防滑措施。

3）所有电源线路要绝缘良好，具有完善的保护接零，现场严禁使用裸线，并设专人维护管理用电设施。

4）机电设备要采取防雨、防潮措施，安装接地保护装置，以防漏电、触电。

5）施工现场塔吊、人货电梯和脚手架等必须有防雷装置。

三、暑期施工

1. 暑期施工的特点

夏季的显著特点是环境温度高、蒸发量大，相对干燥，这会对施工作业造成影响，应采取必要的防护措施，以保证砌筑质量和混凝土的浇筑质量。这里主要介绍一下砌筑作业和混凝土作业在暑期施工期间应注意的问题。

(1) 砌筑作业

1) 在暑期使用砂、石料应尽量遮阳、洒水，以降低拌合时的温度。

2) 砌筑块材在砌筑前一天应浇水湿润，适当增加砂浆稠度，砂浆随拌随用，严格按照"三一"砌筑法施工。

3) 对已砌筑完的墙体砂浆初凝后可适当洒水湿润，这样有利于砂浆强度的增长。

(2) 混凝土作业

夏季浇筑混凝土，水分蒸发快，难以保证所设计的坍落度，易降低混凝土的强度、抗渗和耐久性。同时，夏季温度高，水泥水化反应也加快，混凝土凝结较快，施工操作时间变短，容易造成捣固不良。

1) 混凝土浇筑安排尽量避开高温阶段。

2) 在混凝土施工过程中，尤其要注意混凝土的配合比，加强养护。

3) 混凝土拌合物浇筑中应尽量缩短运输、摊铺、振捣等时间，浇筑完毕应及时覆盖、洒水养护。

4) 搅拌站应有遮阴棚。模板和基层表面，在浇筑混凝土前应洒水湿润。

2. 暑期施工安全注意事项

(1) 夏季施工期间，做好后勤工作和卫生工作，防止中暑和中毒以及疾病发生。

(2) 做好一线生产工人的后勤服务工作，采取有效的防暑降温措施。加强通风，配备必要的防暑降温药品。

(3) 合理调整作业时间，尽量避开中午高温气候。

(4) 施工用的汽油、油漆等易燃易爆物品严禁在烈日下暴晒，应采取隔离措施，放置在通风条件良好的库房内。

(5) 氧气瓶、乙炔瓶、电焊机应设防护罩，并分开存放，以防引起事故。

(6) 严禁赤膊和穿拖鞋上班操作，不得在脚手架上睡觉、坐在脚手架或栏杆上乘凉。

(7) 露天作业人员应多喝盐开水，遇有恶心、头晕、软弱无力时应及时撤离到荫凉场所，严重者送医院救治。

第二章 施工组织管理

第一节 施工组织计划技术

一、流水施工原理

流水施工是组织工程项目施工的科学、有效的方法之一，它可以充分地利用工作时间和操作空间，减少非生产性劳动消耗，提高劳动生产率，保证工程施工连续、均衡、有节奏地进行，使不同施工过程尽可能平行搭接施工，从而对提高工程质量、降低工程造价、缩短工期有着显著的作用。

1. 流水施工的基本概念

（1）组织施工的方式和特点

工业生产的实践证明，流水施工作业法是组织生产的有效方法。流水作业法的原理同样也适用于土木工程的施工。

土木工程的流水施工与一般工业生产流水线作业十分相似。不同的是，在工业生产的流水作业中，生产工人和设备位置是固定的，而各产品或中间产品在流水线上流动，由前一个工序流向后一个工序，形成加工者与被加工对象之间的相对流动；而在土木工程施工中，建筑产品位置是固定不动的，而专业施工队和机具设备则在建筑空间上流动，他们由前一施工段流向后一施工段，也形成了二者之间相对流动的效果。

在一个施工项目分成若干个施工区段进行施工时，通常采用的施工组织方式有依次施工、平行施工和流水施工三种不同的施工组织方法。

为了说明这三种施工组织方式的概念和特点，下面举例进行对比和分析。

三幢房屋的编号分别为Ⅰ、Ⅱ、Ⅲ，各建筑物的基础工程均可分解为挖土方、浇混凝土基础和回填土三个施工过程，分别由相应的专业队按施工工艺要求依次完成，每个专业队在每幢建筑物的施工时间均为 5 周，各专业队的人数分别为 10 人、16 人和 8 人。三幢建筑物基础工程施工的不同组织方式如图 2-1 所示。

1）依次施工组织方式

依次施工组织方式是将施工项目的整个施工过程分解成若干个施工过程，按照一定的施工顺序，前一个施工过程完成后，后一个施工过程才开始施工；或前一个施工项目完成任务后，后一个施工项目才开始施工。从图 2-1 "依次施工" 栏可以看出这种组织方式的施工进度安排、总工期和劳动力需求。依次施工组织方式具有以下特点：

①没有充分利用工作面进行施工，工期长；

②如果按专业成立工作队，则各专业队不能连续作业，有时间间歇，劳动力及施工机具等资源无法均衡利用；

③如果由一个施工队完成全部施工任务，则不能实现专业化施工，不宜于提高劳动生

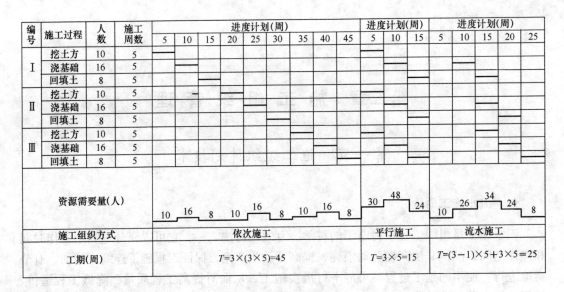

图 2-1 施工组织方式比较图

产率和工程质量；

④单位时间内投入的劳动力、施工机具、材料等资源量少，有利于资源供应的组织；

⑤施工现场的组织、管理比较简单。

由此可见，采用依次施工不但工期拖得较长，而且在组织安排上也不尽合理。当工程规模比较小，施工工作面又有限时，依次施工是适用的，也是常见的。

2）平行施工组织方式

平行施工组织方式是在拟建项目任务十分紧迫、工作面允许和资源能够保证充足供应的条件下，组织几个相同的工作队，在同一时间、不同的空间上进行施工。如图 2-1 中平行施工所示，采用平行施工时，三幢房屋同时开工、同时竣工。这样施工显然可以大大缩短工期，但是各专业工作队同时投入工作的队数却大大增加，相应的劳动力以及物资资源的消耗量集中，一定程度上会给施工带来不良的经济效果。平行施工组织方式具有以下特点：

①能够充分利用工作面进行施工，工期较短；

②如果每一个施工对象均按专业成立施工队，则各专业施工队不能连续作业，劳动力及施工机具等资源无法均衡利用；

③如果由一个施工队完成全部施工任务，则不能实现专业化施工，不利于提高劳动生产率和工程质量；

④单位时间内投入的劳动力、施工机具、材料等资源量成倍增加，不利于资源供应的组织；

⑤施工现场的组织、管理比较复杂。

平行施工一般适用于工期要求紧，大规模的建筑群及分批分期组织施工的工程任务。该方式只有在各方面的资源供应有保障的前提下，才是合理的。

3）流水施工组织方式

流水施工组织方式是将施工项目分解成若干个施工过程，即划分成若干个工作性质相同的分部分项工程和工序；同时将施工项目在平面上划分成若干个劳动量大致相等的施工段；在竖向上划分成若干个施工层，按照施工过程分别建立相应的施工队；各施工队按照施工顺序依次完成各施工段的施工过程，同时保证施工在时间和空间上连续、均衡、有节奏地进行，使相邻施工队能最大限度的搭接作业，直到完成全部施工任务。如图 2-1 流水施工所示，采用流水施工时，是将三幢房屋依次保持一定的时间搭接起来，陆续开工，陆续完工。即把各房屋的施工过程搭接起来，使各专业工作队的工作具有连续性，而物资资源的消耗具有均衡性。流水施工与依次施工相比工期也较短。流水施工组织方式具有以下特点：

①尽可能利用工作面进行施工，工期较短；

②科学地安排施工进度，从而减少停工窝工损失，合理地利用了施工的时间和空间，各专业施工队能够连续作业，相邻两个专业队的开工时间能够最大限度的搭接；

③流水施工按专业工种建立劳动组织，各专业施工队实现了专业化施工，有利于提高劳动生产率和工程质量；

④施工的连续性、均衡性，使单位时间内投入的劳动力、施工机具、材料等资源较均衡，有利于资源供应的组织和降低施工成本；

⑤为施工现场的文明施工和科学管理创造了条件。

(2) 流水施工表达方式

工程施工进度计划图表是反映工程施工时各施工过程按其工艺上的先后顺序、相互配合的关系和它们在时间、空间上的开展情况的图表。

流水施工的工程进度计划图按其绘制方法的不同分为水平图表（又称横道图）［图 2-2 (a)］及垂直图表（又称斜线图）［图 2-2 (b)］。水平图表中水平坐标表示时间；垂直坐标表示施工对象；n 条带有编号的水平线段表示 n 个施工过程或专业施工队在时间和空间上的施工进度。垂直图表中，水平坐标表示施工的持续时间；垂直坐标表示流水施工所处的位置，即施工段编号。n 条斜线段表示 n 个施工过程或专业施工队在时间和空间上的施工进度。垂直坐标的施工对象编号是由下而上编写的。

横道图具有绘制简单，使用方便，流水施工形象直观的优点，因而被广泛用来表达施工进度计划。垂直图表能直观地反映出在一个施工段中各施工过程的先后顺序和相互配合关系，时间和空间状况形象直观，而且可由其斜线的斜率形象地反映出各施工过程的流水强度，但编制实际工程进度计划不如横道图方便。

2. 流水施工参数

从前述流水施工的基本概念及组织流水施工的要点和条件可知，施工过程的分解、流水段的划分、施工队组的组织、施工过程间的搭接、各流水段的作业时间等方面的问题是流水施工中需要解决的主要问题。因此，为了说明组织流水施工时，各施工过程在时间上和空间上的开展情况及相互依存关系，便引入描述工艺流程、空间布置和时间安排的参数，这些参数统称为流水参数，按其作用不同一般分为工艺参数、时间参数和空间参数。

(1) 工艺参数

工艺参数主要是指在组织流水施工时，用来表达流水施工在施工工艺方面进展状态的参数，通常包括施工过程和流水强度两个参数。

1) 施工过程（n）

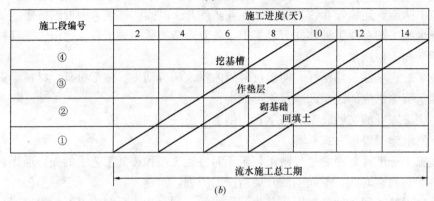

图 2-2　工程进度计划图表

(a) 流水施工横道图表示法；(b) 流水施工垂直图法

施工过程是工艺参数之一。一个工程的施工，通常由许多施工过程（如挖土、支模、扎筋、浇筑混凝土等）组成。施工过程的划分应按照工程对象、施工方法及计划性质等来确定。施工过程的数目一般用 n 表示，它是流水施工的主要参数之一。

当编制控制性施工进度计划时，组织流水施工的施工过程划分可粗一些，一般只列出分部工程名称，如基础工程、主体结构、吊装工程、装修工程、屋面工程等。当编制实施性施工进度计划时，施工过程可以划分得细一些，将分部工程再分解为若干分项工程。如将基础工程分解为挖土、浇筑混凝土基础，砌筑基础墙、回填土等。但是其中某些分项工程仍由多工种来实现，特别是对其中起主导作用和主要的分项工程，往往考虑到按专业工种的不同，组织专业工作队进行施工，为便于掌握施工进度，指导施工，可将这些分项工程再进一步分解成若干个由专业工种施工的工序作为施工过程的项目内容。因此施工过程的性质，有的是简单的，有的是复杂的。如一幢建筑的施工过程数 n，一般可分为 20~30 个，工业建筑往往划分更多一些。而一个道路工程的施工过程数 n，则一般只分为 4~5 个。

2）流水强度（V）

流水强度也是一个工艺参数。它是指流水施工的某施工过程（专业工作队）在单位时间内所完成的工程量（如浇捣混凝土施工过程，每工作班能浇筑多少立方米混凝土）。它又称流水能力或生产能力。

226

流水强度可用公式（2-1）计算求得：

$$V = \sum_{i-1}^{X} R_i S_i \tag{2-1}$$

式中　V——某施工过程（队）的流水强度；

　　　R_i——投入该施工过程中的第 i 种资源量（施工机械台数或工人数）；

　　　S_i——投入该施工过程中第 i 种资源的产量定额；

　　　X——投入该施工过程中的资源种类数。

（2）空间参数

空间参数是指在组织流水施工时，用以表达流水施工在空间布置上开展状态的参数。通常包括工作面和施工段。

1）工作面

工作面是指供某专业工种的工人或某种施工机械进行施工的活动空间。工作面的大小，表明能安排施工人数或机械台数的多少。每个作业的工人或每台施工机械所需工作面的大小，取决于单位时间内其完成的工程量和安全施工的要求。工作面确定的合理与否，直接影响专业工作队的生产效率。因此，必须合理确定工作面。

2）施工段（m）

施工段将施工对象在平面或空间上划分成若干个劳动量大致相等的施工段落，称为施工段或流水段。施工段的数目一般用 m 表示，它是流水施工的主要参数之一。

①划分施工段的目的。

划分施工段的目的是为了组织流水施工。由于建设工程体形庞大，可以将其划分成若干个施工段，从而为组织流水施工提供足够的空间。在组织流水施工时，专业工作队完成一个施工段上的任务后，遵循施工组织顺序又到另一个施工段上作业，产生连续流动施工的效果。在一般情况下，一个施工段在同一时间内，只安排一个专业工作队施工，各专业工作队遵循施工工艺顺序依次投入作业，同一时间内在不同的施工段上平行施工，使流水施工均衡地进行。组织流水施工时，可以划分足够数量的施工段，充分利用工作面，避免窝工，尽可能缩短工期。

②划分施工段的原则。

施工段是组织流水作业的基础，划分施工段的主要目的在于使各个施工过程的施工队能集中于一个施工段，迅速完成工作及早地使下一个施工过程投入。划分施工段时，应考虑以下几点：

a. 主要施工过程在各施工段的工程量尽量接近；

b. 施工段的划分应尽量合理，不宜过多，否则会造成人员搭配不当，影响工期；

c. 施工段的界限应尽可能与结构界限（如沉降缝、伸缩缝等）相吻合，或设在对建筑结构整体性影响小的位置，以保证建筑结构的整体性；

d. 施工段工作面不宜太小，没有足够的工作面，工人操作不便，既影响工效，又不安全；

e. 施工段工作面也不宜太大，工作面过大，会造成工作面利用的不充分而拖延工期；

f. 施工段的划分应有利于结构的整体性。分段应在伸缩缝、沉降缝以及门窗洞口处，以减少对结构整体性的影响，减少墙体的接搓长度；

g. 组织有层高关系的流水作业时，分段又分层时，应使各施工队能够连续施工，即每个施工队完成了上一段的任务可以立即转入下一段，否则将会出现窝工现象。其每层的最少施工段数 m 应大于（或等于）施工过程数。

即 $m_{\min} \geq n$

例如：一个工程有五个施工过程（砌墙、绑扎钢筋、支模板、浇筑混凝土、盖楼板），若分成五个施工段（即 $m = n$），则可以五个工种同时生产，其工作面利用率为 100%，若分成五个以上施工段（即 $m > n$），则就会有工作面处于停歇状态，但每个施工队仍能连续作业；若分成小于五个施工段（即 $m < n$），则就会出现施工队不能连续作业的现象，造成窝工，因此施工段数 m 不可以小于施工过程数 n，小于 n 则对组织流水作业是不利的。

3）施工层

在组织流水施工时，为满足专业工种对操作高度的要求，通常将施工项目在竖向上划分为若干个作业层，这些作业层均称为施工层。如砌砖墙施工层高为 1.2m，装饰工程施工层多以楼层为准。

（3）时间参数

时间参数指在组织流水施工时，用来表达流水施工在时间安排上所处状态的参数，主要包括流水节拍、流水步距和流水施工工期。

1）流水节拍（t）

流水节拍是一个施工过程在一个施工段上的持续时间，它是流水施工中的时间参数。它的大小关系着投入的劳动力、机械和材料量的多少，决定着施工的速度和施工的节奏性。因此，流水节拍的确定具有很重要的意义。通常有两种确定方法，一种是根据工期的要求来确定，另一种是根据现有能够投入的资源（劳动力、机械台数和材料量）来确定。

流水节拍的计算式如下：

$$t = \frac{Q}{SR} = \frac{P}{R} \qquad (2-2)$$

式中　Q——某施工段的工程量；

　　　S——每一工日（或台班）的计划产量；

　　　R——施工人数（或机械台数）；

　　　P——某施工段所需要的劳动量（或机械台班量）。

2）流水步距（K）

两个相邻的施工过程先后进入流水施工的时间间隔，叫流水步距。流水步距属于时间参数，它用符号 K 来表示。如木工工作队第 1 天进入第一施工段工作，工作 2d 做完（流水节拍 $K = 2d$），第 3 天开始钢筋工作队进入第一施工段工作。木工工作队与钢筋工作队先后进入第一施工段的时间间隔为 2d，那么流水步距 $K = 2d$。

流水步距的数目取决于参加流水的施工过程数，如施工过程数为 n 个，则流水步距的总数为 $n - 1$ 个。

3）流水施工工期

流水施工工期是指从第一个专业工作队投入流水施工开始，到最后一个专业工作队完成流水施工为止的整个持续时间。由于一项建设工程往往包含有许多流水组。故流水施工工期一般均不是整个工程的总工期。

4）间歇时间

流水施工往往由于工艺要求或组织因素要求，两个相邻的施工过程需要增加一定的流水间歇时间，这种间隙时间是必要的，它们分别称为工艺间歇时间和组织间歇时间。

①工艺间歇时间（G）

根据施工过程的工艺性质，在流水施工中除了考虑两个相邻施工过程之间的流水步距外，还需考虑增加一定的工艺间隙时间。如楼板混凝土浇筑后，需要一定的养护时间才能进行后道工序的施工；又如屋面找平层完成后，需等待一定时间，使其彻底干燥，才能进行屋面防水层施工等。这些由于工艺原因引起的等待时间，称为工艺间歇时间。

②组织间歇时间（Z）

由于组织因素要求两个相邻的施工过程在规定的流水步距以外增加必要的间歇时间，如质量验收、安全检查等。这种间歇时间称为组织间歇时间。

上述两种间歇时间在组织流水施工时，可根据间歇时间的发生阶段或一并考虑、或分别考虑，以灵活应用工艺间歇和组织间歇的时间参数特点，简化流水施工组织。

5）提前插入时间（C）

所谓提前插入时间是指相邻两个专业施工队在同一施工段上共同作业的时间。

3．流水施工的基本组织方式

在流水施工中，由于流水节拍的规律不同，决定了流水步距、流水施工工期的计算方法等也不同，甚至影响到各个施工过程的专业工作队数目。因此，有必要按照流水节拍的特征将流水施工进行分类，其分类情况如图2-3所示。

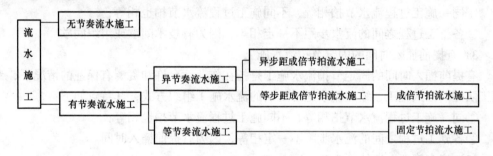

图2-3　流水施工分类

（1）有节奏流水施工

有节奏流水施工是指在组织流水施工时，将一个施工过程在各个施工段上时流水节拍都各自相等的流水施工，它分为等节奏流水施工和异节奏流水施工。

1）等节奏流水施工

等节奏流水施工是指在有节奏流水施工中，各施工过程的流水节拍都相等的流水施工，也称为固定节拍流水施工或全等节拍流水施工。

2）异节奏流水施工

异节奏流水施工是指在有节奏流水施工中，各施工过程的流水节拍各自相等而不同施工过程之间的流水节拍不尽相等的流水施工。在组织异节奏流水施工时，又可以采用等步距和异步距两种方式。

①等步距异节奏流水施工。

等步距异节奏流水施工是指在组织异节奏流水施工时，按每个施工过程流水节拍之间的比例关系，成立相应数量的专业工作队而进行的流水施工，也称为成倍节拍流水施工。

②异步距异节奏流水施工。

异步距异节奏流水施工是指组织异节奏流水施工时，每施工过程成立一个专业工作队，由其完成各施工段任务的流水施工。

(2) 无节奏流水施工

无节奏流水施工是指在组织流水施工时，全部或部分施工过程在各个施工段上的流水节拍不相等的流水施工。这种施工是流水施工中最常见的一种方式。

4. 流水施工组织方法

(1) 固定节拍流水施工特点

固定节拍流水施工指各个施工过程的流水节拍均为常数的一种流水施工方式。

1) 无间歇时间的固定节拍流水施工

无间歇时间的固定节拍流水施工是指各个施工过程之间没有技术和组织间歇时间，且流水节拍均相等的一种流水施工方式。其特点如下：

①同一施工过程流水节拍相等，不同施工过程流水节拍也相等；

②各施工过程之间的流水步距相等，且等于流水节拍。

2) 有间歇全等节拍流水施工

有间歇全等节拍流水施工是指各个施工过程之间有的需要技术或组织间歇时间，有的可搭接施工，其流水节拍均为相等的一种流水施工组织方式。其特点如下：

①同一施工过程流水节拍相等，不同施工过程流水节拍也相等；

②各施工过程之间的流水步距不一定相等，因为有技术间歇或组织间歇。

3) 有提前插入时间的固定节拍流水施工

有提前插入时间的固定节拍流水施工是指在作业面允许和资源有保证的情况下，专业施工队提前插入施工，缩短流水施工工期的流水施工组织方式，其特点如下：

①同一施工过程流水节拍相等，不同施工过程流水节拍也相等；

②各施工过程之间的流水步距不一定相等，因为有提前插入时间。

(2) 流水施工工期计算方法

固定节拍流水施工中，各施工过程之间的流水节拍相同。为了缩短工期，应当做到相邻两个施工过程在施工时间上的最大搭接。但是这种最大搭接还受到必要的工艺间歇和组织间歇的限制。其流水施工工期分别按以下三种方法计算：

1) 无间歇时间的固定节拍流水施工

如图 2-4 所示，由于固定节拍专业流水中各流水步距 K 等于流水节拍 t，故其流水施工工期为：

$$T = (n-1)K + mt = (n-1)t + mt = (m+n-1)t \qquad (2-3)$$

式中　T——流水施工工期；

K——流水步距；

n——施工过程数；

m——施工段数；

t——流水节拍。

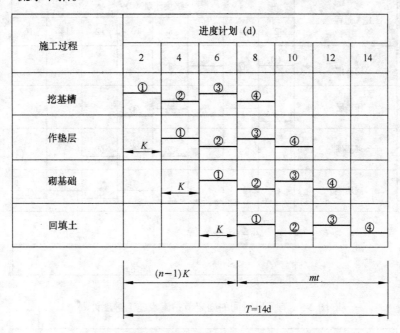

图 2-4　无间歇时间的固定节拍流水施工进度计划

2) 有间歇时间的固定节拍流水施工

在这种专业流水中（图 2-5），某些施工过程之间，往往还存在着施工技术规范规定的或其他要求所必须的工艺、技术间隙及组织间隙，所以其流水施工工期为：

$$T = (m + n - 1)K + \Sigma G + \Sigma Z \qquad (2-4)$$

式中　ΣG——工艺、技术间隙时间总和；

　　　ΣZ——组织间隙时间总和。

3) 有提前插入时间的固定节拍流水施工（图 2-6）

对于有提前插入时间的固定节拍流水施工，其流水施工工期可按下式计算：

$$T = (m + n - 1)K + \Sigma G + \Sigma Z - \Sigma C \qquad (2-5)$$

式中　ΣC——插入时间的总和；其他符号同前。

【例 2-1】　某分部工程由支模板、绑钢筋、浇混凝土三个施工过程组成，该工程在平面上划分为四个施工段组织流水施工。各施工过程在各个施工段上的持续时间均为 5d。

【解】　据题意可知，本题可组织固定节拍流水施工。

1) 施工过程数目：$n = 3$

2) 施工段数目：$m = 4$

3) 流水节拍：$t = 5d$

4) 流水步距：$K = 5d$

5) 工期：$T = (m + n - 1) \times K = (4 + 3 - 1) \times 5 = 30(d)$

其横道计划如图 2-7 所示。

(3) 成倍节拍流水施工

成倍节拍流水施工是指同一施工过程在各个施工段的流水节拍相等，不同施工过程之

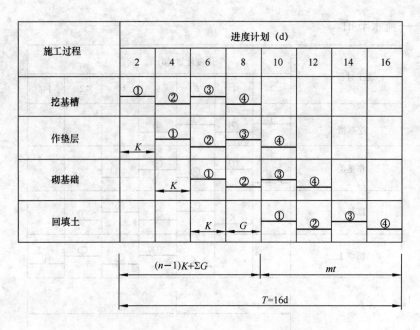

图 2-5　有间歇时间的固定节拍流水施工进度计划

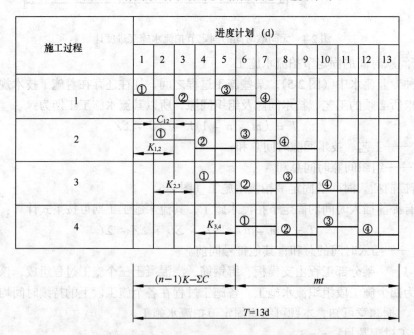

图 2-6　有提前插入时间的固定节拍流水施工进度计划

间的流水节拍不完全相等，但各个施工过程的流水节拍均为其中最小流水节拍的整数倍的流水施工方式。即各个流水节拍之间存在一个最大公约数。

成倍节拍流水施工包括一般的成倍节拍和加快的成倍节拍流水施工。为加快流水施工进度，一般采用加快的成倍节拍流水施工方式，按最大公约数的倍数组建每个施工过程的施工队组。

1）特征

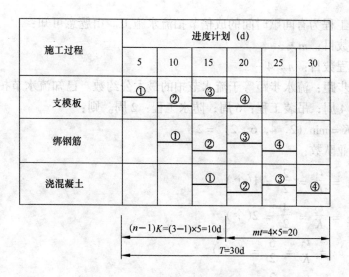

施工过程	进度计划 (d)					
	5	10	15	20	25	30
支模板	①	②	③	④		
绑钢筋		①	②	③	④	
浇混凝土			①	②	③	④

$(n-1)K=(3-1)\times5=10d$ $mt=4\times5=20$

$T=30d$

图 2-7　固定节拍流水施工进度计划

①同一施工过程流水节拍相等，不同施工过程流水节拍等于或为其中最小流水节拍的整数倍。

②各个施工段的流水步距等于其中最小的流水节拍。

③各个施工过程的班组数等于本过程流水节拍与最小流水节拍的比值。

2）流水步距的确定

流水步距等于流水节拍的最大公约数，即：

$$K = \min(t_1, t_2, \cdots, t_i) \tag{2-6}$$

3）确定专业队数

每个施工过程成立的专业施工队数目可按公式（2-7）计算：

$$b_i = \frac{t_i}{K} \tag{2-7}$$

式中　b_i——第 i 个施工过程的专业施工队数目；

　　　t_i——第 i 个施工过程的流水节拍；

　　　K——流水步距。

于是，参与流水施工的专业施工队总数 n' 为：

$$n' = \Sigma b_i \tag{2-8}$$

4）工期计算

成倍节拍流水施工工期可按下式计算：

$$T = (m + n' - 1)k + \Sigma G + \Sigma Z - \Sigma C \tag{2-9}$$

式中　n'——专业施工队总数；其他符号意义同前。

【例 2-2】　某粮库工程，拟建三个结构形式和规模完全相同的粮库，施工过程划分为挖基槽、浇基础、吊装工程、防水工程等 4 项。根据施工工艺要求，浇筑基础 1 周后才能进行墙板和屋面板吊装。各施工过程的流水节拍分别是挖基槽：2 周；浇基础：4 周；吊装工程：6 周；防水工程：2 周。试绘制加快的成倍节拍流水施工进度计划。

【解】 本工程为有间歇时间的成倍节拍流水施工。由题意可知：

1）施工段数目：$m = 3$

2）施工过程数目：$n = 4$

3）求流水步距：流水步距等于流水节拍的最大公约数。已知流水节拍分别是挖基槽：2 周；浇基础：4 周；吊装工程：6 周；防水工程：2 周。则：

流水步距 $K = \min (2, 4, 6, 2) = 2$

4）确定专业队数：

挖基槽：$b_1 = \dfrac{t_1}{K} = \dfrac{2}{2} = 1$（个）

浇基础：$b_2 = \dfrac{t_2}{K} = \dfrac{4}{2} = 2$（个）

吊装工程：$b_3 = \dfrac{t_3}{K} = \dfrac{6}{2} = 3$（个）

防水工程：$b_4 = \dfrac{t_4}{K} = \dfrac{2}{2} = 1$（个）

则专业工作队总数：$n' = 7$

5）确定流水施工工期

$$T = (m + n' - 1)K + \Sigma Z + \Sigma G - \Sigma C$$
$$= (3 + 7 - 1) \times 2 + 0 + 1 - 0$$
$$= 19（周）$$

6）施工进度计划如图 2-8 所示。

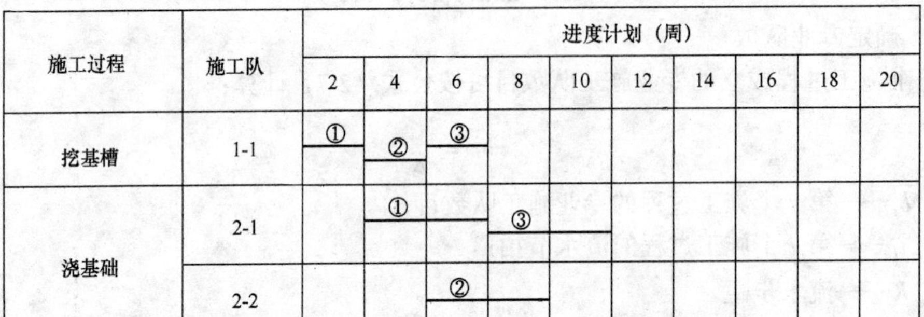

施工过程	施工队	进度计划（周）									
		2	4	6	8	10	12	14	16	18	20
挖基槽	1-1	①	②	③							
浇基础	2-1		①		③						
	2-2			②							
吊装工程	3-1					①					
	3-2							②			
	3-3								③		
防水工程	4-1							①	②	③	

图 2-8 加快的成倍节拍流水施工进度计划

(4) 无节奏流水施工

无节奏流水施工是指同一施工过程在各个施工段上流水节拍不完全相等的一种流水施

工方式。在实际工程中，由于工程结构形式、施工条件不同，通常每个施工过程在各个施工段上的工程量彼此不等，各专业施工队组的生产效率相差较大，导致大多数的流水节拍也彼此不相等，因此有节奏流水，尤其是全等节拍和成倍节拍流水往往是难以组织的，而无节奏流水则是利用流水施工的基本概念，在保证施工工艺、满足施工顺序要求的前提下，按照一定的计算方法，确定相邻专业施工队组之间的流水步距，使其在开工时间上最大限度地、合理地搭接起来，形成每个专业施工队组都能连续作业的流水施工方式。它是建设工程流水施工的普遍形式。

1）特征

①每个施工过程在各个施工段上的流水节拍不尽相等；

②各个施工过程之间的流水步距不完全相等且差异较大；

③各施工作业队能够在施工段上连续作业，但有的施工段之间可能有空闲时间；

④专业施工队组数等于施工过程数。

2）流水步距的确定

无节奏流水步距通常采用"累加数列错位相减取大差法"确定。

累加数列错位相减取大差法的基本步骤如下：

①对每一个施工过程在各施工段上的流水节拍依次累加，求得各施工过程流水节拍的累加数列；

②将相邻施工过程流水节拍累加数列中的后者错后一位，相减求得一个差数列；

③在差数列中取最大值，即为这两个相邻施工过程的流水步距。

3）工期计算

无节奏流水施工工期可按下式计算：

$$T = \Sigma K + \Sigma t_n + \Sigma Z + \Sigma G - \Sigma C$$

式中　　T——流水施工工期；

　　　ΣK——各施工过程（或专业施工队）之间流水步距之和；

　　　Σt_n——最后一个施工过程（或专业施工队）在各施工段流水节拍之和；

　　其他符号意义同前。

【例 2-3】　某建设工程基础工程包括挖基槽、作垫层、砌基础和回填土 4 个施工过程，分为 4 个施工段组织流水施工，各施工过程在各施工段的流水节拍见表 2-1（时间：d）。根据施工工艺要求，在砌基础与回填土之间的间歇时间为 2d。试绘制流水施工进度计划。

施工段流水节拍　　　　　　　　　　　　　　表 2-1

施　工　过　程	施　　工　　段			
	①	②	③	④
挖基槽	2	2	3	3
作垫层	1	1	2	2
砌基础	3	3	4	4
回填土	1	1	2	2

【解】　从流水节拍的特点可知，本工程应组织无节奏流水施工。依题意知：

(1) 施工段数目：$m = 4$

(2) 施工过程数目：$n = 4$

(3) 求流水步距：采用"累加数列错位相减取大差法"。

1）求流水节拍的累加数列

挖基槽（1）：2，4，7，10

作垫层（2）：1，2，4，6

砌基础（3）：3，6，10，14

回填土（4）：1，2，4，6

2）确定流水步距

① $K_{1.2}$

$$
\begin{array}{r}
2, \quad 4, \quad 7, \quad 10 \\
-) \quad \quad 1, \quad 2, \quad 4, \quad 6 \\
\hline
2, \quad 3, \quad 5, \quad 6, \quad -6
\end{array}
$$

$\therefore \quad K_{1.2} = 6 \ (d)$

② $K_{2.3}$

$$
\begin{array}{r}
1, \quad 2, \quad 4, \quad 6 \\
-) \quad \quad 3, \quad 6, \quad 10, \quad 14 \\
\hline
1, \quad -1, \quad -2, \quad -4, \quad -14
\end{array}
$$

$\therefore \quad K_{2.3} = 1 \ (d)$

③ $K_{3.4}$

$$
\begin{array}{r}
3, \quad 6, \quad 10, \quad 14 \\
-) \quad \quad 1, \quad 2, \quad 4, \quad 6 \\
\hline
3, \quad 5, \quad 8, \quad 10, \quad -6
\end{array}
$$

$\therefore \quad K_{3.4} = 10 d$

3）$\therefore \quad K_{1.2} = 6 \ (d)$，$K_{2.3} = 1 \ (d)$，$K_{3.4} = 10 \ (d)$

4）确定流水施工工期

$$
\begin{aligned}
T &= \Sigma K + \Sigma t_n + \Sigma Z + \Sigma G - \Sigma C \\
&= (6 + 1 + 10) + (1 + 1 + 2 + 2) + 0 + 2 - 0 \\
&= 25(d)
\end{aligned}
$$

5）施工进度计划

如图 2-9 所示。

二、网络计划技术

网络计划技术是一种有效的系统分析和优化技术，而今已得到迅速发展和广泛应用。

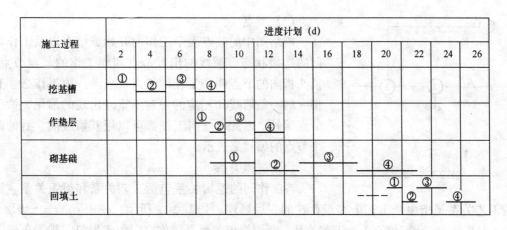

施工过程	进度计划 (d)												
	2	4	6	8	10	12	14	16	18	20	22	24	26
挖基槽	①	②	③	④									
作垫层					① ②	③	④						
砌基础						① ②		③		④			
回填土										① ②	③	④	

图 2-9　无节奏流水施工进度计划

一般来说,网络计划可分为确定型网络计划和非确定型网络计划两类。所谓确定型网络计划就是指网络计划中各项工作及其持续时间和各工作之间的相互关系是确定的,否则就是非确定型网络计划。在建设工程进度控制工作中,较多地采用确定型网络计划。

确定型网络计划的基本原理是:首先,利用绘制工程施工网络图,以表达一项工程计划方案中各项工作之间的相互关系和先后顺序关系;其次,通过计算确定影响工期的关键线路和关键工作;然后,通过不断调整网络计划,寻求最优方案并付诸实施;最后,计划实施过程中采取有效措施对其进行控制、监督和调整,以达到缩短工期、提高工效、降低成本、增加经济效益的目的。

由此可见,网络计划技术不仅是一种科学的计划方法,同时也是一种科学的动态控制方法。本节重点介绍确定型网络计划中的双代号网络计划,其他网络计划(如单代号网络计划等)可参考相关书籍。

1．双代号网络图基本概念

(1) 网络图

网络图是由箭线和节点组成,用来表示工作流程的有序、有向网状图形。网络图有双代号网络图和单代号网络图两种。双代号网络图是应用较为普遍的一种网络计划形式。双代号网络图也称箭线式网络图,它是以箭线及其节点的编号表示工作的网络图,双代号网络图中,每一条箭线应表示一项工作。箭线的箭尾节点表示该工作的开始,箭线的箭头节点表示该工作的结束。如图 2-10 所示。

(2) 工作

网络图中的工作是指计划任务按需要粗细程度划分而成的、消耗时间或同时也消耗资源的一个子项目或子

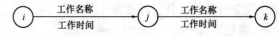

图 2-10　双代号网络图表示方法

任务。工作既可以是单位工程,也可以是分部、分项工程乃至一个工序。在一般情况下,完成一项工作需要消耗时间和资源,如支模板、浇筑混凝土等,但有的工作则只消耗时间而不消耗资源,如混凝土养护过程、抹灰后干燥过程等。在双代号网络图中,将既不消耗时间也不消耗资源的工作称为虚工作,用虚箭线来表示,用以反映相邻两项工作之间的逻辑关系,如图 2-11 所示,其中②—③工作即为虚工作。

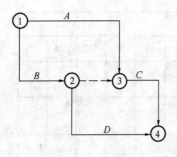

图 2-11 虚工作

（3）节点

网络图中的节点表示工作的开始或结束以及工作之间的连接状态。箭线的出发节点叫作工作的起点节点，箭头指向的节点叫作工作的终点节点。一项工作必须有惟一的一条箭线和相应的一对不重复出现的箭尾、箭头节点编号。因此，任何工作都可以用其箭线前、后的两个节点的编号来表示。

（4）逻辑关系

各工作间的逻辑关系包括工艺关系和组织关系。所谓工艺关系是指生产工艺上客观存在的先后顺序。如图 2-12 所示，挖土方 1 ——垫层 1 ——砌基础 1 ——回填土 1 为工艺关系。所谓组织关系是工作之间由于组织安排需要或资源调配需要而规定的先后顺序。例如图 2-12 中，挖土方 1 ——挖土方 2，垫层 1 ——垫层 2，砌基础 1 ——砌基础 2，回填土 1 ——回填土 2 为组织关系。

总而言之，无论工艺关系还是组织关系，在网络图中均表现为工作进行的先后顺序。网络图中逻辑关系表达得是否正确，是网络图能否反映工程实际情况的关键，而且一旦逻辑关系搞错，图中各项工作参数的计算以及关键线路和工程工期都将随之发生错误。

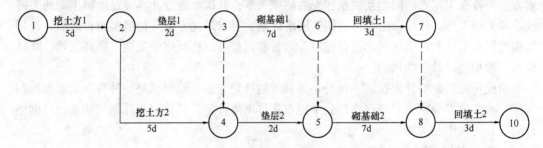

图 2-12　某基础工程双代号网络计划

（5）紧前工作、紧后工作和平行工作

1）紧前工作

在网络图中，相对于某工作而言，紧排在该工作之前的工作称为该工作的紧前工作。在双代号网络图中，工作与其紧前工作之间可能存在虚工作。如图 2-12 所示，挖土方 1 是挖土方 2 的紧前工作；垫层 1 与垫层 2 之间虽然存在虚工作，但在组织关系上垫层 1 仍然是垫层 2 的紧前工作。挖土方 1 是垫层 1 在工艺关系上的紧前工作。

2）紧后工作

在网络图中，相对于某工作而言，紧排在该工作之后的工作称为该工作的紧后工作。在双代号网络图中，工作与其紧后工作之间也可能存在虚工作。如图 2-12 所示，垫层 2 是垫层 1 在组织关系上的紧后工作；垫层 1 是挖土方 1 在工艺关系上的紧后工作。

3）平行工作

在网络图中，相对于某工作而言，可以与该工作同时进行的工作即为该工作的平行工作。如图 2-12 所示，垫层 1 和挖土方 2 互为平行工作。

紧前工作、紧后工作和平行工作是工作之间逻辑关系的具体表现，只要能根据工作之间的工艺关系和组织关系明确其紧前或紧后关系，即可据此绘制出网络图。这是正确绘制网络图的前提条件。

（6）先行工作和后续工作

1）先行工作

相对于某工作而言，从网络图的第一个节点（起点节点）开始，顺箭头方向经过一系列箭线与节点到达该工作为止的各条通路上的所有工作，都称为该工作的先行工作。如图2-12所示，挖土方1、垫层1、挖土方2均为垫层2的先行工作。

2）后续工作

相对于某工作而言，从该工作之后开始，顺箭头方向经过一系列箭线与节点到网络图最后一个节点（终点节点）的各条通路上的所有工作，都称为该工作的后续工作。如图2-12所示，砌基础1的后续工作有回填土1、砌基础2、回填土2。

在建设工程进度控制中，后续工作是一个非常重要的概念。因为在工程网络计划的实施过程中，如果发现某项工作进度出现拖延，则受到影响的工作必然是该工作的后续工作。

（7）线路、关键线路和关键工作

1）线路

网络图中从起点节点开始，沿箭头方向顺序通过一系列箭线与节点，最后达到终点节点的通路称为线路。线路可以用该线路上的节点编号来表示，也可以依次用该线路上的工作名称来表示。如图2-12所示，该网络图中有四条线路，可分别表示为：①—②—④—⑤—⑧—⑩、①—②—④—⑤—⑧—⑩、①—②—③—⑥—⑤—⑧—⑩、①—②—③—⑥—⑦—⑧—⑩；或者表示为：挖土方1 ——➤挖土方2 ——➤垫层2 ——➤砌基础2 ——➤回填土2、挖土方1 ——➤垫层1 ——➤垫层2 ——➤砌基础2 ——➤回填土2、挖土方1 ——➤垫层1 ——➤砌基础1 ——➤砌基础2 ——➤回填土2、挖土方1 ——➤垫层1 ——➤砌基础1 ——➤回填土1 ——➤回填土2。

2）关键线路和关键工作

通常把线路上所有工作的持续时间之和称为该线路的总持续时间。把总持续时间最长的线路称为关键线路，关键线路的总持续时间即是网络计划的总工期。如图2-12所示，线路①—②—③—⑥—⑤—⑧—⑩就是关键线路，其总工期为24d。

在网络计划中，关键线路可能有一条，也可能不止一条。如图2-13所示，网络图中就有2条关键线路，即①—②—④—⑥和①—③—④—⑥。

关键线路上的工作称为关键工作。在网络计划实施过程中，关键工作的实际进度提前或滞后，均会影响到总工期。因此，应将关键工作的实际进度作为建设工程进度控制的重点。

（8）网络计划

网络计划是在网络图上加注工作及时间参数而成的工作进度计划，它是根据既定的施工方法，按照统筹安排的原则编制而成的一种计划。网络计划的时间参数一般包括：工作最早开始时间、工作最早完成时间、工作最迟开始时间、工作最迟完成时间、工作总时差、工作自由时差、节点最早时间、节点最迟时间、相邻两项工作的时间间隔、计算工期等。实际工作中，应根据网络计划的类型及其使用要求计算上述时间参数。计算时间参数

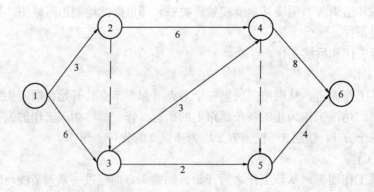

图 2-13　某双代号网络计划

常用的方法有公式法、图上计算法、表上计算法。

综上所述，建筑施工网络计划具有以下特点：

1）明确反映工作之间相互依赖、相互制约的关系；

2）确定关键工作和关键线路，便于抓住主要矛盾；

3）利用非关键工作的机动时间，更好的调配人力、物力，达到降低成本的目的；

4）可以利用计算机；

5）实施过程中能进行有效控制和调整。

2. 双代号网络图的绘制方法

（1）绘图规则

在绘制双代号网络图时，一般应遵循以下基本规则：

1）双代号网络图中的节点必须有编号，其编号严禁重复，并应使每一条箭线上箭尾节点编号小于箭头节点编号。

2）网络图必须按照已定的逻辑关系绘制。

3）网络图中严禁出现从一个节点出发，顺箭头方向又回到原出发点的循环回路。如果出现循环回路，就会造成逻辑关系混乱。

4）网络图中的箭线（包括虚箭线。以下同）应保持自左向右的方向，不应出现箭头指向左方的水平箭线和箭头偏向左方的斜向箭线。若遵循该规则绘制网络图，就不会出现循环回路。

5）网络图中严禁出现双向箭头和无箭头的连线。

6）网络图中严禁出现没有箭尾节点的箭线和没有箭头节点的箭线。

7）严禁在箭线上引入或引出箭线，

8）应尽量避免网络图中工作箭线的交叉。当交叉不可避免时，可以采用过桥法或指向法处理。

9）网络图中应只有一个起点节点和一个终点节点（任务中部分工作需要分期完成的网络计划除外）。除网络图的起点节点和终点节点外，不允许出现没有外向箭线的节点和没有内向箭线的节点。

（2）绘图方法当已知每一项工作的紧前工作时，可以按下述步骤绘制双代号网络图：

1）绘制没有紧前工作的工作箭线，使它们具有相同的开始节点，以保证网络图只有一个起点节点。

2）依次绘制其他工作箭线。这些工作箭线的绘制条件是其所有紧前工作箭线都已经绘制出来。在绘制这些工作箭线时，应按下列原则进行：

①当所要绘制的工作只有一项紧前工作时，则将该工作箭线直接画在其紧前工作箭线之后即可。

②当所要绘制的工作有多项紧前工作时，应按以下四种情况分别予以考虑：

a. 对于所要绘制的工作（本工作）而言，如果在其紧前工作之中存在一项只作为本工作紧前工作的工作（即在紧前工作栏目中，该紧前工作只出现一次），则应将本工作箭线直接画在该紧前工作箭线之后，然后用虚箭线将其他紧前工作箭线的箭头节点与本工作箭线的箭尾节点分别相连，以表达它们之间的逻辑关系。

b. 对于所要绘制的工作（本工作）而言，如果在其紧前工作之中存在多项只作为本工作紧前工作的工作，应该先将这些紧前工作箭线的箭头合并，再从合并后的节点开始，画出本工作箭线，最后用虚箭线将其他紧前工作箭线的箭头节点与本工作箭线的箭尾节点分别相连，以表达它们之间的逻辑关系。

c. 对于所要绘制的工作（本工作）而言，如果不存在②a 和②b 时，应判断本工作的所有紧前工作是否都同时作为其他工作的紧前工作（即在紧前工作栏目中，这几项紧前工作是否均同时出现若干次）。如果上述条件成立，应先将这些紧前工作箭线的箭头节点合并后，再从合并后的节点开始画出本工作箭线。

d. 对于所要绘制的工作（本工作）而言，如果既不存在②a 和②b，也不存在②c 时，则应将本工作箭线单独画在其紧前工作箭线之后的中部，然后用虚箭线将其各紧前工作箭线的箭头节点与本工作箭线的箭尾节点分别相连，以表达它们之间的逻辑关系。

3）网络调整

当各项工作箭线都绘制出来之后，应合并那些没有紧后工作的工作箭线的箭头节点，以保证网络图只有一个终点节点。

4）当确认所绘制的网络图正确后，即可进行节点编号。

以上所述是已知每一项工作的紧前工作时的绘图方法，当已知每一项工作的紧后工作时，也可按类似的方法进行网络图的绘制，只是其绘图顺序由前述的从左向右改为从右向左。

（3）绘图实例

【例 2-4】 已知各工作之间的逻辑关系如表 2-2 所示，试绘制其双代号网络图。

各工作逻辑关系 表 2-2

工 作	A	B	C	D	E	G
紧前工作	—	—	—	A、B	A、B、C	D、E

【解】 绘制工作箭线 A、工作箭线 B 和工作箭线 C，如图 2-14（a）所示。

按前述原则 2）中的情况 c 绘制工作箭线 D，如图 2-14（b）所示。

按前述原则 2）中的情况 a 绘制工作箭线 E，如图 2-14（c）所示。

按前述原则 2）中的情况 b 绘制工作箭线 G。

当确认给定的逻辑关系表达正确后再进行节点编号。表 2-2 给定逻辑关系所对应的双代号网络图如图 2-14 (d) 所示。

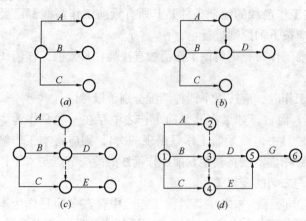

图 2-14 例 2-4 绘图过程

3. 网络计划时间参数的计算

网络计划是在网络图上加注工作及时间参数而成的工作进度计划，网络计划时间参数的计算应在各项工作的持续时间确定之后进行。

（1）网络计划时间参数的概念

1）工作持续时间与工期

工作持续时间是指一项工作从开始到完成的总时间。在双代号网络计划中，工作 $i-j$ 的持续时间用 D_{i-j} 表示。

工期泛指完成一项任务所需要的时间。在网络计划中，工期一般有以下三种：

①计算工期。计算工期是根据网络计划时间参数计算而得到的工期，用 T_c 表示。

②要求工期。要求工期是任务委托人所提出的指令性工期，用 T_r 表示。

③计划工期。计划工期是指根据要求工期和计算工期确定的作为实施目标的工期，用 T_p 表示。

a. 当已规定了要求工期时，计划工期不应超过要求工期，即：

$$T_p \leqslant T_r \tag{2-10}$$

b. 当未规定了要求工期时，可令计划工期等于计算工期，即：

$$T_p = T_c \tag{2-11}$$

2）工作时间参数

除工作持续时间和工期外，网络计划的时间参数一般包括：工作最早开始时间、工作最早完成时间、工作最迟开始时间、工作最迟完成时间、工作总时差、工作自由时差、节点最早时间、节点最迟时间、相邻两项工作的时间间隔等。

①工作最早开始时间和最早完成时间

工作的最早开始时间是指在其所有紧前工作全部完成后，本工作有可能开始的最早时刻，在双代号网络计划中，工作 $i-j$ 的最早开始时间用 ES_{i-j} 表示。工作的最早完成时间是指在其所有紧前工作全部完成后，本工作有可能完成的最早时刻，在双代号网络计划中，工作 $i-j$ 的最早完成时间用 EF_{i-j} 表示。工作的最早完成时间等于本工作的最早开始时间与其持续时间之和，即：

$$EF_{i-j} = ES_{i-j} + D_{i-j} \tag{2-12}$$

②最迟完成时间和最迟开始时间

工作的最迟完成时间是指在不影响整个任务按期完成的前提下，本工作必须完成的最迟时刻，在双代号网络计划中，工作 $i-j$ 的最迟完成时间用 LF_{i-j} 表示。工作的最迟开始时间是指在不影响整个任务按期完成的前提下，本工作必须开始的最迟时刻，在双代号网络计划中，工作 $i-j$ 的最迟开始时间用 LS_{i-j} 表示。工作的最迟开始时间等于本工作的最迟完成时间与其持续时间之差，即：

$$LS_{i-j} = LF_{i-j} - D_{i-j} \tag{2-13}$$

③总时差和自由时差

工作的总时差是指在不影响总工期的前提下，本工作可以利用的机动时间。在双代号网络计划中，工作 $i-j$ 的总时差用 TF_{i-j} 表示。

工作的自由时差是指在不影响其紧后工作最早开始时间的前提下，本工作可以利用的机动时间。在双代号网络计划中，工作 $i-j$ 的自由时差用 FF_{i-j} 表示。

从总时差和自由时差的定义可知，对于同一项工作而言，自由时差不会超过总时差。当工作的总时差为零时，其自由时差必然为零。

在网络计划的执行过程中，工作的自由时差是该工作可以自由使用的时间。但是，如果利用某项工作的总时差，则有可能使该工作后续工作的总时差减小。

④节点最早时间和最迟时间

节点最早时间是指在双代号网络计划中，以该节点为开始节点的各项工作的最早开始时间。节点 i 的最早时间用 ET_i 表示。

节点最迟时间是指在双代号网络计划中，以该节点为完成节点的各项工作的最迟完成时间。节点 j 的最迟时间用 LT_j 表示。

⑤相邻两项工作之间的时间间隔

相邻两项工作之间的时间间隔是指本工作的最早完成时间与其紧后工作最早开始时间之间可能存在的差值。工作 i 与工作 j 之间的时间间隔用 LAG_{i-j} 表示。一般地，单代号网络计划在计算自由时差之前要计算相邻两项工作之间的时间间隔 LAG_{i-j}，本书不作详细阐述。

(2) 双代号网络计划时间参数的计算

双代号网络计划的时间参数的计算可以按工作计算，按节点计算和采用标号法计算等，下面仅介绍按工作计算法计算双代号网络计划的时间参数。

所谓按工作计算法，就是以网络计划中的工作为对象，直接计算各项工作的时间参数。这些时间参数主要包括：工作的最早开始时间和最早完成时间、工作的最迟开始时间和最迟完成时间、工作的总时差和自由时差。此外，还应计算网络计划的计算工期。

为了简化计算，网络计划时间参数中的开始时间和完成时间都应以时间单位的终了时刻为标准。如第 2 天开始即是指第 2 天终了（下班）时刻开始，实际上是第 3 天上班时刻才开始；第 6 天完成即是指第 6 天终了（下班）时刻完成。

下面以图 2-15 所示双代号网络计划为例，说明按工作计算法计算时间参数的过程。其计算结果如图 2-16 所示。

1）计算工作的最早开始时间和最早完成时间

计算工作的最早开始时间和最早完成时间应从网络计划的起始节点开始，顺着箭线方向依次进行。其计算步骤如下：

①以网络计划起点节点为开始节点的工作，当未规定其最早开始时间时，其最早开始

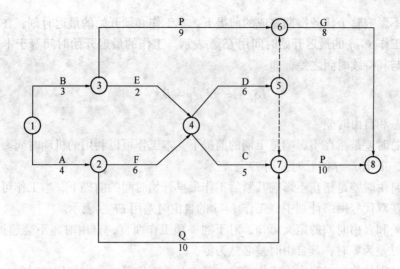

图 2-15 双代号网络计划

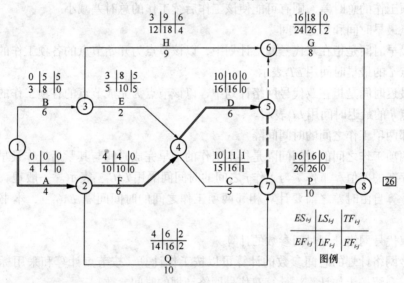

图例

图 2-16 双代号网络计划（六时标注法）

时间为零。例如在本例中，工作 $1-2$ 和工作 $1-3$ 的最早开始时间为零，即：

$$ES_{1-2} = ES_{1-3} = 0$$

②工作的最早完成时间可利用公式（2-1）进行计算：

$$EF_{i-j} = ES_{i-j} + D_{i-j}$$

式中　　EF_{i-j}——工作 $i-j$ 的最早完成时间；

ES_{i-j}——工作 $i-j$ 的最早开始时间；

D_{i-j}——工作 $i-j$ 的持续时间。

例如在本例中，工作 $1-2$ 的最早完成时间为：

工作 $1-2$：$EF_{1-2} = ES_{1-2} + D_{1-2} = 0 + 4 = 4$

③其他工作的最早开始时间应等于其紧前工作最早完成时间的最大值，即：

$$ES_{i-j} = \max(EF_{h-i}) = \max(ES_{h-i} + D_{h-i}) \tag{2-14}$$

式中　ES_{i-j}——工作 $i-j$ 的最早开始时间；

　　EF_{h-i}——工作 $i-j$ 的紧前工作 $h-i$（非虚工作）的最早完成时间；

　　ES_{h-i}——工作 $i-j$ 的紧前工作 $h-i$（非虚工作）的最早开始时间；

　　D_{h-i}——工作 $i-j$ 的紧前工作 $h-i$（非虚工作）的持续时间。

例如在本例中，工作 3-4 和工作 4-5 的最早开始时间分别为：

$$ES_{3-4} = EF_{1-3} = 3$$

$$ES_{4-5} = \max(EF_{3-4}, EF_{2-4}) = \max(5,10) = 10$$

④网络计划的计算工期应等于以网络计划终点节点为完成节点的工作的最早完成时间的最大值，即：

$$T_c = \max(EF_{i-n}) = \max(ES_{i-n} + D_{i-n}) \tag{2-15}$$

式中　T_c——网络计划的计算工期；

　　EF_{i-n}——以网络计划终点节点 n 为完成节点的工作的最早完成时间；

　　ES_{i-n}——以网络计划终点节点 n 为完成节点的工作的最早开始时间；

　　D_{i-n}——以网络计划终点节点 n 为完成节点的工作的持续时间。

在本例中，网络计划的计算工期为：

$$T_c = \max(EF_{7-8}, EF_{6-8}) = \max(26,24) = 26$$

2）确定网络计划的计划工期

网络计划的计划工期应按公式（2-10）或公式（2-11）确定。在本例中，假设未规定要求工期，则其计划工期就等于计算工期，即：

$$T_p = T_c = 26$$

计划工期应标注在网络计划终点节点的右上方，如图 2-16 所示。

3）计算工作的最迟完成时间和最迟开始时间

计算工作最迟完成时间和最迟开始时间应从网络计划的终点节点开始，逆着箭线方向依次进行。其计算步骤如下：

①以网络计划终点节点为完成节点的工作，其最迟完成时间等于网络计划的计划工期，即

$$LF_{i-n} = T_p \tag{2-16}$$

式中　LF_{i-n}——以网络计划终点节点为完成节点的工作的最迟完成时间；

　　T_p——网络计划的计划工期。

例如在本例中，工作 6-8 和工作 7-8 的最迟完成时间为：

$$LF_{6-8} = LF_{7-8} = 26$$

②工作的最迟开始时间可利用公式（2-17）进行计算：

$$LS_{i-j} = LF_{i-j} - D_{i-j} \qquad (2\text{-}17)$$

式中　LS_{i-j}——工作 $i-j$ 的最迟开始时间；

　　　LF_{i-j}——工作 $i-j$ 的最迟完成时间；

　　　D_{i-j}——工作 $i-j$ 的持续时间。

例如在本例中，工作 $6-8$ 和工作 $7-8$ 的最迟开始时间分别为：

$$LS_{6-8} = LF_{6-8} - D_{6-8} = 26 - 8 = 18$$

$$LS_{7-8} = LF_{7-8} - D_{7-8} = 26 - 10 = 16$$

③其他工作的最迟完成时间应等于其紧后工作最迟开始时间的最小值，即：

$$LF_{i-j} = \min(LS_{j-k}) = \min(LF_{j-k} - D_{j-k}) \qquad (2\text{-}18)$$

式中　LF_{i-j}——工作 $i-j$ 的最迟完成时间；

　　　LS_{j-k}——工作 $i-j$ 的紧后工作 $j-k$（非虚工作）的最迟开始时间；

　　　LF_{j-k}——工作 $i-j$ 的紧后工作 $j-k$（非虚工作）的最迟完成时间；

　　　D_{j-k}——工作 $i-j$ 的紧后工作 $j-k$（非虚工作）的持续时间。

例如在本例中，工作 $4-5$ 和工作 $4-7$ 的最迟完成时间分别为：

$$LF_{4-5} = \min(LS_{6-8}, LS_{7-8}) = \min(18, 16) = 16$$

$$LF_{4-7} = LS_{7-8} = 16$$

4）计算工作的总时差

工作的总时差等于该工作最迟完成时间与最早完成时间之差，或者该工作最迟开始时间与最早开始时间之差，即：

$$TF_{i-j} = LF_{i-j} - EF_{i-j} = LS_{i-j} - ES_{i-j} \qquad (2\text{-}19)$$

式中　TF_{i-j}——工作 $i-j$ 的总时差，其余符号同前。

例如在本例中，工作 $2-4$ 的总时差为：

$$TF_{2-4} = LF_{2-4} - EF_{2-4} = LS_{2-4} - ES_{2-4} = 0$$

5）计算工作的自由时差

工作的自由时差计算应按以下两种情况分别考虑：

①对于有紧后工作的工作，其自由时差等与本工作之紧后工作最早开始时间减去本工作最早完成时间之差的最小值，即：

$$FF_{i-j} = \min(ES_{j-k} - EF_{i-j}) = \min(ES_{j-k} - ES_{i-j} - D_{i-j}) \qquad (2\text{-}20)$$

式中　FF_{i-j}——工作 $i-j$ 的自由时差；

　　　ES_{j-k}——工作 $i-j$ 的紧后工作 $j-k$（非虚工作）的最早开始时间；

　　　EF_{i-j}——工作 $i-j$ 的最早完成时间；

　　　ES_{i-j}——工作 $i-j$ 的最早开始时间；

D_{i-j}——工作 $i-j$ 的持续时间。

例如在本例中，工作 2-4 和工作 3-6 的自由时差分别为：

$$FF_{2-4} = \min(ES_{4-5} - EF_{2-4}, ES_{4-7} - EF_{2-4}) = \min(10 - 10, 10 - 10) = 0$$

$$FF_{3-6} = ES_{6-8} - EF_{3-6} = 16 - 12 = 4$$

②对于无紧后工作的工作，也就是以网络计划终点节点为完成节点的工作，其自由时差等于计划工期与本工作最早完成时间之差，即：

$$FF_{i-n} = T_P - EF_{i-n} = T_P - ES_{i-n} - D_{i-n} \tag{2-21}$$

式中　　FF_{i-n}——以网络节点终点节点 n 为完成节点的工作 $i-n$ 的自由时差；

T_P——网络计划的计划工期；

EF_{i-n}——以网络节点终点节点 n 为完成节点的工作 $i-n$ 的最早完成时间；

ES_{i-n}——以网络节点终点节点 n 为完成节点的工作 $i-n$ 的最早开始时间；

D_{i-n}——以网络节点终点节点 n 为完成节点的工作 $i-n$ 的持续时间。

例如在本例中，工作 6-8 和工作 7-8 的自由时差分别为：

$$FF_{6-8} = T_P - EF_{6-8} = 26 - 24 = 2$$

$$FF_{7-8} = T_P - EF_{7-8} = 26 - 26 = 0$$

需要指出的是，以网络计划终点节点为完成节点的工作，其自由时差与总时差相等。此外，由于工作的自由时差是总时差的构成部分，所以，当工作的总时差为零时，其自由时差必然为零，可不必进行专门计算。例如在本例中，工作 1-2、工作 2-4、工作 4-5 和工作 7-8 的总时差全部为零，故他们的自由时差也必然全部为零。

6）确定关键工作和关键线路

在网络计划中，总时差最小的工作为关键工作。特别地，当网络计划的计划工期等于计算工期时，总时差为零的工作就是关键工作。例如在本例中，工作 1-2、工作 2-4、工作 4-5 和工作 7-8 的总时差全部为零，故它们都是关键工作。

找出关键工作后，将这些关键工作首尾相连，便构成从起点节点到终点节点的通路，位于该通路上各项工作的持续时间总和最大，这条通路即为关键线路。另外注意：在关键线路上可能有虚工作存在。

关键线路一般用粗箭线或双箭线标出，也可以用彩色箭线标出。例如在本例中，线路①-②-④-⑤-⑦-⑧即为关键线路。关键线路上各项工作的持续时间总和应等于网络计划的计算工期，这一特点也是判别关键线路是否正确的准则。

在上述计算过程中，是将每项工作的六个时间参数均标在图中，称为六时标注法，如图 2-16 所示。

4. 网络计划的优化

当初始网络计划的工期满足所要求的工期，资源需要量能满足而无需进行网络优化时，初始网络计划即可作为正式的网络计划。否则，需要对初始网络计划进行优化。

网络计划的优化是指在一定约束条件下，按既定目标对网络计划进行不断改进，以寻找到最优方案的过程。然后根据网络计划的优化结果，便可编制正式的网络计划，同时编制网络计划说明书。

网络计划的优化目标应按照计划任务的需要和条件选定，包括工期目标、费用目标和资源目标。根据优化目标的不同，网络计划的优化可分为工期优化、费用优化和资源优化三种。由于进行这些工作的计算量很大，而且非常繁琐，除少量较简单的网络计划外，一般均需要借助计算机方可完成。因此，对于优化的一般过程，本章不作详细介绍，读者可自行参考相关书籍。

第二节 施工组织设计

施工组织设计是指导施工企业进行施工准备和进行现场施工活动的全局性技术经济文件，它是在施工承包合同签订之后，由施工单位组织技术人员进行编制的，其内容包括：工程概况、施工部署、施工方案、施工进度计划、资源供应计划、施工准备、施工平面图及技术经济指标等。

一、施工组织设计的作用和编制依据

1. 施工组织设计的作用

施工组织设计是进行施工准备、规划工程项目全部施工活动的技术经济文件。施工组织设计要从施工全局出发，结合工程本身的特点、所在地区的自然条件、技术经济条件和施工单位的技术管理水平、机械设备情况，确定经济合理的施工方案、正确的施工顺序、合理的进度安排以及资源、机械设备供应计划和施工平面图布置，根据规定的工期，以最少的资源消耗完成质量合格的工程。因此，施工组织设计的主要作用有：

（1）确定设计方案的施工可能性和经济合理性，对工程项目施工作出全局性战略部署。

（2）可使工程项目的组织者、施工人员对施工活动做到心中有数，保证施工按计划顺利地进行。

（3）为组织物资技术供应提供依据。

（4）保证及时地进行施工准备工作。

（5）为建设单位编制基本建设计划提供依据。

（6）解决建筑施工中生产和生活基地的建立和发展问题。

2. 施工组织设计的编制依据

施工组织设计是根据不同的工程对象、现场条件和施工条件，在充分调查分析的基础上编制的。

不同类型的施工组织设计，其编制依据不尽相同，但却互为条件。例如：施工组织总设计是单位工程施工组织设计的依据；单位工程施工组织设计又是分部或分部分项工程施工组织设计的依据。施工组织设计编制的依据一般有：

（1）计划及合同文件

其内容包括：

1）国家批准的基本建设计划文件，如：可行性研究报告、施工期限要求等。

2）概算指标和投资指标。

3）工程所需材料和设备的订货指标，引进材料和设备的供应日期。

4）施工要求及合同规定。

5）建设地区上级主管部门的有关文件。

6）施工企业承包和上级主管部门下达的施工任务计划。

（2）有关设计文件

包括已批准的计划任务书，初步设计或扩大初步设计和施工图，如设计说明书、建筑总平面图、建筑区域平面图、建筑平面剖面示意图等。

（3）工程所在地区的自然条件资料

可向工程设计单位搜集，包括地形资料、工程地质资料、水文资料和气象资料。这些资料是选择施工用地、布置施工平面图、确定土方工程施工方案、进行地基处理、降低地下水位以及考虑给水排水和冬雨期施工等所必须的原始资料。

（4）工程所在地区的技术经济资料

可向工程设计单位搜集，包括地方建筑工业企业情况、地方资源、交通运输、供水供电以及机械化基地情况。

（5）人力和机械设备

施工中可能配备的人力和机械设备。

（6）技术标准

包括现行的施工规范、质量标准、操作规范、技术规范和经济指标等。

（7）参考资料

包括类似工程项目的施工经验、工期定额及有关参考数据和施工组织数据实例等。

（8）其他

包括上级领导的有关指示和文件、建筑法规等。

二、施工组织设计的分类及其内容

施工组织设计是一个总的概念。根据编制时间和深度不同，一般分为两种：一种是在工程项目招标阶段编制的施工组织设计（或规划）大纲，一种是为指导实施工程项目施工而编制的施工组织设计。本文重点以第二种为对象进行阐述。对于第二种施工组织设计根据其作用、性质、设计阶段和编制对象不同，大致可分为施工组织总设计、单位工程施工组织设计和分部工程施工组织设计。

1. 施工组织总设计

施工组织总设计的编制对象是整个建设项目、单项工程或民用建筑群体工程，是施工的全局性、指导性的文件。施工组织总设计一般在初步设计或扩大初步设计被批准之后，由总承包企业的总工程师领导下进行编制。它是对整个建设工程或建筑群的全面规划和总的战略性部署，是指导全局施工的文件。

（1）施工组织总设计的作用

施工组织总设计的作用大致有以下五个方面：

1）确定设计方案的施工可能性和经济合理性；

2）为编制建筑安装工程计划提供依据；

3）为组织物资技术供应提供依据；

4）保证及时地进行施工准备工作；

5）解决有关建筑生产和生活基地的组织或发展问题。

（2）施工组织总设计的编制依据

施工组织总设计的编制依据主要有：建筑工程设计任务书及工程合同，工程项目一览表及概算造价，建筑总平面图，建筑区域平面图，房屋及构筑物平、剖面示意图，建筑场地竖向设计，建筑场地及地区条件勘察资料，现行定额、技术规范，分期分批交施工与交工时间要求，工期定额，参考数据等。

（3）施工组织总设计的主要内容

施工组织总设计的内容和编制深度视工程的规模大小、性质，建筑结构和工程复杂程度，工期要求和建设地区的自然经济条件而有所不同，但都应该突出"规划"和"控制"的特点。其主要内容包括以下几个方面。

1）建设工程概况

包括：①工程项目的性质、规模等构成状况；②建设地区自然条件和技术经济状况；③工程合同中对土建质量的要求；④工程项目、施工任务的划分；⑤结构特征、施工力量、施工条件及其他有关项目建设的情况。

2）施工总目标

根据建设项目施工合同要求的目标，确定出项目施工总目标。

3）施工管理组织

施工组织工作主要是根据合同要求和施工条件确定施工管理目标，建立健全项目管理组织机构，确定施工管理工作内容和制定施工管理工作程序、制度和考核标准等。

4）施工部署和施工方案

包括施工任务的组织分工和安排、重要单位工程的施工方案、季节性施工方案、主要工种工程的施工方法、施工工艺流程和施工机械设备及施工准备工作安排。

5）施工准备计划

包括现场测量，现场"四通一平"工作，主要材料、构件、半成品及劳动力需用计划，主要施工机具计划、大型临时设施工程，施工用水、电、路及场地平整的作业的安排等。

6）施工总进度计划

根据施工部署所决定的各建筑工程的开工顺序、施工方案和施工力量，定出各主要建筑工程的施工期限，编制出进度计划，用以控制总工期及各单位工程的工期和相互搭接关系。

7）施工总平面布置

把建设地区已有的、拟建的地下或地上建筑物、构筑物、施工材料库、运输线路、现场加工场、给排水系统、供电及临时建筑物等绘制在建筑总平面图上，即为施工总平面布置图。施工总平面图有利于对建筑空间及现场平面的合理利用进行设计和布置，指导现场有组织、有计划地安全文明施工具有重要意义。

8）技术组织措施和技术经济指标分析

包括确保工程质量的主要技术组织措施，保证施工安全的技术组织措施，节约投资、降低成本的主要技术组织措施，新技术、新材料、新工艺的研制、实验、试用、推广，冬雨期施工技术组织措施等。施工组织总设计编制完成后，应进行技术经济指标分析比较，评估上述设计的技术经济效果，从中选择最优方案，同时可作为今后考核的依据。

2. 单位工程施工组织设计

单位工程施工组织设计是以单位工程为对象，是具体指导施工的技术性文件，单位工程施工组织设计一般在施工图设计完成后，在拟建工程开工之前，由施工单位依据施工详图和施工组织总设计编制的。它服从于全局性的施工组织总设计。

（1）单位工程施工组织设计的编制依据

1）施工合同。

2）施工组织总设计（若单位工程为群体建筑的一部分）。

3）建筑总平面图、施工图、设备布置图及设备基础施工图。

4）地质勘探报告及其他地质、水文、气象资料。

5）概（预）算文件、现行施工定额。

6）现行技术规范。

7）企业年度施工技术、生产、财务计划。

（2）单位工程施工组织设计的主要内容

单位工程施工组织设计的内容与施工组织总设计类同，但更为具体、详细。单位工程有的是群体工程中的一个组成部分，也有的是一个单独工程。若属于前者，则单位工程施工组织设计应根据施工组织总设计进行编制。其内容一般包括以下几个方面：

1）工程概况

主要包括工程性质和特点，建筑和结构特征、建设地点的特征、工程施工特征等内容。

2）施工目标

根据单位工程施工合同要求的目标，确定出项目施工目标；该目标必须满足和高于合同要求目标，并作为编制施工进度、质量和成本计划的依据。它可分为：控制工期、控制质量等级和控制成本等。

3）施工组织

①确定施工管理组织目标。

根据施工总目标，确定施工管理组织的目标，建立项目管理组织机构。

②确定施工管理工作内容。

根据施工管理目标，确定施工管理工作内容，作为确定项目组织机构依据。通常管理工作内容为：施工进度控制、质量控制、成本控制、合同管理、信息管理和组织协调等。

③确定施工管理组织机构。

a. 确定组织结构形式。根据项目规模、性质和复杂程度，合理确定组织结构形式；通常有：直线式、职能式、直线职能式组织结构形式。

b. 确定合理管理层次。施工管理层次一般设有：决策层、控制层和作业层。

c. 制定岗位职责。按照组织内部的岗位职务和职责必须明确，责权必须一致，并形成规章制度。

d. 选派管理人员。按照岗位职责需要，选派称职的管理人员，组成精炼高效的项目管理班子，并以表格列出。

④制定施工管理工作程序、制度和考核标准。

为了提高施工管理工作效率，要按照管理客观性规律，制定出管理工作程序、制度和相应考核标准，以备定期检查其落实状况。

4）施工方案和施工方法

是施工组织设计的核心，将直接关系到施工过程的施工效率、质量、工期、安全和技术经济效果。一般包括确定合理的施工起点流向、确定合理的施工顺序、选择合理的施工方法和施工机械的选择及相应的技术组织措施等。

5）施工准备计划

作业条件的施工准备工作，要编制详细的计划，列出施工准备工作的内容，要求完成的时间，负责人等。根据施工进度计划等有关资料，编制材料需用量计划，劳动力需用量计划，构件加工及半成品需用量计划，机具需用量计划，运输量计划等。

6）施工进度计划

依据流水施工原理，编制各分部分项工程的进度计划，确定其平行搭接关系。主要包括确定施工起点流向、划分施工段、计算工程量和机械台班量，确定各分项工程持续时间、绘制进度图表。

7）施工平面布置

单位工程施工平面图的内容与施工总平面图的内容基本一致，只是针对单位工程更详细、具体。其主要表明单位工程所需施工机械，加工场地，各种材料及构件堆放场地，临时运输道路，临时供水、供电及其他设施的布置。

8）主要技术组织措施和技术经济指标分析

技术组织措施是指在技术和组织方面对保证质量、安全、节约和文明施工所采用的方法和措施。主要包括质量技术措施、安全施工措施、降低成本措施和现场文明施工措施。施工组织设计编制完成后，应进行技术经济指标分析比较，评估上述设计的技术经济效果。

3. 分部工程施工组织设计

分部工程施工组织设计是以施工难度大、技术工艺复杂的分部分项工程或新技术项目为对象，如大体积混凝土浇筑、大型公共建筑的网架屋盖安装工程和高级装修工程等编制的施工组织设计，用来具体指导分部分项工程的施工。主要内容包括：施工方案、进度计划、技术组织措施等。

4. 施工组织总设计、单位工程施工组织设计和分部分项工程施工组织设计的关系

施工组织总设计、单位工程施工组织设计和分部分项工程施工组织设计之间有以下关系：施工组织总设计是对整个建设项目的全局性战略部署，其内容和范围比较概括；单位工程施工组织设计是在施工组织总设计的控制下，以施工组织总设计和企业施工计划为依据编制的，针对具体的单位工程，把施工组织总设计的内容具体化；分部分项工程施工组织设计是以施工组织总设计、单位工程施工组织设计和企业施工计划为依据编制的，针对具体的分部分项工程，把单位工程施工组织设计进一步具体化，它是专业工程具体的组织施工的设计。

5. 施工员与施工组织设计的关系

施工现场的施工员是施工的直接组织者，因此，其地位和作用都是非常重要的，是施工组织的要素之一。施工组织设计是指导施工准备工作和施工全过程的技术经济文件，也是施工组织要素之一。这两大施工要素能否达到密切结合，相互适应，是建筑施工能否顺

利进行的关键所在。

施工组织设计的编制过程中，从酝酿时起就应让施工员充分参与，编制中，施工员可以充分发表自己的意见，只有那些在所有参施人员集思广益，反复探讨而得的施工组织设计才可能是科学合理、切合实际的优秀施工组织设计。

作为施工员，对于施工组织设计应该有比较正确的认识、比较深入的学习，在此基础上才能按照施工组织设计的内容实施施工组织工作，并且通过施工过程，提高自己的专业工作能力和知识水平。总之，施工员在对施工组织设计的学习和实施上，应该把握以下几项要点：

（1）了解施工组织设计的作用。

（2）了解常规情况下，施工组织设计的分类、构成、各部分内容所要达到的目的和应该起的作用。

（3）积极参与施工组织设计的编制，主动提出自己的设想和建议，以期使施工组织设计编制得尽可能科学合理，切合实际。

（4）收到正式下发的施工组织设计之后，要认真学习，正确领会施工组织设计所定内容的含义和要求。

（5）在自己责任范围内，实施施工组织设计，结合工程进度计划，组织人员、材料、机械设备的进出场、使用、协调。

（6）实施过程中，认真做好"施工日志"和其他工作记录，为成本核算、工程结算打下基础。

第三节　施工组织设计的编制

一、施工组织设计编制的基本原则

如前所述，施工组织设计根据工程特点和施工的各种具体条件拟定了合理的施工方案，施工顺序、施工方法、技术组织措施和安全文明施工措施，安排了施工进度，确定了施工现场的平面布置，确保拟建工程项目按照合同要求顺利完成。因此，施工组织设计的编制及实施是项目施工的关键，施工组织设计的好坏决定了施工项目完成的效果好坏。那么编制一个好的施工组织设计，要遵循以下基本原则：

（1）认真贯彻执行国家对基本建设的各项方针、政策、法规、规定和标准、严格执行基本建设程序。

（2）根据合同要求，遵循建筑施工工艺和技术规律，做好施工部署，选择合理的施工方案。

（3）采用流水施工方法和网络计划技术组织施工，优化资源配置，控制施工进度。

（4）统筹全局，组织好施工协作，做好人力、机械、材料等资源综合平衡调配，落实季节性施工项目，保证全年生产的连续性和均衡性。

（5）贯彻工厂预制和现场预制相结合的方针，提高建筑产品工业化程序。

（6）充分利用现有机械设备，提高机械化程度。

（7）确保施工质量，尽量采用科学管理方法，积极采用和推广新技术、新工艺、新材料、新设备，提高劳动生产率。

（8）尽量减少暂设工程，合理紧凑地布置临时设施，科学地布置施工平面图。

（9）周密考虑环境保护、环卫措施，减少环境污染和扰民，确保施工安全，做到安全文明施工。

综合上述原则，既是建筑产品生产的客观需要，又是加快施工速度、缩短工期、保证工程质量、降低工程成本、提高建筑施工企业和工程项目建设单位的经济效益的需要，因此，在编制施工组织设计和组织工程项目施工过程中必须严格认真地贯彻执行。

二、施工组织设计编制的准备工作

施工组织设计的编制必须遵守科学合理、切实可行、严谨周密的原则。编制前应深入地进行调查研究，获取必要的原始资料，使编制完成的施工组织设计符合现场施工条件和企业现有实力。编制前的准备工作的主要内容有：

1. 收集原始资料

要搞清工程合同对工程的工期、造价、质量要求、工程变更洽商及其相关经济事项的具体要求；搞清设计文件的内容，了解设计构思及要求；搞清勘探资料情况，根据上述各项以及图纸会审情况，收集有关的技术规范、标准图集及国家和地方政府的相关法规。

2. 调查研究、搜集必要资料

（1）现场条件调查

1）了解建筑物周围地形与自然标高、地上障碍物（如建筑物、树木、管线等）、地下障碍物（如地下管线、人防通道、旧建筑物基础、坟墓等）情况以及施工时可临时使用的场地、房屋等条件。

2）了解交通情况：场内场外运输条件，尤其是场外原有道路可否利用，能否与工地相通，通行能力如何，有无交通管制要求，场内道路的安排是否可以满足现场消防要求。

3）了解水源条件：在城市要了解离施工现场最近的自来水干管的距离及管径大小；在农村无自来水或其距现场较远时，需了解附近的水源及水质情况，能否满足施工及消防用水的要求。

4）了解电源条件：业主可能提供的电源形式及容量，能否满足施工用电负荷。

5）了解水文地质情况：资料应由勘测单位提供，如地下水位高低、土壤特征、承载能力、有无古河道、古墓、流砂、膨胀土等。对不熟悉的地区，还要掌握气候的变化、雨量、土壤冻结深度等自然条件，在上述各项基础上进行现场踏勘。

（2）生产条件调查

1）细致研究工程合同条款，对工程性质、施工特点、重要程度（国家重点、市或地区重点、重要还是一般工程）、工期要求、质量等级、技术经济要求（如工程变更洽商可发生的费用的限额及支付方式等）要搞清楚。

2）了解劳动力的实际状况：尤其是主要工种，如砌筑工、木工、钢筋工、混凝土工、抹灰工、油漆工等的组织情况及技术水平。

3）了解机具供应情况：尤其是大型机具（如塔式起重机、挖土机、施工用电梯等）的供应情况。

4）了解材料供应情况：除钢材、木材、水泥、砖、砂、石等大宗材料供应情况外，尚应了解设计要求的特殊材料的供应情况。

5）了解成品、半成品的加工供应情况（如门窗、混凝土构件、铁件等）。

（3）图纸会审

接到施工图后，应及时组织有关人员熟悉与会审图纸，根据图纸情况及合同要求，尽快与业主、协作单位进行项目划分工作，明确各自工作范围；同时将图纸上的问题及合理化建议提交业主、工程监理及设计人员，共同协商，争取将重大工程变更洽商集中在施工前完成或大部分完成。除基础工程由于因素多变不可预测外，施工中尽量减少变更洽商数量。

（4）及时编制工程概（预）算

及时编制工程概（预）算，以便为编制施工组织设计提供数据（工程量和单方分析），为选定施工方法，进行多方案比较提供技术经济效果的依据，为主要生产资料的供应作准备。

（5）为科研和试验创造条件

当工程中拟采用某些新技术、新工艺、新材料（或本企业未使用过）时，要注意为试验、科研创造必要条件，为成果尽早投入使用打基础。

三、施工组织总设计的编制方法

1．施工组织总设计编制程序

施工组织总设计编制程序，如图2-17所示。

2．施工组织总设计编制方法

（1）项目概况

1）项目构成状况

主要说明建设项目名称、建设地点、性质、建设总规模、建安工程量、生产工艺流程及特点以及各单项工程占地面积、建筑面积、建筑层数、结构类型和复杂程度等。通常以表格的形式表达，见表2-3和表2-4。

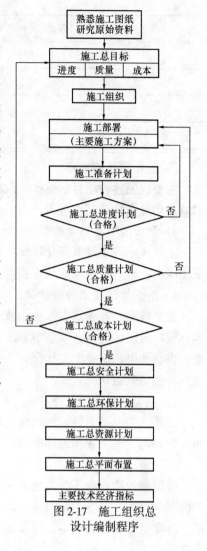

图2-17 施工组织总
设计编制程序

建安工程项目一览表   表2-3

序号	工程名称	建筑面积（m²）	建筑层数	结构类型	建安工作量（万元）		设备安装工程量（t）
					土建	安装	
1	……	…	…	…	…	…	…
⋮							
合　计							

主要建筑物和构筑物一览表 表 2-4

序号	工程名称	建筑结构构造类型			占地面积 (m²)	建筑面积 (m²)	建筑层数	建筑体积 (m³)
		基础	主体	屋面				

2）建设项目相关方

主要说明建设项目的建设、勘察、设计、总承包和分包单位名称，以及建设单位委托的监理单位名称及其监理班子组织状况。

3）建设地区自然条件状况

主要说明气象及其变化状况；工程地形和工程地质及其变化状况；工程水文地质及其变化状况；地震级别及其危害程度。

4）建设地区技术经济状况

主要说明地方建筑生产企业及其产品供应状况；主要材料和生产工艺设备供应状况；地方建筑材料品种及其供应状况；地方交通运输方式及其服务能力状况；地方供水、供电、供热和电讯服务能力状况；社会劳动力和生活服务设施状况；承包单位信誉、能力、素质和经济效益状况。

5）施工项目施工条件

主要说明主要材料、特殊材料和生产工艺设备供应条件；项目施工图纸供应划分和时间安排；提供施工现场的标准和时间安排。

（2）施工总目标

根据建设项目施工合同要求的目标，确定出项目施工总目标；该目标必须满足或高于合同要求目标，并作为编制施工进度、质量和成本计划的依据。它可分为：施工控制总工期、总质量等级和总成本，以及每个单项工程的控制工期、控制质量等级和控制成本。见表 2-5。

施工控制目标表 表 2-5

序号	工程名称	建筑面积 (m²)	控制工期 (月)	控制成本 (万元)	控制质量等级 (合格)
合　计					

（3）施工管理组织

1）确定施工管理目标

根据施工总目标，确定施工管理组织的目标，建立健全项目管理组织机构。

2）确定施工管理工作内容

根据施工管理目标，确定施工管理工作内容，作为确定项目组织机构的依据。通常管理工作内容可分：进度控制、质量控制、成本控制、合同管理、信息管理和组织协调等。

3）确定施工管理组织机构

①确定组织结构形式。

根据项目规模、性质和复杂程度，合理确定组织结构形式，通常有：直线式、职能式、直线职能式组织结构形式。

②确定合理管理层次。

按照组织结构形式不同，合理确定管理层次；一般设有：决策层、控制层和作业层。

③制定岗位职责。

按照组织内部的岗位职务和职责必须明确，责权必须一致，并形成规章制度。

④选派管理人员。

按照岗位职责需要，选派称职的管理人员，组成精炼高效的项目管理班子，并以表格列出，见表 2-6。

管理人员明细表   表 2-6

序　号	姓　　名	职　　能	职　　称	工　作　职　责

4）制定施工管理工作程序、制度和考核标准

为了提高施工管理工作效率，要按照管理客观性规律，制定出管理工作程序、制度和相应考核标准。

（4）施工部署

1）调集施工力量

根据施工总目标和施工组织要求，调集施工力量，组建专业或综合工作队组，合理划分每个承包单位的施工区域，明确主导施工项目和穿插施工项目及其建设期限。

2）安排好为全场性服务的施工设施

为全场性服务的施工设施直接影响项目施工的经济效果，必须优先安排好。如现场供水、供电、通讯、供热、道路和场地平整，以及各项生产性和生活性施工设施。

3）科学划分独立交工系统

通常建设项目都是由若干个相对独立的投产或交付使用的子系统组成。如大型工业项目则有主体生产系统、辅助生产系统和附属生产系统之分；住宅小区则有居住建筑、服务性建筑和附属性建筑之分。为了确定建设项目分期分批投产或交付使用的项目施工阶段界线，必须科学地划分独立交工系统。

4）合理确定单项工程开竣工时间

根据每个独立交工系统和与其相关的辅助工程、附属工程完成期限，合理地确定每个单项工程的开竣工时间，保证先后投产或交付使用的交工系统都能够正常运行。

5）主要项目施工方案

根据项目施工图纸、项目承包合同和施工部署要求，分别选择主要建筑物和构筑物施工方案，施工方案内容包括：确定施工起点流向、确定施工程序、确定施工顺序和确定施工方法。在确定施工方法时，要尽量扩大工厂化施工范围，努力提高机械化施工程度，减轻劳动强度，提高劳动生产率，保证工程质量，降低工程成本。

（5）施工准备计划

根据施工项目的施工部署、施工总进度计划、施工资源计划和施工总平面布置的要求，编制施工准备工作计划。其表格形式，见表2-7。具体内容包括：

施工准备工作计划表 　　　　　　表2-7

序号	准备工作名称	准备工作内容	主办单位	协办单位	完成日期	负责人

1）按照建筑总平面图要求，做好现场控制网测量；

2）认真做好土地征用、居民迁移和现场障碍物拆除工作；

3）组织项目采用的新结构、新材料、新技术试制和实验工作；

4）按照施工项目施工设施计划要求，优先落实大型施工设施工程，同时做好现场"四通一平"工作，以及铁路货场和水运码头等工作；

5）根据施工资源计划要求，落实建筑材料、构配件、加工品、施工机具和工艺设备加工订货工作；

6）认真做好工人上岗前的技术培训工作。

（6）施工总进度计划

根据施工部署要求，合理确定每个独立交工系统及其单项工程控制工期，并使它们相互之间最大限度地搭接起来，编制出施工总进度计划。

1）确定施工总进度表达形式

施工总进度计划属于控制性计划，其表达形式有横道图和网络图，前者详见本章流水施工方法部分内容；后者详见本章网络图计划部分内容。

2）编制施工总进度步骤

①根据独立交工系统的先后次序，明确划分施工项目施工阶段；按照施工部署要求，合理确定各阶段及其单项工程开竣工时间；

②按照施工阶段顺序，列出每个施工阶段内部的所有单项工程，并将它们分别分解至单位工程和分部工程；

③计算每个单项工程、单位工程和分部工程的工程量；

④根据施工部署和施工方案，合理确定每个单项工程、单位工程和分部工程的施工持续时间；

⑤科学地安排分部工程之间搭接关系，并绘制成控制性的施工网络计划或横道计划；

⑥在安排施工进度计划时，要认真遵循编制施工组织设计的基本原则；

⑦为了有效地缩短建设总工期，可对施工总进度计划初始方案进行优化，如网络计划的优化、工期优化和横道计划的工程排序优化等。横道计划的表格形式见表2-8和表2-9。

施工总进度计划表 表 2-8

序号	单项工程名称	建安指标		设备安装指标(t)	造价（千元）			施 工 进 度					
		单位	数量		合计	建筑工程	设备安装	第 一 年				第二年	第三年
								I	II	III	IV		

主要分部工程施工进度计划表 表 2-9

序号	单项工程单位工程分部工程名称	工程量		机 械			劳动力			施工天数	施工进度（月）							
		单位	数量	机械名称	台班数量	机械台数	工种名称	总工日数	工人数		20××年							
											1	2	3	4	5	6	7	…

3）制订施工总进度保证措施

①组织保证措施。从组织上落实进度控制责任，建立进度控制协调制度。

②技术保证措施。编制施工进度计划实施细则；建立多级网络计划和施工作业周计划体系；强化事前、事中和事后进度控制。

③经济保证措施。确保按时供应资金；奖励工期提前有功者；经批准紧急工程可采用较高的计件单价；保证施工资源正常供应。

④合同保证措施。全面履行工程承包合同；及时协调分包单位施工进度；按时提取工程款；尽量减少业主提出工程进度索赔的机会。

（7）施工总质量计划

施工总质量计划是以一个建设项目或建筑群为对象进行编制，用以控制施工全部各项施工活动质量标准的综合性技术文件。

1）施工总质量计划内容

①工程设计质量要求和特点；

②工程施工质量总目标及其分解；

③确定施工质量控制点；

④制订施工质量保证措施；

⑤建立施工质量保证体系。

2）施工总质量计划的制订步骤

①明确工程设计质量要求和特点。

通过熟悉施工图纸和工程承包合同，明确设计单位和建设单位对建设项目及其单项工程的施工质量要求；再经过项目质量影响因素分析，明确建设项目质量特点及其质量重点。

②确定施工质量总目标。

根据建设项目施工图纸和工程承包合同要求，以及国家建筑安装工程质量评定和验收标准，确定建设项目施工质量总目标。

③确定并分解单项工程施工质量目标。

根据建设项目施工质量总目标要求，确定每个单项工程施工质量目标，然后将该质量目标分解至单位工程质量目标和分部工程质量目标，即确定出每个分部工程施工质量等级。

④确定施工质量控制点。

根据单位工程和分部工程施工质量等级要求，以及国家建筑安装工程质量评定与验收标准、施工规范和规程有关要求，确定各个分部（项）工程质量标准和作业标准；对影响分部（项）工程质量的关键部位或环节，要设置施工质量控制点，以便加强对其进行量控制。表2-10 所示为某现浇钢筋混凝土工程质量控制点表。

表 2-10

某现浇钢筋混凝土工程质量控制点表

工程名称	序号	分项工程名称	质量控制点	质量问题	保证措施	职责分工：责任者✓ 关联者△				
						施工员	技术员	质检员	材料员	试验员
现浇混凝土	1	模板	模板、支架	支撑不牢	保证有足够刚度、强度和稳定性		✓	✓	△	
			模板接缝	缝隙过大	防止变形、胀模、操作要认真	△	✓	✓	△	
			中心线标高	出现偏差	按图施工，控制中心线和标高	✓	✓			
	2	钢筋	钢材材料	材料不合格，钢筋型号易错	验收合格证，加强保管和复验工作，按图下料和制作		△	✓	✓	
							△	✓		
			绑扎和焊接	缺扣、漏焊、钢筋错位	态度认真、端头对齐、先进后绑，控制搭接和弯钩长度	△	△			
			预埋件	识图错误，偏差过大	严格按图施工，控制偏差		△	✓		
	3	浇混凝土	拌合料	水泥强度等级低，骨料含泥多	检查合格证，用前复检，冲洗骨料	△	△	✓	✓	✓
			搅拌	配合比不合要求	严格配合比，搅拌要均匀	△	△	✓		
			养护	养护条件差，养护时间不够	保证养护条件，充分养护		△	✓		
			表面观感	露筋，不平整	控制保护层，模板刷隔离剂	✓	✓			

⑤制订施工质量保证措施：

a. 组织保证措施。建立施工项目施工质量保证体系，明确分工职责和质量监督制度，落实施工质量控制责任。

b. 技术保证措施。编制施工项目施工质量计划实施细则，完善施工质量控制点和控制标准，强化施工质量事前、事中和事后的全过程控制。

c. 经济保证措施。保证资金正常供应，奖励施工质量优秀的有功者，惩罚施工质量低劣的操作者，确保施工安全和施工资源正常供应。

d. 合同保证措施。全面履行工程承包合同，及时协调分包单位施工质量，严格控制施工质量，热情接受建设监理，尽量减少业主提出工程质量索赔的机会。

⑥建立施工质量体系。

（8）施工总成本计划

施工总成本计划是以一个建设项目或建筑群为对象进行编制，用以控制其施工全过程各项施工活动成本额度的综合性技术文件。

1）施工成本分类

①施工预算成本。

施工预算成本是根据项目施工图纸、工程预算定额和相应取费标准所确定的工程费用总和，也称建设预算成本。

②施工计划成本。

施工计划成本是在预算成本基础上，经过充分挖掘潜力、采取有效技术组织措施和加强经济核算努力下，按企业内部定额，预先确定的工程项目计划施工费用总和，也称项目成本。

施工预算成本与施工计划成本差额，称为项目施工计划成本降低额。

③施工实际成本。

施工实际成本是在项目施工过程中实际发生的，并按一定成本核算对象和成本项目归集的施工费用支出总和。施工预算成本与施工实际成本的差额，称为工程成本降低额与预算成本比率，称为成本降低率。该指标可以考核建设项目施工总成本降低水平或单项工程施工成本降低水平。

2）施工成本构成

①直接费。

它包括人工费、材料费、施工机械使用费、其他直接费和现场经费五项。

②间接费。

它包括企业管理费和财务费用两项。

3）编制施工总成本计划步骤

①确定单项工程施工成本计划：

a. 收集和审查有关编制依据。

包括：上级主管部门要求的降低成本计划和其他有关指标；企业各项经营管理计划和技术组织措施方案；人工、材料和机械等消耗定额和各项费用开支标准；企业历年有关工程成本的计划、实际和分析资料。

b. 做好单项工程施工成本预测。

通常先按量、本、利分析法，预测工程成本降低趋势，并确定出预期工程成本目标，然后采用因素分析法，逐项测算经营管理计划和技术组织措施方案的降低成本经济效果和总效果。当措施的经济总效果大于或等于预期工程成本目标时，就可开始编制单项工程施工成本计划。

c. 编制单项工程施工成本计划。

首先由工程技术部门编制项目技术组织措施计划，然后由财务部门编制项目施工管理计划，最后由计划部门会同财务部门进行汇总，编制出单项工程施工成本计划，即项目成本计划表。该表内工程预算成本减去计划（降低）成本的差额，就是该项目工程计划成本指标。

②编制建设项目施工总成本计划。

根据建设项目施工部署要求，其总成本计划编制也要划分施工阶段，首先要确定每个施工阶段的各个单项工程施工成本计划，并编制每个施工阶段组成的项目施工成本计划，再将各个施工阶段的施工成本计划汇总在一起，就成为建设项目施工总成本计划，同时求得建设项目工程计划成本总指标。

③制订建设项目施工总成本保证措施：

a. 技术保证措施。精心优选材料、设备的质量和价格，合理确定其供货单，做优化施工部署和施工方案，合理开发技术措施费；按合理工期组织施工，尽量减少赶工费用。

b. 经济保证措施。经常对比计划费用与实际费用差额，分析其产生原因，并采取妥善措施，及时奖励降低成本有功人员。

c. 组织保证措施。建立健全项目施工成本控制组织，完善其职责分工和有关控制制度，落实项目成本控制者的责任。

d. 合同保证措施。按项目承包合同条款支付工程款；全面履行合同，减少业主索赔条件和机会；正确处理施工中已发生的工程索赔事项，尽量减少或避免工程合同纠纷。

（9）施工总安全计划

1）施工总安全计划内容

①项目概况；

②安全控制程序；

③安全控制目标；

④安全组织结构；

⑤安全资源配置；

⑥安全技术措施；

⑦安全检查评价和奖励。

2）编制施工总安全计划步骤

①项目概况。

包括建设项目组成状况及其建设阶段划分；每个建设阶段内独立交工系统的项目组成状况；每个独立承包项目的单项工程组织状况。

②明确安全控制程序。

包括确定施工安全目标；编制安全计划；安全计划实施；安全计划验证；安全持续改进和兑现合同承诺。

③确定安全控制目标。

包括建设项目施工总安全目标；独立交工系统施工安全目标；独立承包项目施工安全目标；以及每个单项工程、单位工程和分部工程施工安全目标。

④确定安全组织机构。

包括安全组织机构形式；安全组织管理层次；安全职责和权限；确定安全管理人员以及建立健全安全管理规章制度。

⑤确保安全资源配置。

包括安全资源名称、规格、数量和使用部位，并列入资源总需要量计划。

⑥制订安全技术措施。

包括防火、防毒、防爆、防洪、防尘、防雷击、防坍塌、防物体打击、防溜车、防机械伤害、防高空坠落和防交通事故，以及防寒、防暑、防疫和防环境污染等项措施。

⑦落实安全检查评价和奖励。

包括确定安全检查日期；安全检查人员组成；安全检查内容；安全检查方法；安全检查记录要求；安全检查结果的评价；编写安全检查报告以及兑现表彰安全施工优胜者的奖励制度。

(10) 施工总环保计划

1) 施工总环保计划内容

①环保目标；

②环保组织结构；

③环保事项内容和措施。

2) 编制施工总环保计划步骤

①确定环保目标。

包括建设项目施工总环保目标；独立交工系统施工环保目标；独立承包项目施工环保目标以及每个单项工程和单位工程施工环保目标。

②确定环保组织机构。

包括施工环保组织结构形式；环保组织管理层次；环保职责和权限；确定环保管理员；建立健全环保管理规章制度。

③明确施工环保事项内容和措施。

包括现场泥浆、污水和排水；现场爆破危害防止；现场打桩震害防止；现场防尘和防噪声；现场地下旧有管线或文物保护；现场熔化沥青及其防护；现场及周边交通环境保护；现场卫生防疫和绿化工作。

(11) 施工总资源计划

1) 劳动力需要量计划

施工劳动力需要量计划是编制施工设施和组织工人进场的主要依据。它是根据施工总进度计划、概（预）算定额和有关经验资料，分别确定出每个单项工程专业工种、工人数和进场时间，然后逐项汇总直至确定出整个建设项目劳动力需要量计划，见表 2-11。

劳动力需要量计划 表 2-11

施工阶段（期）	工程类别	单项工程		劳动量（工日）	专业工种		需要量计划								
							20××年					20××年			
		编码	名称		编码	名称	1	2	3	4	…	Ⅰ	Ⅱ	Ⅲ	Ⅳ
Ⅰ	……	……	……	…	…	……	…								
	……	…	……	…	…	……	…	…	…	…					
Ⅱ		⋮	⋮												
⋮	⋮														

2) 主要材料和预制品需要量计划

主要材料和预制品需要量计划，是组织材料和制品加工、订货、运输，确定堆场和仓库的依据。它是根据施工图纸、施工部署和施工总进度计划而编制的，见表 2-12。

主要材料和预制品需要量计划 表 2-12

施工阶段（期）	工程类别	单项工程		施工机具和设备				需要量计划							
								20××年（月）				20××年（季）			
		编码	名称	编码	名称	型号	电功率	1	2	3	…	Ⅰ	Ⅱ	Ⅲ	Ⅳ
Ⅰ	……	…	……	…	……	…	…								
		…	……	…	……	…	…								
	⋮														
⋮	⋮														

3) 施工机具和设备需要量计划

施工机具和设备需要量计划是确定施工机具和设备进场、施工用电量和选择变压器的依据。

它是根据施工部署、施工方案、工程量和机械台班产量定额而确定。见表 2-13。

施工机具和设备需要量计划 表 2-13

施工阶段（期）	工程类别	单项工程		工程材料、预制品				需要量计划							
								20××年（月）				20××年（季）			
		编码	名称	编码	名称	种类	规格	1	2	3	…	Ⅰ	Ⅱ	Ⅲ	Ⅳ
Ⅰ	……	…	……	…	……	…	…								
		…	……	…	……	…	…								
	⋮														
⋮	⋮														

4) 编制施工设施需要量计划

根据建设项目、独立交工系统、独立承包项目和单项工程施工需要，确定其相应施工措施，通常包括：施工用房屋、施工运输设施、施工供水设施、施工供电设施、施工通讯设施、施工安全设施和其他设施。

(12) 施工风险总防范

1) 施工风险类型

①承包方式风险。

通常承包方式有建设项目总承包、独立交工系统承包、独立项目承包和单项工程承包，范围越大，其风险也大；反之，风险越小。

②承包合同风险。

承包合同类型不同，其风险大小也不同；在签订施工合同时，必须认真考虑合同类型风险大小。特别是关于合同价格和工程款支付的合同约定。

③工期风险。

264

在项目施工过程中影响工期的因素主要有：人为因素、技术因素、材料因素、机械因素和环境因素，以及不可预见事件发生。它们都可能造成工期风险。

④质量安全风险。

通常影响工程质量安全的因素主要有：人、材料、机具、方法和环境；必须加强对它们的控制和管理，预防并回避质量事故以及安全事故的发生。

⑤成本风险。

通常造成施工成本风险的因素有：投标报价过低、材料市场价格变动、不可抗拒自然灾害造成经济损失，以及施工合同或设计图纸改变造成经济损失。因此，在项目施工全过程中，加强成本风险控制十分必要。

2）施工风险因素识别

①施工风险识别目的。

包括：确定施工过程中存在哪些风险；引起风险的主要原因以及哪些风险必须认真对待。

②施工风险识别过程。

包括：风险筛选、风险监测和风险诊断三个环节，即风险识别三元素。

③施工风险识别方法。

包括：专家调查法、故障树法、流程图分析法、财务报表分析法和现场观察法。通过这些方法可以对风险及其产生原因作出判断，为风险估计、评价和决策提供依据。

3）施工风险出现概率和损失值估计

①风险预测目的。

包括：整理风险损失历史资料；选择合理的风险估计方法；估计风险发生概率以及确定风险后果和损失严重程度。

②风险估计方法。

包括：概率分析法、趋势分析法、专家会议法、德尔菲法和专家系统分析法。

③风险损失值估计。

通常风险损失包括：风险直接损失和间接损失两部分；直接损失一般较容易估计，间接损失估计比较复杂。因此，必须细致地分析和估计风险间接损失。

4）施工风险管理重点

风险管理就是在风险潜在阶段，正确预见和及时发现风险苗头，制定实施各种风险控制手段和措施，以阻止风险损失发生，削弱损失影响程度，消除风险隐患；在风险实际出现阶段，积极实施抢救和补救措施，将风险损失减少到最低程度；当风险损失发生后，运用风险管理手段和措施，迅速对项目损失进行有效地经济补偿，在尽可能短的时间内，排除直接损失对项目正常运营的干扰，减少风险间接损失。

风险管理主要手段和措施有：风险回避、风险转移、风险预防、风险分散、风险自留和保险。

5）施工风险防范对策

①风险控制对策。

风险管理人员采取具体措施，控制并减少风险损失频率和幅度，使其风险损失发生具有可预见性。其主要手段和措施包括：风险回避、风险转移、风险预防、风险分散和保险。

②风险财务对策。

风险管理人员用筹集资金支付风险损失的方法。其主要手段和措施包括：风险自留、风险转移和保险。

6）施工风险管理责任

为了落实风险管理责任，应将风险名称、管理目标、防范对策和管理责任人列入表内，见表 2-14。

施工风险管理责任表　　　　　　　　　表 2-14

序　号	风险名称	管理目标	防范对策	管理责任人	备　　注

（13）施工总平面布置

1）施工总平面布置的原则

①在满足施工需要前提下，尽量减少施工用地，不占或少占农田，施工现场布置要紧凑合理。

②合理布置起重机械和各项施工设施，科学规划施工道路，尽量降低运输费用。

③科学确定施工区域和场地面积，尽量减少专业工种之间交叉作业。

④尽量利用永久性建筑物、构筑物或现有设施为施工服务，降低施工设施建造费用，尽量采用装配式施工设施，提高其安装速度。

⑤各项施工设施布置都要满足有利生产、方便生活、安全防火和环境保护要求。

2）施工总平面布置的依据

①建设项目建筑总平面图、竖向布置图和地下设施布置图。

②建设项目施工部署和主要建筑物施工方案。

③建设项目施工总进度计划、施工总质量计划和施工总成本计划。

④建设项目施工总资源计划和施工设施计划。

⑤建设项目施工用地范围和水电源位置，以及项目安全施工和防火标准。

3）施工总平面布置内容

①建设项目施工用地范围内地形和等高线；全部地上、地下已有和拟建的建筑物、构筑物及其他设施位置和尺寸。

②全部拟建的建筑物、构筑物和其他基础设施的坐标网。

③为整个建设项目施工服务的施工设施布置，包括生产性施工设施和生活性施工设施两类。

④建设项目施工必备的安全、防火和环境保护设施布置。

4）施工总平面图设计步骤。

①把场外交通引入现场

在设计施工总平面图时，必须从确定大宗材料、预制品和生产工艺设备运入施工现场的运输方式开始，当大宗施工物资由铁路运来时，必须解决如何引入铁路专用线问题；当大宗施工物资由公路运来时，必须解决好现场大型仓库、加工场与公路之间相互关系；当大宗施工物资由水路运来时，必须解决如何利用原有码头和要否增设新码头，以及大型仓库和加工场同码头关系问题。

②确定仓库和堆场位置。

当采用铁路运输大宗施工物资时，中心仓库尽可能沿铁路专用线布置，并且在仓库前留有足够的装卸前线，否则要在铁路线附近设置转运仓库，而且该仓库要设置在工地同侧。当采用公路运输大宗施工物资时，中心仓库可布置在工地中心区或靠近使用地方，如不可能这样做时，也可将其布置在工地入口处。大宗地方材料的堆场或仓库，可布置在相应的搅拌站、预制场或加工场附近。当采用水路运输大宗施工物资时，要在码头附近设置转运仓库。

工业项目的重型工艺设备，尽可能运至车间附近的设备组装场停放，普通工艺设备可放在车间外围或其他空地上。

③确定搅拌站和加工场位置。

当有混凝土专用运输设备时，可集中设置大型搅拌站，其位置可采用线性规划方法确定，否则就要分散设置小型搅拌站，它们的位置均应靠近使用地点或垂直运输设备。

各种加工场的布置均应以方便生产、安全防火、环境保护和运输费用少为原则。通常加工场宜集中布置在工地边缘处，并且将其与相应仓库或堆场布置在同一地区。

④确定场内运输道路位置。

根据施工项目及其与堆场、仓库或加工场相应位置，认真研究它们之间物资转运路径和转运量，区分场内运输道路主次关系，优化确定场内运输道路主次和相互位置；要尽可能利用原有或拟建的永久道路；合理安排施工道路与场内地下管网间的施工顺序，保证场内运输道路时刻畅通；要科学确定场内运输道路宽度，合理选择运输道路的路面结构。

⑤确定生活性施工设施位置。

全工地性的行政管理用房屋宜设在工地入口处，以便加强对外联系，当然也可以布置在比较中心地带，这样便于加强工地管理。工人居住用房屋宜布置在工地外围或其边缘处。文化福利用房最好设置在工人集中地方，或者工人必经之路附近的地方。生活性施工设施尽可能利用建设单位生活基地或其他永久性建筑物，其不足部分再按计划建造。

⑥确定水电管网和动力设施位置。

根据施工现场具体条件，首先要确定水源和电源类型和供应量，然后确定引入现场后的主干管（线）和支干管（线）供应量和平面布置形式。根据建设项目规模，要设置消防站、消防通道和消火栓。

⑦评价施工总平面图指标。

为了从几个可行的施工总平面图方案中，选择出一个最优方案，通常采用的评价指标有：施工占地面积、土地利用率、施工设施建造费、施工道路总长度和施工管网总长度，并在分析计算基础上，对每个可行方案进行综合评价。

（14）主要技术经济指标分析

1）项目施工工期

包括建设项目总工期，独立交工系统工期以及独立承包项目和单项工程工期。

2）项目施工质量

包括分部工程质量标准，单位工程质量标准以及单项工程和建设项目质量水平。

3）项目施工成本

包括建设项目总造价、总成本和利润，每个独立交工系统总造价、总成本和利润，独立承包项目造价成本和利润，每个单项工程、单位工程造价、成本和利润，及其产值（总造价）利润率和成本降低率。

4）项目施工消耗

包括建设项目总用工量；独立交工系统用工量；每个单项工程用工量；以及它们各自平均人数、高峰人数和劳动力不均衡系数，劳动生产率；主要材料消耗量和节约量；主要大型机械使用数量、台班量和利用率。

5）项目施工安全

包括施工人员伤亡率、重伤率、轻伤率和经济损失四项。

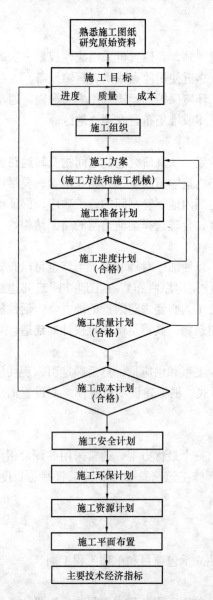

图 2-18　单位工程施工组织设计编制程序

6）项目施工其他指标

包括施工设施建造费比例、综合机械化程度、工厂化程度和装配化程度，以及流水施工系数和施工现场利用系数。

四、单位工程施工组织设计的编制方法

1．单位工程施工组织设计编制程序

单位工程施工组织设计编制程序，如图 2-18 所示。

2．单位工程施工组织设计编制方法

（1）项目概况

1）工程性质和作用

主要说明工程类型、使用功能、建设目的、建设工期、质量要求和投资额，以及工程建成后地位和作用。

2）建筑和结构特征

主要说明工程平面组成、层数、层高和建筑面积，并附以平面、立面和剖面图；结构特点、复杂程度和抗震要求，并附以主要工种工程量一览表。

3）建造地点特征

主要说明建造地点及其空间状况；气象条件及其变化状况；工程地形和工程地质条件及其变化状况；水文地质条件及其变化状况；冬期施工起止时间和土壤冻结深度等。

4）工程施工特征

结合工程具体施工条件，找出其施工全过程的关键工程，并从施工方法和措施方面给以合理地解决。在单层装配式工业厂房施工中，要重点解决地下工程、预制工程和结构安装工程。在多层民用房

屋施工中，要重点解决地下工程、主体结构工程和装饰工程。

（2）施工目标

根据单项（位）工程施工合同要求的目标，确定其施工目标；该目标必须满足或高于合同要求目标，并作为控制施工进度、质量和成本计划的依据。它可分为：控制工期、控制成本和控制质量等级。见表 2-15。

施工控制目标表　　　　　　　　　　　　表 2-15

序号	工程名称	建筑面积 （m²）	控制工期 （月）	控制成本 （万元）	控制质量等级 （合格）
	合计				

（3）施工管理组织

1）确定施工管理目标

根据施工总目标，确定施工管理组织的目标，建立健全项目管理组织机构。

2）确定施工管理工作内容

根据施工管理目标，确定施工管理工作内容，作为确定项目组织机构的依据。通常管理工作内容可按：进度控制、质量控制、成本控制、合同管理、信息管理和组织协调等。

3）确定施工管理组织机构

①确定组织结构形式。

根据项目规模、性质和复杂程度，通常有：直线式、职能式、直线职能式组织结构形式。

②确定合理管理层次。

按照组织结构形式不同，合理确定管理层次；一般设有决策层、控制层和作业层。

③制定岗位职责。

按照组织内部的岗位职务和职责必须明确，责权必须一致，并形成规章制度。

④选派管理人员。

按照岗位职责需要，选派称职的管理人员，组成精炼高效的项目管理班子，并以表格列出，见表 2-16。

管理人员明细表　　　　　　　　　　　　表 2-16

序　号	姓　名	职　务	职　称	工作职责

4）制定施工管理工作程序、制度和考核标准

为了提高施工管理工作效率，要按照管理客观性规律，制定出管理工作程序、制度和

相应考核标准。

（4）施工方案

1）确定施工起点流向

施工起点流向是指单项工程在平面上和竖向上施工开始部位和进展方向，主要解决施工项目在空间上施工顺序合理的问题，其决定因素包括：

①单项（位）工程生产工艺要求；

②建设单位对单项（位）工程投产或交付使用的工期要求；

③当单项（位）工程各部分复杂程度不同时，应从复杂部位开始；

④当单项（位）工程有高低层并列时，应从并列处开始；

⑤当单项（位）工程基础深度不同时，应从深基础部分开始，并且考虑施工现场和周边环境状况。

2）确定施工程序

施工程序是指单项工程不同施工阶段之间所固有的、密切不可分割的先后施工次序，它既不可颠倒，也不能超越。

单项（位）工程施工总程序包括签订工程施工合同、施工准备、全面施工和竣工验收。此外，其施工程序还有先场外后场内、先地下后地上、先主体后装修和先土建后设备安装等施工顺序。在编制施工方案时，必须认真研究单项工程施工程序。

3）确定施工顺序

施工顺序是指单项（位）工程内部各个分部（项）工程之间的先后施工次序，施工顺序合理与否，将直接影响工种间配合、工程质量、施工安全、工程成本和施工速度，必须科学合理地确定单项工程施工顺序。

①单层装配式钢筋混凝土结构工业厂房施工顺序。

该类工业厂房分部工程包括：地下工程、预制工程、结构安装工程、围护结构工程、建筑设备安装工程和工艺设备安装工程。例如，地下工程又包括：挖基坑、做垫层、绑基础钢筋、支基础模板、浇基础混凝土、养护、拆基础模板和基坑回填土等分项工程。其中挖基坑、绑基础钢筋、支基础模板和浇基础混凝土为主导分项工程，其余为穿插分项工程。依此类推，其他分部工程也包括若干个分项工程，其中有主导的，也有穿插的分项工程，照例可以确定它们之间的施工顺序。

②多层混合结构民用房屋施工顺序。

该类房屋包括：地下工程、主体结构工程、屋面工程、装饰工程和建筑设备安装工程等5个分部工程。例如，装饰工程又包括室内装饰工程和室外装饰工程两个部分，其中室内墙面抹灰包括顶棚、墙面和地面3个分项工程，其施工顺序有两种：顶棚＋墙面＋地面；地面＋顶棚＋墙面。两者各有利弊，要结合具体情况加以确定。其他分部工程也一样，都必须合理地确定其施工顺序。

4）确定施工方法

①选择施工方法：

在选择施工方法时，要重点解决影响整个单项（位）工程施工的主要分部（项）工程。对于人们熟悉的、工艺简单的分项工程，只要加以概括说明即可。对于下述工程，则要编制具体的施工过程设计：

a. 工程量大而且地位重要的工程项目；

b. 施工技术复杂或采用新结构、新技术、新工艺的工程项目；

c. 特种结构工程或应由专业施工单位施工的特殊专业工程。

②选择施工机械：

a. 在选择主导施工机械时，要充分考虑工程特点、机械供应条件和施工现场空间状况，合理地确定主导施工机械类型、型号和台数；

b. 在选择辅助施工机械时，必须充分发挥主导施工机械的生产效率，要使两者的台班生产能力协调一致，并确定出辅助施工机械的类型、型号和台数；

c. 为便于施工机械管理，同一施工现场的机械型号尽可能少，当工程量大而且集中时，应选用专业化施工机械；当工程量小而且分散时，要选择多用途施工机械。

5）确定安全施工措施

①预防自然灾害措施

包括防台风、防雷击、防洪水、防山洪暴发和防地震灾害等措施。

②防火防爆措施

包括大风天气严禁施工现场明火作业、明火作业要有安全保护、氧气瓶防震防晒和乙炔罐严防回火等措施。

③劳动保护措施

包括安全用电、高空作业、交叉施工、施工人员上下、防暑降温、防冻防寒和防滑防坠落，以及防有害气体毒害等措施。

④特殊工程安全措施

如采用新结构、新材料或新工艺的单项工程，要编制详细的安全施工措施。

⑤环境保护措施

包括有害气体排放、现场雨水排放、现场生产污水和生活污水排放，以及现场树木和绿地保护等措施。

6）评价施工方案的主要指标

①定性评价指标：

a. 施工操作难易程度和安全可靠性；

b. 为后续工程创造有利条件的可能性；

c. 利用现有或取得施工机械的可能性；

d. 施工方案对冬雨期施工的适应性；

e. 为现场文明施工创造有利条件的可能性。

②定量评价指标：

a. 单项（位）工程施工工期；

b. 单项（位）工程施工成本；

c. 单项（位）工程施工质量；

d. 单项（位）工程劳动消耗量；

e. 单项（位）工程主要材料消耗量。

（5）施工准备计划

1）施工准备工作的内容

①建立工程管理组织：

包括组建管理机构、确定各部门职能、确定岗位职责分工和选聘岗位人员以及部门之间和岗位之间相互关系。

②施工技术准备：

a. 编制施工进度控制实施细则

包括分解工程进度控制目标，编制施工作业计划；认真落实施工资源供应计划，严格控制工程进度目标；协调各施工部门之间关系，做好组织协调工作；收集工程进度控制信息，做好工程进度跟踪监控工作；采取有效控制措施，保证工程进度控制目标。

b. 编制施工质量控制实施细则。

包括分解施工质量控制目标，建立健全施工质量管理体系；认真确定分项工程质量控制点，落实其质量控制措施；跟踪监控施工质量，分析施工质量变化状况；采取有效质量控制措施，保证工程质量控制目标。

c. 编制施工成本控制实施细则

包括分解施工成本控制目标，确定分项工程施工成本控制标准；采取有效成本控制措施，跟踪监控施工成本；全面履行承包合同，减少业主索赔机会；按时结算工程价款，加快工程资金周转；收集工程施工成本控制信息，保证施工成本控制目标。

d. 做好工程技术交底工作

包括单项（位）工程施工组织设计、工程施工实施细则和施工技术标准交底。技术交底方式有：书面交底、口头交底和现场示范操作交底 3 种，通常采取自上而下逐级进行交底。

③劳动组织准备：

a. 建立工作队组。

根据施工方案、施工进度和劳动力需要量计划要求，确定工作队形式，并建立队组领导体系，在队组内部工人技术等级比例要合理，并满足劳动组合优化要求。

b. 做好劳动力培训工作。

根据劳动力需要量计划，组织劳动力进场，组建好工作队组，并安排好工人进场后生活，然后按工作队组编制组织上岗前培训，培训内容包括：规章制度、安全施工、操作技能、精神文明教育 4 个方面。

④施工物资准备：

a. 建筑材料准备；

b. 预制加工品准备；

c. 施工机具准备；

d. 生产工艺设备准备。

⑤施工现场准备：

a. 清除现场障碍物，实现"四通一平"；

b. 现场控制网测量；

c. 建造各项施工设施；

d. 做好冬雨期施工准备；

e. 组织施工物资和施工机具进场。

2）编制施工准备工作计划

为落实各项施工准备工作，加强对施工准备工作监督和检查，通常施工准备工作计划采用表格形式，见表2-17。

施工准备工作计划表 表 2-17

序 号	准备工作名称	准备工作内容	主办单位	协办单位	完成日期	负责人

(6) 施工进度计划

1) 编制施工进度计划依据

①单项（位）工程承包合同和全部施工图纸；

②建设地区原始资料；

③施工总进度计划对本工程有关要求；

④单项（位）工程设计概算和预算资料；

⑤主要施工资源供应条件。

2) 施工进度计划编制步骤

①施工网络进度计划编制步骤：

a. 熟悉审查施工图纸，研究原始资料；

b. 确定施工起点流向，划分施工段和施工层；

c. 分解施工过程，确定施工顺序和工作名称；

d. 选择施工方法和施工机械，确定施工方案；

e. 计算工程量，确定劳动量或机械台班数量；

f. 计算各项工作持续时间；

g. 绘制施工网络图；

h. 计算网络图各项时间参数；

i. 按照项目进度控制目标要求，调整和优化施工网络计划。

②施工横道进度计划编制步骤：

a. 熟悉审查施工图纸，研究原始资料；

b. 确定施工起点流向，划分施工段和施工层；

c. 分解施工过程，确定工程项目名称和施工顺序；

d. 选择施工方法和施工机械，确定施工方案；

e. 计算工程量，确定劳动量或机械台班数量；

f. 计算工程项目持续时间，确定各项流水参数；

g. 绘制施工横道图；

h. 按项目进度控制目标要求，调整和优化施工横道计划。

3) 施工进度计划编制要点

①确定施工起点流向和划分施工段。

确定施工起点流向方法，详见本章施工方案部分；划分施工段和施工层方法详见本章流水参数确定方法部分。

②计算工程量。

如果工程项目划分与施工图预算一致，可以采用施工图预算的工程量数据，工程量计算要与所采用施工方法一致，其计算单位要与所采用定额单位一致。

③确定分项工程劳动量或机械台班数量。

$$P_i = \frac{Q_i}{S_i} = Q_i H_i$$

式中　P_i——某分项工程劳动量或机械台班数量；

　　　Q_i——某分项工程的工程量；

　　　S_i——某分项工程计划产量定额；

　　　H_i——某分项工程计划时间定额。

④确定分项工程持续时间

$$t_i = \frac{P_i}{R_i N_i}$$

式中　t_i——某分项工程持续时间；

　　　P_i——某分项工程工人数或机械台数；

　　　N_i——某分项工程工作班次；

其他符号意义同前。

⑤安排施工进度。

安排施工进度，采取同一性质主导分项工程尽可能连续施工；非同一性质穿插分项工程，要最大限度搭接起来；计划工期要满足合同工期要求；要满足均衡施工要求；要充分发挥主导机械和辅助机械生产效率。

⑥调整施工进度。

如果工期不符合要求，应改变某些分项工程施工方法，调整和优化工期，使其满足进度控制目标要求。

如果资源消耗不均衡，应对进度计划初始方案进行资源调整。如网络计划的资源优化和施工横道计划的资源动态曲线调整。

4) 制定施工进度控制实施细则

①编制月、旬和周施工作业计划；

②落实劳动力、原材料和施工机具供应计划；

③协调同设计单位和分包单位关系，以便取得其配合和支持；

④协调同业主的关系，保证其供应材料、设备和图纸及时到位；

⑤跟踪监控施工进度，保证施工进度控制目标实现。

(7) 施工质量计划

1) 编制施工质量计划的依据

①工程承包合同对工程造价、工期和质量的有关规定；

②施工图纸和有关设计文件；

③设计概算和施工图预算文件；

④国家现行施工验收规范和有关规定；

⑤劳动力素质、材料和施工机械质量以及现场施工作业环境状况。

2) 施工质量计划内容

①设计图纸对施工质量要求和特点；

②施工质量控制目标及其分解；

③确定施工质量控制点；

④制订施工质量控制实施细则；

⑤建立施工质量管理体系。

3) 编制施工质量计划步骤

①施工质量要求和特点。

根据工程建筑结构特点、工程承包合同和工程设计要求，认真分析影响施工质量的各项因素，明确施工质量特点及其质量控制重点。

②施工质量控制目标及其分解。

根据施工质量要求和特点分析，确定单项（位）工程施工质量控制目标，然后将该目标逐级分解为：分部工程、分项工程和工序质量控制子目标，作为确定施工质量控制点的依据。

③确定施工质量控制点。

根据单项（位）工程、分部（项）工程施工质量目标要求，对影响施工质量的关键环节、部位和工序设置质量控制点。

④制订施工质量控制实施细则

包括建筑材料、预制加工品和工艺设备质量检查验收措施；分部工程、分项工程质量控制措施；施工质量控制点的跟踪监控办法。

⑤建立工程施工质量体系。

(8) 施工成本计划

1) 施工成本分类和构成

单项（位）工程施工成本分为：施工预算成本、施工计划成本和施工实际成本。其中施工预算成本是由直接费和间接费两部分费用构成。

2) 编制施工成本计划步骤

①收集和审查有关编制依据；

②做好工程施工成本预测；

③编制单项（位）工程施工成本计划；

④制订施工成本控制实施细则。

它包括优选材料、设备质量和价格；优化工期和成本；减少赶工费；跟踪监控计划成本与实际成本差额，分析产生原因，采取纠正措施；全面履行合同，减少业主索赔机会；健全工程施工成本控制组织，落实控制者责任；保证工程施工成本控制目标实现。

(9) 施工安全计划

1) 施工安全计划内容

①工程概况；

②安全控制程序；

③安全控制目标；

④安全组织结构；

⑤安全资源配置；

⑥安全技术措施；

⑦安全检查评价和奖励。

2）施工安全计划编制步骤

①工程概况。

包括工程性质和作用，建筑结构特征，建造地点特征以及施工特征。

②确定安全控制程序。

包括确定施工安全目标，编制施工安全计划，安全计划实施，安全计划验证，安全持续改进和兑现合同承诺。

③确定安全控制目标。

包括单项工程、单位工程和分部工程施工安全目标。

④确定安全组织机构。

包括安全组织机构形式，安全组织管理层次，安全职责和权限，安全管理人员组成，以及建立安全管理规章制度。

⑤确保安全资源配置。

包括安全资源名称、规格、数量和使用地点和部位，并列入资源需要量计划。

⑥制订安全技术措施。

包括：防火、防毒、防爆、防洪、防尘、防雷击、防坍塌、防物体打击、防溜车、防机械伤害、防高空坠落和防交通事故，以及防寒、防暑、防疫和防环境污染等项措施。

⑦落实安全检查评价和奖励。

包括确定安全检查时间，安全检查人员组成，安全检查事项和方法，安全检查记录要求和结果评价，编写安全检查报告，以及兑现安全施工优胜者的奖励制度。

（10）施工环保计划

1）施工环保计划内容

①施工环保目标；

②施工环保组织机构；

③施工环保事项内容和措施。

2）施工环保计划编制步骤

①确定施工环保目标。

包括：单项工程、单位工程和分部工程施工环保目标。

②确定环保组织机构。

包括施工环保组织机构形式，环保组织管理层次，环保职责和权限，环保管理人员组成，以及建立环保管理规章制度。

③明确施工环保事项内容和措施。

包括现场泥浆、污水和排水，现场爆破危害防治，现场打桩震害防治，现场防尘、防噪声，现场地下旧有管线或文物保护，现场熔化沥青及其防护，现场及周边交通环境保护，以及现场卫生防疫和绿化工作。

（11）施工资源计划

单项（位）工程施工资源计划内容，包括：编制劳动力需要量计划、建筑材料需要量计划、预制加工品需要量计划、施工机具需要量计划和生产工艺设备需要量计划。

1）劳动力需要量计划

劳动力需要量计划是根据施工方案、施工进度和施工预算，依次确定的专业工种、进场时间、劳动量和工人数，然后汇集成表格形式。它可作为现场劳动力调配的依据，见表2-18。

劳动力需要量计划   表 2-18

序号	专业工种		劳动量	需要人数和时间									备注
	名　称	级别	（工日）	×月			×月			×月			
				Ⅰ	Ⅱ	Ⅲ	Ⅰ	Ⅱ	Ⅲ	Ⅰ	Ⅱ	Ⅲ	

2）建筑材料需用量计划

建筑材料需用量计划是根据施工预算工料分析和施工进度，依次确定的材料名称、规格、数量和进场时间，并汇集成表格形式。它可作为备料、确定堆场和仓库面积，以及组织运输的依据，见表2-19。

材料需用量计划   表 2-19

序　号	材料名称	规格	需要量		需要时间									备　注
			单　位	数　量	×月			×月			×月			
					Ⅰ	Ⅱ	Ⅲ	Ⅰ	Ⅱ	Ⅲ	Ⅰ	Ⅱ	Ⅲ	

3）预制加工品需要量计划

预制加工品需要量计划是根据施工预算和施工进度计划而编制，它可作为加工订货、确定堆场面积和组织运输的依据，见表2-20。

预制加工品需要量计划   表 2-20

序号	预制加工品名称	型号/图号	规格尺寸（mm）	需要量		要　求供应起止日期	备　注
				单位	数量		

4）施工机具需要量计划

施工机具需要量计划是根据施工方案和施工进度计划而编制，它可作为落实施工机具来源和组织施工机具进场的依据，见表 2-21。

施工机具需要量计划   表 2-21

序　号	施工机具名称	型　号	规　格	电功率 （kVA）	需要量 （台）	使用时间	备　注

5）生产工艺设备需要量计划

生产工艺设备需要量计划是根据生产工艺布置图和设备安装进度而编制，它可作为生产设备订货、组织运输和进场后存放依据，见表 2-22。

生产工艺设备需要量计划   表 2-22

序　号	生产设备名称	型　号	规　格	电功率 （kVA）	需要量 （台）	进场时间	备　注

6）施工设施需要量计划

根据项目施工需要，确定相应施工设施，通常包括施工安全设施、施工环保设施、施工用房屋、施工运输设施、施工通讯设施、施工供水设施、施工供电设施和其他设施。

（12）施工风险防范

1）施工风险类型

通常单项工程施工风险有：工期风险、质量风险和成本风险三种。

2）施工风险因素识别

识别施工风险因素的方法主要有：专家调查法、故障树法、流程图分析法、财务报表分析法和现场观察法。通过风险识别，为风险估计、评价和决策提供依据。

3）施工风险出现概率和损失值估计

①风险估计方法

包括概率分析法、趋势分析法、专家会议法、德尔菲法和专家系统分析法。

②风险损失值估计

风险损失包括：风险直接损失和间接损失两部分；前者比较容易估计，后者比较复杂。因此，必须认真分析估计其损失值。

4）施工风险管理重点

①风险管理阶段。

在风险潜在阶段，正确预见和发现风险苗头，制定控制风险手段和措施，阻止风险损失发生，消除风险隐患，削弱损失影响程度；在风险出现阶段，积极采取抢救或补救措施，将风险损失减少到最低程度；在风险损失发生后，运用风险管理手段和措施，迅速对风险损失进行有效地经济补偿，尽快排除直接损失对项目正常运营的干扰，减少风险损失。

②风险管理手段和措施。

包括：风险回避、风险转移、风险预防、风险分散、风险自留和保险六种。

5）施工风险防范对策

①风险控制对策。

风险管理者采取相应风险管理手段和措施，控制并减少风险损失频率和幅度，采取风险回避、风险转移、风险预防、风险分散和保险等手段和措施。

②风险财务对策。

风险管理者采用筹集资金支付风险损失的办法，保证项目正常施工，减少间接损失。如风险自留、风险转移和保险等手段和措施。

6）施工风险管理责任

为落实施工风险管理责任，必须列出风险管理责任表，见表2-23。

施工风险管理责任表   表2-23

序 号	风险名称	管理目标	防范对策	管理责任人	备 注

（13）施工现场平面布置

1）施工平面布置依据

①建设地区原始资料；

②一切原有和拟建工程位置及尺寸；

③全部施工设施建造方案；

④施工方案、施工进度和资源需要量计划；

⑤建设单位可提供的房屋和其他生活设施。

2）施工平面布置原则

①施工平面布置要布置紧凑，占地要省，不占或少占农田；

②临时工程要在满足需要的前提下，少用资金，尽量利用原有建筑物或构筑物，降低施工设施建造费用；

③合理地组织运输，保证现场运输道路畅通，尽量减少场内运输费；

④尽量采用装配式施工设施，减少搬迁损失，提高施工设施安拆速度；

⑤各项施工设施布置都要利于生产、生活、安全、消防、环保、市容、卫生、劳动保护等，符合国家有关规定和法规。

3）施工平面图设计步骤

施工平面图设计一般步骤是：确定起重机的位置；确定搅拌站、仓库、材料和构件堆场、加工厂的位置；布置运输道路；布置行政管理、文化、生活、福利用临时设施；布置水电管线；计算技术经济指标。其设计要点如下：

①起重机械布置。

井字架、龙门架等固定式垂直运输设备的布置，要结合建筑物的平面形状、高度、材料、构件的重量，考虑机械的负荷能力和服务范围，做到便于运送，便于组织分层分段流水施工，便于楼层和地面的运输，运距要短。

塔式起重机的布置要结合建筑物的形状及四周的场地情况布置。起重高度、幅度及起重量要满足要求，使材料和构件可达到建筑物的任何使用地点。路基按规定进行设计和建造。

履带式起重机和轮胎式起重机等自行式起重机的行驶路线要考虑吊装顺序、构件重量、建筑物的平面形状、高度、堆放场位置以及吊装方法，避免机械能力的浪费。

②运输道路的修筑。

应按材料和构件运输的需要，沿着仓库和堆场进行布置，使之畅行无阻。宽度要符合规定，单行道不小于 3～3.5m，双车道不小于 5.5～6m。木材场两侧应有 6m 宽通道，端头处应有 12m×12m 回车场。消防车道不小于 3.5m。

③供水设施的布置。

临时供水首先要经过计算、设计，然后进行设置，其中包括水源选择、取水设施、贮水设施、用水量计算（生产用水、机械用水、生活用水、消防用水）、配管布置、管径的计算等。单位工程施工组织设计的供水计算和设计可以简化或根据经验进行安排。

一般 5000～10000m² 的建筑物施工用水主管径为 50mm，支管径为 40mm 或 25mm。消防用水一般利用城市或建设单位的永久消防设施。

④临时供电设计。

临时供电设计包括用电量计算、电源选择、电力系统选择和配置。用电量包括电动机用电量、电焊机用电量、室内和室外照明容量。

（14）主要技术经济指标分析

单位工程施工组织设计的主要技术经济指标包括项目施工工期、施工质量、施工成本、施工安全、施工环保和施工效率，以及其他技术经济指标。详细内容可参考本章施工组织总设计的主要经济指标。

第三章 安 全 管 理

第一节 施工项目安全管理原则

所谓安全管理，就是针对人们活动过程的安全问题，运用有效资源，进行有关决策、计划、组织、指挥、协调和控制等一系列活动，实现活动过程中人与客观物质环境的和谐，始终保持安全状态，达到活动目标的实现。安全管理必须遵循以下基本原则：

一、管生产必须管安全的原则

"管生产必须管安全"原则是指项目各级领导和全体员工在生产过程中必须坚持在抓生产的同时抓好安全工作。

"管生产必须管安全"原则是施工项目必须坚持的基本原则。国家和企业就是要保护劳动者的安全与健康，保证国家财产和人民生命财产的安全，尽一切努力在生产和其他活动中避免一切可以避免的事故；其次，项目的最优化目标是高产、低耗、优质、安全。忽视安全，片面追求产量、产值，是无法达到最优化目标的。伤亡事故的发生，不仅会给企业，还可能给环境、社会，乃至在国际上造成恶劣影响，造成无法弥补的损失。

"管生产必须管安全"的原则体现了安全和生产的统一，生产和安全是一个有机的整体，两者不能分割更不能对立起来，应将安全寓于生产之中，生产组织者在生产技术实施过程中，应当承担安全生产的责任，把"管生产必须管安全"的原则落实到每个员工的岗位责任制上去，从组织上、制度上固定下来，以保证这一原则的实施。

二、"三同时"原则

"三同时"，指凡是在我国境内新建、改建、扩建的基本建设工程项目、技术改造项目和引进的建设项目，其劳动安全卫生设施必须符合国家规定的标准，必须与主体工程同时设计、同时施工、同时投入生产和使用。

三、"五同时"原则

"五同时"是指企业的领导和主管部门在策划、布置、检查、总结、评价生产经营的时候，应同时策划、布置、检查、总结、评价安全工作。把安全工作落实到每一个生产组织管理环节中去，促使企业在生产工作中把对生产的管理与对安全的管理结合起来，并坚持"管生产必须管安全"的原则。使得企业在管理生产的同时必须贯彻执行我国的安全生产方针及法律法规，建立健全企业的各种安全生产规章制度，包括根据企业自身特点和工作需要设置安全管理专门机构，配备专职人员。

四、"四不放过"原则

"四不放过"是指在调查处理工伤事故时，必须坚持事故原因分析不清不放过，员工及事故责任人受不到教育不放过，事故隐患不整改不放过，事故责任人不处理不放过。

"四不放过"原则的第一层含义是要求在调查处理工伤事故时，首先要把事故原因分析清楚，找出导致事故发生的真正原因，不能敷衍了事，不能在尚未找到事故主要原因时就轻易下结论，也不能把次要原因当成主要原因，未找到真正原因决不轻易放过，直至找到事故发生的真正原因，搞清楚各因素的因果关系才算达到事故分析的目的。

"四不放过"原则的第二层含义是要求在调查处理工伤事故时，不能认为原因分析清楚了，有关责任人员也处理了就算完成任务了，还必须使事故责任者和企业员工了解事故发生的原因及所造成的危害，并深刻认识到搞好安全生产的重要性，大家从事故中吸取教训，在今后工作中更加重视安全工作。

"四不放过"原则的第三层含义是要求在对工伤事故进行调查处理时，必须针对事故发生的原因，制定防止类似事故重复发生的预防措施，并督促事故发生单位组织实施，只有这样，才算达到了事故调查和处理的最终目的。

第二节　安全生产责任制

一、安全生产责任制概述

（1）建立和健全以安全生产责任制为中心的各项安全管理制度，是保障施工项目安全生产的重要组织手段。安全生产是关系到施工企业全员、全方位、全过程的一件大事，因此，必须制定具有制约性的安全生产责任制。

（2）安全生产责任制是企业岗位责任制的一个重要组成部分，是企业安全管理中最基本的一项制度；是根据"管生产必须管安全"，"安全生产，人人有责"的原则，明确规定各级领导、项目管理人员和各职能部门在生产活动中应负的安全责任。有了安全生产责任制，就能把安全生产从组织领导上结合起来，把管生产必须管安全的原则从制度上固定下来，从而增强了各级管理人员的安全责任心，使安全管理纵向到底、横向到边，真正把安全生产工作落到实处。

二、企业管理层和项目管理人员安全生产责任

1. 企业法人代表

（1）认真贯彻执行国家安全生产方针、政策、法规和标准，掌握本企业安全生产动态，定期研究安全工作，对本企业安全生产负全面负责；

（2）组织和督促本单位安全生产工作，建立健全本单位安全生产责任制；

（3）组织制定本单位安全生产规章制度和操作规程；

（4）采取有效措施保证本单位安全生产所需资金的投入；

（5）有效开展安全检查，及时消除生产安全事故隐患；

（6）组织制定本单位生产安全事故应急救援预案，正确组织、指挥本单位事故应急救

援工作；

（7）及时、如实报告生产安全事故。

2.企业技术负责人

（1）贯彻执行国家和上级的安全生产方针、政策，协助法定代表人做好安全方面的技术领导工作，在本企业施工安全生产中负技术领导责任；

（2）领导制定年度和季节性施工计划时，要确定指导性的安全技术方案；

（3）组织编制和审批施工组织设计、特殊复杂工程项目或专业性工程项目施工方案时，应严格审查是否具备安全技术措施及其可行性，并提出决定性意见；

（4）领导安全技术攻关活动，确定劳动保护研究项目，并组织鉴定验收；

（5）对本企业使用的新材料、新技术、新工艺从技术上负责，组织审查其使用和实施过程中的安全性，组织编制或审定相应的操作规程，重大项目应组织安全技术交底工作；

（6）参加特大、重大伤亡事故的调查，从技术上分析事故原因，制定防范措施。

3.企业主管生产负责人

（1）对本企业安全生产工作负直接领导责任，协助法定代表人认真贯彻执行安全生产方针、政策、法规，落实本企业各项安全生产管理制度；

（2）组织实施本企业中长期、年度、特殊时期安全工作规划、目标及实施计划，组织落实安全生产责任制；

（3）参与编制和审核施工组织设计、特殊复杂工程项目或专业性工程项目施工方案。审批本企业工程生产建设项目中的安全技术管理措施，制定施工生产中安全技术措施经费的使用计划；

（4）领导组织本企业的安全生产宣传教育工作，确定安全生产考核指标。领导、组织外包工队长的培训、考核与审查工作；

（5）领导组织本企业定期和不定期的安全生产检查，及时解决施工中的不安全生产问题；

（6）认真听取、采纳安全生产的合理化建议，保证本企业安全生产保障体系的正常运转；

（7）在事故调查组的指导下，组织特大、重大伤亡事故的调查、分析及处理其中的具体工作。

4.项目经理

（1）对承包项目工程生产经营过程中的安全生产负全面领导责任；

（2）认真贯彻执行国家安全生产方针、政策、法规和标准，结合项目工程特点及施工全过程的情况，组织制定安全施工措施，或提出要求并监督其实施；

（3）有效组织和督促本工程项目安全生产工作，落实安全生产责任制；

（4）保证安全生产费用的有效使用；

（5）开展安全检查，及时消除生产安全事故隐患；

（6）发生事故，要做好现场保护与抢救工人的工作，及时、如实报告生产安全事故，组织配合事故的调查，认真落实制定的防范措施，吸取事故教训。

5.项目工程技术负责人

（1）对项目工程生产经营中的安全生产负技术责任；

（2）贯彻、落实安全生产方针、政策，严格执行安全技术规程、规范、标准。结合项目工程特点，主持项目工程的安全技术交底；

（3）参加或组织编制施工组织设计，编制、审查施工方案时，要制定、审查安全技术措施，保证其可行性与针对性，并随时检查、监督、落实；

（4）主持制定技术措施计划和季节性施工方案的同时，制定相应的安全技术措施并监督执行，及时解决执行中出现的问题；

（5）工程项目应用新材料、新技术、新工艺，要及时上报，经批准后方可实施，同时要组织上岗人员的安全技术培训、教育。认真执行相应的安全技术措施与安全操作工艺、要求，预防施工中因化学物品引起的火灾、中毒及新工艺实施中可能造成的事故；

（6）主持安全防护设施和设备的验收，发现设备、设施的不正常情况应及时采取措施，严格控制不合标准要求的防护设备、设施投入使用；

（7）参加安全生产检查，对施工中存在的不安全因素，从技术方面提出整改意见和办法，予以消除；

（8）参加、配合因工伤亡及重大未遂事故的调查，从技术上分析事故原因，提出防范措施、意见。

6. 专职安全员

（1）认真贯彻执行国家安全生产方针、政策、法规和标准；

（2）对安全生产进行现场监督检查；

（3）发现生产安全事故隐患，能及时向项目负责人和安全生产管理机构报告，及时消除生产安全事故隐患；

（4）及时制止现场违章指挥、违章操作行为；

（5）及时、如实报告生产安全事故。

7. 工长、施工员

（1）认真执行上级有关安全生产规定，对所管辖班组（特别是外包工队）的安全生产负直接领导责任；

（2）认真执行安全技术措施及安全操作规程，针对生产任务特点，向班组（包括外包队）进行书面安全技术交底，履行签认手续，并对规程、措施、交底要求执行情况经常检查，随时纠正作业违章；

（3）经常检查所辖班组（包括外包队）作业环境及各种设备、设施的安全状况，发现问题及时纠正解决。对重点、特殊部位施工，必须检查作业人员及各种设备设施技术状况是否符合安全要求，严格执行安全技术交底，落实安全技术措施，并监督其执行，做到不违章指挥；

（4）定期和不定期组织所辖班组（包括外包队）学习安全操作规程，开展安全教育活动，接受安全部门或人员的安全监督检查，及时解决提出的不安全问题；

（5）对分管工程项目应用的新材料、新工艺、新技术严格执行申报、审批制度，发现问题，及时停止使用，并上报有关部门或领导；

（6）发生因工伤亡及未遂事故要保护现场，立即上报。

8. 班组长

（1）认真执行安全生产规章制度及安全操作规程，合理安排班组人员工作，对本班组人员在生产中的安全和健康负责；

（2）经常组织班组人员学习安全操作规程，监督班组人员正确使用个人劳保用品，不断提高自保能力；

（3）认真落实安全技术交底，做好班前讲话，不违章指挥、冒险蛮干；

（4）经常检查班组作业现场安全生产状况，发现问题及时解决并上报有关领导；

（5）认真做好新工人的岗位教育；

（6）发生因工伤亡及未遂事故，保护好现场，立即上报有关领导。

9. 外包队负责人

（1）认真执行安全生产的各项法规、规定、规章制度及安全操作规程，合理安排班组人员工作，对本队人员在生产中的安全和健康负责；

（2）按制度严格履行各项劳务用工手续，做好本队人员的岗位安全培训，经常组织学习安全操作规程，监督本队人员遵守劳动、安全纪律，做到不违章指挥，制止违章作业；

（3）必须保持本队人员的相对稳定，人员变更，须事先向有关部门申报，批准后，新来人员应按规定办理各种手续，并经入场和上岗安全教育后方准上岗；

（4）根据上级的交底向本队各工种进行详细的书面安全交底，针对当天任务、作业环境等情况，做好班前安全讲话，监督其执行情况，发现问题，及时纠正、解决；

（5）定期和不定期组织、检查本队人员作业现场安全生产状况，发现问题，及时纠正，重大隐患应立即上报有关领导；

（6）发生因工伤亡及未遂事故，保护好现场，做好伤者抢救工作，并立即上报有关领导。

三、项目职能部门安全生产责任

1. 生产计划部门

（1）在编制年、季、月生产计划时，必须树立"安全第一"的思想，组织均衡生产，保障安全工作与生产任务协调一致。对改善劳动条件、预防伤亡事故的项目必须视同生产任务，纳入生产计划优先安排；

（2）在检查生产计划实施情况同时，要检查安全措施项目的执行情况，对施工中重要安全防护设施、设备的实施工作（如支拆脚手架、安全网等）要纳入计划，列为正式工序，给予时间保证；

（3）坚持按合理施工顺序组织生产，要充分考虑职工的劳逸结合，认真按施工组织设计组织施工；

（4）在生产任务与安全保障发生矛盾时，必须优先安排解决安全工作的实施。

2. 技术部门

（1）认真学习、贯彻执行国家和上级有关安全技术及安全操作规程规定。保障施工生产中的安全技术措施的制定与实施；

（2）在编制和审查施工组织设计和方案的过程中，要在每个环节中贯穿安全技术措施，对确定后的方案，若有变更，应及时组织修订；

（3）检查施工组织设计和施工方案中安全措施的实施情况，对施工中涉及安全方面的技术性问题，提出解决办法；

（4）对新技术、新材料、新工艺，必须制定相应的安全技术措施和安全操作规程；

（5）对改善劳动条件，减轻笨重体力劳动，消除噪声等方面的治理进行研究解决；

（6）参加伤亡事故和重大已、未遂事故中技术性问题的调查，分析事故原因，从技术上提出防范措施。

3．机械动力部门

（1）对机、电、起重设备、锅炉、压力容器及自制机械设施的安全运行负责，按照安全技术规范经常进行检查，并监督各种设备的维修、保养；

（2）对设备的租赁，要建立安全管理制度，确保租赁设备完好、安全可靠；

（3）对新购进的机械、锅炉、压力容器及大修、维修、外租回厂后的设备必须严格检查和把关，新购进的要有出厂合格证及完整的技术资料，使用前制定安全操作规程，组织专业技术培训，向有关人员交底，并进行鉴定验收；

（4）参加施工组织设计、施工方案的会审，提出涉及安全的具体意见，同时负责督促下级落实，保证实施；

（5）对特种作业人员定期培训、考核；

（6）参加因工伤亡及重大未遂事故的调查，从事故设备方面，认真分析事故原因，提出处理意见，制定防范措施。

4．劳动、劳务部门

（1）对职工（含外包队工人）进行定期的安全教育考核，将安全技术知识列为工人培训、考工、评级内容之一，对招收新工人（含外包队工人）要组织入厂教育和资格审查，保证提供的人员具有一定的安全生产素质；

（2）严格执行国家特种作业人员上岗位作业的有关规定，适时组织特种作业人员的培训工作，并向安全部门或主管领导通报情况；

（3）认真落实国家和地方政府有关劳动保护的法规，严格执行有关人员的劳动保护待遇，并监督实施情况；

（4）参加因工伤亡事故的调查，从用工方面分析事故原因，提出防范措施，并认真执行对事故责任者的处理意见。

5．材料采购部门

（1）凡购置的各种机、电设备，脚手架，新型建筑装饰、防水等料具或直接用于安全防护的料具及设备，必须执行国家、地方有关规定，必须有产品介绍或说明的资料，严格审查其产品合格证明材料，必要时做抽样试验，回收后必须检修；

（2）采购的劳动保护用品，必须符合国家标准及相关规定，并向主管部门提供情况，接受对劳动保护用品的质量监督检查；

（3）做好材料堆放和物品储存，对物品运输应加强管理，保证安全。

6．财务部门

（1）根据本企业实际情况及企业安全技术措施经费的需要，按计划及时提取安全技术措施经费、劳动保护经费及其他安全生产所需经费，保证专款专用；

（2）按照国家对劳动保护用品的有关标准和规定，负责审查购置劳动保护用品的合法性，保证其符合标准；

（3）协助安全主管部门办理安全奖、罚的手续。

7. 人事部门

(1) 根据国家有关安全生产的方针、政策及企业实际，配齐具有一定文化程度、技术和实践经验的安全干部，保证安全干部的素质；

(2) 组织对新调入、转业的施工、技术及管理人员的安全培训、教育工作；

(3) 按照国家规定，负责审查安全管理人员资格，有权向主管领导建议调整和补充安全监督管理人员；

(4) 参加因工伤亡事故的调查，认真执行对事故责任者的处理意见。

8. 保卫消防部门

(1) 贯彻执行国家有关消防保卫的法规、规定，协助领导做好消防保卫工作；

(2) 制定年、季消防保卫工作计划和消防安全管理制度，并对执行情况进行监督检查，参加施工组织设计、方案的审批，提出具体建议并监督实施；

(3) 经常对职工进行消防安全教育，会同有关部门对特种作业人员进行消防安全考核；

(4) 组织消防安全检查，督促有关部门对火灾隐患进行解决；

(5) 负责调查火灾事故的原因，提出处理意见；

(6) 参加新建、改建、扩建工程项目的设计、审查和竣工验收；

(7) 负责施工现场的保卫，对新招收人员需进行暂住证等资格审查，并将情况及时通知安全管理部门。

9. 教育部门

(1) 组织与施工生产有关的学习班时，要安排安全生产教育课程；

(2) 将安全教育纳入职工培训教育计划，负责组织职工的安全技术培训和教育。

10. 行政卫生部门

(1) 配合有关部门，负责对职工进行体格普查，对特种作业人员要定期检查，提出处理意见；

(2) 监测有毒有害作业场所的尘毒浓度，做好职业病预防工作；

(3) 正确使用防暑降温费用，保证清凉饮料的供应及卫生；

(4) 负责本企业食堂（含现场临时食堂）的管理工作，搞好饮食卫生，预防疾病和食物中毒的发生。对冬期取暖火炉的安装、使用负责监督检查，防止煤气中毒；

(5) 经常对本部门人员开展安全教育，对机电设备和机具要指定专人负责，并定期检查维修；

(6) 对施工现场大型生活设施的建、拆，要严格执行有关安全规定，不违章指挥、违章作业；

(7) 发生工伤事故要及时上报并积极组织抢救、治疗，并向事故调查组提供伤势情况，负责食物中毒事故的调查与处理，提出防范措施。

第三节　施工安全技术措施

建筑安全生产贯穿于工程项目自开工到竣工的施工生产的全过程，因此，安全工作存在于每个分部分项工程、每道工序中，也就是说哪里安全技术措施不落实，那里就有发生伤亡事故的可能。安全管理人员不仅要监督检查各项安全管理制度的贯彻落实，还应该了解建筑施工中主要的安全技术，才能有效地采取措施，预防各类伤亡事故，保证安全生产。

一、土石方工程安全技术要求

建筑工程施工中土方工程量很大，特别是山区和城市大型高层建筑深基础的施工。土方工程施工的对象和条件又比较复杂，如土质、地下水、气候、开挖深度、施工场地与设备等，对于不同的工程都不相同。因此，施工安全在土方工程施工中是一个很突出的问题。

1. 施工准备工作

（1）勘查现场，清除地面及地上障碍物，摸清工程实地情况、开挖土层的地质、水文情况、运输道路、邻近建筑、地下埋设物、古墓、旧人防地道、电缆线路、上下水管道、煤气管道、地面障碍物、水电供应情况等，以便有针对性地采取安全措施，清除施工区域内的地面及地下障碍物。

（2）做好施工场地防洪排水工作，全面规划场地，平整各部分的标高，保证施工场地排水通畅不积水，场地周围设置必要的截水沟、排水沟。

（3）保护测量基准桩，以保证土方开挖标高位置与尺寸准确无误。

（4）备好施工用电、用水、道路及其他设施。

（5）需要做挡土桩的深基坑，要先做挡土桩。

2. 土方开挖注意事项

（1）根据土方工程开挖深度和工程量的大小，选择机械和人工挖土或机械挖土方案。

（2）如开挖的基坑（槽）比邻近建筑物基础深时，开挖应保持一定的距离和坡度，以免施工时影响邻近建筑物的稳定，如不能满足要求，应采取边坡支撑加固措施，并在施工中进行沉降和位移观测。

（3）弃土应及时运出，如需要临时堆土，或留作回填土，堆土坡脚至坑边距离应按挖掘深度、边坡坡度和土的类别确定，在边坡支护设计时应考虑堆土附加侧压力。

（4）为防止基坑底的土被扰动，基坑挖好后要尽量减少暴露时间，及时进行下一道工序的施工。如不能立即进行下一道工序，要预留 15～30cm 厚覆盖土层，待基础施工时再挖去。

（5）基坑开挖要注意预防基坑被浸泡，引起坍塌和滑坡事故的发生。为此，在制定土方施工方案时应注意采取排水措施。

3. 安全措施

（1）在施工组织设计中，要有单项土方工程施工方案，对施工准备、开挖方法、放坡、排水、边坡支护应根据有关规范要求进行设计，边坡支护要有设计计算书。

（2）人工挖基坑时，操作人员之间要保持安全距离，一般大于 2.5m；多台机械开挖，挖土机间距应大于 10m，挖土要自上而下，逐层进行，严禁先挖坡脚的危险作业。

（3）挖土方前对周围环境要认真检查，不能在危险岩石或建筑物下面进行作业。

（4）基坑开挖应严格按要求放坡，操作时应随时注意边坡的稳定情况，发现问题及时加固处理。

(5) 机械挖土，多台机同时开挖土方时，应验算边坡的稳定。根据规定和验算确定挖土机离边坡的安全距离。

(6) 深基坑四周设防护栏杆，人员上下要有专用爬梯。

(7) 运土道路的坡度、转弯半径要符合有关安全规定。

(8) 爆破土方要遵守爆破作业安全有关规定。

二、砌筑作业安全技术要求

(1) 在施工操作前，必须检查操作环境是否符合安全要求，道路是否畅通，施工机具是否完好牢固，安全设施和防护用品是否齐全，符合要求后才能进行施工。

(2) 在操作地点临时堆放材料时，当放在地面时，要放在平整坚实的地面上，不得放在湿润积水或泥土松软崩裂的地方。当放在楼板面或桥道时，不得超出其设计荷载能力，并应分散堆置，不能过分集中。

(3) 起重机吊运砖要用砖笼，吊运砂浆时料斗不能装得过满，人不能在吊件回转范围内停留。

(4) 水平运输车辆运砖、石、砂浆时应注意稳定，不得高速跑步，前后车距不应少于2m，下坡行车，两车距不应少于10m。禁止超车。所载材料不许超出车厢之上。

(5) 砌筑高度超过1.2m时，应搭设脚手架，在一层以上或高度超过4m时，采用脚手架砌筑，必须架设安全网。

(6) 脚手架上材料堆放每平方米不得超过规定荷载，堆砖高度不得超过3皮侧砖，同一脚手架上不得超过2人。

(7) 操作工具应放置在稳妥的地方。斩砖应面向墙面，工作完毕应将脚手架和砖墙上的碎砖、灰浆清理干净，防止掉落伤人。

(8) 上下脚手架应走斜道。不准站在砖墙上做砌筑、划线、检查大角垂直度和清扫墙面等工作。

(9) 人工垂直向上或向下传递砌块，不得向上或向下抛掷，架子上和站人板工作面不得小于60cm。

(10) 不准用不稳固的工具或在脚手架上垫高。

(11) 已砌好的山墙，应临时用连系杆放置各跨山墙上，使其联系稳定，或采取其他有效的加固措施。

(12) 已经就位的砌块，必须立即进行竖缝灌浆。

(13) 大风、大雨、冻冰等气候之后，应对砌体进行检查，看是否有异常情况发生。

(14) 台风季节应及时进行圈梁施工，加盖楼板，或采取其他稳定措施。

(15) 冬期施工时，应先将脚手架上的霜雪等清理干净后，才能上架施工。

三、脚手架工程安全技术要求

脚手架是建筑施工中必不可少的临时设施。例如砖墙的砌筑、墙面的抹灰、装饰和粉刷、结构构件的安装等，都需要在其近旁搭设脚手架，以便在其上进行施工操作、堆放施工用料和必要时的短距离水平运输。脚手架虽然是随着工程进度而搭设，工程完毕就拆除，但它对建筑施工速度，工作效率，工程质量以及工人的人身安全有着直接的影响。如果脚手架搭设不及时，势必会拖延工程进度；脚手架搭设不符合施工需要，工人操作就不方便，质量得不到保证，工效也提不高；脚手架搭设不牢固，不稳定，就容易造成施工中的伤亡事故。因此，脚手架的选型、构造、搭设质量等决不可疏忽大意，轻率处理。

1. 脚手架的基本要求

脚手架是为高空作业创造施工操作条件，脚手架搭设得不牢固、不稳定就会造成施工中的伤亡事故，同时还须符合节约的原则，因此，一般应满足以下的要求：

(1) 要有足够的牢固性和稳定性，保证在施工期间对所规定的荷载或在气候条件的影响下不变形、不摇晃、不倾斜，能确保作业人员的人身安全。

(2) 要有足够的面积满足堆料、运输、操作和行走的要求。

(3) 构造要简单，搭设、拆除和搬运要方便，使用要安全，并能满足多次周转使用。

(4) 要因地制宜，就地取材，量材施用，尽量节约用料。

2. 脚手架的材质与规格

(1) 钢管材质一般使用 Q235 钢，外径 48～51mm，壁厚 3.5mm，无严重锈蚀、弯曲、压扁或裂纹的钢管。

(2) 钢管脚手架的杆件连接必须使用合格的玛钢扣件，不得使用钢丝和其他绑扎材料绑扎。

(3) 脚手架杆件不得钢木混搭。

(4) 钢脚手板用 2～3mm 厚的钢板压制而成，厚度 5cm，宽度 25cm，长度 3～4m，脚手板端头有连接卡。

3. 施工荷载值

(1) 承重架（包括砌筑、浇混凝土和安装用架）

脚手架安全技术规范规定为 300kg/m^2，为与国际荷载单位相统一和符合我国荷载规范的要求，于是就定为 3000N/m^2 或 3.0kN/m^2，为了明确这 3.0kN//m^2 荷载值的含义，相应指明脚手架上的堆砖荷载不能超过单行侧摆四层。

(2) 装修架

脚手架上的施工荷载值规定为 2000N/m^2 或 2.0kN/m^2。

4. 脚手架的搭设

(1) 脚手架基础应平整夯实，并有排水措施，以保证地基具有足够的承载能力，避免脚手架整体或局部沉陷失稳。

(2) 脚手架底部必须垫不小于 5cm×l5cm×200cm 的通长板，内外立杆埋地深 50cm，加绑扫地杆。

(3) 结构脚手架立杆间距不得大于 1.5m，大横杆间距不得大于 1.2m，小横杆间距不得大于 1m。

(4) 装修脚手架立杆间距杉篙不大于 1.8m，钢管不得大于 1.5m，大横杆间距不大于 1.8m，小横杆间距不大于 1.5m。

(5) 脚手架必须按层与结构拉结牢固，拉结点垂直距离不得超过 4m，水平距离不得超过 6m。拉结所用的材料强度不得低于双股 8 号钢丝的强度。在拉结点处设可靠支顶。高大架子不得使用柔性材料进行拉结。

(6) 脚手架的操作面应铺满脚手板，离墙面距离不得大于 20cm，不得有空隙、探头板和飞跳板。脚手板下层设水平网。脚手板对接应设双排小横杆，两小横杆间距不大于 30cm。

(7) 脚手架操作面外侧应设两道护身栏杆和一道挡脚板或设一道护身栏，立挂安全网，下口封严，防护高度为 1.5m。

(8) 高度在 20m（含）以上的外脚手架纵向应设置剪刀撑，剪刀撑应随架子同步支搭，以保证架子的稳定性。

(9) 架子的剪刀撑应从脚手架纵向两端和山墙处搭起，搭设宽度为 6 根立杆。每隔 6 根立杆设一组。

(10) 剪刀撑与水平面的夹角为 45°～60°。

(11) 剪刀撑的底部要插到垫板处，与立杆相交点加扣件。剪刀撑搭接长度不少于 60cm，且在搭接处加至少两个扣件。

(12) 脚手架高度在 20m 以下时可设置正反斜支撑。

(13) 脚手架各杆件相交伸出的端头均应大于 10cm，以防止杆件滑脱。

(14) 脚手板操作面的端头处应绑两道防护栏杆。

(15) 脚手板非作业层不铺板时，小横杆可部分拆除，要求是每步保留，相间抽拆，上下两步错开。抽拆后小横杆的距离为结构架子不大于 1.5m，装修架子不大于 3m。

(16) 因施工需要立杆不能伸到基础时，经计算在断杆处加八字撑，将此断杆处的力分卸到两侧架子上。

(17) 建筑物顶部脚手架需高于坡屋面的挑檐板 1.5m，高于平屋面女儿墙顶 1m，高出部分要绑两道护身栏，并立挂安全网。

(18) 特殊脚手架和高度在 20m（含 20m）以上的高大脚手架，应有设计方案。高度 10～20m 的脚手架搭设前应有措施和交底。

(19) 按照《施工现场临时用电安全技术规范》（JGJ46—2005），脚手架具的外侧边缘与外电架空线路的边线之间的最小安全操作距离见表 3-1。

脚手架具的外侧边缘与外电架空线路的边线的最小安全操作距离　　　　　表 3-1

外电线路电压	1kV 以下	1～10kV	35～110kV	154～220kV	330～500kV
最小安全操作距离（m）	4	6	8	10	15

(20) 脚手架具的外侧边缘与外电架空线路的边线之间因特殊情况无法保持安全操作距离时，必须采取有效可靠的防护措施。

5. 脚手架的使用

(1) 设置供操作人员上下使用的安全扶梯、爬梯或斜道。

(2) 搭设完毕后应进行检查验收，经检查合格后才准使用。特别是高层脚手架和特种工程脚手架，更应进行严格检查后才能使用。

(3) 严格控制各式脚手架的施工使用荷载，特别是对于桥式、吊、挂、挑等脚手架更应严格控制施工使用荷载。

(4) 在脚手架上同时进行多层作业的情况下，各作业层之间应设置可靠的防护栅挡（在作业层下挂棚布、竹笆或小孔绳网等），以防止上层坠物伤及下层作业人员，任何人不准私自拆改架子。

(5) 遇有立杆沉陷或悬空、节点松动、架子歪斜、杆件变形、脚手板上结冰等问题，在未解决以前应停止使用脚手架。

(6) 遇有六级以上大风、大雾、大雨和大雪天气应暂停脚手架作业。雨雪后进行操作要有防滑措施，且复工前必须检查无问题后方可继续作业。

6. 脚手架的拆除

(1) 架子拆除时应划分作业区，周围设围栏或竖立警戒标志，地面设有专人指挥，严禁非作业人员入内。

(2) 拆除的高处作业人员，必须戴安全帽，系安全带，扎裹腿，穿软底鞋。

(3) 拆除顺序应遵循由上而下，先搭后拆，后搭先拆的原则。即先拆栏杆、脚手板、剪刀撑、斜撑，后拆小横杆、大横杆、立杆等，并按一步一清的原则依次进行，要严禁上下同时进行拆除作业。

(4) 拆立杆时，应先抱住立杆再拆开最后两个扣，拆除大横杆、斜撑、剪刀撑时，应先拆中间扣，然后托住中间，再解端头扣。

(5) 连墙点应随拆除进度逐层拆除，拆抛撑前，应设置临时支撑，然后再拆抛撑。

(6) 拆除时要统一指挥，上下呼应，动作协调，当解开与另一人有关的结扣时，应先通知对方，以防坠落。

(7) 在大片架子拆除前应将预留的斜道、上料平台、通道小飞跳等，先行加固，以便拆除后能确保其完整、安全和稳定。

(8) 拆除时如附近有外电线路，要采取隔离措施。严禁架杆接触电线。

(9) 拆除时不应碰坏门窗、玻璃、水落管、房檐瓦片、地下明沟等物品。

(10) 拆下的材料，应用绳索拴住，利用滑轮徐徐下运，严禁抛掷，运至地面的材料应按指定地点，随拆随运，分类堆放，当天拆当天清，拆下的扣件或钢丝要集中回收处理。

(11) 在拆架过程中，不得中途换人，如必须换人时，应将拆除情况交代清楚后方可离开。

(12) 拆除烟囱、水塔外架时，严禁架料碰断缆风绳，同时拆至缆风处方可解除该处缆风，不准提前解除。

四、模板作业安全技术要求

目前，各大中城市大量应用的是组合式定型钢模板及钢木模板。由于高层和超高层建筑的蓬勃发展，现浇结构数量愈来愈大，相应模板工程所产生的事故也有逐渐增加的趋势，如胀凸、爆模、整体倒塌等事故时有发生，所以应根据这一趋势对模板工程加强安全管理。

1. 模板施工前的安全技术准备工作

(1) 模板施工前，要认真审查施工组织设计中关于模板的设计资料，要审查下列项目：

1) 模板结构设计计算书的荷载取值，是否符合工程实际，计算方法是否正确，审核手续是否齐全。

2）模板设计主要应包括支撑系统自身及支撑模板的楼、地面承受能力的强度等。

3）模板设计图包括结构构件大样及支撑体系，连接件等的设计是否安全合理，图纸是否齐全。

4）模板设计中安全措施是否周全。

（2）当模板构件进场后，要认真检查构件和材料是否符合设计要求，例如钢模板构件是否有严重锈蚀或变形，构件的焊缝或连接螺栓是否符合要求。木料的材质以及木构件拼接节头是否牢固等。自已加工的模板构件，特别是承重钢构件其检查验收手续是否齐全。

（3）要排除模板工程施工中现场的不安全因素，要保证运输道路畅通，做到现场防护设施齐全。地面上的支模场地必须平整夯实。要做好夜间施工照明的准备工作，电动工具的电源线、绝缘、漏电保护装置要齐全，并做好模板垂直运输的安全施工准备工作。

（4）现场施工负责人在模板施工前要认真向有关人员作安全技术交底，特别是新的模板工艺，必须通过试验，并培训操作人员。

2．模板安装的一般要求

（1）模板安装必须按模板的施工设计进行，严禁任意变动。

（2）整体式的多层房屋和构筑物安装上层模板及其支架时，应符合下列规定。

1）下层楼板结构的强度，当达到能承受上层模板、支撑和新浇混凝土的重量时，方可进行拆除。否则，下层楼板结构的支撑系统不能拆除，同时上下支柱应在同一垂直线上。

2）如采用悬吊模板、吊架支模方法，其支撑结构必须要有足够的强度和刚度。

（3）当层间高度大于 5m 时，若采用多层支架支模，则在两层支架立柱间应铺设垫板，且应平整，上下层支柱要垂直，并应在同一垂直线上。

（4）模板及其支撑系统在安装过程中，必须设置临时固定设施，严防倾覆。

（5）支柱全部安装完毕后，应及时沿横向和纵向加设水平撑和垂直剪刀撑，并与支柱固定牢靠。当支柱高度小于 4m 时，水平撑应设上下两道，两道水平撑之间，在纵、横向加设剪刀撑。然后支柱每增高 2m 再增加一道水平撑，水平撑之间还需增加剪刀撑一道。

（6）采用分节脱模时，底模的支点应按设计要求设置。

（7）承重焊接钢筋骨架和模板一起安装时应符合下列规定：

1）模板必须固定在承重焊接钢筋骨架的结点上。

2）安装钢筋模板组合体时，用索应按模板设计的吊点位置绑扎。

（8）组合钢模板采取预拼装整体吊装方法时，应注意以下要点：

1）拼装完毕的大块模板或整体模板，吊装前应确定吊点位置，先进行试吊，确认无误后，方可正式吊运安装。

2）使用吊装机械安装大块整体模板时，必须在模板就位并连接牢固后方可脱钩。

3）安装整块柱模板时，不得将其支在柱子钢筋上代替临时支撑。

3．模板安装注意事项

（1）单片柱摸吊装时，应采用卸扣和柱模连接，严禁用钢筋钩代替，以避免柱模翻转时脱钩造成事故，待模板立稳后并拉好支撑，方可摘除吊钩。

（2）支模应按工序进行，模板没有固定前，不得进行下道工序。

（3）支设 4m 以上的立柱模板和梁模板时，应搭设工作台，不足 4m 的，可使用马凳操作，不准站在柱模板上操作和在梁底模上行走，更不允许利用拉杆、支撑攀登上下。

（4）墙模板在未装对拉螺栓前，板面要向后倾斜一定角度并撑牢，以防倒塌。安装过程要随时拆换支撑或增加支撑，以保持墙模处于稳定状态。模板未支撑稳固前不得松动吊钩。

（5）安装墙模板时，应从内、外墙角开始，向相互垂直的两个方向拼装，连接模板的U形卡要正反交替安装，同一道墙（梁）的两侧模板应同时组合，以便确保模板安装时的稳定。当墙模板采用分层支模时，第一层模板拼装后，应立即将内外钢楞、穿墙螺栓、斜撑等全部安设紧固稳定。当下层模板不能独立安设支承件时，必须采取可靠的临时固定措施，否则严禁进行上一层模板的安装。

（6）用钢管和扣件搭设双拼立柱支架支承梁模时，扣件应拧紧，且应抽查扣件螺栓的扭力矩是否符合规定，不够时，可放两个扣件与原扣件挨紧。横杆步距按设计规定，严禁随意增大。

（7）平板模板安装就位时，要在支架搭设稳固，板下横楞与支架连接牢固后进行。U形卡要按设计规定安装，以增强整体性，确保模板结构安全。

（8）五级以上大风，应停止模板的吊运作业。

4. 模板拆除

（1）拆除时应严格遵守"拆模作业"要点的规定。

（2）高处、复杂结构模板的拆除，应有专人指挥和切实的安全措施，并在下面标出工作区，严禁非操作人员进入作业区。

（3）工作前应事先检查所使用的工具是否牢固，扳手等工具必须用绳链系挂在身上，工作时思想要集中，防止钉子扎脚和从空中滑落。

（4）遇六级以上大风时，应暂停室外的高处作业。有雨、雪、霜时应先清扫施工现场，不滑时再进行工作。

（5）拆除模板一般应采用长撬杠，严禁操作人员站在正拆除的模板上。

（6）已拆除的模板、拉杆、支撑等应及时运走，妥善堆放，严防操作人员因扶空、踏空而坠落。

（7）在混凝土墙体、平板上有预留洞时，应在模板拆除后，及时在墙洞上做好安全护栏，或将板洞盖严。

（8）拆模间歇时，应将已活动的模板、拉杆、支撑等固定牢固，严防突然掉落、倒塌伤人。

五、钢筋作业安全技术要求

1. 钢筋制作安装安全技术要求

（1）钢筋加工机械应保证安全装置齐全有效。

（2）钢筋加工场地应由专人看管，各种加工机械在作业人员下班后拉闸断电，非钢筋加工制作人员不得擅自进入钢筋加工场地。

（3）冷拉钢筋时，卷扬机前应设置防护挡板，或将卷扬机与冷拉方向成 90°，且应用封闭式的导向滑轮，冷拉场地禁止人员通行或停留，以防被碰伤。

（4）起吊钢筋骨架时，下方禁止站人，待骨架降落至距安装标高 1m 以内方准靠近，就位支撑好后，方可摘钩。

（5）在高空、深坑绑扎钢筋和安装骨架应搭设脚手架和马道。绑扎 3m 以上的柱钢筋应搭设操作平台，已绑扎的柱骨架应采用临时支撑拉牢，以防倾倒。绑扎圈梁、挑檐、外墙、边柱钢筋时，应搭外脚手架或悬挑架，并按规定挂好安全网。

2. 钢筋焊接作业安全技术要求

（1）焊机应接地，以保证操作人员安全；对于焊接导线及焊钳连接导线处，都应有可靠地绝缘。

（2）大量焊接时，焊接变压器不得超负荷，变压器升温不得超过 60℃，为此，要特别注意遵守焊机暂载率规定，以避免过分发热而损坏。

（3）室内电弧焊时，应有排气通风装置。焊工操作地点相互之间应设挡板，以防弧光刺伤眼睛。

（4）焊工应穿戴防护用具。电弧焊焊工要戴防护面罩。焊工应站立在干木垫或其他绝缘垫上。

（5）焊接过程中，如焊机发生不正常响声，变压器绝缘电阻过小导线破裂、漏电等，均应立即进行检修。

3. 钢筋施工机械安全防护

（1）钢筋机械

1）安装平稳固定，场地条件满足安全操作要求，切断机有上料架。

2）切断机应在机械运转正常后方可送料切断。

3）弯曲钢筋时扶料人员应站在弯曲方向反侧。

（2）电焊机

1）焊机摆放应平稳，不得靠近边坡或被土埋。

2）焊机一次侧首端必须使用漏电保护开关控制，一次电源线长不得超过 5m，焊机机壳做可靠接零保护。

3）焊机一二次侧接线应使用铜材质鼻夹压紧，接线点有防护罩。

4）焊机二次侧必须安装同长度焊把线和回路零线，长度不宜超过 30m。

5）禁止利用建筑物钢筋或管道作焊机二次回路零线。

6）焊钳必须完好绝缘。

7）焊机二次侧应装防触电装置。

（3）气焊用氧气瓶、乙炔瓶

1）气瓶储量应按有关规定加以限制，储存需有专用储存室，由专人管理。

2）搬运气瓶到高处作业时应专门制作笼具。

3）现场使用压缩气瓶严禁暴晒或油渍污染。

4）气焊操作人员应保证瓶距、火源之间距离在 10m 以上。

5）为气焊人员提供乙炔瓶防止回火装置，防振胶圈应完整无缺。

6）为冬季气焊作业提供预防气带子受冻设施，受冻气带子严禁用火烤。

（4）机械加工设备

1）机械加工设备的传动部位的安全防护罩、盖、板应齐全有效。

2）机械加工设备的卡具应安装牢固。

3）机械加工设备的操作人员的劳动防护用品按规定配备齐全，合理使用。

4）机械加工设备不许超规定范围使用。

4. 其他安全技术要求

（1）钢筋断料、配料、弯料等工作应在地面进行，不准在高空操作。

（2）搬运钢筋要注意附近有无障碍物、架空电线和其他临时电气设备，防止钢筋在回转时碰撞电线或发生触电事故。

（3）现场绑扎悬空大梁钢筋时，不得站在模板上操作，应在脚手板上操作；绑扎独立柱头钢筋时，不准站在钢箍上绑扎，也不准将木料、管子、钢模板穿在钢箍内作为站人板。

（4）起吊钢筋骨架，下方禁止站人，待骨架降至距模板 1m 以下后才准靠近，就位支撑好，方可摘钩。

（5）起吊钢筋时，规格应统一，不得长短参差不一，不准一点吊。

（6）切割机使用前，应检查机械运转是否正常，是否漏电；电源线须进漏电开关，切割机后方不准堆放易燃物品。

（7）钢筋头子应及时清理，成品堆放要整齐，工作台要稳，钢筋工作棚照明灯应加网罩。

（8）高处作业时，不得将钢筋集中堆在模板和脚手板上，也不要把工具、钢箍、短钢筋随意放在脚手板上，以免滑下伤人。

（9）在雷雨时应暂停露天操作，防雷击钢筋伤人。

（10）钢筋骨架不论其固定与否，不得在上行走，禁止从柱子的钢箍上下。

（11）钢筋冷拉时，冷拉线两端必须装置防护设施。冷拉时严禁在冷拉线两端站人或跨越、触动正在冷拉的钢筋。

六、混凝土现浇作业安全技术要求

1. 一般规定

混凝土浇筑施工，一般都涉及多工种、多机具的交叉配合作业。为实现安全施工和确保工程质量，施工负责人首先应对参与混凝土施工的人员进行合理的劳动组织安排，认真进行安全技术交底，做到统一指挥，落实责任。浇筑混凝土前，必须对施工的每个作业环节进行全面检查，如模板支撑是否牢固，钢筋埋件及隐蔽检验，施工机具、脚手架平台、运输车辆、水电及照明等状况是否良好，经确认后，填发"混凝土浇筑通知书"，才能开始浇筑施工。参加施工的各工种除应遵守有关安全技术规程外，必须坚守职责，随时检查混凝土浇筑过程中的模板、支撑、钢筋、架子平台、电气设备等的工作状态，发现有模板松动、变形、走移、钢筋埋件移位等情况，应立即整改。

2. 混凝土的拌制及操作安全

机械拌制混凝土时，为减少水泥粉尘飞散，保证搅拌质量，宜使用跌落式混凝土搅拌机，其下料程序是：搅拌筒内先加入 1/2 的用水量，再将全部石子及部分砂子倒入下料斗，然后在其上面倒入水泥，再倒入剩余砂子，将水泥覆盖后，卸入滚筒内搅拌，最后往滚筒内加入按规定计量所剩余的 1/2 用水量。混凝土搅拌的最短时间，自全部材料滚入搅拌筒内，到卸料止 2min 最宜。

少量混凝土可采取人工拌合，但要注意避免铁锹伤人。

在各种特种混凝土成分的配料中，均掺有不同量的化工原料或外加剂，如早强剂、缓凝剂、减水剂、速凝剂、加气剂、起泡剂以及抗冻剂等，这些化工原料对人体皮肤有一定刺激和腐蚀性，有些在配制过程中伴随化学反应会产生一定量的有害气体。所以在使用这些材料时，必须注意其适用与禁用范围，限量及掺配工艺，否则有可能导致质量事故或造成人体伤害。对此应严格遵循施工技术规范和做好个人防护工作。

3.混凝土的浇筑及操作安全

浇筑混凝土预制构件，场地要平整坚实，并应有排水措施。预制构件要用翻转架脱模时，多人协同翻架用力要一致。当翻至翻转架与地面垂直时，应用手或脚在把手处压拉一下，防止因倾翻力不足而导致模架回弹造成猛烈跳动而影响质量。采用平卧重叠法预制构件时，重叠高度一般不超过 3~4 层，且要待混凝土强度达到 4.9MPa 后，方可继续浇筑上层构件混凝土，并应有隔离措施。预制构件浇筑完毕后，应在其上标注型号及制作日期。对于上下两面难以分辨的构件，可在统一位置上注明"上"字，这一点尤为重要。

滑模施工浇筑混凝土，必须要有严密的施工方案，严格的材料计量，严格控制滑升速度，严谨测量监视，从严管理和检查。操作平台上的荷载必须按设计规定布置，不得随意改动和增加。操作平台上铺板要密实防滑，操作平台和吊篮周围必须满挂拴牢安全网。平台护身栏杆高度不得低于 1.2m。操作平台应保持整洁，残留的混凝土、拆下的模板和其他材料、工具应加强清理，施工人员上下应具有专门提升罐笼装置或专用行人坡道，不准用临时直梯。垂直提升装置必须设高度限位器，载人罐笼还必须有安全把闸。操作平台上，起重卷扬机房、信号控制点和测量观测点等之间的通讯指挥信号必须明显可靠。滑模建筑物四周，必须根据建筑高度设定警戒区域并有工人看守。操作平台上要有接地保护，防雷设施不少于 3 处。滑模施工期间应注意了解气象情况，做好预防措施，遇有雷雨大风停止施工。

4.混凝土机具操作安全

(1)混凝土搅拌机

操作跌落式混凝土搅拌机，应先检查其传动离合器和制动器是否灵活可靠，钢丝绳有无损坏，轨道、滑道是否良好，机器四周有无障碍以及各部件润滑状况，然后进行空载试转，确认可靠后才可正式搅拌。操作人员应站在垫木平台上操作，并配戴防尘口罩。操作时，起落料斗要平稳，当料斗降至接近地面时，应稍停后放至机底。料斗升起后，严禁在料斗下方站人。搅拌机运转中，严禁将工具、硬物等伸入拌筒内。已搅拌好混凝土在未全部卸出之前，不得再向拌筒内投入生料。在机器转动时人员不得进入机体后面滑道从事清洗或挂钩，防止因操作不慎人体误触动离合器的操纵杆而导致料斗升起造成伤害。拌筒中装满料时不应停转。若遇突然停电，不宜空载满负荷强行再启动，以防启动电流过大烧坏电源，这种情况下应及时将搅拌筒内的混凝土清除。人员进入筒内作业时，外面必须要有专人监护并看好电源。检修搅拌机时，必须将料斗用双挂钩固定牢靠并切断电源。每次搅拌完毕，操作人员应将料斗放至地面或挂牢，将全机里外清洗干净并断电锁闸。

(2)混凝土运输机具

混凝土的水平和垂直运输机具，有机动翻斗车、手推胶轮车、塔吊、提升架。除必须遵循有关车辆及起吊安全技术规程外，使用车辆运输混凝土前，还应加强对车辆的刹车制动、转向机构、轮胎气压进行检查。车斗内的混凝土装入量，一般应低于车帮沿口 5 ~ 10cm，以免运输中撒落。车辆驶上浇筑平台架子时，必须听从指挥。车辆重量不超过平台架子承重规定，以防架子塌垮。车辆倾倒混凝土时，严禁只图卸料省事，冒险高速前进或后退，造成驶进基坑或压伤操作人员。在车辆御料处应铺设好铁板，加设车辆限位防护横挡。垂直运输混凝土时，胶轮手推车的手柄不得伸出吊笼或吊盘，车轮前后要挡塞牢固，稳起稳落，停妥后再上人推运。

目前，泵送混凝土施工工艺日益增多，泵车能一次同时完成垂直和水平运送混凝土到浇筑点。泵送混凝土施工，要求混凝土配合比的设计、骨料检验与泵管内径之比、砂率、最小水泥用量控制及外加剂的使用等，均应符合泵送工艺对混凝土和易性的要求，以保证泵送顺利，防止堵管爆管等事故。泵送混凝土输送管的各节头连接必须紧固。泵送时，输送管下不得站人，防止因脱扣造成高压喷料伤人。输送管的布置宜直，转弯宜缓，垂直立管要固定牢靠。泵送前应先用水泥（砂）浆将输送管内壁润滑以减少输送阻力。操作人员应严格控制泵送压力，并与下料浇筑振捣人员保持密切联系。混凝土泵送应连续进行，保持受料斗内有足够的混凝土，防止吸入空气形成阻塞。若因停运或停泵时间超过规定时间而发生混凝土初凝、离析等现象时，应停止泵送。若进料的间隔时间较长时，应对泵管进行清洗。发生混凝土管堵时，可在被堵塞管段外侧用木棒敲击疏通，必要时停泵拆卸节头进行处理，但禁止用加大压力的办法来排除故障。泵送过程因故停机时间较长时，应采用人工将泵管内混凝土排除，以防凝结。冬期施工发生管道冻结时，只准用热水加热泵管，禁用火烘烤。

（3）混凝土振捣器

常用混凝土振捣器有插入式振动棒、表面平板式振动器等种类。

1）插入式振动棒。使用混凝土振动棒前，必须将棒轴与电机连接紧固，验证旋转方向与标记方向是否一致。进行试转时，不应将振动棒放在模板、脚手架以及未凝固的混凝土表面上振动。冬期因棒体冻结不易振动时，可用微火烘烤棒体，但不得使用烈火或沸水解冻。振捣操作人员应穿胶靴，戴绝缘手套，湿手不要接触电机开关。作业时应一人持棒振捣，专人配合控制开关并监护电线。振捣混凝土操作应快插慢拨，插入混凝土中应将棒体上下微微抽动以捣制均匀。一般振动棒的作用半径为 30 ~ 40cm。捣固混凝土时宜按"333"方法，采用行列式或交错式移棒操作。即每一振点的捣实延续时间约为 30s，至混凝土表面呈现浮浆不再沉落为止，移动振动点间的距离以 30cm 为宜，但不应大于振动棒作用半径的 1.5 倍（捣实轻集料混凝土时，间距不应大于作用半径的 1 倍），插入深度应保持振动棒外露长度为棒体全长的 1/3。不要将棒的软轴部分沉入混凝土中。振捣操作中软轴的弯曲半径不要小于 50cm。还应防止钢筋卡夹棒体，避免棒体碰触钢筋、模板、埋件、芯管或空心胶囊，一般棒体距离模板不应大于作用半径的 1 倍。连续分层浇筑混凝土时，为使上下层混凝土结合成一个整体，棒端应插入下层 5cm 深。振捣操作中如发现脱轴、漏电时，应停机检修。

2）表面平板式振动器。使用表面平板式振动器时，应先检查电机与振动板连接的螺栓是否紧固，导线是否固定可靠，要保持机壳表面清洁和牵引拉绳绝缘干燥。平板振动器的有效作用深度，在无筋或单层筋板构件中，一般为 20cm，在双层筋板件中约为 12cm。

因此，往模板中浇筑混凝土时必须控制一次浇筑厚度，两人操作应密切配合，在每一位置上连续振动时间一般为 25～40s，以混凝土表面均匀出现浆液为止。移动平板时，应成排设施前进，前后位置和排间应互相挤压，压接长度应有 3～5cm，移动转向时，不要用脚蹬踩电机。振至构件边沿时，要防止坠机砸人。

七、预应力工程安全技术要求

1. 张拉设备安全技术措施

(1) 张拉设备应由专人使用和管理，并且要求定期和准确地进行维护检验和测定。

(2) 张拉设备的测定期限不宜超过半年，当出现以下情况之一时，应对张拉设备重新测定：

1) 千斤顶久置后重新使用；

2) 千斤顶经过拆卸与修理；

3) 压力表更换；

4) 压力表受过碰撞或失灵；

5) 张拉过程中预应力筋伸长值误差较大或预应力筋被拉断等。

(3) 千斤顶与压力表应配套测定，以减少误差。

(4) 张拉设备的选用应根据预应力筋的种类及其张拉锚固工艺等情况确定。

(5) 严禁在张拉设备负荷时拆换压力表或油管。

(6) 张拉设备的使用应根据产品说明书的要求进行，预应力筋的张拉力不应大于张拉设备的额定张拉力，预应力筋的一次张拉伸长值不应超过张拉设备的最大张拉行程。若一次张拉不足时，可采用分段张拉的方法，并选用适应重复张拉的锚具和夹具。

(7) 张拉设备必须有可靠的接地保护，经检查绝缘可靠后，才可试运转。

(8) 测定张拉设备用的仪器设备的精度应满足以下要求：试验机或测力计不低于 ±2%，压力表不宜低于 1.5 级。此外，压力表的最大量程不宜小于张拉设备额定张拉力的 1.3 倍。

2. 锚具与夹具安全技术措施

(1) 除螺丝端杆锚具外，所有锚具的锚固能力不得低于预应力筋标准抗拉强度的锚固时预应力筋的内缩量，不得超过锚具设计要求的数值。

(2) 锚具应有出厂质量合格证明书。锚具经过类型、外观尺寸、硬度和锚固能力检验合格后，方可使用。

(3) 夹具应有出厂质量合格证书。

3. 先张法施工安全技术措施

(1) 张拉时，张拉机具与预应力筋应在同一条直线上。

(2) 顶紧锚塞时，用力不要过猛，以防钢丝折断；拧紧螺母时，应注意压力表读数一定要保持所需的张拉力。

(3) 预应力筋放张前，应拆除侧模，使构件在放张时能自由伸缩。

(4) 预应力筋放张应分阶段、对称、交错和缓慢地进行。

(5) 对配筋多的结构件，所有的钢丝应同时放松、严禁采用逐根放松的方法。

(6) 构件混凝土达到设计要求或不低于设计强度的 70% 后，预应力筋才能放张。

(7) 台座两端应设有防护设施。

（8）张拉预应力筋时，沿台座方向每隔 4～5m 设置一个防护架。

（9）轴心受压的构件（如拉杆等）所有预应力筋应同时放张。

（10）偏心受压的构件（如梁等）应先同时放张预压力较小区域的预应力筋，然后同时放张预压力较大区域的预应力筋。

（11）钢丝的回缩值为：冷拔低碳钢丝≤0.6mm，碳素钢丝≤1.2mm，实测数据不得超过以上数值的 20%。

4. 后张法施工安全技术措施

（1）粗钢筋的孔道直径应比预应力筋直径、钢筋对焊接头处外径以及需穿过孔道的锚具或连接器外径大 10～15mm。

（2）钢丝或钢绞线的孔道直径应比预应力钢丝束或钢绞线束外径以及锚具外径大 5～10mm，孔道面积应大于预应力筋面积的两倍。

（3）孔道之间的净距不应小于 25mm。

（4）孔道至构件边缘的净距不应小于 25mm，且不应小于孔道直径的一半。

（5）凡需起拱的构件，预留孔道宜与构件同时起拱。

（6）在构件两端及跨中应设置灌浆孔，其孔距不应大于 12m。

（7）曲线预应力筋和长度大于 24m 的直线预应力筋，应在两端张拉。长度小于等于 24m 的直线预应力筋，可在一端张拉，但张拉端宜分别设置在构件两端。

（8）张拉平卧重叠构件时，应逐层增加张拉力。

（9）预应力张拉完成后，应立即进行灌浆。

（10）张拉预应力筋时，构件两端严禁站人，且在千斤顶的后面应设置防护装置。

（11）张拉预应力筋前，构件强度应满足设计要求或不低于设计强度的 70%。

（12）张拉千斤顶、孔道和锚环应对中，以便张拉工作顺利进行。

5. 无粘结预应力施工安全技术措施

（1）预应力钢丝和钢绞线的力学性能经检验合格后，方可制作成无粘结预应力筋。

（2）无粘结预应力筋的外观检查应逐盘进行，油脂应饱满均匀无漏涂，护套应圆整光滑松紧恰当。

（3）无粘结预应力筋出厂时，每盘上都应挂有产品标牌，并附产品质量合格证明书。

（4）无粘结预应力筋运输时，应采用麻袋片包装，吊点处采用尼龙绳扎牢，不得使用钢丝绳等坚硬物与无粘结预应力筋的护套直接接触。

（5）无粘结预应力筋应轻装轻卸，严禁摔掷或拖拉。

（6）无粘结预应力筋在露天堆放时，应采取覆盖措施，并不能与地面直接接触；堆放期间严禁受到碰撞挤压。

（7）不同规格和品种的无粘结预应力筋应分别堆放并作出标识。

（8）无粘结预应力筋铺束前，必须将无粘结束的破损处用塑料胶带妥善包缠，不得进水。

（9）张拉端在张拉后切去多余外露钢丝束、钢绞线（尚留 25～30mm），用塑料封端罩填油脂后封盖锚具，再用细石混凝土或砂浆封端。

（10）对于固定端锚具，若使用挤压锚，必须在挤压锚固头的根部用塑料胶带包缠；若使用夹片锚，则在锚具的前后部位均应用填油脂和加塑料罩的办法妥善处理，尚应注意夹片受力能继续楔紧的运动要求。

八、井字架、龙门架安全技术要求

龙门架、井字架等升降机都是用作施工中的物料垂直运输。龙门架、井字架的叫法是随架体的外形结构而得名。

龙门架由天梁及两立柱组成,形如门框;井子架由四边的杆件组成,形如"井"字的截面架体,提升货物的吊篮在架体中间上下运行。

1.构造

升降机架体的主要构件有立柱、天梁,上料吊篮,导轨及底盘。架体的固定方法可采用在架体上拴缆风绳,其另一端固定在地锚处;或沿架体每隔一定高度,设一道附墙杆件,与建筑物的结构部位连接牢固,从而保持架体的稳定。

(1)立柱

立柱制作材料中选用型钢或钢管,焊成格构式标准节,其断面可组合呈三角形,其具体尺寸经计算选定。井架的架体也可制作成杆件,在施工现场进行组装,高度较低的井架,其架体也可参照钢管扣件脚手架的材料要求和搭设方法,在施工现场按规定进行选材搭设。

(2)天梁

天梁是安装在架体顶部的横梁,是主要受力部件,以承受吊篮自重及其物料重量,断面经计算选定,载荷 1t 时,天梁可选用 2 根 14 号槽钢,背对背焊接,中间装有滑轮及固定钢丝绳尾端的销轴。

(3)吊篮(吊笼)

吊篮是装载物料沿升降机导轨作上下运行的部件,由型钢及连接板焊成吊篮杠架,其底板铺 5cm 厚木板(当采用钢板时应焊防滑条),吊篮两侧应有高度不低于 1m 的安全档板或档网,上料口与卸料口应装防护门,防止上下运行中物料或小车落下,此防护门对卸料人员在高处作业时,又是一可靠的临边防护。高架升降机(高度 30m 以上)使用的吊篮应有防护顶板形成吊笼。

(4)导轨

导轨可选用工字钢或钢管。龙门架的导轨可做成单滑道或双滑道与架体焊在一起,双滑道可减少吊篮运行中的晃动;井字架的导轨也可设在架体内的四角,在吊篮的四角装置滚轮沿导轨运行,有较好的稳定作用。

(5)底盘

架体的最下部装有底盘,用于架体与基础连接。

(6)滑轮

装在天梁上的滑轮习惯称天轮,装在架体最底部的滑轮称地轮,钢丝绳通过天轮、地轮及吊篮上的滑轮穿绕后,一端固定在天梁的销轴上,另一端与卷扬机卷筒锚固。滑轮应按钢丝绳的直径选用,钢丝绳直径与滑轮直径的比值越大,钢丝绳产生的弯曲应力也就越小,当其比值符合有关规定时,对钢丝绳的受力,基本上可不考虑弯曲的影响。

(7)卷扬机

卷扬机宜选用正反转卷扬机,即吊篮的上下运行都依靠卷扬机的动力。当前,一些施工单位使用的卷扬机没有反转,吊篮上升时靠卷扬机动力,当吊篮下降时卷筒脱开离合器,靠吊篮自重和物料的重力作自由降落,虽然司机用手刹车控制,但往往因只图速度快使架体晃动,加大了吊篮与导轨的间隙,不但容易发生吊篮脱轨,同时也加大了钢丝绳的磨损。高架升降机不能使用这种卷扬机。

（8）摇臂把杆

摇臂把杆为解决一些过长材料的运输,可在架体的一侧安装一根起重臂杆,用另一台卷扬机为动力,控制吊钩上下,臂杆的转向由人工拉缆风绳操作。臂杆可选用无缝管或用型钢焊成格构断面。增加摇臂把杆后,应对架体进行核算和加强。

2. 安全防护装置

（1）安全停靠装置

必须在吊篮到位时,有一种安全装置,使吊篮稳定停靠,在人员进入吊篮内作业时有安全感。目前各地区停靠装置形式不一,有自动型和手动型,即吊篮到位后,由弹簧控制或由人工搬动,使支承杠伸到架体的承托架上,其荷载全部由停靠装置承担,此时钢丝绳不受力,只起保险作用。

（2）断绳保护装置

当钢丝绳突然断开时,此装置即弹出,两端将吊篮卡在架体上,使吊篮不坠落,保护吊篮内作业人员不受伤害。

（3）吊篮安全门

安全门在吊篮运行中起防护作用,最好制成自动开启型,即当吊篮落地时,安全门自动开启,吊篮上升时,安全门自行关闭,这样可避免因操作人员忘记关闭,安全门失效。

（4）楼层口停靠栏杆

升降机与各层进料口的结合处搭设了运料通道以运送材料,当吊篮上下运行时,各通道口处于危险的边缘,卸料人员在此等候运料应给予封闭,以防发生高处坠落事故。此护栏（或门）应呈封闭状,待吊篮运行到位停靠时,方可开启。

（5）上料口防护棚

升降机地面进料口是运料人员经常出入和停留的地方,易发生落物伤人。为此要在距离地面一定高度处搭设防护棚,其材料需能承受一定的冲击荷载。尤其当建筑物较高时,其尺寸不能小于坠落半径的规定。

（6）超高限位装置

当司机因误操作或机械电气故障而引起的吊篮失控时,为防止吊篮上升与天梁碰撞事故的发生而安装超高限位装置,需按提升高度进行调试。

（7）下限位装置

主要用于高架升降机,为防止吊笼下行时不停机,压迫缓冲装置造成事故。安装时将下限位调试到碰撞缓冲器之前,可自动切断电源,保证安全运行。

（8）超载限位器

为防止装料过多以及司机对散状各类重物难以估计重量,造成的超载运行而设置的。当吊笼内载荷达额定载荷90%,即发出信号,达到100%切断起升电源。

（9）通讯装置

它是在使用高架升降机时或利用建筑物内通道升降运行的升降机时,因司机视线障碍不能清楚地看到各楼层，而增加的设施。司机与各层运料人员靠通讯装置及信号装置进行联系来确定吊篮实际运行的情况。

3. 安全技术要求

(1) 井字架、龙门架的支搭应符合规程要求。高度在 10～15m 的应设一组缆风绳，每增高 110m 加设一组，每组四根，缆风绳用直径不小于 12.5nm 的钢丝绳，并按规定埋设地锚，严禁捆绑在树木、电线杆等物体上，钢丝绳花篮螺丝调节松紧，严禁用别杠调节钢丝绳长度。缆风绳的固定应不少于 3 个卡扣，并且卡扣的弯曲部分一律夹在钢丝绳的短头部分。

(2) 钢管井字架立杆采用对接扣件连接，不得错开搭接，立杆、大横杆间距均不大于 1m，四角应设双排立杆。天轮架必须绑两根天轮木，加顶棚桩打八字戗。

(3) 井字架、龙门架首层进料口一侧应搭设长度不小于 2m 的防护棚，另三个侧面必须采取封闭的措施，主体高度在 24m 以上的建筑物进出料防护棚应搭设双层防护棚。

(4) 井字架、龙门架首层进料口应采用联动防护门，吊盘定位采用自动联锁装置，应保证灵敏有效，安全可靠。

(5) 井字架、龙门架的导向滑轮应单独设置牢固地锚，不得捆绑在脚手架上，井字架、龙门架的导向滑轮至卷扬机卷筒的钢丝绳，凡经通道处应予以遮护。

(6) 井字架、龙门架的天轮与最高一层上料平台的垂直距离应不小于 6m，并设置超高限位装置，使吊笼上升最高位置与大轮间的垂直距离不小于 2m。

(7) 工作完毕或暂停工作时，吊盘应落到地面，因故障吊盘暂停悬空时，司机不准离开卷扬机。

(8) 严禁施工人员乘坐吊盘上下。

(9) 井字架、龙门架吊笼出入口应设安全门，两侧应附安全防护措施。

(10) 井字架、龙门架楼层进出料口应设安全门，两侧应绑两道护身栏杆，并设挡脚板。

(11) 井字架、龙门架非工作状态的楼层进出料口安全门必须予以关闭。

(12) 井字架、龙门架应设上下联络信号。

九、现场料具存放安全技术要求

(1) 严格按有关安全规程进行操作，所有材料码放都要整齐稳固。

(2) 大模板存放应将地脚螺栓提上去，下部应垫通长木方，使自稳角成 70°～80°，面对面堆放。长期存放的大模板应用拉杆连续绑牢。没有支撑或自稳角不足的大模板，存放在专用的堆放架内。

(3) 大外墙板、内墙板应存放在型钢制作或用钢管搭设的专用堆放架内。

(4) 小钢模码放高度不超过 1.5m，加气块码放高度不超过 1.8m。脚手架上放砖的高度不准超过三层侧砖。

(5) 存放水泥、砂石料等严禁靠墙堆放；易燃、易爆材料，必须存放在专用库房内，不得与其他材料混存。

(6) 化学危险物品必须储存在专用仓库、专用场地或专用储存室（柜）内，并由专人管理。

（7）各种气瓶在存放和使用时，应距离明火 10m 以上，并避免暴晒和碰撞。

十、现场施工用电安全技术要求

2005 年建设部颁发了部颁标准《施工现场临时用电安全技术规范》（JGJ46—2005），自 2005 年 7 月 1 日起实施，原《施工现场临时用电安全技术规范》（JGJ46—88）同时废止。按照新规范的规定，临时用电应遵守的主要原则为：

（1）建筑施工现场临时用电工程中的中性点直接接地的 220/380V 三相四线制低压电力系统，必须符合下列规定：

1）采用三级配电系统；

2）采用 TN－S 接零保护系统；

3）采用二级漏电保护系统。

（2）施工现场的用电设备在 5 台及 5 台以上或设备总容量在 50kW 及 50kW 以上者，应编制临时用电施工组织设计，它是临时用电方面的基础性技术、安全资料。包括的内容有：

1）现场勘测；

2）确定电源进线、变电所或配电室、配电装置、用电设备位置及线路走向；

3）进行负荷计算：

4）选择变压器；

5）设计配电系统：

①设计配电线路，选择导线或电缆；

②设计配电装置，选择电器；

③设计接地装置；

④绘制临时用电工程图纸，主要包括用电工程总平面图、配电装置布置图、配电系统接线图、接地装置设计图。

6）设计防雷装置；

7）确定防护措施；

8）制定安全用电措施和电气防火措施。

（3）临时用电工程图纸应单独绘制，临时用电工程应按图施工。

（4）临时用电组织设计及变更时，必须履行"编制、审核、批准"程序，由电气工程技术人员组织编制，经相关部门审核及具有法人资格企业的技术负责人批准后实施。变更用电组织设计时应补充有关图纸资料。

（5）临时用电工程必须经编制、审核、批准部门和使用单位共同验收，合格后方可投入使用。

（6）施工现场临时用电必须建立安全技术档案。安全技术档案应由主管该现场的电气技术人员负责建立与管理。临时用电工程应定期检查。定期检查时，应复查接地电阻值和绝缘电阻值。临时用电工程定期检查应按分部、分项工程进行，对安全隐患必须及时处理，并应履行复查验收手续。

（7）在建工程不得在外电架空线路正下方施工、搭设作业棚、建造生活设施或堆放构件、架具、材料及其他杂物等。在建工程（含脚手架）的周边与外电架空线路的边线之间的最小安全操作距离应符合表 3-2 规定。

在建工程（含脚手架具）的外侧边缘与外电架空线路的边线的最小安全操作距离　　　　表 3-2

外电线路电压	1kV 以下	1～10kV	35～110kV	154～220kV	330～500kV
最小安全操作距离（m）	4	6	8	10	15

注：上、下脚手架的斜道不宜设在有外电线路的一侧。

（8）施工现场的机动车道与外电架空线路交叉时，架空线路的最低点与路面的最小垂直距离应符合表 3-3 规定。

施工现场的机动车道与外电架空线路交叉时的最小垂直距离　　　　表 3-3

外电线路电压	1kV 以下	1～10kV	35kV
最小垂直距离（m）	6	7	7

（9）起重机严禁越过无防护设施的外电架空线路作业。

（10）施工现场开挖沟槽边缘与外电埋地电缆沟槽边缘之间的距离不得小于 0.5m。

（11）当达不到本规范第（7）和第（8）条中的规定时，必须采取绝缘隔离防护措施，并应悬挂醒目的警告标志。架设防护设施时，必须经有关部门批准，采用线路暂时停电或其他可靠的安全技术措施，并应有电气工程技术人员和专职安全人员监护。

（12）电气设备现场周围不得存放易燃易爆物、污染源和腐蚀介质，否则应予清除或做防护处置，其防护等级必须与环境条件相适应。电气设备设置场所应能避免物体打击和机械损伤，否则应做防护处置。

（13）在施工现场专用变压器的供电的 TN－S 接零保护系统中，电气设备的金属外壳必须与保护零线连接。施工现场的临时用电电力系统严禁利用大地作相线或零线。

（14）配电系统应设置配电柜或总配电箱、分配电箱、开关箱，实行三级配电。

（15）施工现场临时用电工程应采用放射与树干型相结合的分级配电型式。第一级为配电室的配电屏（盘）或总配电箱，第二级为分配电箱，第三级为开关箱，开关箱以下就是用电设备，并且实行"一机一闸"制。

（16）施工现场的漏电保护系统至少应按两级设置，并应具备分级分段漏电保护功能。

（17）在坑、洞、井内作业、夜间施工或厂房、道路、仓库、办公室、食堂、宿舍、料具堆放场及自然采光差等场所，应设一般照明、局部照明或混合照明。在一个工作场所内，不得只设局部照明。停电后，操作人员需及时撤离的施工现场，必须装设自备电源的应急照明。无自然采光的地下大空间施工场所，应编制单项照明用电方案。

（18）照明器具和器材的质量应符合国家现行有关强制性标准的规定，不得使用绝缘老化或破损的器具和器材。灯具的安装高度既要符合施工现场实际，又要符合安装要求。

以上列举了施工现场临时用电的一些基本安全要求，各方面详细的内容及有关规定参见《施工现场临时用电安全技术规范》（JGJ46—2005）。

十一、临边、洞口作业安全防护

1. 临边作业安全防护

（1）尚未安装栏杆或栏板的阳台周边、无外架防护的屋面周边、框架结构楼层周边、雨篷与挑檐边、水箱与水塔周边、斜道两侧边、卸料平台外侧边，应设置 1.2m 高的两道护身栏杆，并设置固定的高度不低于 180mm 的挡脚板或搭设固定的立网防护。

（2）护栏除经设计计算外，横杆长度大于 2m 时，必须加设栏杆柱，栏杆柱的固定及其与横杆的连接，其整体构造应在任何一处能经受任何方向的 1000N 的外力。

（3）当临边的外侧面临街道时，除防护栏杆外，敞口立面应采取满挂小眼安全网或其他可行措施作全封闭处理。

（4）分层施工的楼梯口、梯段边及休息平台处必须装临时护栏。顶层楼梯口应随工程结构进度安装正式防护栏杆。回转式楼梯间应支设首层水平安全网，每隔 4 层设一道水平安全网。

（5）阳台栏板应随工程结构进度及时进行安装。

2. 洞口作业安全防护

（1）尺寸为 5～25cm 的洞口，应设坚实盖板并能防止挪动移位。

（2）25cm×25cm～50cm×50cm 的洞口，应设置固定盖板，保持四周搁置均衡，并有固定其位置的措施。

（3）50cm×50cm～150cm×150cm 的洞口，应预埋通长钢筋网片，纵横钢筋间距不得大于 15cm；或满铺脚手板，脚手板应绑扎固定，未经许可不得随意移动。

（4）1.5m×1.5m 以上的洞口，四周必须搭设围护架，并设双道防护栏杆，洞口中间支挂水平安全网，网的四周拴挂牢固、严密。

（5）位于车辆行驶道路旁的洞口、深沟、管道、坑、槽等，所加盖板应能承受卡车后轮的有效承载力 2 倍的荷载。

（6）墙面等处的竖向洞口，凡落地的洞口应设置防护门或绑防护栏杆，下设挡脚板。低于 80cm 的竖向洞口，应加设 1.2m 高的临时护栏。

（7）电梯井口必须设不低于 1.2m 的金属防护门，井内首层和首层以上每隔 10m 设一道水平安全网，安全网应封闭严密。未经上级主管技术部门批准，电梯井内不得做垂直运输通道和垃圾通道。

（8）洞口应按规定设置照明装置的安全标识。

十二、高处作业安全防护

1. 攀登作业

（1）使用移动式梯子时，应对梯子进行质量检查，梯脚底部应坚实并有防滑措施，不能垫高使用。

（2）梯子的角度不能过大，以 75° 为宜，踏板上下间距不大于 30cm，不能有缺档。如梯子要接长使用，应对连接处进行检查，强度不能低于原梯子的强度，且接头不能超过一处。

（3）人字折梯使用时，其夹角不能过大，以 35°～45° 为宜，上部铰链要牢固，下部两单梯之间应有可行的拉撑措施。

（4）使用直爬梯进行攀登作业时，攀登高度以 5m 为宜，超过 2m，宜加设护笼，超过 8m，必须设置梯间平台。

（5）作业人员应从规定的通道上下，不得在阳台之间等非规定通道进行攀登，上下梯子时，必须面向梯子，且不得手持器物。

2. 悬空作业

(1) 悬空作业所用设备，均须经过技术鉴定或验证后方可使用。

(2) 吊装中的大模板、预制构件以及石棉水泥板等屋面板上，严禁站人和行走。

(3) 严禁在同一垂直面上装、拆模板。支设高度在 3m 以上的柱模板四周应设斜撑，并设立操作平台。

(4) 高处绑扎钢筋和安装钢筋骨架时，必须搭设平台和挂安全网。不得站在钢筋骨架上或攀登骨架上下。

(5) 浇筑离地 2m 以上框架、过梁、雨篷和小平台混凝土时，应设操作平台，不得直接站在模板或支撑件上操作。

(6) 悬空进行门窗作业时，严禁操作人员站在凳子、阳台栏板上操作，操作人员的重心应位于室内，不得在窗台上站立。

3. 操作平台

(1) 移动式操作平台的面积不应超过 $10m^2$，高度不应超过 5m。

(2) 装设轮子的移动式操作平台，轮子与平台的接合处应牢固可靠，立柱底端离地面不得超出 80mm。

(3) 操作平台台面满铺脚手板，四周应设置防护栏杆，并设置上下扶梯。

(4) 悬挑式钢平台应按现行规范进行设计及安装，其方案应编入施工组织设计。

(5) 操作平台上应标明容许荷载值，严禁超过设计荷载。

4. 高处作业

(1) 无外脚手架或采用单排外脚手架和工具式脚手架时，凡高度在 4m 以上的建筑物首层四周必须支搭 3m 宽的水平安全网，网底距地不小于 3m。高层建筑支搭 6m 宽双层网，网底距地不小于 5m，高层建筑每隔 10m，还应固定一道 3m 宽的水平网，凡无法支搭水平网的，必须逐层设立全网封闭。

(2) 建筑物出入口应搭设长 3~6m，且宽于出入通道两侧各 1m 的防护棚，棚顶满铺不小于 5cm 厚的脚手板，非出入口和通道两侧必须封严。

(3) 对人或物构成威胁的地方，必须支搭防护棚，保证人、物安全。

(4) 高处作业使用的铁凳、木凳应牢固，两凳距离不得大于 2m，且凳上脚手板至少铺两块以上，凳上只许一人操作。

(5) 高处作业人员必须穿戴好个人防护用品，严禁投掷物料。

十三、安全网的架设与拆除

1. 架设

(1) 选网

立网不能代替平网使用。根据负载高度选择平网的架设宽度。新网必须有产品检验合格证；旧网应在外观检查合格的情况下，进行抽样检验，符合要求时方准使用。

(2) 支撑

支撑物应有足够的强度和刚度，同时系网处无尖锐边缘。

(3) 平网架设

1）平网架设：架设平网应外高里低与平面成15°角，网片不要绷紧（便于能量吸收），网片之间应将系绳连接牢固不留空隙。

2）首层网：当砌墙高度达3.2m时应架首层网。首层网架设的宽度，视建筑的防护高度而定，对高层建筑，首层网应采用双层网，首层网在建筑工程主体和整修施工期间不能拆除。

3）随层网：随施工作业层逐层上升搭设的安全网称为随层网，外脚手架施工的作业层脚手板下必须再搭设一层脚手板作为防护层。当大型工具不足时，也可在脚手板下架设一道随层平网，作为防护层。

4）层间网：在首层网片随层网之间搭设的固定安全网称为层间网。自首层开始，每隔四层建筑架设一道层间网。

（4）立网架设

立网应架设在防护栏杆上，上部高出作业面不小于1.2m。立网距作业面边缘处，最大间隙不得超过10cm。立网的下部应封闭牢靠，扎结点间距不大于50cm。

小眼立网和密目安全网都属于立网，视不同要求采用。

2. 拆除

（1）拆除安全网时，必须待所防护区域内无坠落可能的作业时，方可进行。

（2）拆除安全网应自上而下依次进行。拆除过程中要有专人监护。作业人员系好安全带，同时应注意网内杂物的清理。

3. 检查与保管

（1）施工过程中，对安全网及支撑系统，应定期进行检查、整理、维修。检查支撑系统杆件、间距、结点以及封挂安全网用的钢丝绳的松紧度，检查安全网片之间的连接、网内杂物、网绳磨损以及电焊作业等损伤情况。

（2）对施工期较长的工程，安全网应每隔3个月按批号对其试验绳进行强力试验一次；每年抽样安全网，做一次冲击试验。

（3）拆除下来的安全网，由专人作全面检查，确认合格的产品，签发合格使用证书方准入库。

（4）安全网要存放在干燥通风无化学物品腐蚀的仓库中，存放应分类编号，定期检验。

十四、冬、雨期施工安全技术要求

1. 冬期施工

冬期施工主要应做好防火、防寒、防毒、防滑、防爆等安全工作。

（1）冬期施工作业层和运输通道应加设防滑设施，及时清除冰雪，并按需要设置挡风设施。

（2）易燃材料应注意经常清理，不得随意生火取暖，保证消防器材和水源的供应，并保证消防道路的畅通。

（3）要防止一氧化碳中毒，亚硝酸钠和食盐混放误食中毒。保证蒸汽锅炉的使用安全。

2. 雨期施工

雨期施工时经常发生基础冲刷塌方、塔机刮倒等现象，特别是近年来箱形基础施工采用内包法油毡保护墙砌好后，尚未浇筑混凝土而被雨水冲倒现象时有发生。在机电设备方面接地装置不好，易发生漏电事故。

(1) 雨期施工基础放坡，除按规定要求外，必须作补强护坡。

(2) 塔式起重机每天作业完毕，须将轨钳卡牢，防止遭大雨时滑走。

(3) 雨期施工应有相应的防滑措施。若遇大雨、雷电或6级以上强风时，应禁止高处、起重等内容的作业，且过后重新作业之前应先检查各项安全设施，确认安全后方可继续作业。

(4) 露天使用电气设备，要有可靠防漏电措施。做好机电设备的接地和接零保护。有关机具设备和设施按规定设置避雷装置。

(5) 箱形基础施工砌保护墙贴油毡后，墙体须加临时支撑，增加其稳定性，防止被大雨冲倒。

(6) 雷雨时，工人不要在高墙旁或大树下避雨，不要走近电杆、铁塔、架空电线和避雷针的接地导线周围10m以内地区。人若遭受雷击触电后，应立即采用人工呼吸急救并请医生采取抢救措施。

第四节 安全生产教育

(1) 企业单位必须认真地对新工人进行安全生产的入厂教育、车间教育和现场教育，并且经考试合格后，才能准许其进入操作岗位。

(2) 对于电工、起重、锅炉、受压容器、焊接、车辆驾驶、爆破、瓦斯检验等特殊工种的工人，必须进行专门的安全操作技术训练，经考试合格后，方能准许他们操作。

(3) 企业单位都必须建立安全活动日和在班前班后会上检查安全生产情况等制度，对职工进行经常的安全教育。并且注意结合职工文化生活，进行各种安全生产的宣传活动。

(4) 在采用新的生产方法、添设新的技术设备、制造新的产品或调换工人工作的时候，必须对工人进行新操作法和新工作岗位的安全教育。

第五节 安全生产检查与文明施工

安全检查是指对施工项目贯彻安全生产法律法规的情况、安全生产状况、劳动条件、事故隐患等所进行的检查。安全生产检查的主要内容包括：查思想，查制度，查机械设备，查安全设施，查安全教育培训，查操作行为，查防护用品使用，查伤亡事故处理等。安全生产检查的方法常用的有：深入现场实地观察、召开汇报会、座谈会、调查会以及个别访问，查阅安全生产记录等。

为了保证和促进建筑工程的安全施工，提高安全生产工作和文明施工的管理水平，预防伤亡事故的发生，确保职工的安全和健康，国家对安全生产和文明施工制定了有关的法律、法规、标准和规程，在某些方面还有强制性标准的规定。

文明施工不仅是保证职工身心健康的措施，而且是达到安全施工的一项保证条件，"三宝"、"四口"的使用管理更是保障安全施工的重要措施之一。

本节根据《建设施工安全检查标准》（JGJ59—99），参照《建筑施工安全检查标准实施指南》，针对在工程施工中有关问题作一简单介绍。

一、安全生产检查

在任何工程的施工方案和施工组织设计方案中，都必须在施工技术中涉及以下内容：即各种安全施工措施和文明管理的方法。

《建筑施工安全检查标准》（以下简称《标准》）规定了安全管理方面的检查内容及评分标准：

1. 安全生产责任制

（1）公司、项目、班组应当建立安全生产责任制，施工现场主要检查：项目负责人、工长（施工员）、班组长等生产指挥系统及生产、技术、机械、材料、后勤等有关部门的职责分工和安全责任及其文字说明。

（2）项目部对各级各部门安全生产责任制应定期考核，其考核结果及兑现情况应有记录，检查组对现场的实地检查作为评定责任制落实情况的依据。

（3）项目独立承包的工程，在签订的承包合同中必须有安全生产的具体指标和要求。总分包单位在签订分包合同前，要检查分包单位的营业执照、企业资质证、安全资格证等，如果齐全才能签订分包合同和安全生产合同（协议）。分包单位的资质应与工程要求相符。在合同中应明确各自的安全职责，原则上实行总承包的由总承包单位负责，分包单位要向总承包单位负责，服从总承包单位对施工现场的安全管理。分包单位在其分包范围内建立施工现场的安全生产管理制度并组织实施。

（4）项目的主要工种要有相应的安全操作规程，一般包括：砌筑、拌灰、混凝土、木工、钢筋、机械，电气焊、起重司索、信号指挥、塔司、架子、水暖、油漆等，特种作业应另作补充。安全技术操作规程应列为日常安全活动和安全教育、班前讲话的主要内容。安全操作规程应悬挂在操作岗位前，安全活动安全教育班前讲话应有记录。

（5）施工现场应配备专职（兼职）安全员，一般工地至少应有一名，中型工地应设2~3名，大型工地应设专业安全管理组进行安全监督检查。

（6）对工地管理人员的责任制考核，可由检查组随机考查，进行口试或简单笔试。

2. 目标管理

（1）施工现场对安全工作应制定工作目标，包括：杜绝死亡、避免重伤和一般事故的控制目标；根据工程特点，按部位制定达标的具体目标；根据作业条件的要求，制定文明施工的具体方案和实现文明工地的目标。

（2）对制定的安全管理目标要根据责任目标时要求落实到人，对承担责任目标的责任人的执行情况要与经济挂钩，每月应有执行情况的考核记录和兑现记录。

3. 施工组织设计

（1）所有施工项目在编制施工组织设计时应当根据工程特点制定相应的安全技术措施。安全技术措施要针对工程特点、施工工艺、作业条件、队伍素质等制定；还要按施工部位列出施工的危险点，对照各危险点的具体情况制定出具体的安全防护措施和作业注意事项。安全措施用料要纳入施工组织设计。安全技术措施必须经上级主管部门审批并经专业部门会签。

（2）对专业性强、危险性大的工程项目，应当编制专项安全施工组织设计，并采取相应的安全技术措施，保证施工安全。

（3）安全技术措施必须结合工程特点和现场实际情况，不能与工程实际脱节。当施工方案发生变化时，安全技术措施也应重新修订并报批。

4. 分部（分项）工程安全技术交底

（1）安全技术交底应在正式开始作业前进行，应有书面文字材料。交底后应履行签字手续，施工负责人、生产班组、现场安全员应各有一份。

（2）安全技术交底工作是施工负责人向施工作业人员进行职责落实的法律要求，要严肃认真地执行。交底内容不能过于简单，要将施工方案的要求，按全部分项工程针对作业条件的变化作细化的交待，要将操作者应注意的安全注意事项讲明。

5. 安全检查

（1）施工现场应建立定期安全检查制度，生产指挥人员在指挥生产时，随时纠正解决安全问题，但这种做法并不能替代正式的安全检查。

（2）由施工负责人组织有关人员和部门负责人，按照有关规范标准，对照安全技术措施提出的具体要求，进行定期检查，并对检查出的问题进行登记，对解决存在问题的人、时间、措施、落实情况进行记录登记。

（3）对上级检查中下达的重大隐患整改通知书要非常重视，并对其中所列整改项目应如期整改，并且逐一记录。

6. 安全教育

（1）对安全教育工作应建立定期的安全教育制度并认真执行，由专人负责。

（2）新人入厂必须经公司、项目、班组三级安全教育，公司要进行国家和地方有关安全生产的方针、政策、法规、标准、规范、规程和企业的安全规章制度等方面的安全教育。项目安全教育应包括：工地安全制度、施工现场环境、工程施工特点及可能存在的不安全因素等内容。

班组安全教育应包括本工种安全操作规程、事故范例解析、劳动纪律和班前岗位讲评等。

（3）工人变换工种，应先进行操作技能及安全操作知识的培训，考核合格后方可上岗操作。进行培训应有记录资料。

（4）对安全教育制度中定期教育执行情况应进行定期检查，考核结果记录，还要抽查岗位操作规程的掌握情况。

（5）企业安全人员、施工管理人员应按建设部的规定每年进行安全培训，考核合格后持证上岗。

7. 班前安全活动

（1）班前安全活动（班前讲话）是针对本工种、班组专业特点和作业条件进行的行之有效的安全活动，应形成制度、坚持执行并对每次活动的内容有重点地做简单记录。

（2）班前安全活动不能以布置生产工作来代替安全活动内容。

8. 特种作业持证上岗

（1）按照规定属于特殊作业的工种，应按照规定参加有关部门组织的培训，经考核合格持证上岗；当有效期满时应进行复试换证或签证，否则便视为无证上岗。

（2）对特种作业人员，公司应有专人管理进行登记造册，记录合格证号码、年限，以便到期组织复试。

9. 工伤事故处理

(1) 施工现场凡发生事故无论是轻重伤、死亡或多人事故均应如实进行登记，并按国家有关规定逐级上报。

(2) 发生的各类事故均应组织有关部门和人员进行调查并填写调查情况、处理结果的记录。重伤以上事故应按上级有关调查处理规定程序进行登记。无论何种事故发生均应配合上级调查组进行工作。

(3) 按规定建立符合要求的工伤事故档案，没有发生伤亡事故时，也应如实填写上级规定的月报表，按月向上级主管部门上报。

10. 安全标志

(1) 施工现场应针对作业条件悬挂符合《安全标志》（GB2894—1996）的安全色标；另应绘制现场安全标志布置图，多层建筑标志不一致时可列表或绘制分层布置图。安全标志布置图应有绘制人签名并由项目经理审批。

(2) 安全标志应有专人管理。作业条件变化或损坏时，应及时更换。应有针对性地按施工部位悬挂，不可并排悬挂、流于形式。

上述各项在 JGJ59—99 标准中均有各自的分数规定，检查不合格时按不合格项次进行扣分。

二、文明施工措施

《标准》中规定了文明施工检查项目及其规定共 11 项，是对我们建设文明工地和文明班组的要求，各项规定在主管部门检查中均有其扣分标准。

1. 现场围挡

(1) 现场围挡按施工当地行政区域进行划分，市区主干道路段施工时，围挡高度不低于 2.5m；一般路段施工时围挡高度不应低于 1.8m。

(2) 围挡应采用坚固、平稳、整洁、美观的硬质材料制作，或采用砌体装饰。禁止使用竹笆、彩条布、安全网等易损易变形的材料。

(3) 围挡的设置必须沿工地周围连续设置，不得有缺口或局部不牢固的问题。

2. 封闭管理

(1) 施工工地应有固定的出入口，应设置大门、专职门卫人员和门卫管理制度。门卫人员应切实起到门卫作用。

(2) 为加强对出入人员的管理，规定出入施工现场人员都要佩戴胸卡以示证明。胸卡应佩戴整齐。

(3) 工地大门应有本企业的标志，如何设计可按本地区本单位的特点进行。

3. 施工现场

(1) 工地的路面应作硬化处理，且应有干燥通畅的循环干道，不得在干道上堆放物料。

(2) 工地应有良好的排水设施，且应保持畅通，施工现场的管道不得有跑、冒、滴、漏或大面积积水现象存在。

(3) 工程施工中应作集水池统一处理施工所产生的废水、泥浆等，不得随意排放到下水道或排水河道及路面上。

（4）工地应根据情况设置远离危险区的吸烟室或吸烟处，并设置必要的灭火器材。禁止在施工现场吸烟，以防止火灾的发生。

（5）工地要尽量做到绿化，特别是在市区主干道施工时更应做到。

4. 材料堆放

（1）施工现场的料具及构件必须堆放在施工平面图规定的位置，按品种、分规格堆放并设置明显的规格、品种、名称标牌。

（2）各种物料应堆放整齐，便于进料和取料，达到砖成丁，砂石成方，钢筋、木料、钢模板垫高堆齐，大型工具一端对齐。

（3）作业区及建筑楼层内应做到活完、料净、现场清。凡拆下不用的模板等应立即运走，不能及时运走的要码放整齐。施工现场不同的垃圾应分类堆放处理。

（4）易燃易爆物品不能混放，除现场设有集中存放处外，班组使用的零散的各种易燃易爆物品，必须按有关规定存放。

5. 现场住宿

（1）施工现场的施工作业区与办公区及生活区应有明确的划分，有隔离和安全防护措施。在建工程不得作为宿舍，避免落物伤人及洞口和临边防护不严带来危险以及噪声影响休息等。

（2）寒冷地区应有保暖及防煤气措施，防止煤气中毒。炉火应统一设置，有专人管理及岗位责任。夏季应有防暑和防蚊措施，保证工人有充足睡眠。

（3）宿舍内床铺及生活用品应放置整齐，限定人数，有安全通道，门向外开。被褥叠放整齐、干净，室内无异味，室内照明灯低于 2.4m 时应采用不大于 36V 的安全电压照明，且不准在电线上晾衣服。

（4）宿舍周围环境卫生要保持良好，不准乱泼乱倒，应设污物桶、污水池。周围道路平整，排水通畅。

6. 现场防火

（1）施工现场应根据施工作业条件订立消防制度或消防措施，并记录落实效果。

（2）按照不同作业条件和性质及有关消防规定，按位置和数量设置合理而有效的灭火器材。对需定期更换的设备和药品要定期更换，对需注意防晒的要有防晒措施。

（3）当建筑物较高时，除应配置合理的消防器材外，尚需配备足够的消防水源和自救用水量，有足够扬程的高压水泵保证水压，层间均需设消防水源接口，管径应符合消防水带的要求。

（4）对于禁止明火作业的区域应建立明火审批制度，凡需明火作业的，必须经主管部门审批。作业时，应按规定设监护人员；作业后必须确认无火源危险时方可离开现场。

7. 治安综合治理

（1）施工现场生活区内应当设置工人业余学习和娱乐场所，以丰富职工的业余生活，达到文化式的休息。

（2）治安保卫是直接关系到施工现场安全与否的重要工作，也是社会安定所需，因此施工现场应建立治安保卫制度和责任分工，并由专人负责检查落实。对出现的问题应有记录，重大问题应上报。

8. 施工现场标牌

（1）标牌是施工现场的重要标志。施工现场进口处要有整齐明显，符合本地区、本企业、本工程特点的、有针对性内容的五牌一图。即：工程概况牌、管理人员名单及监督电话牌、消防保卫牌、安全生产牌、文明施工牌、施工现场总平面图。

（2）为了随时提醒和宣传安全工作，施工现场的明显处应设置必要的安全标语。

（3）施工现场应设置读报栏、黑板报等宣传园地，丰富学习内容，表扬好人好事等。

9. 生活设施

（1）施工现场应设置符合卫生要求的厕所，建筑物内和施工现场内不准随地大小便。高层建筑施工时，隔几层应设置移动式简易厕所且应设专人负责。

（2）施工现场职工食堂应符合有关的卫生要求。炊事员必须有防疫部门颁发的体检合格证；生熟分存；卫生要长期保持；定期检查并应有明确的卫生责任制和责任人。

（3）施工现场作业人员应能喝到符合卫生要求的白开水，有固定的盛水容器和专人管理。

（4）施工现场应按作业人员数量设置足够的淋浴设施，冬季应有暖气、热水，且应有管理制度和专人管理。

（5）生活垃圾应及时清理，集中运送入容器，不得与施工垃圾混放，并设专人管理。

10. 保健急救

（1）较大工地应设医务室，有专职医生值班。一般工地应有保健药箱及一般常用药品，并有医生巡回医疗。

（2）为紧急应对因意外造成的伤害等，施工现场应有经培训合格的急救人员及急救器材，以便及时处理和抢救。

（3）为保障作业人员的健康，应在流行病爆发季节及平时定期开展卫生防病的宣传教育。

11. 社区服务

（1）施工现场应经常与社区联系，建立不扰民措施，针对施工工艺设置防尘、防噪声设施，做到噪声不超标（施工现场噪声规定不超过 85 分贝）。并应有责任人管理和检查，工作应有记录。

（2）按当地规定允许施工时间施工，如果必须连续施工时，应有主管部门批准手续，并作好周围群众的工作。

第六节　安全事故的预防和处理

一、安全事故的预防对策

1. 事前预防对策

（1）本质安全　包括工艺改进、安全设计、检测监控等；

（2）科学管理　包括落实安全生产责任制度、制定操作规程、制度等；

（3）风险评估　包括风险辩识、安全评价、危险控制等；

（4）安全培训　包括资格认证、日常教育、上岗培训、演习等；

（5）安全检查　包括定期检查、日常检查等；

（6）维护保养　包括系统检修、保养等；

（7）施工组织　包括合理分工、组织优化等。

2. 事中应急救援对策

（1）编制事故应急救援预案；

（2）建立应急技术系统；

（3）配置事故救援装备；

（4）组织消防、急救、医疗体系；

（5）组建事故救援组织机构等。

3. 事后补救对策

（1）推行工伤保险制度；

（2）参加各类事故商业保险；

（3）进行事故责任追究与处罚；

（4）事后补救，实施整改措施；

（5）落实"四不放过"原则等。

二、安全事故的调查、分析和处理

1. 安全事故等级

1989 年 9 月 30 日建设部令第 3 号发布的《工程建设重大事故报告和调查程序规定》将重大事故分为四个等级：

（1）具备下列事故条件之一者为一级重大事故：死亡 30 人以上；直接经济损失 300 万元以上；

（2）具备下列条件之一者为二级重大事故：死亡 10 人以上，29 人以下；直接经济损失 100 万元以上，不满 300 万元；

（3）具备下列条件之一者为三级重大事故：死亡 3 人以上，9 人以下，重伤 20 人以上；直接经济损失 30 万元以上，不满 100 万元；

（4）具备下列条件之一者为凹级重大事故：死亡 2 人以下，重伤 3 人以上，19 人以下；直接经济损失 10 万元以上，不满 30 万元。

2. 伤亡事故类型

建筑工程施工现场常见的职工伤亡事故类型有：高处坠落、物体打击、触电、机械伤害、坍塌事故等。

3. 伤亡事故的处理程序

伤亡事故处理的程序一般为：

（1）迅速抢救伤员并保护好事故现场，防止事故蔓延和扩大；

（2）企业领导接到事故报告后，应立即赶赴现场组织抢救，迅速组织事故调查组；

（3）调查组进行现场勘察；

（4）根据调查和现场勘察结果，分析事故原因，明确责任者；

（5）根据事故原因，制定预防措施；

（6）根据事故后果核定事故责任人应负的责任提出处理意见，写出调查报告；

（7）对事故审定并提出处理结论，经有关机关审批后方可结案；

（8）员工伤亡事故登记记录。

第七节　安全生产法律法规概述

一、概述

1. 安全生产法律法规的定义

安全生产法律法规是指国家为了改善劳动条件，保护劳动者在生产过程的安全和健康，以及保障生产安全所采取的各种措施的法律规范。

2. 安全生产法律法规的作用

安全生产法律法规的作用主要体现在以下几个方面

（1）为保护劳动者的安全健康提供法律保障；

（2）加强安全生产的法制化管理；

（3）指导和推动安全生产工作发展，促进企业安全生产；

（4）促进生产力的提高和发展。

3. 法的分类

按照其法律地位和法律效力的层级划分为：

（1）宪法

宪法是国家的根本法，具有最高的法律地位和法律效力。我国宪法草案是由宪法修改委员会提请全国人民代表大会审议通过，全国人民代表大会和全国人民代表大会常务委员会监督宪法的实施，全国人民代表大会常务委员会有权解释宪法。

（2）法律

法律特指由享有立法权的国家机关依照一定的立法程序制定和颁布的规范性文件。在我国，只有全国人民代表大会及其常务委员会才有权制定和修订法律。法律的地位和效力次于宪法，高于行政法规、地方性法规、自治法规和行政规章。法律在中华人民共和国领域内具有约束力。如《刑法》、《劳动法》、《安全生产法》等。

（3）行政法规

行政法规是国家行政机关制定的规范性文件的总称。行政法规专指最高国家行政机关即国务院制定的规范性文件。行政法规的名称通常为条例、规定、办法、决定等。行政法规在中华人民共和国领域内具有约束力。如国务院颁布的《建设工程质量管理条例》、《安全生产许可证条例》等。

（4）地方性法规

地方性法规是指地方国家权力机关依照法定职权和程序制定和颁布的、施行于本行政区域的规范性文件。地方性法规的法律地位和法律效力低于宪法、法律、行政法规，但高于地方政府规章。如《北京市产品质量监督管理条例》等。

（5）行政规章

行政规章是指国家行政机关依照行政职权所制定、发布的针对某一类事件、行为或者某一类人员的行政管理的规范性文件。行政规章分为部门规章和地方政府规章两种。部门规章是指国务院的部、委员会和直属机构依照法律、行政法规或者国务院的授权制定的在全国范围内实施行政管理的规范性文件。如国家安监局颁布的《安全生产违法行为行政处罚办法》等。地方政府规章是指由地方性法规制定权的地方的人民政府依照法律、行政法规、地方性法规或者本级人民代表大会或其常务委员会授权制定的在本行政区域实施行政管理的规范性文件。如《北京市行政处罚听证程序实施办法》等。

4. 安全生产法律法规体系

我国安全生产法律法规体系构成如下：

（1）按层次分

1）宪法中有关安全生产内容；

2）有关安全生产的法律；

3）国务院颁布有关安全生产行政法规；

4）国家部、委、办、局颁布的有关安全生产行政规章；

5）地方人大、政府颁布的有关安全生产法规。

（2）按生产内容划分

1）安全生产管理法规；

2）安全生产技术法规；

3）职业卫生技术法规。

二、安全生产法律法规的主要内容

1.《宪法》中有关安全生产内容

《宪法》中有关安全生产内容主要涉及以下几个方面：

（1）《宪法》第四十二条中规定："国家通过各种途径，创造劳动就业条件，加强劳动保护，改善劳动条件，并在发展生产的基础上，提高劳动报酬和福利待遇。"

（2）《宪法》第四十三条规定："国家发展劳动者休息和休养的设施，规定职工的工作时间和休假制度。"

（3）《宪法》第四十八条规定："中华人民共和国妇女在政治的、经济的、文化的、社会的和家庭的生活等各方面享有同男子平等的权利。国家保护妇女的权利和利益，实行男女同工同酬，培养和选拔妇女干部。"

2. 安全生产法

2002年6月29日，全国人大九届二十八次常务会议通过《安全生产法》，当日由江泽民主席签署70号令予以公布，自2002年11月1日起施行。《安全生产法》的公布实施，是我国安全生产领域具有深远意义的一件大事，是安全生产法制建设的里程碑，它标志着我国安全生产工作进入一个新的阶段。制定《安全生产法》的目的在于为了加强安全生产监督管理，防止和减少生产安全事故，保障人民群众生命和财产安全，促进经济发展。《安全生产法》属于安全生产领域的综合性法律，其内容涵盖了安全生产领域的主要方面和基本问题。《安全生产法》分七章共九十七条，其主要内容框架如下：

第一章　总则（共15条）

（1）为什么要制定"安全生产法"；

（2）安全生产法适用范围；

（3）安全生产的方针；

（4）各级行政部门安全责任；

（5）安全生产追究制度；

（6）运用科技提高安全生产水平；

（7）对安全有功的单位或个人给予奖励。

第二章　安全生产保障（共28条）

（1）单位法人安全职责；

（2）三同时；

（3）知情权；

（4）防护用品；

（5）为从业人员交纳保险。

第三章　从业人员权利和义务（共9条）

（1）订立劳动合同；

（2）从业人员安全三有权（了解、批评、停止）；

（3）从业人员义务；

（4）工会监督。

第四章　安全生产监督管理（共15条）

（1）政府监督；

（2）负有安全监督管理部门监督及职权；

（3）人民群众监督；

（4）新闻监督；

（5）接受监督。

第五章　事故应急救援与调查处理

第六章　法律责任两章（共28条）

（1）应急救援预案；

（2）事故报告及处理；

（3）事故调查；

（4）法律责任追究。

第七章　附则（共2条）

3. 其他法律中有关安全生产条文

除了《宪法》和《安全生产法》的规定外，我国其他法律也对安全生产领域作了相关规定，法规内容在此不予赘述，请读者查阅相关书籍。这些相关法包括：

（1）《刑法》中有关安全生产条文。

（2）《劳动法》中有关安全生产条文。

（3）《消防法》中有关安全生产条文。

（4）《民法通则》中有关安全生产条文。

（5）《乡镇企业法》、《工业企业法》、《工会法》、《电力法 》中有关安全生产条文。

（6）《建筑法》等许多法律中有关安全生产条文。

4. 国务院颁布的行政法规

近年来，国务院颁布的行政法规相当多，下面仅举几例说明：

（1）三大规程、五项规定

三大规程于 1956 年颁布，是指：《工厂安全卫生规程》、《建筑安装工程安全技术规程》、《工人职员伤亡事故报告规程》（已由 1991 年 75 号令《企业职工伤亡事故报告和处理规定》代替）。五项规定于 1963 年颁布，是指：安全生产责任制；安全技术措施计划；安全生产教育；安全生产检查；伤亡事故的调查和处理。

（2）《特大安全事故行政责任追究的规定》（2001 年 302 号令）

（3）《建设工程安全生产管理条例》（2003 年 393 号令）

（4）《安全生产许可证条例》（2004 年 397 号令）

5. 国家部、委、办、局有关安全生产行政规章，以及安全生产监督管理部门的行政规章，国家有关安全生产的行政规章主要有：

（1）《安全生产行政复议暂行办法》（国家经贸委第 49 号令）

（2）《安全生产违法行为行政处罚办法》（国家安监局第 1 号令）

（3）《危险化学品经营许可证管理办法》（国家经贸委第 36 号令）

（4）《特种作业人员安全技术培训考核管理办法》（国家经贸委 第 13 号令）

第四章 质量管理

第一节 建筑工程质量管理概述

工程质量管理是企业管理的一大核心，是企业经济效益的基础。质量和品牌是企业核心竞争力的根本体现，只有保证了工程质量，才能使企业立于不败之地，才能为国家、为企业、为个人创造大的效益和收益。质量管理的首要任务是确定质量方针、目标和职责，核心是建立有效的质量管理体系，通过四项具体的活动，即质量策划、质量控制、质量保证和质量改进，确保质量方针、目标的实施和实现。

保证工程质量的管理则是从班组开始、工序开始，因此班组在提高工程质量的工作中负有重要的责任。抓好班组质量管理建设，使人人提高质量意识，提高优质品率，降低和消灭不合格品率，是保证工程质量，降低消耗，保证工程进度和提高企业效益的最佳途径。

在工程工序班组质量管理中贯彻 ISO9000 系列质量管理标准，推行 TQC（即全面质量管理）活动，加强班组、工序间的自检、互检、交接验收检查，则是消除隐患，减少事故，提高操作责任心，提高各工序、班组施工质量的主要方法。

第二节 施工项目质量控制

一、施工项目质量控制过程

施工项目的质量控制的过程是从工序质量到分项工程质量、分部工程质量、单位工程质量的系统控制过程；也是一个由投入原材料的质量控制开始，直到完成工程质量检验为止的全过程的系统过程。其主要过程如图 4-1（a）、（b）所示。

二、影响施工质量的因素

影响施工项目的质量因素主要有五个方面，即 4M1E，指人、材料、机械、方法和环境。对这五方面因素的控制，是保证施工项目质量的关键。如图 4-2 所示。

三、施工项目质量控制要求

1. 施工准备阶段的质量控制

（1）施工合同签订后，项目经理部应索取设计图纸和技术资料，指定专人管理并公布有效文件清单。

（2）项目经理部应依据设计文件和设计技术交底的工程控制点进行复测。当发现问题时，应与设计人协商处理，并应形成记录。

（3）项目技术负责人应主持对图纸审核，并应形成会审记录。

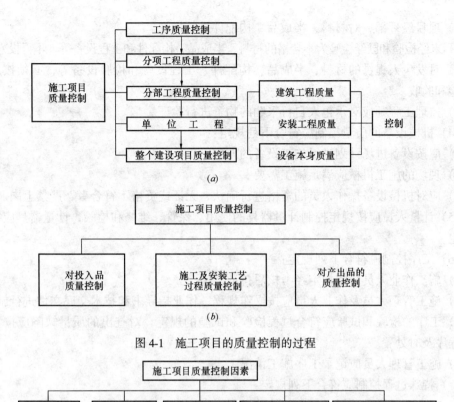

图 4-1　施工项目的质量控制的过程

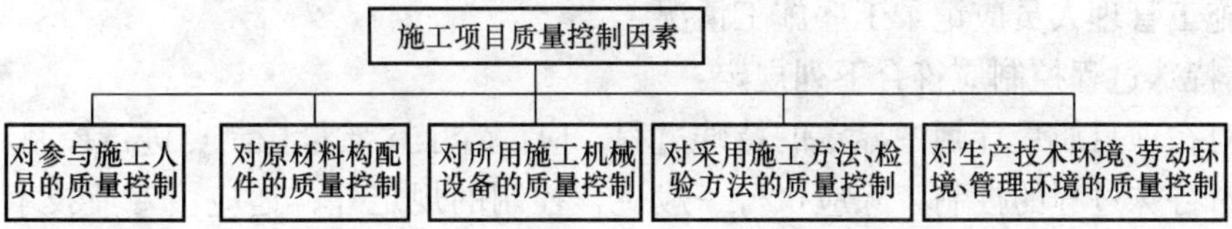

图 4-2　施工项目的质量因素的控制

（4）项目经理应按质量计划中工程分包和物资采购的规定，选择并评价分包人和供应人，并应保存评价记录。

（5）企业应对全体施工人员进行质量知识培训，并应保存培训记录。

2. 施工阶段的质量控制

（1）技术交底应符合下列规定：

1）单位工程、分部工程和分项工程开工前，项目技术负责人应向承担施工的负责人或分包人进行书面技术交底。技术交底资料应办理签字手续并归档。

2）在施工过程中，项目技术负责人对发包人或监理工程师提出的有关施工方案、技术措施及设计变更的要求，应在执行前向执行人员进行书面技术交底。

（2）工程测量应符合下列规定：

1）在项目开工前应编制测量控制方案，经项目技术负责人批准后方可实施，测量记录应归档保存。

2）在施工过程中应对测量点线妥善保护，严禁擅自移动。

（3）材料的质量控制应符合下列规定：

1）项目经理部应在质量计划确定的合格材料供应人名录中按计划招标采购材料、半成品和构配件。

2）材料的搬运和贮存应按搬运储存规定进行，并应建立台账。

3）项目经理部应对材料、半成品、构配件进行标识。

4）未经检验和已经检验为不合格的材料、半成品、构配件和工程设备等，不得投入使用。

5）对发包人提供的材料、半成品、构配件、工程设备和检验设备等，必须按规定进行检验和验收。

6）监理工程师应对承包人自行采购的物资进行验证。

（4）机械设备的质量控制应符合下列规定：

1）应按设备进场计划进行施工设备的调配。

2）现场的施工机械应满足施工需要。

3）应对机械设备操作人员的资格进行确认，无证或资格不符合者，严禁上岗。

（5）计量人员应按规定控制计量器具的使用、保管、维修和检验，计量器具应符合有关规定。

（6）工序控制应符合下列规定：

1）施工作业人员应按规定经考核后持证上岗。

2）施工管理人员及作业人员应按操作规程、作业指导书和技术交底文件进行施工。

3）工序的检验和试验应符合过程检验和试验的规定，对查出的质量缺陷应按不合格控制程序及时处置。

4）施工管理人员应记录工序施工情况。

（7）特殊过程控制应符合下列规定：

1）对在项目质量计划中界定的特殊过程，应设置工序质量控制点进行控制。

2）对特殊过程的控制，除应执行一般过程控制的规定外，还应由专业技术人员编制专门的作业指导书，经项目技术负责人审批后执行。

（8）工程变更应严格执行工程变更程序，经有关单位批准后方可实施。

（9）建筑产品或半成品应采取有效措施妥善保护。

（10）施工中发生的质量事故，必须按《建设工程质量管理条例》的有关规定处理。

3．竣工验收阶段的质量控制

（1）单位工程竣工后，必须进行最终检验和试验。项目技术负责人应按编制竣工资料的要求收集、整理质量记录。

（2）项目技术负责人应组织有关专业技术人员按最终检验和试验规定，根据合同要求进行全面验证。

（3）对查出的施工质量缺陷，应按不合格控制程序进行处理。

（4）项目经理部应组织有关专业技术人员按合同要求编制工程竣工文件，并应做好工程移交准备。

（5）在最终检验和试验合格后，应对建筑产品采取防护措施。

（6）工程交工后，项目经理部应编制符合文明施工和环境保护要求的撤场计划。

四、施工单位现场质量检查的内容

施工单位现场质量检查的内容：

（1）开工前检查；

（2）工序交接检查；

（3）隐蔽工程检查；

（4）停工后复工前的检查；

（5）分项分部工程完工后，应经检查认可，签署验收记录后，才允许进行下一工程项目施工；

（6）成品保护检查。

第三节 施工项目质量问题的分析和处理

一、质量事故的分类

建筑工程的质量事故按事故的性质及严重程度划分，一般可分为一般事故和重大事故两类。

1. 一般事故

通常是指经济损失在 5000 元～10 万元额度内的质量事故。

2. 重大事故

凡是有下列情况之一者，可列为重大事故：

（1）建筑物、构筑物或其他主要结构倒塌者为重大事故。

（2）超过规范规定或设计要求的基础严重不均匀沉降、建筑物倾斜、结构开裂或主体结构强度严重不足，影响结构物的寿命，造成不可补救的永久性质量缺陷或事故。

（3）影响建筑设备及其相应系统的使用功能，造成永久性质量缺陷者。

（4）经济损失在 10 万元以上者。

二、质量事故的原因分析

施工项目质量问题的形式多种多样，诸如建筑结构的错位、变形、倾斜、倒塌、破坏、开裂、渗水、漏水、刚度差、强度不起、断面尺寸不准等，但究其主要原因，可归纳如下：

1. 违背建设程序

如不经可行性论证，不作调查分析就拍板定案；没有搞清工程地质、水文地质就仓促开工；无证设计，无图施工；随意修改设计，不按图纸施工；工程竣工不进行试车运转、不经验收就交付使用等蛮干现象，致使不少工程项目留有严重隐患，房屋倒塌事故也常有发生。

2. 工程地质勘察原因

未认真进行地质勘察，提供地质资料、数据有误；地质勘察时，钻孔间距太大，不能全面反映地基的实际情况，如当基岩地面起伏变化较大时，软土层厚薄相差亦甚大；地质勘察钻孔深度不够，没有查清地下软土层、滑坡、墓穴、孔洞等地层构造；地质勘察报告不详细、不准确等，均会导致采用错误的基础方案，造成地基不均匀沉降、失稳，使上部结构及墙体开裂、破坏、倒塌。

3. 未加固处理好地基

对软弱土、冲填土、杂填土、湿陷性黄土、膨胀土、岩层出露、溶岩、溶洞等不均匀地基未进行加固处理或处理不当，均是导致重大质量问题的原因。必须根据不同地基的工程特性，按照地基处理应与上部结构相结合，使其共同工作的原则，从地基处理、设计措施、结构措施、防水措施、施工措施等方面综合考虑治理。

4. 设计计算问题

设计考虑不周，结构构造不合理，计算简图不正确，计算荷载取值过小，内力分析有误，沉降缝及伸缩缝设置不当，悬挑结构未进行抗倾覆验算等，都是诱发质量问题的隐患。

5. 建筑材料及制品不合格

诸如：钢筋物理力学性能不符合标准；水泥受潮、过期、结块、安定性不良；砂石级配不合理、有害物含量过多；混凝土配合比不准，外加剂性能、掺量不符合要求时，均会影响混凝土强度、和易性、密实性、抗渗性，导致混凝土结构强度不足、裂缝、渗漏、蜂窝、露筋等质量问题；预制构件断面尺寸不准，支承锚固长度不足，未可靠建立预应力值；钢筋漏放、错位、板面开裂等，必然会出现断裂、垮塌。

6. 施工和管理问题

许多工程质量问题，往往是由施工和管理所造成，例如：

(1) 不熟悉图纸，盲目施工，图纸未经会审，仓促施工；未经监理、设计部门同意擅自修改设计。

(2) 不按图施工。把铰接作成刚接，把简支梁作成连续梁；抗裂结构用光圆钢筋代替变形钢筋等，致使结构裂缝破坏；挡土墙不按图设滤水层，留排水孔，致使土压力增大，造成挡土墙倾覆。

(3) 不按有关施工验收规范施工，如现浇混凝土结构不按规定的位置和方法任意留设施工缝；不按规定的强度拆除模板；砌体不按组砌形式砌筑，留直搓不加拉结条，在小于1m宽的窗间墙上留设脚手眼等。

(4) 不按有关操作规程施工。如，用插入式振捣器捣实混凝土时，不按插点均布、快插慢拔、上下抽动、层层扣搭的操作法，致使混凝土振捣不实，整体性差；又如，砖砌体包心砌筑，上下通缝，灰浆不均匀饱满，游丁走缝，不懂平、竖、直等，都是导致砖墙、砖柱破坏、倒塌的主要原因。

(5) 缺乏基本结构知识，施工蛮干。如将钢筋混凝土预制梁倒放安装；将悬臂梁的受拉钢筋放在受压面；结构构件吊点选择不合理，不了解结构使用受力和吊装受力的状态；施工中在楼面超载堆放构件和材料等，均将给质量和安全造成严重的后果。

(6) 施工管理混乱，施工方案考虑不周，施工顺序错误。技术组织措施不当，技术交底不清，违章作业，不重视质量检查和验收工作等等，都是导致质量问题的祸根。

(7) 自然条件影响

施工项目周期长、露天作业多，受自然条件影响大，温度、湿度、日照、雷电、供水、大风、暴雨等都能造成重大的质量事故，施工中应特别重视。采取有效措施予以预防。

(8) 建筑结构使用问题

建筑物使用不当，亦易造成质量问题。如不经校核、验算，就在原有建筑物上任意加层，使用荷载超过原设计的容许荷载；任意开槽、打洞、削弱承重结构的截面等。

三、质量事故的处理程序和基本要求

1. 工程质量事故处理程序

（1）事故发生后及时进行事故调查，了解事故情况，并确定是否需要采取防护措施；

（2）分析调查结果，找出事故的范围、性质和主要原因，写出事故调查报告；

（3）确定是否需要处理，若不需处理，需作不作处理的论证；若需处理，施工单位确定处理方案；

（4）事故处理；

（5）进行处理鉴定，检查事故处理结果是否达到要求；

（6）对事故处理做出明确的事故处理结论；

（7）提交事故处理报告。

2. 工程质量事故处理的基本要求

（1）处理应达到安全可靠，不留隐患，满足生产、使用要求，施工方便，经济合理的目的；

（2）重视消除事故原因；

（3）注意综合治理；

（4）正确确定处理范围；

（5）正确选择处理时间和方法；

（6）加强事故处理的检查验收工作；

（7）认真复查事故的实际情况；

（8）确保事故处理期的安全。

第四节　建筑工程质量验收统一标准

本节主要介绍《建筑工程质量验收统一标准》（以下简称《统一标准》）中强制性条文的有关内容，《统一标准》的强制性条文涉及施工质量验收的参加人员、验收的主要内容、验收程序和组织以及工程竣工验收备案等方面。

一、建筑工程质量验收要求

1. 建筑工程施工质量应按下列要求进行验收

（1）建筑工程施工质量应符合本标准和相关专业验收规范的规定。

（2）建筑工程施工应符合工程勘察、设计文件的要求。

（3）参加工程施工质量验收的各方人员应具备规定的资格。

（4）工程质量的验收均应在施工单位自行检查评定的基础上进行。

（5）隐蔽工程在隐蔽前应由施工单位通知有关单位进行验收，并应形成验收文件。

（6）涉及结构安全的试块、试件以及有关材料，应按规定进行见证取样检测。

（7）检验批的质量应按主控项目和一般项目验收。

（8）对涉及结构安全和使用功能的重要分部工程应进行抽样检测。

（9）承担见证取样检测及有关结构安全检测的单位应具有相应资质。

（10）工程的观感质量应由验收人员通过现场检查，并应共同确认。

2.单位（子单位），工程质量验收合格应符合下列规定

（1）单位（子单位）工程所含分部（子分部）工程的质且均应验收合格。

（2）质量控制资料应完整。

（3）单位（子单位）工程所含分部工程有关安全和功能的检测资料应完整。

（4）主要功能项目的抽查结果应符合相关专业质量验收规范的规定。

（5）观感质量验收应符合要求。

《统一标准》还指出：通过返修或加固处理仍不能满足安全使用要求的分部工程、单位（子单位）工程，严禁验收。

二、建筑工程质量验收的程序和组织

（1）检验批及分项工程应由监理工程师（建设单位项目技术负责人）组织施工单位项目专业质量（技术）负责人等进行验收。

（2）分部工程应由总监理工程师（建设单位项目负责人）组织施工单位项目负责人和技术、质量负责人等进行验收；地基与基础、主体结构分部工程的验收，勘察、设计单位工程项目负责人和施工单位技术、质量部门负责人也应参加相关分部工程验收。

（3）单位工程完工后，施工单位应自行组织有关人员进行检查评定，并向建设单位提交工程验收报告。

（4）建设单位收到工程验收报告后，应由建设单位（项目）负责人组织施工（含分包单位）、设计、监理等单位（项目）负责人进行单位（子单位）工程验收。

（5）单位工程有分包单位施工时，分包单位对所承包的工程项目应按本标准规定的程序检查评定，总包单位应派人参加。分包工程完成后，应将工程有关资料交总包单位。

（6）当参加验收各方对工程质量验收意见不一致时，可请当地建设行政主管部门或工程质量监督机构协调处理。

（7）单位工程质量验收合格后，建设单位应在规定时间内将工程竣工验收报告和有关文件，报建设行政管理部门备案。

第五章　施工现场技术管理

第一节　施工现场技术管理概述

施工项目技术管理是项目经理部在项目施工的过程中，对各项技术活动过程和技术工作的各种要素进行科学管理的总称。

一、施工项目技术管理工作内容

施工项目技术管理工作主要包括：技术管理基础工作；施工技术准备工作；施工过程技术工作；技术开发工作；技术经济分析与评价等，内容如图 5-1 所示。

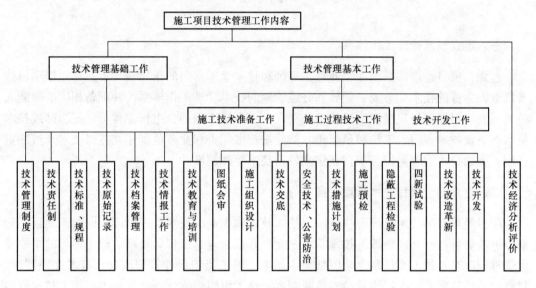

图 5-1　施工项目技术管理工作内容

二、项目经理部的技术工作要求

（1）项目经理部在接到工程图纸后，按过程控制程序文件要求进行内部审查，并汇总意见。

（2）项目技术负责人应参与发包人组织的图纸会审，提出设计变更意见，进行一次性设计变更洽商。

（3）在施工过程中，如发现设计图纸中存在问题，或因施工条件变化必须补充设计或需要材料代用，可向设计人提出工程变更洽商书面资料。工程变更应由项目技术负责人签字。

（4）编制施工方案。

（5）技术交底必须贯彻施工验收规范、技术规程、工艺标准、质量验收标准等要求。书面资料应由签发人和审核人签字，使用后归入技术资料档案

（6）项目经理部应将分包人的技术管理纳入技术管理体系，并对其施工方案的制定、技术交底、施工试验、材料检验、分项工程检验和隐检、竣工验收等进行系统的过程控制。

（7）对后续工序质量有决定作用的测量与放线、模板、翻样、预制构件吊装、设备基础、各种基层、预留孔、预埋件、施工缝等应进行施工预检，并做好记录。

（8）各类隐蔽工程应进行隐检，做好隐检记录，办理隐检手续，参与各方责任人应确认、签字。

（9）项目经理部应按项目管理实施规划和企业的技术措施纲要实施技术措施计划。

（10）项目经理部应设技术资料管理人员，做好技术资料的搜集、整理和归档工作，并建立技术资料台账。

第二节　施工现场技术管理的基础工作

一、建立技术管理工作体系

首先，项目经理部必须在企业总工程师和技术管理部门的指导参与下，建立以项目技术负责人为首的技术业务统一领导和分级管理的技术管理工作体系，并配备相应的职能人员。一般应根据项目规模设项目技术负责人：项目总工程师、主任工程师、工程师或技术员，其下设技术部门、工长和班组长，然后按技术职责和业务范围建立各级技术人员的责任制，明确技术管理岗位与职责、建立各项技术管理制度。

二、建立健全项目技术管理制度

项目经理部的技术管理应执行国家技术政策和企业的技术管理制度，同时，项目经理部根据需要可自行制定特殊的技术管理制度，并报企业总工程师批准。施工项目的主要技术管理制度有：技术责任制度、图纸会审制度、施工组织设计管理制度、技术交底制度、材料设备检验制度、工程质量检查验收制度、技术组织措施计划制度、工程施工技术资料管理制度以及工程测量、计量管理办法、环境保护管理办法、工程质量奖罚办法、技术创新和合理化建议管理办法等。

建立健全施工项目技术管理的各项制度，首先是要求各项制度互相配套协调、形成系统，既互不矛盾，也不留漏洞，还要有针对性和可操作性；其次是要求项目经理部所属单位、各部门和人员，在施工活动中，郡必须遵照所制定的有关技术管理制度中的规定和程序安排工作和生产，保证施工生产安全顺利地进行。

三、技术责任制

项目经理部的各级技术人员都应根据项目技术管理责任制度完成业务工作，履行职责。其中项目技术负责人的主要职责有：

（1）主持项目的技术管理；

（2）主持制定项目技术管理工作计划；

（3）组织有关人员熟悉与审查图纸，主持编制项目管理实施规划的施工方案并组织落实；

（4）负责技术交底；

（5）组织做好测量及其核定；

（6）指导质量检验和试验；

（7）审定技术措施计划并组织实施；

（8）参加工程验收，处理质量事故；

（9）组织各项技术资料的签证、收集、整理和归档；

（10）领导技术学习，交流技术经验；

（11）组织专家进行技术攻关。

第三节　施工现场技术管理的主要工作

一、图纸会审

图纸会审的目的是为了使施工单位、监理单位、建设单位及其他相关单位（消防、环保）等进一步了解设计意图和设计要点，通过会审澄清疑点，消除设计缺陷，统一认识，使设计达到经济合理、安全可靠，美观适用。

1. 图纸会审程序

（1）图纸会审主要有建设单位或其委托的监理单位、设计单位和施工单位三方代表参加。

（2）由监理单位（或建设单位）主持，先由设计单位介绍设计意图和图纸、设计特点、对施工的要求。然后由施工单位提出图纸中存在的问题和对设计单位的要求，通过三方讨论与协商解决存在的问题，写出会议纪要，交给设计人员，设计人员将纪要中提出的问题通过书面的形式进行解释或提交设计变更通知书。

2. 图纸会审的主要内容

（1）是否是无证设计或越级设计图纸，是否经设计单位正式签署；

（2）地质勘探资料是否齐全；

（3）设计图纸与说明是否齐全；

（4）设计地震烈度是否符合当地要求；

（5）几个单位共同设计的，相互之间有无矛盾；专业之间，平、立、剖面图之间是否有矛盾；标高是否有遗漏；

（6）总平面与施工图的几何尺寸、平面位置、标高等是否一致；

（7）防火要求是否满足；

（8）建筑结构与各专业图纸本身是否有差错及矛盾；结构图与建筑图的平面尺寸及标高是否一致；建筑图与结构图的表示方法是否清楚，是否符合制图标准；预埋件是否表示清楚；是否有钢筋明细表，钢筋锚固长度与抗震要求等；

（9）施工图中所列各种标准图册施工单位是否具备，如没有，如何取得；

（10）建筑材料来源是否有保证；

（11）地基处理方法是否合理。建筑与结构构造是否存在不能施工、不便于施工，容易导致质量、安全或经费等方面的问题；

(12) 工艺管道、电气线路、运输道路与建筑物之间有无矛盾，管线之间的关系是否合理；

(13) 施工安全是否有保证；

(14) 图纸是否符合监理规划中提出的设计目标。

二、技术交底

1. 一般要求

(1) 技术交底必须满足施工规范、规程、工艺标准、质量验收标准和建设单位的合理要求，整个工程施工、各分部分项工程、特殊和隐蔽工程、易发生质量事故与工伤事故的工程部位均须认真作技术交底。

(2) 技术交底必须以书面形式进行，经过检查与审核，有签发人、审核人、接受人的签字，所有的技术交底资料，都要列入工程技术档案。

2. 由设计单位的设计人员向施工项目技术负责人交底的内容

(1) 设计文件依据：上级批文、规划准备条件、人防要求、建设单位的具体要求及合同。

(2) 建设项目所处规划位置、地形、地貌、气象、水文地质、工程地质、地震烈度。

(3) 施工图设计依据：包括初步设计文件，市政部门要求，规划部门要求，公用部门要求，其他有关部门（如绿化、环卫、环保等）的要求，主要设计规范，甲方供应及市场上供应的建筑材料情况等。

(4) 设计意图：包括设计思想，设计方案比较情况，建筑、结构和水、暖、电、卫、煤气等的设计意图。

(5) 施工时应注意事项：包括建筑材料方面的特殊要求、建筑装饰施工要求、广播音响与声学要求、基础施工要求、主体结构设计采用新结构、新工艺对施工提出的要求。

3. 施工项目技术负责人向下级技术负责人交底的内容

(1) 工程概况一般性交底。

(2) 工程特点及设计意图。

(3) 施工方案。

(4) 施工准备要求。

(5) 施工注意事项，包括地基处理、主体施工、装饰工程的注意事项及工期、质量、安全等。

4. 施工项目技术负责人向工长、班组长进行技术交底

应按工程分部、分项进行交底，内容包括：设计图纸具体要求；施工方案实施的具体技术措施及施工方法；土建与其他专业交叉作业的协作关系及注意事项；各工种之间协作与工序交接质量检查；设计要求；规范、规程、工艺标准；施工质量标准及检验方法；隐蔽工程记录、验收时间及标准。成品保护项目、办法与制度、施工安全技术措施由工长向班组长交底，主要利用下达施工任务书的时候进行分项工程操作交底。

三、技术措施计划

1. 一般规定

(1) 依据施工组织设计和施工方案编制，总公司编制年度技术措施纲要、分公司编制

年度和季度技术措施计划，项目经理部编制月度技术措施作业计划，并计算其经济效果。

（2）技术措施计划与施工计划同时下达至工长及有关班组执行。

（3）项目技术负责人应汇总当月的技术措施计划执行情况上报。

2.技术措施计划的主要内容

（1）加快施工进度方面的技术措施。

（2）保证和提高工程质量的技术措施。

（3）节约劳动力、原材料、动力、燃料的措施。

（4）推广新技术、新工艺、新结构、新材料的措施。

（5）提高机械化水平、改进机械设备的管理以及提高完好率和利用率的措施。

（6）改进施工工艺和操作技术以及提高劳动生产率的措施。

（7）保证安全施工的措施。

四、施工预检

1.预检作用

（1）预检是该工程项目或分项工程在未施工前所进行的预先检查。

（2）预检是保证工程质量、防止可能发生差错造成质量事故的重要措施。

（3）施工单位自身进行预检，并做好记录后，监理单位对预检工作进行监督并予以审核认证。

2.建筑工程的预检项目

（1）建筑物位置线，现场标准水准点、坐标点（包括标准轴线桩、平面示意图），重点工程应有测量记录；

（2）基槽验线，包括：轴线、放坡边线、断面尺寸、标高（槽底标高、垫层标高）、坡度等；

（3）模板，包括：几何尺寸、轴线、标高、预埋件和预留孔位置、模板牢固性、清扫口留置、施工缝留置、模板清理、脱模剂涂刷、止水要求等；

（4）楼层放线，包括：各层墙柱轴线，边线和皮数杆；

（5）翻样检查，包括：几何尺寸、节点做法；

（6）楼层50cm线（或1m线）水平检查；

（7）预制构件吊装，包括：轴线位置、构件型号、构件支点的搭接长度、堵孔、清理、锚固、标高、垂直偏差以及构件裂缝、损坏处理等；

（8）设备基础，包括：位置、标高、尺寸、预留孔、预埋件等；

（9）混凝土施工缝留置的方法和位置，接茬的处理（包括接茬处浮动石子清理等）；

（10）各层间地面基层处理，屋面找坡，保温、找平层质量，各阴阳角处理。

五、隐蔽工程检查与验收

1.一般规定

（1）隐蔽工程是指完工后将被下一道施工作业所掩盖的工程。

（2）隐蔽工程项目在隐蔽之前应进行严密检查，做好记录，签署意见。办理验收手续，不得后补。

（3）有问题需复验的，须办理复验手续，并由复验人做出结论，填写复验日期。

2. 建筑工程隐蔽工程验收项目

（1）地基验槽。包括土质情况、标高、地基处理；

（2）基础、主体结构各部位的钢筋均须办理隐检，内容包括：钢筋的品种、规格、数量、位置、锚固或接头位置长度及除锈、代用变更情况，板缝及楼板胡子筋处理情况、保护层情况等；

（3）现场结构焊接。钢筋焊接包括焊接形式及焊接种类；焊条、焊剂牌号（型号）；焊接规格；焊缝长度、厚度及外观清渣等；外墙板的键槽钢筋焊接；大楼板的连接筋焊接；阳台尾筋焊接；

钢结构焊接包括母材及焊条品种、规格；焊条烘焙记录；焊接工艺要求和必要的试验；焊缝质量检查等级要求；焊缝不合格率统计、分析及保证质量措施、返修措施、返修复查记录；

（4）高强螺栓施工检验记录；

（5）屋面、厕浴间防水层下的各层细部做法，地下室施工缝、变形缝、止水带、过墙管做法等，外墙板空腔立缝、平缝、十字接头、阳台雨罩接头等。

第六章 施工现场环境保护

第一节 我国建筑业环境管理形势

当前，随着公众环保意识提高，中国建筑业迫切需要施工企业转变施工方式，提高环境管理水平，中国要建设和谐社会，施工现场的环境保护不容忽视，我国建筑业环境管理面临严峻的形势。

1. 人类需要绿色建筑，建筑业应该承担环境管理责任。

全世界建筑业雇佣人员超过 1 亿，对全球 GDP 的贡献率约为 10%，但同时也对气候变化、废弃物产生和自然资源损耗等紧迫的全球环境问题造成严重影响。建筑业消耗世界 1/6 净水、1/4 木材、2/5 材料与能量；全球建筑业平整土地和挖土对土壤的扰动，可加速土壤侵蚀 40000 倍。

2. 中国需要和谐社会，建筑企业应该探索环境管理的理论与实践。

世界三大建筑业市场分别在美国、日本和中国。由于经济发展水平和科技实力，中国建筑业能耗高、污染大。中国建筑业的物资消耗量占全部物资消耗总量的 15%，其中钢材、木材、水泥消耗量分别占社会消耗总量的 20%、40%、70%，建筑能耗占全部能耗的 28%。每年建成房屋面积 16～20 亿 m²，80% 以上属高物耗和高污染的建筑。建筑活动造成的环境污染是社会全部污染的 34%。

3. 中国建筑施工企业需要转变施工方式，提高环境管理水平。

（1）国家政策导向，需要建筑业承担环境管理责任。

2001 年，国家住宅工程研究中心首次提出健康住宅。2004 年，中央经济工作会议提出大力发展循环经济，建筑业也需要变"大量生产、大量消费、大量废弃"为"最佳生产，最适消费，最少废弃"。

（2）公众环保意识提高，需要提高环境管理水平。

1998 年，北京发了首例装修污染索赔案以来，因材料污染、噪声和光污染等施工常见环境问题的投诉不断增加。2005 年 6 月，全国环保系统接受群众来信来访达 32 万多件，建筑业占到 11%。

第二节 环境保护措施

工程施工可能对环境造成影响的有：大气污染、室内空气污染、水污染、土壤污染、噪声污染、光污染、垃圾污染等。我们需要采取以下措施控制施工现场的环境污染。

一、组织措施

1. 实行环保目标责任制

把环保指标以责任书的形式层层分解到有关单位和个人，列入承包合同和岗位责任制，建立一支懂行善管的环保自我监控体系。

项目经理是环保工作的第一责任人，是施工现场环境保护自我监控体系的领导者和责任者。要把环保政绩作为考核项目经理的一项重要内容。

2. 加强检查和监控工作

要加强检查，加强对施工现场粉尘、噪声、废气的监测和监控工作，要与文明施工现场管理一起检查、考核、奖罚，及时采取措施消除粉尘、废气和污水的污染。

3. 保护和改善施工现场的环境，要进行综合治理

一方面施工单位要采取有效措施控制人为噪声、粉尘的污染和采取技术措施控制烟尘、污水、噪声污染。另一方面，建设单位应该负责协调外部关系，同当地居委会、村委会、办事处、派出所、居民、单位、环保部门加强联系。

要做好宣传教育工作，认真对待来信来访，凡能解决的问题，立即解决，一时不能解决的扰民问题，也要说明情况，求得谅解并限期解决。

二、技术措施

在编制施工组织设计时，必须有环境保护的技术措施。在施工现场平面布置和组织施工过程中都要执行国家、地区、行业和企业有关防治空气污染、水源污染、噪声污染等环境保护的法律、法规和规章制度。

建筑工程施工由于受技术、经济条件限制（如建筑机械本身噪声超标，现在一时又无好办法解决，或因资金问题一时不能解决），对环境的污染不能控制在规定范围内的，建设单位应当会同施工单位事先报请当地人民政府建设行政主管部门和环境行政主管部门批准。

1. 防止大气污染的措施

(1) 施工现场垃圾渣土要及时清理出现场。高层建筑物和多层建筑物清理施工垃圾时，要搭设封闭式专用垃圾道，采用容器吊运或将永久性垃圾道随结构安装好以供施工使用，严禁凌空随意抛撒。

(2) 施工现场道路采用焦渣、级配砂石、粉煤灰、沥青混凝土或水泥混凝土等，有条件的可利用永久性道路，并指定专人定期洒水清扫，形成制度，防止道路扬尘。

(3) 袋装水泥、白灰、粉煤灰等易飞扬的细颗散体材料，应库内存放。室外临时露天存放时，必须下垫上盖，严密遮盖防止扬尘。

散装水泥、粉煤灰、白灰等细颗粉状材料，应存放在固定容器（散灰罐）内，没有固定容器时，应设封闭式专库存放，并具备可靠的防扬尘措施。

运输水泥、粉煤灰、白灰等细颗粒粉状材料时，要采取遮盖措施，防止沿途遗撒、扬尘。卸运时，应采取措施，以减少扬尘。

(4) 车辆不带泥砂出现场。可在大门口铺一段石子，定期过筛清理；作一段水沟冲刷车轮；人工拍土，清扫车轮、车帮；挖土装车不超装；车辆行驶不猛拐，不急刹车，防止撒土，卸土后注意关好车箱门；场区和场外安排人清扫洒水，基本做到不撒土、不扬尘，减少对周围环境污染。

(5) 除设有符合规定的装置外，禁止在施工现场焚烧油毡、橡胶、塑料、皮革、树

叶、枯草等以及其他会产生有毒、有害烟尘和恶臭气体的物质。

(6) 机动车部要安装 PVC 阀，对那些尾气排放超标的车辆要安装净化消声器，确保不冒黑烟。

(7) 工地茶炉、大灶、锅炉，尽量采用消烟除尘型茶炉、锅炉和消烟节能回风灶，烟尘降至允许排放量为止。

(8) 工地搅拌站除尘是治理的重点。有条件要修建集中搅拌站，由计算机控制进料、搅拌、输送全过程，在进料仓上方安装除尘器，可使水泥、砂、石中的粉尘降至 99% 以上。采用现代化先进设备是解决工地粉尘污染的根本途径。

工地采用普通搅拌站，先将搅拌站封闭严密，尽量不使粉尘外泄扬尘污染环境。并在搅拌机拌筒出料口安装活动胶皮罩，通过高压静电除尘器或旋风滤尘器等除尘装置将灰尘分开净化达到除尘目的。最简单易行的是将搅拌站封闭后，在拌筒进出料口上方和地上料斗侧面装几组喷雾器喷头，利用水雾除尘。

(9) 拆除旧有建筑物时，应适当洒水，防止扬尘。

2. 防止水源污染的措施

(1) 禁止将有毒有害废弃物作土方回填。

(2) 施工现场搅拌站废水、现制水磨石的污水、电石（碳化钙）的污水须经沉淀池沉淀后再排入城市污水管道或河流。最好将沉淀水用于工地洒水降尘或采取措施回收利用。上述污水未经处理不得直接排入城市污水管道或河流中去。

(3) 现场存放油料，必须对库房地面进行防渗处理。如采用防渗混凝土地面，铺油毡等。使用时，要采取措施，防止油料跑、冒、滴、漏，污染水体。

(4) 施工现场 100 人以上的临时食堂，污水排放时可设置简易有效的隔油池，定期掏油和杂物，防止污染。

(5) 工地临时厕所、化粪池应采取防渗漏措施。中心城市施工现场的临时厕所可采取水冲式厕所，蹲坑上加盖，并有防蝇、灭蝇措施，防止污染水体和环境。

(6) 化学药品、外加剂等要妥善保管，库内存放，防止污染环境。

3. 防止噪声污染措施

(1) 严格控制人为噪声，进入施工现场不得高声喊叫、无故甩打模板、乱吹哨，限制高音喇叭的使用，最大限度地减少噪声扰民。

(2) 凡在人口稠密区进行强噪声作业时，须严格控制作业时间，一般晚 10 点至次日早晨 6 点之间停止强噪声作业。确系特殊情况必须昼夜施工时，尽量采取降低燥声措施，并会同建设单位找当地居委会、村委会或当地居民协调，出安民告示，求得群众谅解。

(3) 从声源上降低噪声。这是防止噪声污染的最根本的措施：

1) 尽量选用低噪声设备和工艺，代替高噪声设备与加工工艺。如低操声振捣、风机、电动空压机、电锯等。

2) 在声源处安装消声器消声。即在通风机、鼓风机、压缩机、燃气轮机、内燃机及各类排气放空装置等进出风管的适当位置设置消声器。常用的消声器有阻性消声器、抗性消声器、阻抗复合消声器、穿微孔板消声器等。具体选用哪种消声器，应根据所需消声量，声源频率特性和消声器的声学性能及空气动力特性等因素而定。

(4) 在传播途径上控制噪声。采取吸声、隔声、隔振和阻尼等声学处理的方法来降低

噪声:

1）吸声：吸声是利用吸声材料（如玻璃棉，矿渣棉，毛毡，泡沫塑料，吸声砖，木丝板，干蔗板等）和吸声结构（如穿孔共振吸声结构，微穿孔板吸声结构，薄板共振吸声结构等）吸收通过的声音，减少室内噪声的反射来降低噪声。

2）隔声：隔声是把发声的物体、场所用隔声材料（如砖、钢筋混凝土、钢板、厚木板、矿棉被等）封闭起来与周围隔绝。常用的隔声结构有隔声间、隔声机罩、隔声屏等，单层隔声和双层隔声结构两种。

3）隔振：隔振就是防止振动能量从振源传递出去。隔振装置主要包括金属弹簧、隔振垫（如剪切橡皮、气垫）等。常用的材料还有软木、矿渣棉、玻璃纤维等。

4）阻尼：阻尼就是用内摩擦损耗大的一些材料来消耗金属板的振动能量并变成热能散失掉，从而抑制金属板的弯曲振动，使辐射噪声大幅度地削减。常用的阻尼材料有沥青、软橡胶和其他高分子涂料等。